福建省高等职业教育农林牧渔大类十二五规划教材

水产动物疾病防治技术

（第三版）

主　　编　林祥日（厦门海洋职业技术学院）

副 主 编　涂传灯（厦门海洋职业技术学院）

编写人员　黄永春（集美大学水产学院）

　　　　　吴　亮（厦门海洋职业技术学院）

　　　　　林　楠（福建省水产技术推广总站）

　　　　　王周武（福建海大饲料有限公司）

厦门大学出版社 XIAMEN UNIVERSITY PRESS | 国家一级出版社 全国百佳图书出版单位

图书在版编目(CIP)数据

水产动物疾病防治技术 / 林祥日主编. -- 3 版.
厦门 ：厦门大学出版社，2024. 8. --（福建省高等职业教育农林牧渔大类十二五规划教材）. -- ISBN 978-7-5615-9489-6

Ⅰ. S94

中国国家版本馆 CIP 数据核字第 20240TK768 号

总 策 划　宋文艳
责任编辑　陈进才
美术编辑　李嘉彬
技术编辑　许克华

出版发行　厦门大学出版社
社　　址　厦门市软件园二期望海路 39 号
邮政编码　361008
总　　机　0592-2181111　0592-2181406(传真)
营销中心　0592-2184458　0592-2181365
网　　址　http://www.xmupress.com
邮　　箱　xmup@xmupress.com
印　　刷　厦门市金凯龙包装科技有限公司

开本　787 mm×1 092 mm　1/16
印张　20.5
字数　512 千字
印数　1～2 000 册
版次　2012 年 1 月第 1 版　2024 年 8 月第 3 版
印次　2024 年 8 月第 1 次印刷
定价　58.00 元

厦门大学出版社
微信二维码

厦门大学出版社
微博二维码

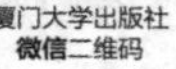

前 言

党的二十大报告对"推动绿色发展，促进人与自然和谐共生"进行部署，强调"必须牢固树立和践行绿水青山就是金山银山的理念，站在人与自然和谐共生的高度谋划发展"。推广水产绿色健康养殖技术，实现水产品质量安全与环境安全尤为重要。

本教材再版是在《水产动物疾病防治技术》第二版基础上，结合水生物病害防治员国家职业资格标准、水产养殖病害的最新研究成果、各位编者从事水产病害科研、教学的积累和实践经验以及使用过程中收集整理的意见和建议重新修订而成的。

本教材分上、下两篇共10章，上篇为水产动物疾病防治基础知识，包括绪论、水产动物疾病的发生与发展、渔药及其使用技术、水产动物健康养殖防病技术、水产动物疾病的检查与诊断技术等；下篇为水产动物疾病防治技术，包括水产动物微生物病防治、水产动物寄生虫性疾病防治、非寄生性疾病防治、敌害生物、水生动物无害化处理与疫情报告等。

本教材编写分工：前言、第1章由林祥日（厦门海洋职业技术学院）、黄永春（集美大学水产学院）编写；第2～3章由林祥日编写；第4～5章由林祥日、涂传灯（厦门海洋职业技术学院）、吴亮（厦门海洋职业技术学院）编写；第6～7章由林祥日编写；第8章由林祥日、林楠（福建省水产技术推广总站）、王周武（福建海大饲料有限公司）编写；第9章由林祥日、黄永春编写；第10章由林祥日编写；目录、各章小结与思考题由林祥日编写；附录与参考文献由林祥日编写。本教材由林祥日统稿并整理完成。

本教材操作性和实用性突出，可供高等职业教育水产养殖技术、水族科学与技术、现代水产养殖技术专业及相关专业学生使用，可作为水生物病害防治员国家职业技能等级证书培训考核的参考资料，也可作为水产相关行业主管部门和企业管理人员、技术人员的参考书。

本教材在编写、修订过程中，得到了同行专家的帮助，在此谨致以衷心的感谢！
由于编者的水平所限，教材中不足之处在所难免，敬请广大读者批评指正。

编 者

2024年8月

目 录

上篇 水产动物疾病防治基础知识

下篇 水产动物疾病防治技术

上篇

水产动物疾病防治基础知识

第1章　绪　论

1.1　水产动物疾病防治技术的性质及任务

1.1.1　水产动物疾病防治技术的性质

水产动物疾病防治技术是研究水产动物疾病发生的原因、病理机制、流行规律以及诊断、预防和治疗技术的科学。

水产动物疾病防治技术是一门综合性的学科，具有很强的实践性和理论性。一方面，它与水产养殖生产密切联系，通过对水产动物病害的预防和治疗来建立并发展自己的学科体系。另一方面，它又密切联系其他学科，并以其他学科为基础。如分析疾病的发病原因，就要有动物学、微生物学和寄生虫学等方面知识；弄清疾病的流行规律，就要有流行病学、水质监测等方面知识；了解疾病的症状，就要有解剖学、病理学等方面知识；进行疾病的诊断、预防与治疗，就要有药物学、药理学、免疫学、水产养殖技术等方面知识。当然，其他学科的发展和新成就的出现，也给本学科提供了新的理论基础和研究手段，如生物制片技术、PCR技术、核酸分子杂交技术和电镜技术等发展，为水产动物病害的诊断提供了有力的手段。

1.1.2　水产动物疾病防治技术的任务

近年，我国水产养殖业发展迅速，养殖规模不断扩大，养殖方式已由过去单一的池塘养殖发展成湖泊、水库、网箱、围网、河道、集约化和工厂化养殖等多种养殖方式，养殖品种也由单一的淡水鱼类发展成海水鱼类、虾类、蟹类、贝类、藻类、两栖类及爬行类等。多方式和多品种的养殖开辟了水产养殖业的新领域，推动了水产经济的发展，极大地提高了渔民的经济收入，同时也改善了人们的生活水平。然而，池塘老化、水质环境污染、管理与技术措施滞后等问题日趋严重，新的疾病不断出现，严重地制约着水产养殖业的可持续发展，加强水产动物疾病防治已刻不容缓。

水产动物疾病防治技术的任务就是运用水产动物疾病防治知识去诊断和防治水产动物疾病，实现水产养殖的稳产、高产与水产品质量安全，确保水产养殖业得以快速、健康、可持续发展；同时，科学系统地总结广大养殖者的宝贵经验，吸收国外先进技术，不断完善本学科的基础理论水平、检测和免疫技术。

1.2 水产动物疾病防治技术发展概况

水产动物疾病防治技术是在鱼病学的基础上发展起来的，是一门即古老又年轻的学科，其发展可追溯到很久以前。

1.2.1 古代养鱼防病记载

公元前中国和埃及就有关于鱼病方面的记载。公元前 1 000 多年，我国劳动人民就开始进行池塘养鱼，当时人们把鱼看作是非常珍贵的物品，从古代甲骨文上记载和考证，当时有一定地位或身份的人去世，人们都以鱼作宝同葬，把鱼视为宝贵的祭品，赠予死者。鱼和余同音，自然是吉祥之物，直到今日，在传统的春节贴门联上，几乎都有鱼的身影。公元前 460 年，范蠡所著《养鱼经》中记有“鱼之行游昼夜不息，有周岛环转则易长”。说明了鱼要有好的生活环境，就长得快，这与现在鱼类生态环境的要求是相同的。不过鱼也需要有休息，只是形式特殊而已，并非昼夜不息。

在唐朝，由于皇帝姓李，与鲤鱼的鲤同音，人们受封建统治的影响，在长达 500 年间，鲤鱼被禁止养殖和食用，只准朝廷观赏养殖。

在宋朝，很多地区进行草鱼养殖，并已有了苗种运输和防病方法记载。如周密在《癸辛杂识·别集》中写道：“其竹器似桶，以竹丝为之，内糊以漆纸，贮鱼种于中，细若针芒戢戢莫知其数，著水不多，但陆路而行，每遇陂塘，必汲新水，日换数度。……终日奔驰，夜亦不得息。或欲少憩，则专以一人时加动摇，盖水不定，则鱼洋洋然，无异江湖，反之，则水定鱼死，不可谓不勤矣。”当时，苗种运输过程，就提出换水，搅动水体，保持水质清新和去除敌害等方法，与今天运输过程中提高成活率等方法类似，只是工具原始简陋而已。又如北宋（公元 960—1127 年）大文学家苏轼在《物类相感志》中记有“鱼瘦而生白点者名虱，用枫树皮投水中则愈”。这“虱”即是今天常见的小瓜虫，枫树也是现在治病的一种中草药。这是我国最早发现小瓜虫的记载，可见小瓜虫病早在宋代就已经相当流行了。

在明朝，我国淡水养殖已有相当的发展，尤其是青、草、鲢、鳙养殖技术已有较高的水平。徐光启在《农政全书》中科学地总结了水质、鱼类和寄生虫间的关系，如“凡鱼遭毒反白，急疏去毒水，别引新水”，即马上换清水；“鱼之自粪多而返复食之则汛，亦以圊粪解之”、“不可以沤麻，一日即汛”，“汛”即是池鱼浮头或泛池；“池瘦伤鱼，令生虱，鱼虱如小豆大，似团鱼，凡取鱼见鱼瘦，宜细检视之，有，则以松毛遍池中浮之则除”。徐光启在《农政全书》中记载的鱼虱（鳋）比欧美发现的还早 38 年。杨慎在《异鱼图赞》中写道：“滇池鲫鱼，冬月可荐，中含腴白，号‘水母线’，北客乍餐，以为‘面缆’”，鲫鱼腹中腴白号“水母线”即是舌状绦虫，这是我国对舌状绦虫最早记载。

清代在鱼病方面很少有新的发展。

1.2.2　近代鱼病学科发展情况

国外对水产动物病害的研究历史较我国早近100年，对鱼病的研究早在19世纪末就已形成学科，学科成立之初主要是进行鱼类寄生虫病方面研究，对鱼类细菌性、病毒性疾病研究则很少。

我国是在20世纪20年代才开始引进国外鱼病学知识，当时对鱼病的研究也只是零散地停留在寄生虫病方面，根本解决不了生产上的问题。

1.2.3　现代鱼病学科发展情况

鱼类病毒性疾病的研究开始于20世纪50年代。国外首先研究的是淋巴囊肿病，其次是传染性胰腺坏死病与传染性造血组织器官坏死病。进入20世纪60年代，国外鱼病研究从淡水鱼开始面向海水鱼类、虾类、贝类、蟹类。

新中国成立之后，鱼病学科飞速发展，其发展大致分以下几个阶段：

1. 1950—1956年是我国鱼病学科发展打基础的阶段

1950年成立了中国科学院水生生物研究所，开始了对“四大家鱼”寄生虫病方面的调查研究。国内一些水产研究机构，水产院校及水产系相继建立，开设了鱼病学课程，出版了鱼病学著作，培养了一批从事鱼病工作的专业技术人员，为我国鱼病学发展奠定了基础。1953年开始，鱼病作为一门学科进行研究。

2. 1956—1966年为鱼病学科大发展的阶段

鱼病研究从单一的寄生虫病方面扩展到细菌病性、真菌性病和非寄生性疾病等多方面，不但在病原方面研究有了扩展，而且在病理变化、症状、流行及防治方法等方面也进行了系统的研究，使鱼病学内容更加丰富和完善，并建立了我国自己鱼病学科体系。

3. 1966—1976年为鱼病学科发展受破坏的阶段

由于“文革”干扰，鱼病学科发展受到很大的破坏，许多水产科研机构和水产院校纷纷下放或解散，科研成果寥寥无几，仅在烂鳃病、鲢疯狂病、白头白嘴病、卵甲藻病、土法疫苗的使用和金藻中毒等研究方面有较大进展。

4. 1976—2000年为鱼病学科持续发展的阶段

此阶段也是我国水产病害研究发展最快的阶段。1978年科研教学春回大地，使停滞了十年的科研发展又焕发青春的活力，由显微结构进入到超显微结构的研究，并开始了病毒病、免疫学、病理学、药理学和鱼类肿瘤的研究。

我国对几种主要的水产养殖动物病害进行了较为系统的攻关研究。在淡水养殖病害研究方面，20世纪80年代主要针对草鱼出血病，20世纪90年代主要针对淡水养殖动物细菌性败血症；在海水养殖病害研究方面，20世纪80年代末至90年代初主要针对对虾常见的细菌性病害，1993年以来主要针对对虾暴发性流行病。

在养殖鱼类、虾类、贝类和特种水产养殖动物的病毒、细菌、寄生虫性疾病等研究方面都取得了较大的成果。1983年成功分离鉴定了草鱼出血病的病原——草鱼呼肠孤病毒，研制了组织浆灭活疫苗和细胞灭活疫苗，解决了草鱼出血病疫苗的大规模制备技术，至此草鱼出血病的防治基本得到了有效解决。淡水养殖动物细菌性败血病和对虾常见细菌病防治，从病原、致病机理、流行规律、治疗药物、免疫、环境与生态防治等方面取得了一系列的研究成果，查出了嗜水气单胞菌、温和气单胞菌、产碱假单胞菌、鲁克氏耶尔森氏菌、河弧菌生物变种Ⅲ、副溶血弧菌、创伤弧菌、海豚链球菌等多种革兰氏阴性和阳性菌病原，建立了疫苗防治技术及综合预防措施，使上述细菌病基本上得到了有效遏制。对顽固性孢子虫疾病有了新的有效防治方法。解决了虾类白斑综合征病原、症状、流行情况、诊断、预防控制等关键技术问题。但总的来说，不管是我国还是世界其他国家，海水养殖动物病害的研究均远落后于淡水养殖病害的研究。

1985 年中国水产学会鱼病研究会成立，我国进一步加大了与国外先进技术的合作。与此同时，国内外也相继出版了一些有里程意义的专著，如 1993 年我国出版了《水产动物疾病学》。经过近几十年的艰苦努力，我国已培养了一大批从事水产养殖病害研究的专业人才，并相继建立了一批设备比较先进的实验室，使我国对水产养殖病害研究总体水平有了大幅提高。近几年，陆续建立了水产养殖动物疾病防治网络平台、鱼病 110 热线，以及在线交流、疫情通报、技术咨询等，为水产养殖病害防治提供了有力的支撑，特别是渔药行业快速发展、防病治病技术的不断提高与创新，为水产动物疾病防治提供了坚实物质和技术基础，但仍远远满足不了水产动物疾病病原不断发展的现状。

随着 21 世纪到来和中国加入世界贸易组织（WTO），我国水产养殖病害研究也将进入一个新的历史时期。当前，水产养殖病害的无公害化防治是渔业健康、可持续发展的方向之一，也是人类对环境和健康发展的需求，实施水产动物健康养殖技术已刻不容缓。

1.3 水产养殖病害发病特点与流行态势

1.3.1 水产养殖病害发病特点

纵观近年水产养殖病害发生，主要表现有以下几方面特点：

1.种类较多，流行较广，频率较高

近年来我国水产养殖规模不断扩大，养殖种类愈加丰富，养殖病害种类和数量有所增长，许多新的病害也不断出现。许多病害从过去的季节性流行演变成多季节性，甚至全年性病害，其流行的频率也愈发频繁。

2.无症状化死亡现象突出、并发症多、暴发性强

因水产养殖品种的种质退化、营养不良和环境胁迫的加剧而引起的水产养殖动物无症状死亡现象越来越普遍，这给临床快速诊断增加了难度。疾病诊断过程中，常常发现多种疾病并发，如草鱼的烂鳃病常与赤皮病、细菌性肠炎病并发。高温养殖期，一旦天气突变就会引发水产养殖病害大规模暴发，如淡水鱼类的细菌性败血症、对虾的白斑综合征和红体病等，一旦暴发，死亡率大，病程长，治愈难度大。

3.耐药病原大量滋生,防治难度大

从细菌性烂鳃病、肠炎病、赤皮病到细菌性败血症,从车轮虫病、指环虫病到中华鳋病、锚头鳋病,同样的病害,在用药量增加、用药时间延长、用药品种不断更换的情况下,其治疗效果还是不太好。耐药病害的广泛流行,不仅加大了水产养殖病害的治疗难度,而且也加大了疾病防治的公害化程度。

4.区域性疾病不断漫延

水产养殖动物的某些疾病一般具有明显的区域性。如异育银鲫孢子虫病在江苏苏北地区非常常见,近年,随着亲本和鱼种的大流通,鲫鱼孢子虫病在湖北及东北重点养殖区也呈现出流行性的高发态势。又如珠三角一直走在鳜鱼产业化发展的前列,但随着鳜鱼苗种强大的市场竞争力而走向全国,在珠三角肆虐多年的鳜鱼病毒性出血病随之也在全国各鳜鱼主养区频频发生,发病率及死亡率逐年攀升。

1.3.2 水产养殖病害流行态势

近年来,伴随着我国水产养殖业的迅猛发展,高密度养殖、过度投喂与施肥、频繁滥用药物,致使养殖水环境日趋恶化,再加上水产养殖者病害防治意识淡薄、病急乱投医、水产动物疾病防治基础研究薄弱,新药开发力度不强等因素,加剧了水产养殖病害的频繁发生和肆意流行。据不完全统计,我国水产养殖每年因病害带来的直接经济损失超过数百亿元,水产养殖病害已成为我国水产养殖业健康稳定发展的主要障碍。

1.鱼类病

对养殖鱼类危害严重的疾病:病毒性疾病主要有草鱼出血病、传染性脾肾坏死病、疱疹病毒病、鲤春病毒血症、传染性造血器官坏死病、虹彩病毒病等病毒性疾病;细菌性疾病有淡水鱼细菌性败血症、链球菌病、爱德华氏菌病、烂鳃病、赤皮病、打印病;真菌性疾病主要是水霉病;寄生虫性疾病主要有粘孢子虫病、刺激隐核虫病、小瓜虫病、盾纤毛虫病、指环虫病、三代虫病等。

其中草鱼出血病以安徽、福建、湖北、湖南、广东和四川等省份较为严重;鲤春病毒血症主要危害鲤鱼,在我国北京、河北、天津、黑龙江等地出现;鲫造血器官坏死病危害鲫鱼,流行于江苏、浙江、湖北、安徽、江西、河北、天津等地;鲤浮肿病危害鲤鱼,流行于河南、河北、辽宁、天津等地;神经坏死病主要危害石斑鱼、鲈、牙鲆和大菱鲆,以广东、海南、福建、广西等省区较为严重;锦鲤疱疹病毒病主要危害鲤、锦鲤,以广西较为严重;链球菌病主要危害罗非鱼,以广东、海南、福建等省份较为严重;刺激隐核虫病主要危害大黄鱼,以广东、福建、浙江等省份较为严重;盾纤毛虫病主要危害牙鲆、大菱鲆,以山东、河北等地较为流行。

2.甲壳类病

虾类危害严重的疾病是白斑综合征、十足目虹彩病毒病、虾肝肠胞虫病、红腿病、烂鳃病、肠炎病、红体病、罗氏沼虾白尾病、固着类纤毛虫病等。

其中白斑综合征以浙江、广东等省发病较为严重;十足目虹彩病毒病主要危害南美白对虾、罗氏沼虾、日本沼虾、克氏原螯虾等,以江苏、浙江等省份较为流行;罗氏沼虾白尾病主要流行于海南、广东、浙江、江苏、广西等地。

蟹类的主要疾病是河蟹螺原体病、黑鳃病、肠炎病、固着类纤毛虫病等，以福建、浙江、山东、江苏等地较为流行。

3.贝类病

鲍鱼主要病害是鲍疱疹病毒病和鲍脓疱病，鲍疱疹病毒病流流行于山东、辽宁、福建、海南、广东等地，鲍脓疱病流行于北方沿海养鲍地区。栉孔扇贝主要病害是病毒病，流行于山东、辽宁等地。

4.两栖与爬行类病

牛蛙主要病害有病毒病、红腿病、传染性肝病、腹水病及蝌蚪的寄生虫病等，以湖南、广东、安徽、四川、福建等地较为流行。中华鳖主要疾病为红脖子病、白点病、疖疮病、白斑病、鳃腺炎病和红底板病等，以福建、广东、江苏、浙江、江西、湖北、湖南等地较为流行。

1.4 水产养殖病害防治现状与对策

1.4.1 水产养殖病害防治现状

1.重治疗、轻预防

通常情况下，养殖户很少有"无病先防"的主动意识，都是在水产养殖动物发生死亡后，才意识到预防的重要性，这不仅增加了防病治病的用药成本，同时也给有效治疗增加了难度。

2.滥用药物，缺乏科学的用药指导

主要表现在以下几方面：

(1)不分清症状、病因，随意采用一成不变的药物来治疗。

(2)随意配伍药物。

(3)不注意药物的使用注意事项。

(4)不考虑用药后药物对水环境、水产养殖动物和人类的危害。

(5)借用他人的经验肆意盲从，结果适得其反。

(6)购药只认价不认质量，选择低价劣质、"三无"渔药，导致用药无效，耽误了最佳治疗时机。

3.养殖技术和养殖模式不合理

养殖技术与集约化、多种类混合高密度养殖模式严重不相适应。例如，养殖布局不合理，养殖比例失衡；缺乏必要的专用配合饲料，饲料种类不齐全、饲料系数普遍偏高等。

4.专用高效药物资源稀缺

渔药地标升国标后，原有的部分有效药物被废止或禁止后，又没有新的有效替代药物跟上，导致部分水产养殖病害进入了无特效药可治的尴尬局面。

1.4.2 水产养殖病害防治对策

1.强化无病先防、有病早治、防重于治的意识

正确诊断水产养殖动物疾病是科学选好药、用好药的首要前提和基本条件,正确诊断与正确使用渔药对科学防病、综合防病具有举足轻重的作用。

2.加强渔医队伍建设,加快专用新渔药研制

加强渔医队伍建设,普及疾病防治科普知识是成功解决水产养殖病害的关键所在。当前,水产养殖病害日趋严重,尤其是各种名优鱼类的病毒性疾病、水霉病、孢子虫病、小瓜虫病、单殖吸虫病以及不断发生的不明原因疾病等,尚无有效药物可供选择,防治方法混乱,致使渔业水质遭受破坏和水产品品质大为下降。生物渔药对改良养殖水体的水质,提高水产动物的抗病能力以及为人类提供健康的绿色食品都有着举足轻重的意义。因此,加快绿色、健康渔用新药品的联合研制、开发力度是水产工作者的首要任务。

3.加大渔药生产、流通、使用环节的监管力度

渔药产品质量参差不齐,假药、劣药、次药充斥市场。渔药行业鱼目混珠,无证生产、无证经营混乱现象是有目共睹的,形成原因也是多方面的,只有逐步加强对渔药生产企业的监管力度,坚持流通环节的准入制度,强化养殖者的自律行为,才能从制度上规范渔药行业,确保水产养殖病害防治的安全有效。

4.培育优良品种,提高抗病力

种质是水产健康养殖的物质基础。目前,我国大多数水产养殖品种是采用自繁自育的亲本,近亲繁殖、回交生殖现象较为普遍,缺乏正确的系统选育,导致种质质量的退化、生长速度下降、抗病力弱、抗应激力差、病害发生频繁等现象。因此应加强育种,做好良种场建设,定期引种、亲本更新、种质保护和种质改良,定向培育优良苗种,为商品鱼生产提供良种。

5.修复水产养殖生态环境

水环境的好坏是决定水产养殖动物能否健康、快速生长和繁殖的根本条件。盲目扩大放养密度、强化投饲、滥用药物,不仅破坏水体的生态平衡,也严重影响水体的自净能力。因此,应使用物理、化学或生物方法来修复或改善养殖生态环境,创造适宜水产养殖动物生存的良好生态条件,确保其健康生长。

6.加强疫病检疫和监测

要做好的水产品苗种的健康防疫工作,尽快健全水产养殖病害防疫检疫体系,完善水产病害预测报体系,强化预测报工作。

本章小结

本章主要介绍水产动物疾病防治技术的性质与任务、发展概况以及我国水产养殖病害的发病特点和流行态势、防治现状与对策。要求掌握水产动物疾病防治技术概念;熟悉我国水产养殖病害发病特点、防治现状与对策；了解水产动物疾病防治技术发展概况。

思考题

1.名词解释：水产动物疾病防治技术

2.简述我国水产动物疾病疾病防治技术发展过程。

3.我国水产养殖病害发病有何特点？

第2章　水产动物疾病的发生与发展

病理学是研究疾病发生的原因、发病机理以及在疾病发展中患病机体的形态结构、功能和代谢等方面的改变及其规律的科学。

了解和掌握疾病的发生和发展的规律，可为水产动物疾病的诊断和防治提供科学的理论依据。

2.1　疾病的定义与种类

2.1.1　疾病的定义

1.疾病

致病因素作用于机体，引起机体新陈代谢紊乱，发生异常生命活动的过程，称为疾病。

2.水产动物疾病

致病因素作用于水产动物机体时扰乱了正常生命活动的现象，称为水产动物疾病。此时机体正常平衡被破坏，对外界条件的适应能力降低或减弱，并发生一系列的病理变化(临诊症状)，表现在某些器官或者局部组织的形态结构、功能活动和物质代谢的变化上，它是疾病发生的标志。

在观察水产动物是否患病时，须与当时的外界条件联系起来。如水产动物在冬季基本上不动，也不摄食，此为正常的现象，但在其他季节则为病态的征象。

2.1.2　疾病的种类

目前水产动物疾病的分类大致有以下几种：

1.按病原划分

(1)由生物引起的疾病

①由微生物引起的疾病：包括由病毒、细菌、真菌和单细胞藻引起的疾病。

②由寄生虫引起的疾病：包括由原生动物、蠕虫和甲壳动物等引起的疾病。

③由生物引起的中毒：如蓝藻、甲藻和三毛金藻等藻类引起的中毒。

④敌害生物：如水生昆虫、水螅、水蛇、水鸟和凶猛鱼类等。

(2)由非生物引起的疾病

①机械损伤：如擦伤、碰伤等。

②物理性刺激：如感冒、冻伤等。

③化学性刺激：如泛池、气泡病、弯体病、化学物质引起的中毒等。

④饥饿与营养不良引起的疾病：如跑马病、萎瘪病、营养缺乏症、营养过多症等。

2.按感染的情况划分

(1)单纯感染

疾病由一种病原体感染所引起的。如草鱼出血病病原只有草鱼呼肠孤病毒一种。

(2)混合感染

疾病同时由两种或两种以上的病原体感染所引起的。

如草鱼“三病”并发症，是由于柱状噬纤维菌、肠型点状气单胞菌和荧光假单胞菌同时感染草鱼而引起的。并发症一定属于混合感染，但混合感染不一定都是并发症。

(3)原发性感染

病原体感染健康机体使之发病。

如柱状噬纤维菌在水温25℃时大量繁殖，毒力增强，可直接感染健康的草鱼，引发细菌性烂鳃病。

(4)继发性感染

病原体感染已发病的机体。继发性感染是在原发性感染的基础上发生的。

如水霉病一定出现在原已受伤的机体上。

(5)再感染

机体第一次患病痊愈后，被同一种病原体第二次感染又患同样的疾病。

如鱼苗5月份患车轮虫病治好后，7月份又发生车轮虫病。

(6)重复感染

机体第一次患病病愈后，体内仍留有该病原体，仅是机体和病原体之间保持暂时的平衡，当新的同样病原体又感染机体时，则又暴发原来的疾病。

3.按病程性质划分

(1)急性型

病程较短，数天至1～2周，机能从生理性很快转为病理性，有的症状还未表现即死亡。

如患急性型鳃霉病的病鱼1～3 d即死亡。

(2)亚急性型

病程稍长，一般2～6周，出现主要症状。

如患亚急性型鳃霉病的病鱼已出现该病的典型症状，即鳃坏死崩解并呈大理石化。

(3)慢性型

病程最长，可达数月甚至数年，症状维持时间长，但不剧烈，无明显的死亡高峰。

如患慢性型鳃霉病的病鱼，仅出现小部分鳃坏死、苍白，发病时间5～10月。

由于上述三种类型之间还存在有过渡类型，因此，它们之间并无严格的界限，当条件改变时，可以互相转化。

2.2 基本病理过程

水产动物发病时,其机体调节必然由正常的生理性向不正常的病理性转变,从而使疾病由开始到终结产生一个病理过程。虽然疾病的种类不同,但它们具有共同的病理过程。许多疾病所共有的病理过程,称为基本病理过程。下面重点介绍与水产养殖动物疾病有关的病理学知识。

2.2.1 循环障碍

循环障碍包括血液循环障碍和组织间液循环障碍。

1.血液循环障碍

血液循环不仅可以供给组织器官 O_2 和营养物质,还可以运走组织中的 CO_2 和其他的代谢产物。血液循环一旦出现障碍,就会引起组织器官的代谢障碍、功能失调和形态结构改变。血液循环障碍分为全身性和局部性两种。全身性血液循环障碍发生于整个心血管系统。局部血液循环障碍发生于个别器官或局部组织,表现主要包括局部血液量的异常、血液性状和血管内容物的异常、血管通透性和完整性的异常。

在水产动物疾病中,常见的血液循环障碍有局部贫血、充血、出血、梗死、血栓形成和栓塞等。

(1)局部贫血

局部组织、器官动脉血含量减少,或血液中含血红蛋白的红细胞的数量低于正常数值的现象,称为局部贫血,又称局部缺血。

①原因:主要是局部动物脉血液供应不足所造成的。

②类型:主要有以下几种。

动脉痉挛性贫血:血管收缩神经持续兴奋,使小动脉痉挛,管腔变窄,导致血液流入减少乃至完全停止引起的贫血。

动脉阻塞性贫血:由于动脉管腔狭窄或阻塞引起的贫血。常见于机械性阻塞、血栓形成和栓塞等。

出血性贫血:机体由于大量出血引起的贫血。

营养性贫血:由饲料的营养配方不合理,长期饥饿等营养不良所引起的贫血。

溶血性贫血:由病毒或细菌感染引起机体的贫血。

造血功能障碍性贫血:由水产动物机体造血器官(肾脏和脾脏)疾病引起的贫血。

③病理变化:轻度时组织颜色苍白,功能降低;严重时组织出现萎缩、变性或坏死。

④对机体的影响:局部贫血对机体的影响取决于以下几个因素:动脉的阻塞程度、动脉管腔发生狭窄或闭塞的速度和持续时间、受损害的动脉适应性、受累组织对缺氧的耐受性。

(2)充血

局部组织、器官的血管扩张,血液含量超过正常量的现象,称为充血。

①类型:充血按其发生原因及作用机制不同,可分动脉性充血和静脉性充血两种。

动脉性充血:指局部组织、器官内的动脉血含量异常增多的现象,又称主动性充血,简称充血。动脉性充血既有生理性的,也有病理性的。例如鱼类激烈游动时,肌肉组织和鳃因活动增强,流往该处的动脉血量增多,这就属于生理性充血。病理性充血是在致病因子作用下发生的,如患传染性胰脏坏死病的鲑鳟类,因眼球脉络膜毛细血管严重充血,引起眼球网膜剥离,眼球突出。

静脉性充血:指静脉血液回流受阻,局部组织、器官内的静脉血含量异常增多的现象,又称被动性充血,简称瘀血。

②病理变化:

动脉性充血的基本病理变化是小动脉、毛细血管扩张,血量增多,局部组织或器官呈鲜红色、体积增大,温度升高(水产动物不明显)和机能增强。

静脉性充血的基本病理变化是小静脉、毛细血管扩张,血量增多,局部组织或器官呈暗红色、体积增大,温度降低(水产动物不明显)。

③对机体的影响:动脉性充血对机体的影响取决于其发生的部位和发展的程度,一般充血不严重,且时间不长,对机体无严重的不良后果,若充血发生在脑部,虽时间不长,强度不大,但后果则是严重的。静脉性充血全为病理性的,对机体的影响,一般较动脉性充血严重。

(3)出血

血液流出心脏、血管外的现象,称为出血。通常把血流流到体外的称为外出血,流到组织间隙或体腔内的称为内出血。

①原因:出血的直接原因是血管壁受损。

②类型:根据血管壁破坏的情况不同,分为破裂性出血和渗出性出血两种。

破裂性出血:血管壁破裂所引起的出血。

渗出性出血:血管壁通透性增强而使血液通过的出血。

③病理变化:

破裂性出血出血量多,组织间隙多形成血肿。

渗出性出血出量少,皮肤黏膜多形成瘀血点或瘀血斑。

④对机体的影响:取决于出血类型、出血部位、出血量、出血速度和出血持续时间。一般体表小血管破裂出血,对机体影响不大,但如果出血发生在要害部位,即使少量出血,也会造成严重后果。

(4)梗死

器官或局部组织因血管阻塞、血液供应中断而发生的缺血性坏死称为梗死。

①原因:通常是由动脉阻塞与血管腔受压闭塞引起的。

②对机体的影响:与梗死部位、大小及其有无细菌感染有关。一般梗死病灶较小的,不一定出现症状,病灶较大的,可出现各种症状;但重要器官(心、脑)发生梗死时,即使病灶不太大,也可引起机体的严重障碍,甚至死亡。

(5)血栓形成

在正常情况下,血液中存在着相互拮抗的凝血系统和抗凝血系统,它们处于动态平衡状态,既保证了血液有潜在的可凝固性,又始终保证了血液的流体状态,这种动态平衡一旦被打破,触发了凝血过程,血液便可以在心血管腔内凝固,进而形成血栓。在患病机体的心脏、血管内产生血液凝固或血液中某些有形成分析出、凝集、形成固体质块的过程称为血栓形成。血液凝块或固体质块，称为血栓。

①血栓形成的条件：血栓形成必须具备以下三个条件：

一是心、血管内膜损伤。它是血栓形成最重要和最常见的条件。心、血管内膜的内皮细胞具有抗凝和促凝的两种特性，在正常情况下，以抗凝作用为主，从而使心血管内血液保持流体状态。心、血管内膜损伤多见于炎症（如草鱼出血病）和血管壁的机械性刺激。

二是血流状态的改变。主要指血流缓慢及产生涡流等改变，有利于血栓形成。正常情况下，血流速度较快，血液中的有形成分均在血流的中轴部流动，构成轴流，其外周为血浆，构成边流。当血流缓慢或产生涡流时，则轴流消失，使血小板易与受损的血管内膜接触而发生黏集，而且血流缓慢时，被激活的凝血因子和凝血酶易在局部积聚而浓度增高，激发凝血过程。血栓多发生于血流较缓慢的静脉内。

三是血液凝固性增加。主要指血液中血小板和凝血因子增多，或纤维蛋白溶解系统活性降低，导致血液的高凝状态。

②对机体的影响：既有有利的一面，也有有害的一面。有利方面是血栓形成对破裂的血管起止血和防止大出血的作用。有害方面是血栓形成会引起局部组织缺血性坏死；若发生在重要部位，还会引起严重的后果。多数情况下血栓形成会对机体造成不利的影响。

(6)栓塞

血液循环中离开血管壁的血栓碎片或不溶于血液的异常物质，随血液运行堵塞血管腔的现象称为栓塞。引起栓塞的物质称为栓子。栓子可以是固体、液体或气体。

栓塞对机体的影响：与栓子的种类、大小和阻塞部位及机体状况等有关。如苗种气泡病，大量气泡进入血管，引起血管堵塞，导致机体死亡；鳃霉菌丝穿入鳃血管，引起血管阻塞，导致病鱼大批死亡。

2.组织间液循环障碍

正常的组织间液来自血液，它通过动脉端毛细血管进入组织内，经过物质交换后，一部分通过静脉端毛细血管回流入血液，另一部分通过淋巴管系统回流入血液，这种组织液的生成和回流的动态平衡称为组织间液循环。常见的组织间液循环障碍有水肿和积水。

组织间隙内组织间液异常增多的现象称为水肿，皮下水肿称为浮肿。浆膜腔内组织间液蓄积过多的现象称为积水，如胸腔积水、腹腔积水等。

(1)原因

①血管内外液体交换失平衡引起细胞间液生成过多：常见的有静脉压升高、毛细血管和微静脉通透性增高、血浆胶体渗透压降低和淋巴管回流受阻四种。

②球—管失平衡导致钠、水在体内潴留：肾小球滤出量与肾小管重吸收量之间的相对平衡称为球－管平衡，这种平衡关系被破坏引起球—管失平衡，常见的有肾小球滤过率降低和肾小管对水、钠重吸收增加两种情况。

(2)病理变化

水肿的组织器官体积增大，重量增加，颜色苍白，弹性降低，剖开时有液体流出。

(3)对机体的影响

水肿和积水是一种可逆性病理过程。一般随病因的消除而消失。但若水肿液和积水液长期积聚不被吸收，就会引起组织发炎、机能障碍，如鳃水肿可导致氧交换障碍，若发生在重要部位,可引起机体死亡。

2.2.2 细胞和组织损伤

细胞和组织损伤是指致病因素作用所引起的细胞、组织物质代谢和机能活动的障碍,以及形态结构的破坏。它是构成疾病的基础,是机体全身性物质代谢障碍的局部反映。细胞和组织损伤依损伤程度的不同分萎缩、变性和坏死三种形式。萎缩和变性一般是可恢复的,坏死则是不可恢复的。

1.萎缩

机体器官、组织或细胞发育到正常大小后,因某些致病因素的作用,而发生体积缩小和功能减退的现象,称为萎缩。

(1)原因

主要是由于构成该器官、组织的实质细胞的体积缩小或数量减少所致。它与先天性发育不全不同,先天性发育不全是由于某些器官、组织在胚胎生长期间发育出现障碍造成的。

(2)类型

萎缩可分生理性萎缩和病理性萎缩两种。

①生理性萎缩:指在生理情况下,随年龄的增长,机体某些器官、组织的生理功能逐渐减退和代谢过程逐渐降低所发生的萎缩。黄鳝从胚胎期到性成熟期全为雌性,成熟产卵后卵巢逐渐萎缩,下一个生殖周期全为雄性。蝌蚪转变为蛙时尾部的萎缩与退化。贝类浮游幼体转变为附着幼体时面盘的萎缩。生理性萎缩属正常现象,又称退化。

②病理性萎缩:指器官、组织受某些致病因子作用所发生的萎缩。其发生与年龄无关,而是在物质代谢障碍的基础上发生的。

(3)病理变化

病理性萎缩主要是萎缩的器官组织重量减轻、体积缩小、硬度增加。萎缩的器官代谢降低,功能也随之减退。病理性萎缩分全身性萎缩和局部性萎缩两类。

①全身性萎缩:长期饲料不足或严重的消耗性疾病(如恶性肿瘤)均可引起全身性萎缩。体内各器官、组织都发生萎缩,但其程度是不同的,通常相对不太重要的器官比生命攸关的器官先萎缩。如鱼类因生长期缺乏饵料而引起的萎瘪病就属于全身性萎缩。

②局部性萎缩:可由各种原因引起。如运动器官长期不活动造成的废用性萎缩,器官组织受到机械性压迫造成的压迫性萎缩及由于局部小动脉供血不足造成相应部位组织的缺血性萎缩等。鲫鱼感染舌状绦虫时,体腔内有寄生虫大量寄生,内脏器官受到挤压后而逐渐萎缩就属局部性萎缩。

(4)对机体的影响

萎缩是一种可逆性病变,病因消除后,萎缩的器官、组织、细胞可恢复其形态和机能。萎缩对机体的影响与萎缩的程度、发生部位有关。若发生在不重要器官或程度较轻,不一定出现机能降低的临诊表现;但若发生在重要器官或程度严重时,则可引起严重的后果。例如,一般的肌肉萎缩不至于造成机体的死亡,但是如果是心肌萎缩的话,则很可能发生致命的危险。

2.变性

细胞或细胞间质内出现一些为正常生理状态下所没有或很少的异常物质，或原有正常物质异常增多的现象称为变性。

(1)种类：变性的种类较多，常见的有颗粒变性、水样变性、脂肪变性、黏液变性、玻璃样变性、淀粉样变性和纤维素样变性等。

①颗粒变性：又称为浑浊肿胀（简称浊肿）、实质变性，它是一种最常见的轻微的细胞变性，主要特征是变性细胞肿胀浑浊，失去原有光泽，胞浆内出现蛋白质性颗粒。主要发生在线粒体丰富、代谢活跃的实质细胞，如心、肝、肾等实质器官的实质细胞。

②水样变性：又称空泡变性，主要特征是细胞内水分增多，胞浆内形成大小不等的水泡，使整个细胞呈蜂窝状。

③脂肪变性：主要特征是脂肪细胞以外的细胞中出现脂滴或脂滴明显增多。多见于代谢旺盛耗氧多的器官，如肝、肾、心等实质器官器，以肝脏最为常见。

④黏液变性：主要特征是细胞间质出现类黏液（蛋白质与多糖的复合物，呈弱酸性）的积聚。

⑤玻璃样变性：又称透明变性，主要特征是结缔组织、血管壁、细胞内出现片状或滴状半透明均质的物质。

⑥淀粉样变性：主要特征是组织内有淀粉样物质沉积。

⑦纤维素样变性：又称纤维素样坏死，主要特征是间质胶原纤维及小血管壁失去原有组织的结构特点，变为无结构物质、强嗜伊红染色的纤维素样的物质。

(2)病因

变性的原因主要有各种急性传染病、中毒、缺氧、寄生虫病、饥饿与缺乏必需营养物质等。

(3)对机体的影响

变性也是一种可逆性病变。变性的组织或细胞仍保持一定的活力，但功能往往降低，病因消失后，功能和结构多数可恢复正常状态，但严重的变性也可导致细胞或组织的死亡。

3.坏死

机体局部组织或细胞死亡的现象称为坏死。

(1)原因

坏死大多数是由萎缩、变性发展而来，少数是由强烈致病因素刺激所引起的。任何致病因素只要其损伤作用达到一定强度或持续相当的时间，使细胞、组织代谢完全停止，都能引起坏死。坏死的原因主要有缺氧、缺血、物理因素（如机械性创伤、高温、低温）、化学因素（如强酸、强碱）、生物因素（如病毒、细菌、寄生虫）以及免疫损伤等。

(2)病理变化

细胞死亡几小时后，光镜下才可见坏死细胞开始呈现自溶性变化。胞核一般依次呈现核浓缩、核碎裂和核溶解。

①核浓缩：细胞核水分减少、体积缩小、染色质浓缩、染色变深。

②核碎裂：核膜破裂、染色质崩解成碎片散在于胞浆中。

③核溶解：仅见核的轮廓，最后核的轮廓也完全消失。

(3)类型

坏死可分为生理性坏死和病理性坏死两种。

①生理性坏死:在生理情况下,生活机体内不断有一定数量的细胞衰老死亡,也有相应的细胞更新。如表皮细胞脱落就属于生理性坏死。

②病理性坏死:如患有白头白嘴病的病鱼,其鼻孔前皮肤上皮组织细胞几乎坏死;水温低于 0.5 ℃时,有些鱼的皮肤会出现坏死;鱼体受压损伤时,部分组织的血流流动受到阻碍,使组织坏死。

(4)对机体的影响

坏死是一种不可逆病变。坏死对机体的影响与坏死的发生部位、病灶处的大小和机体状态有关。若发生在非重要器官,或病灶处较小,或机体抵抗力较强,则对机体影响较小;但若发生在心、脑等重要器官,即使是很小的坏死病灶也能导致机体死亡。

2.2.3 炎症

炎症是各种致炎因子对机体的损害作用所引起的以防御为主的局部组织反应。炎症是致炎因子对机体的损害与机体抗损害反应的斗争过程,是机体全身性防御反应的局部表现。

1.炎症的原因

引起炎症的原因很多,凡能引起组织损伤的因素都能引起炎症。主要有以下几种:

(1)物理因素:如高温、低温、外伤、放射性损伤和电击等。

(2)化学因素:如强酸、强碱、农药和有毒物质等。

(3)生物因素:如病毒、细菌、霉菌和寄生虫等。

(4)免疫因素:如各种免疫性疾病、变态反应性炎症等。

(5)机械损伤:如摩擦、挤压等所致的损伤。

致炎因子作用机体后,能否发生炎症反应,还与机体的感受性、适应性和抵抗力等有关。只有当机体抵抗力下降,或病菌侵入很多时,机体因不能立即把侵入的病菌完全消灭,才会发生炎症。如在正常情况下,荧光假单胞菌不引起鱼患赤皮病,但在鱼体受伤、抵抗力降低时,可引起鱼发病。

2.炎症的基本病理变化

任何致炎因素引起的炎症都具有变质、渗出和增生三项基本病理变化,只是不同类型的炎症以其中某一项基本病变为主。

(1)变质

炎症局部组织所发生的变性和坏死称为变质。变质既可发生在实质细胞,也可见于间质细胞。

(2)渗出

炎症局部组织血管内的液体和细胞成分通过血管壁进入组织间质、体腔、黏膜表面和体表的过程称为渗出。所渗出的液体和细胞总称为渗出物或渗出液。渗出的全过程包括血管反应、液体渗出和细胞渗出三部分。

渗出性病变是炎症的重要标志,渗出的成分在局部具有重要的防御作用。

(3)增生

在致炎因子、组织崩解产物或某些理化因子的刺激下，炎症局部的巨噬细胞、内皮细胞和成纤维细胞可发生增生。增生是一种防御反应，对机体是有利的，但过度的增生不仅达不到修复的目的，还可能使疾病长期不愈或导致不良后果。如患细菌性烂鳃病的鱼类，鳃上皮细胞过度增生，使相邻鳃小片融合，则影响鳃的呼吸功能。

变质、渗出、增生三者之间存在着内在的密切联系，互相影响，构成一个复杂的炎症反应过程。一般情况下，变质属于损害过程，渗出和增生则属于抗损害过程。但在炎症发展过程中，变质可以促进渗出和增生，渗出又可以加重变质。

3.炎症的局部表现与全身反应

炎症是没有特异性的，无论是何种原因引起的炎症，其反应都是相同的。

(1)炎症的局部表现

高等脊椎动物炎症局部表现主要有红、肿、热、痛和机能障碍五大症状，但对于鱼、虾等变温动物而言，“热”是不能作为一种主要症状。

(2)炎症的全身反应

主要有发热、白细胞增多、单核吞噬细胞增生和实质器官病变等。

4.炎症的类型

(1)根据炎症经过的时间长短分

①急性炎症：起病急骤，持续时间短，仅几天到一个月，以变质和渗出性病变为主。

②慢性炎症：持续时间较长，常数月到数年，常以增生性病变为主。

③亚急性炎症：介于上述两种炎症之间。

(2)根据炎症的病理变化分

①变质性炎：以组织、细胞变性、坏死为主要特征。

②渗出性炎：以渗出性变化为主要特征。

③增生性炎：以组织、细胞增生为主要特征。

5.炎症的结果

在炎症过程中，损害和抗损害双方力量的对比决定着炎症发展的方向。若抗损害过程占优势，则炎症向痊愈的方向发展；若损害过程占优势，则炎症逐渐加剧并可向全身扩散；若两者处于相持状态，则炎症可转为慢性而迁延不愈。归纳起来，炎症的结局有以下三类：

(1)痊愈

①完全痊愈：通过治疗或机体本身的抗损害反应，使致炎因子消除，炎症病灶消散，组织完全愈合，结构和机能完全恢复正常。

②不完全痊愈：如炎症灶坏死范围较广，不容易完全吸收，则由肉芽组织修复，留下瘢痕，不能完全恢复原有的结构和功能。

(2)迁延不愈或转为慢性炎症

因治疗不彻底、不及时，或机体本身抵抗力下降，使致炎因子持续存在，反复作用于机体，急性炎症经久不愈，转为慢性炎症。

(3)蔓延扩散

因机体抵抗力下降、病原生物大量繁殖或未经适当治疗，病情进一步恶化，使炎症病灶不断蔓延扩散。

2.2.4 肿瘤

肿瘤是机体在各种致瘤因子的作用下，局部组织的细胞发生异常增生而形成的新生物。增生的肿瘤细胞常形成肿块；结构和功能异常；代谢和生长能力非常旺盛，与整个机体不相协调；一般细胞分化不完全，接近幼稚的胚胎细胞；没有形成正常组织结构的倾向；致瘤因素消除后其生长和代谢特点仍能继续保持。

1.肿瘤的病因

肿瘤的病因十分复杂，肿瘤的发生既需要一定的外因，又与机体的内在因素密切相关。

(1)外界致癌因素

一般认为外界环境中的各种致癌因素是鱼类肿瘤形成的主要原因，如化学致癌因素、物理致癌因素、生物致癌因素等。

(2)影响肿瘤发生、发展的内在因素

肿瘤形成不仅取决于外因，也取决机体的内在因素，如种类，年龄、遗传和免疫力等。

2.肿瘤的命名与分类

(1)肿瘤的分类

根据组织病理变化及对机体的影响，可将肿瘤分为良性肿瘤和恶性肿瘤。

根据肿瘤的组织来源不同，可将肿瘤分为上皮组织肿瘤、间叶组织肿瘤、神经组织肿瘤和其他类型肿瘤(如色素、胚胎组织肿瘤)。

(2)肿瘤的命名原则

肿瘤是按其组织来源命名的。

良性肿瘤通常是在肿瘤来源组织名称之后加上一个“瘤”，如纤维瘤、脂肪瘤等；有时还加形态，如乳头状瘤。

恶性肿瘤通常包括癌和肉瘤。癌指来源于上皮组织的恶性肿瘤，其命名原则是在来源组织名称后加上“癌”字；肉瘤指来源于间叶组织的恶性肿瘤，其命名原则为在来源组织名称之后加上“肉瘤”两字。

3.肿瘤的生长

(1)生长速度

肿瘤的生长速度与肿瘤细胞分化程度有关。细胞分化程度越低，生长速度快。良性肿瘤通常生长较慢，恶性肿瘤生长较快，如果恶性肿瘤短时间内生长速度加快，应考虑有恶变的可能。

(2)生长方式(图 2-1)

肿瘤的生长方式主要有膨胀性生长、浸润性生长、外生性生长和弥散性生长。

①膨胀性生长：不侵袭周围组织，常呈结节状，与健康组织分界清楚。良性肿瘤一般呈膨胀性生长。

②浸润性生长：侵袭周围组织，与健康组织分界不清。恶性肿瘤一般呈浸润性生长。

③外生性生长：常向表面生长，形成突起的乳头状、息肉状、菜花状、蕈伞状肿物。良性、

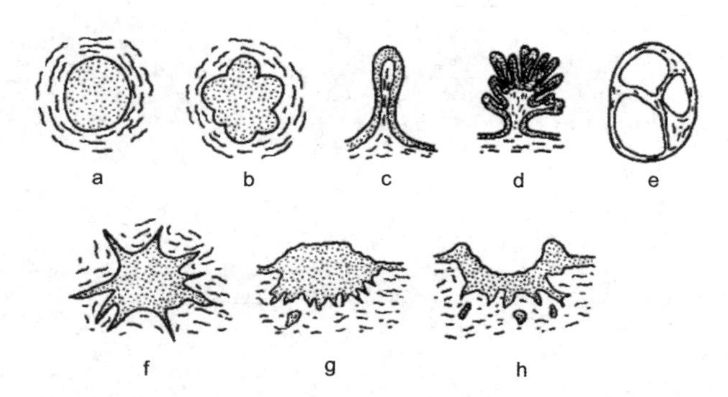

图 2-1　肿瘤的外形与生长方式

a.结节状(膨胀性生长)　b.分叶状　c.息肉状(外生性生长)
d.乳头状(外生性生长)　e.囊状　f.浸润性生长
g.向表面突起,并向深部浸润　h.疡溃状

恶性肿瘤均可呈外生性生长,主要见于上皮性肿瘤。

④弥散性生长:肿瘤细胞是分散的,而不是聚集的。造血组织肉瘤、未分化癌与未分化非造血组织间叶组织肉瘤多呈弥散性生长。

4.良性肿瘤与恶性肿瘤的区别

区别良性、恶性肿瘤,对于疾病的正确诊断和治疗具有重要的意义,两者鉴别见表 2-1。

表 2-1　良性肿瘤和恶性肿瘤的鉴别

生物学特性	良性肿瘤	恶性肿瘤
1.组织分化程度	分化好,异型性小 与原有组织的形态相似	分化不好,异型性大 与原有组织的形态差别大
2.生长方式	膨胀性和外生性生长	浸润性和外生性生长
3.核分裂	无或稀少,不见病理核分裂象	多见,并可见病理核分裂象
4.生长速度	缓慢	较快
5.包膜形成	膨胀性常有包膜形成,可推动 与周围组织分界清楚	浸润性无包膜,不能推动 与周围组织分界不清楚
6.继发改变	很少发生坏死、出血	常发生出血、坏死、溃疡等
7.转移与复发	不转移;手术摘除后不易复发	常有转移;术后常复发
8.对机体影响	较小,主要为局部压迫或阻塞, 发生在重要器官可引起严重后果	较大,除压迫、阻塞外,还破坏原发处和转移处组织,引起坏死出血合并感染,甚至造成恶病质

2.3　水产动物疾病的发生

了解水产动物疾病发生的原因和条件是制订合理防病措施、作出正确诊断和提出有效治疗方法的理论基础。疾病能否发生,不仅取决于致病因素,还取决于机体本身的抵抗力和环境条件(图 2-2)。

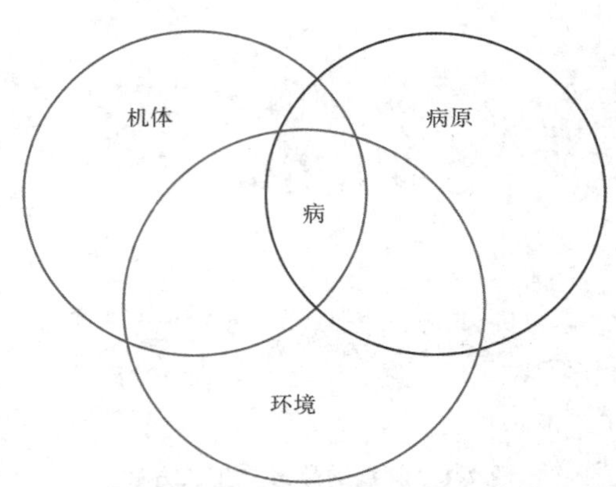

图 2-2　病原、环境与机体之间的关系

2.3.1　疾病发生的原因

水产动物生活在水中，一方面要求有良好的水环境，另一方面一定要有适应环境的能力。如果生活环境发生了不利于水产动物的变化（如水温或水质的骤变、有毒物质的影响、病原生物的侵袭等），或者水产动物机体机能因其他原因发生变化而不能适应环境条件时，就会引起疾病。

没有原因的疾病是不存在的，引起水产动物发生疾病的原因主要有生物因素、水的理化因素和人为因素三个方面。

1.生物因素

生物因素是引发水产动物疾病的最重要因素之一。一般水产动物疾病多数是由各种生物传染、侵袭机体所引起的。这些使水产动物致病的生物称为病原体或病原生物，一般包括微生物和寄生虫两大类。此外还有直接吞食或间接危害鱼类等水产动物的敌害生物，如青泥苔、水网藻、水生昆虫、水螅、水蛇、鸥鸟和凶猛鱼类等。

2.水的理化因素

水是水产动物生活最基本的环境，水的理化指标直接影响水产动物的代谢、生长和繁殖。养殖水体中理化因素主要是指水温、溶解氧、酸碱度、盐度、有毒物质等，当这些因素变化的速度过快，或变化的幅度过大，而水产动物机体无法适应时就会引起疾病。

(1)水温

水产动物是变温动物，其体温随水温的变化而变化，但此变化是逐渐的，不能急剧升降，否则机体难以适应，容易发生病理变化。不同种类的水产动物对水温的要求不同，同种类的水产动物在不同生长阶段对水温也有不同的要求。鱼类在不同的发育阶段，对水温的适应能力不同，鱼种和成鱼在换水、转池、运输等操作过程要求池水温差不得超过 5 ℃，鱼苗不得超过 2 ℃，否则就会引起病变或死亡。

各种水产动物均有其生存、生长、繁殖、抵御各种疾病的适宜温度及忍耐水温的上、下限。如果水产动物长期在不适的水温下生活，免疫力下降，就容易生病甚至死亡。罗非鱼生长的适宜温度为 16～37 ℃，最适宜水温为 24～32 ℃，耐高温的上限为 40 ℃左右，耐低温的下限为 8～10 ℃，低于此水温即死亡，若长期生活在 13 ℃左右水中，还会引起皮肤冻伤，陆续死亡。多数淡水鱼类生长的适宜水温为25～33 ℃，最适宜水温为25～28 ℃，水温低于0.5～1 ℃，草、鲢、鲤等鱼类即死亡。虹鳟生长的适宜水温为12～18 ℃，最适水温为16～18 ℃，水温达到24～25 ℃死亡。我国四大家鱼春季开始产卵的水温为17 ℃以上，低于此水温不能产卵。斑节对虾的生存温度为15～35 ℃。

各种病原生物在适应温度下，在水中或水产动物体内外大量繁殖，引发疾病。病毒性草鱼出血病在水温27 ℃以上最为流行，25 ℃以下病情逐渐缓解。

水温变化的影响主要表现在水产动物呼吸频率和新陈代谢的改变等方面。在适温范围内，水温升高呼吸频率增快，代谢作用增强，耗氧量增大；温度的迅速变化也将导致新陈代谢速度的改变，严重时会导致水产动物死亡。此外，温度的变化明显影响水中溶解氧的含量，水温上升，水中溶解氧含量下降。

(2)溶解氧(DO)

水中溶解氧含量高低，不仅影响水产动物的摄食强度、消化率及生长速度，甚至直接关系到水产动物的生存。水中溶解氧充足，水产动物摄食旺盛、饵料利用率高、生长良好；水中溶解氧不足，摄食强度减弱、饵料利用率降低、体质瘦弱、生长缓慢，容易感染病菌而患病。所以，池中溶解氧含量不能以不浮头不死亡为标准。一般来说，水产动物在主要生长期内，溶解氧以5 mg/L以上为正常范围(冷水性鱼类则应为7 mg/L以上)。一般溶解氧低于2 mg/L时，青、草、鲢、鳙等水产动物就会出现“浮头”现象。假如溶解氧含量在短时间内不增加(不及时解救)并不断减少，水产动物就会严重浮头，甚至窒息死亡，即泛池。发生泛池时水中的溶解氧量随水产动物种类、个体大小、体质强弱、水温、水质等的不同而有差异，一般为1 mg/L左右。患烂鳃病的水产动物对缺氧的耐受力特别差。而水中溶解氧过多，气泡聚集在水产动物体表或体内，又会导致水产动物苗种发生气泡病。主要养殖鱼类对溶解氧的适应情况见表2-2。

表2-2 鱼类对溶解氧的适应范围 (单位：mg/L)

溶氧范围	种类								
	青鱼	草鱼	鲢鱼	鳙鱼	鲤鱼	鲫鱼	罗非鱼	鲮鱼	鲂鱼
正常范围	5	5	5.5	5	4	2	3.5	4	5.5
最低范围	2	2	2	2	2	1	1.5	2	2
窒息范围	0.6	0.4	0.8	0.4	0.3	0.1	0.4	0.2	0.6

(3)酸碱度(pH值)

各种水产动物有不同的适宜pH值范围，一般多偏于中性或弱碱性，即pH值为7～8.5之间。如鳗鲡适合的pH为7.2～8.5，乌鳢适合的pH为6.6～7.0。过酸、过碱的水均对水产动物造成不良的影响。酸性水体可使血液中的pH值下降，造成缺氧症状，且摄食量减少，生长缓慢，抗病力降低，一些淡水鱼类容易感染嗜酸卵甲藻而患打粉病。碱性水体可使水产动物组织蛋白质发生玻璃样变性。“四大家鱼”在pH值低于4.2或高于10.4的水中，只能存活极短的时间，很快就会死亡。斑节对虾耐受pH值范围为7～9，若pH值低于7时，其蜕皮受阻，pH值低于4时则无法生长。

(4)盐度

各种水产动物能够在不同盐度水域中生活,与其具有完善的渗透压调节机制有关。但这种调节作用只能局限于一定范围内,如果盐度过高或过低,都会影响水产动物的生长发育和抗病力,特别是盐度突变时,其不能很快适应,往往致死或引发疾病。就海水养殖动物而言,养殖水体的盐度是制约其生存与生长的主要因素之一。石斑鱼的生存盐度为 11～41;斑节对虾的生存盐度为 2～45,最适繁殖盐度为 28～33,最适养成盐度为 10～20。

(5)水中化学成分和有毒物质

水中某些化学成分或有毒物质含量超过水产动物允许的范围,也会引起水产动物中毒或引发其他疾病。池塘中饵料残渣和粪便等有机物质在腐烂分解过程中,既消耗水中大量溶解氧,还会产生氨、硫化氢等有害气体,危害水产动物。

①重金属离子:水中的重金属离子(如汞、银、铜、镉、铅、锌等)超标时,幼鱼易患弯体病。如新挖的池塘或重金属含量较高的地方饲养苗种容易引起弯体病。

②氨:氨在水中以 NH_3 和 NH_4^+ 的形式存在。当总铵浓度一定时,NH_3 与 NH_4^+ 按下式达到平衡:$NH_3+H_2O \leftrightarrows NH_4OH \leftrightarrows NH_4^+ + OH^-$。$NH_3$ 与 NH_4^+ 在水中可以互相转化,NH_3 对水产动物是有毒的,而 NH_4^+ 则无毒。我们所测定的氨含量通常是指总铵量(包括 NH_3 和 NH_4^+)。水体中氨的毒性实际上是由 NH_3 所引起的。在总铵量一样的情况下,NH_3 的毒性会因水中 pH 值、水温、溶解氧、重金属含量等条件不同而有很大差异。一般来说,当 pH 值、水温、重金属含量升高或溶解氧含量减少时,NH_3 在总铵中的比例增加,NH_3 含量越多,对水产动物的毒性就越强。

我国渔业水质标准规定水中 NH_3 的含量不得超过 0.02 mg/L(附录 1)。NH_3 浓度与总铵浓度间的换算按表 2-3 进行。

表 2-3 NH_3 在水溶总铵的百分比

温度(℃)	pH 值								
	6	6.5	7	7.5	8	8.5	9	9.5	10
5	0.013	0.040	0.12	0.39	1.2	3.8	11	28	56
10	0.019	0.059	0.19	0.59	1.8	5.6	16	37	65
15	0.027	0.087	0.27	0.86	2.7	8.0	21	46	73
20	0.040	0.13	0.40	1.2	3.8	11	28	56	80
25	0.057	0.18	0.57	1.8	5.4	15	36	64	85
30	0.080	0.25	0.80	2.5	7.5	20	45	72	89

③硫化氢:硫化氢对水产动物具有很强的毒性。水中 H_2S 浓度超过 6.3 mg/L 时,鲤鱼就会死亡;超过 4.3 mg/L 时,金鱼就会死亡;超过 1 mg/L 时,甲壳类就会死亡。水中的硫化氢与可溶性硫化物之间存在下列平衡:$H_2S \leftrightarrows H^+ + HS^- \leftrightarrows 2H^+ + S^{2-}$。当硫化物总量(包括 H_2S、HS^- 和 S^{2-})一定时,水的 pH 值越低,H_2S 所占的比例越大,对水产动物的毒性就越强。

我国渔业水质标准规定硫化物的最大浓度允许量为 0.2 mg/L(附录 1)。不同 pH 值时,H_2S 占硫化物总量的百分比见表 2-4。

表 2-4 不同 pH 值时，H_2S 占硫化物总量的百分比(A) 水温:25 ℃

水样的 pH	A(%)	水样的 pH	A(%)	水样的 pH	A(%)
5.0	98	6.8	44	7.7	9.1
5.4	95	6.9	39	7.8	7.3
5.8	89	7.0	33	7.9	5.9
6.0	83	7.1	29	8.0	4.8
6.2	76	7.2	24	8.2	3.1
6.4	67	7.3	20	8.4	2.0
6.5	61	7.4	17	8.8	0.79
6.6	56	7.5	14	9.2	0.32
6.7	50	7.6	11	9.6	0.13

④亚硝酸盐：亚硝酸盐对水产动物的毒性较强，鱼类长期处于高浓度的亚硝酸盐的水体中会中毒。当水中亚硝酸盐浓度>0.2 mg/L 时，鱼类血液中红细胞和血红蛋白数量逐渐减少，血液载氧能力逐渐减低，造成慢性中毒，此时摄食量降低，鳃组织出现病变，呼吸困难、骚动不安。当水中亚硝酸盐浓度达到 0.5 mg/L 时，某些新陈代谢功能失常，免疫功能衰退，抗病能力下降，此时极易患病，亚硝酸盐浓度高于 0.8 mg/L 时，引起大批死亡。河蟹、对虾育苗水质的亚硝酸盐氮应控制在 0.1 mg/L 以下，0.3 mg/L 时轻度死亡，超过 0.5 mg/L 将引起大量死亡。

此外，有些水源由于矿山、工厂、油田、码头、农田的排水和某些生活污水的排入，使养殖水域受到不同程度的污染，因为污水中含有重金属离子、化学物质、残余的农药等有毒物质，这些有毒物质会影响水产动物的生理活动，致使水产动物急性或慢性中毒，严重时还会引起死亡。

3.人为因素

在养殖生产中，任何一个养殖环节，如果不能严格饲养管理，或操作技术不当，都有损于水产动物机体的健康，导致疾病的发生，甚至死亡。主要表现在：

(1)放养密度不当和混养比例不合理

放养密度过大，必然造成缺氧和饲料利用率降低，从而引起水产动物生长快慢不均匀、大小悬殊，瘦小的个体因争食不到饲料而饿死。混养的目的是合理利用水体的空间和天然饵料，但若混养比例不合理，也不利于水产动物的生长。将同样数量的鲢、鳙鱼种混养在同一池中，由于鳙鱼抢食能力不如白鲢，因而造成饵料不足、营养不良、抗病力减弱，鱼多数萎瘪，从而为疾病的流行创造条件。

(2)饲养管理不当

疾病发生与否和饲养管理有很大的关系。管理工作科学、仔细、全面，疾病就能得到较好的控制。反之，疾病发生的机会就增多。在饲养过程中，若投喂不清洁或腐烂变质的饲料，容易引起肠炎病；若投喂不足，机体瘦弱，抗病力差，容易引起“跑马病”；若施肥的种类、时间或方法不当，易使水质恶化，引起病原生物的滋生，从而引发疾病。

(3)机械性损伤

在拉网、催产注射、运输过程中，常因操作不慎或使用工具不当给水产动物带来不同程度的损伤，如鳞片脱落，鳍条、附肢折断，皮肤、外骨骼受损等，水中的细菌、霉菌等病原生物乘机侵袭引发继发性感染。

2.3.2 疾病发生的条件

疾病的发生不仅要有一定的原因,还要有适宜的条件。条件不同,即使有病原存在,疾病也不一定发生。疾病发生的条件主要有机体本身和外界环境两方面。

1.机体本身

机体本身条件主要有机体的种类、年龄、性别和健康状况等。当年草鱼种容易感染隐鞭虫而患病,同池的鲢、鳙鱼种,即使大量感染也不患病。白皮病多发生在夏花鱼种培育池和越冬池内,一龄以上的鱼很少发病。对虾特汉虫病多发生在雌虾体上,大眼鲷匹里虫病主要发生在雌鱼体上。鱼体受伤容易感染水霉而发病,而鱼体健康,表皮完好无缺则不会感染水霉。某一池塘某种疾病流行时,并非整池同种类,同规格的个体都发病,而是有的患病严重死亡,有的患病较轻而逐渐自愈,有的则根本不生病。

2.外界环境

外界环境条件主要有气候、水质、饲养管理和生物区系等。如双穴吸虫病流行,必须具备该病原体的第一中间寄主椎实螺和终寄主鸥鸟,否则就无法流行。

2.3.3 原因和条件的关系

原因和条件之间是密切联系的。疾病的发生都有一定的原因,但病因并不是孤立地起作用,而是在条件的影响下发挥作用。病因决定疾病的发生及其基本特征,它起着主要的作用,而条件则可影响病因的作用,它不能引起疾病,但能促进或阻碍疾病的发生和发展。同时疾病的原因和条件又是相对的,在不同情况下,同一因素可以是发病的原因,也可以是发病的条件。如严重饥饿可使鱼患萎瘪病,此时饥饿为发病的原因,但越冬后,饥饿使得春花鱼种生长不好,体质差,抗病力降低,易感染寄生虫病,此时饥饿就为发病的条件。

2.4 水产动物疾病的发展和结果

2.4.1 疾病的发展

病原作用于机体后,疾病并不是立刻表现出来,一般有一个发展的过程。根据疾病发展中典型症状的有无或明显与否,可将疾病过程分为潜伏期、前驱期和发展期三个期。

1.潜伏期

从病原作用于机体到出现症状前的阶段称为潜伏期。潜伏期长短不一,即使同一种疾病,也因病原的数量、毒力、侵入途径和机体的状况及环境条件等不同而有很大的差异。如机械损伤就没有潜伏期。剧烈中毒的潜伏期很短,仅数分钟。如能在疾病潜伏期隔离观察和采取相应的治疗措施,可起到积极的预防疾病传播的作用。

2.前驱期

疾病出现最初症状到出现典型症状前的阶段称为前驱期。前驱期很短，所出现的症状并非某种疾病所特有的症状。前驱期的临床表现为早期诊断与及时治疗提供了信号。

3.发展期

出现某种疾病的典型症状。机体在机能、代谢或形态结构方面有明显的改变。发展期症状常是临床诊断的重要依据，应果断及时采用有效的治疗措施。

2.4.2　疾病的结果

不同疾病有不同的结局，相同疾病也有不同的结局，是否积极有效的治疗直接影响疾病的结果。疾病在自然发展或采取治疗措施的情况下，其最终结果有完全恢复、不完全恢复和死亡三种情况。

1.完全恢复

病原体消除，症状消失，机体机能、代谢和形态结构完全恢复。

2.不完全恢复

主要症状消失，但机体未完全康复，机能代谢有一定的障碍或是在形态结构上还留下持久的病理状态，机体的正常活动受到一定的限制。不完全恢复为疾病的复发留下隐患，当机体免疫力下降，或外界环境的剧烈变化使机体抗损伤反应减弱时，可引起疾病的重新发生。

3.死亡

疾病严重发展，最终导致机体死亡。

本章小结

本章主要介绍疾病和水产动物疾病的概念、疾病种类、基本病理过程以及疾病的发生与发展等内容。要求掌握疾病和水产动物疾病概念；掌握循环障碍中局部贫血、充血、出血、血栓形成的概念、原因、病理变化和对机体的影响；掌握细胞与组织损伤中萎缩、变性和坏死的概念、原因、病理变化和对机体的影响等；掌握炎症概念、原因、基本病理变化、临床表现和结局；了解循环障碍中梗死、栓塞、水肿和积水的概念、原因、病理变化和对机体的影响；了解肿瘤的概念、良性肿瘤与恶性肿瘤的区别；掌握水产动物疾病发生的原因与条件以及两者之间的关系；了解水产动物疾病的发展与结果。

思考题

1.名词解释：

疾病、水产动物疾病、充血、出血、局部贫血、梗死、血栓形成、栓塞、水肿、萎缩、变性、坏死、炎症、肿瘤

2.如何根据病原划分水产动物疾病的类型？

3.如何根据感染情况划分水产动物疾病的类型？

4.水产动物常见的血液循环障碍有哪些？细胞和组织损伤有哪几种形式？

5.引起水产动物炎症的原因有哪些？局部组织会发生哪些基本病理变化？

6.水产动物疾病发生的原因和条件有哪些？两者之间的关系如何？

7.如何区别良性肿瘤与恶性肿瘤？

第3章　渔药及其使用技术

药理学是研究药物防治疾病的原理和方法，阐明药物与机体间相互作用的科学。其内容包括：药物对机体的作用规律和作用原理；药物在机体内所经过的变化；药物对机体的毒性反应、中毒原因和防治措施。其为科学用药，发挥药物的治疗作用，减少不良反应提供理论依据，也为开辟、寻找新药提供线索，充分发挥药物在治疗和预防上的最大效能。

3.1　渔药概述

3.1.1　兽药与渔药的定义

1.兽药

兽药是指用于预防、治疗、诊断动物疾病或者有目的地调节动物生理机能的物质（含药物饲料添加剂），主要包括：血清制品、疫苗、诊断制品、微生态制品、中药材、中成药、化学药品、抗生素、生化药品、放射性药品及外用杀虫剂、消毒剂等。

2.渔药

渔药即渔用药品的简称，它是兽药的一种。渔药是指用以预防、控制和治疗水产动植物的病、虫、害，促进养殖品种健康生长，增强机体抗病能力以及改善养殖水体质量的一切物质。

渔药包括水产动物药和水产植物药两部分。由于当前国际上对渔药的研究、开发和应用，主要集中于水产动物药，故常常将渔药狭义地局限为水产动物药。

渔药的应用范围：仅限于增、养殖渔业，而在捕捞渔业和水产品加工业方面所使用的物质，则不包含在渔药范畴内。

渔药的使用对象：水生（产）动植物，包括鱼类、甲壳类、贝类、藻类以及水生的两栖类、爬行类和观赏水族生物。

3.1.2　假兽药和劣兽药的判定标准

1.假兽药的判定标准

（1）《兽药管理条例》第四十七条规定：有下列情形之一的，为假兽药：

①以非兽药冒充兽药或者以他种兽药冒充此种兽药的；

②兽药所含成分的种类、名称与兽药国家标准不符合的。

(2)《兽药管理条例》第四十七条规定：有下列情形之一的，按照假兽药处理：

①国务院兽医行政管理部门规定禁止使用的；

②依照本条例规定应当经审查批准而未经审查批准即生产、进口的，或者依照本条例规定应当经抽查检验、审查核对而未经抽查检验、审查核对即销售、进口的；

③变质的；

④被污染的；

⑤所标明的适应证或者功能主治超出规定范围的。

2.劣兽药的判定标准

《兽药管理条例》第四十八条规定：有下列情形之一的，为劣兽药：

①成分含量不符合兽药国家标准或者不标明有效成分的；

②不标明或者更改有效期或者超过有效期的；

③不标明或者更改产品批号的；

④其他不符合兽药国家标准，但不属于假兽药的。

3.1.3 渔药的作用特点

尽管渔药被包括在兽药之内，但渔药有其明显的特点，主要表现为渔药应用对象的特殊性、施药方法的不同以及药效易受环境因素影响等方面。

1.渔药应用对象的特殊性

渔药应用对象主要是水生养殖动物，其次是水生植物以及水环境。用于水产养殖动物的药物与兽药以及人用药物的关系较密切，而用于水生植物的药物则多与农药有关。不同养殖对象的生理特性差异大，对药物的耐受性、药物对它们所产生的效应以及药物在它们体内的代谢规律也均有显著差异。

2.渔药施药方法的不同

渔药多以群体施药为主，因而对施药方法的有效、安全、成本等提出了更高的要求。在用药时，施药对象是水体中的全部水生生物。渔药使用不当，可直接或间接地影响养殖动物和人类的健康以及水域生态环境。只有正确使用渔药，才不至于产生公害，才能保证水体不受污染，保证水产养殖动物和人类安全。

3.渔药的药效易受环境因素影响

渔药不可直接投喂或直接作用于水生养殖动物，而是在很多情况下需要先施放在水中，通过水的媒介，再被水生动物获取或通过水作用于水生动物，因此，其药效受水环境的诸多因素的影响，如水质、水温等，这是与人用药物及兽药的较大差别之一。

3.1.4 渔药产品标识

渔药产品除了标明主要成分、性状、作用与用途、用法与用量外，还应标明批号、有效期和休药期。

1.批号

渔药按照规定都必须具有药品的“批号”。购药时要看清生产批准标记。此外还应有生产药厂名称,以及该厂的生产许可证号等。

2.生产日期、有效期

渔药在外包装上都应标明该产品的生产日期和有效期;或者失效期是何年何月何日。购买和使用渔药时,必须注意渔药的生产日期和有效期限,不要购买和使用过期的渔药。

3.休药期

休药期是指最后停止给药日至许可水产品作为食品上市出售的最短时间。休药期一般用“×××天”表示,也可用“×××度日”表示(欧盟标准),如500度日表示某种药物在全天平均水温25 ℃时休药期为20 d。

某种药物休药期的长短是根据药物进入动物体内吸收、分布、转化、排泄与消除过程的快慢而定的。渔药的种类、使用方法、使用剂量不同,其在水产动物体内代谢过程所需时间也不同。因此,作为食用水产动物,为了保证水产品消费者的安全,避免水产动物体内残留的药物对消费者健康的影响,每种渔药都有其相应的休药期,不允许出售有残留药物的水产动物,特别是抗生素类药物在食品卫生上是严格控制的。

常用渔药休药期见附录2。国标渔药中未规定休药期的抗生素,其休药期一般为500度日;增氧剂、氧化剂、碘制剂、氯制剂等未规定休药期。

3.1.5 渔药分类

药物种类繁多,对其分类众说不一。按药物的化学性质分有无机药物、有机药物和无机、有机成分混合药物三类。按药物的临床应用分有预防药、治疗药和诊断药三大类。

目前,渔药分类基本以来源和使用目的进行分类。

1.按渔药的来源分类

按来源将渔药分有天然渔药、人工合成渔药和生物技术渔药三大类。

(1)天然渔药:主要指具有一定药理活性的植物、动物、矿物和微生物药物,以及通过发酵产生的物质。如抗生素、中草药、漂白粉、生石灰等。

(2)合成渔药:指人工合成的化学物质。如磺胺类药物、喹诺酮类药物、敌百虫等。

(3)生物技术渔药:指通过细胞工程、基因工程等新技术产生的药物。如酶制剂、生长激素、疫苗等。

2.按渔药使用目的分类

(1)环境改良剂:以改善养殖水环境为目的所使用的药物。包括底质改良剂、水质改良剂和生态条件改良剂等,如生石灰、沸石等。

(2)消毒剂:以杀灭水体中的有害微生物及原生动物为目的所使用的药物。如氧化剂、有机碘制剂等。

(3)抗微生物药:指通过内服或注射,杀灭或抑制体内病原微生物繁殖、生长的药物。包括抗病毒药、抗细菌药、抗真菌药等,如复方新诺明、氟苯尼考、硫酸新霉素粉等。

(4)杀虫驱虫药:通过浸洗或内服,杀灭或驱除水产动物体内、外寄生虫及敌害生物的一类物质。如硫酸铜、硫酸亚铁,敌百虫和硫酸二氯酚等。

(5)代谢改善和强壮药:以改善水产养殖动物机体代谢,增强机体体质、病后恢复,促进生长为目的而使用的药物。包括激素、维生素、矿物质、氨基酸等。通常以饲料添加剂方式使用。

(6)中草药:指为防治水产动植物疾病或改善养殖对象健康为目的而使用的经加工或未经加工的药用植物,又称天然药物。包括抗病毒中草药、抗细菌中草药、抗真菌中草药、杀虫驱虫中草药等。

(7)生物制品和免疫激活剂:通过物理、化学手段或生物技术制成微生物及其相应产品的药剂,通常具有特异性的作用。如诊断试剂、疫苗等。

(8)其他:包括氧化剂、防霉剂、麻醉剂、镇静剂、增效剂等,如山梨酸等。

渔药分类的目的是方便应用。实际上某些药物兼有两种或两种以上的功能,如生石灰既有改良环境的功效,又有消毒的作用。

3.1.6 渔药的体内过程

研究药物在机体内变化规律的科学,称为药动学。它主要研究机体对药物处置的过程,包括药物在机体内的吸收、分布、代谢(生化转化)及排泄的过程,特别是血药浓度随时间变化的规律。

渔药进入机体后即产生药效,然后再由机体排出体外,此期间经历了吸收、分布、代谢和排泄四个基本过程,这个过程称为药物的体内过程。在此过程中,代谢和排泄是渔药在体内逐渐消失的过程,称为消除;分布和消除是渔药吸收之后的全过程,统称为处置。吸收、分布和排泄是渔药在空间上的迁移,属物理变化称为转运;代谢属于化学变化,亦称转化。

1.吸收

药物从给药部位进入血液循环的过程称为吸收。

给药途径、渔药的理化性质及其制剂的性质、机体的生理因素和首过效应等都会影响渔药的吸收。

2.分布

药物吸收后从血液循环到达机体各个器官和组织的过程称为分布。

药物脂溶性、体液的 pH、血液和组织间的浓度梯度、组织和器官的血流量、药物与组织的亲和力和体内屏障等因素将影响渔药的分布。

3.代谢

药物在体内发生化学结构改变的过程称为代谢,也称为生化转化。药物代谢的主要器官是肝脏。

4.排泄

药物及其代谢产物被排出体外的最终过程,或药物最后被彻底消除的过程称为排泄。渔药排泄主要有肾脏排泄和非肾脏(如胃肠道、肝脏、胆汁、呼吸器官)等两种方式。

3.1.7 渔药作用类型

研究药物对机体产生的生理生化效应和产生这些效应的作用机制以及药物效应与药物剂量之间的关系的科学,称为药效学。

药物对机体的作用表现为使机体的生理功能或生化反应过程发生变化称为药物的作用或效应。

药物对疾病起作用是机体与药物相互作用的结果。药物进入机体后,一方面药物对机体产生各种作用,另一方面机体也不断作用于药物,使药物发生变化。药物作用的类型主要有以下几种:

1.药物的基本作用

药物对于机体的作用,主要是机体在药物影响下产生机能活动上的改变。凡能使机能活动增强或提高的作用称为兴奋作用;能使机能活动减弱或降低的作用称为抑制作用。兴奋和抑制并非固定不变的,随药量的增加或减少两者可互相转化。无论是兴奋作用还是抑制作用都不能使机体产生新的生理机能,只能影响机体原有的生理机能。

2.局部作用和吸收作用

按作用发生时,药物是停留在用药的部位,或被吸收到机体来确定。

(1)局部作用

药物停留在用药部位所发生的作用称为局部作用。如外用消毒药对鱼体皮肤的消毒作用;杀虫药能杀灭鱼体外的寄生虫等。局部作用不仅表现在体表,也可表现在体内。如咪唑类等驱虫药物,可使肠道寄生虫麻醉,使之无法附着在寄主肠壁上,而随寄主粪便排出体外。苦楝、苦参、槟榔等具有杀虫功能的中草药,外用时可麻痹体外的寄生虫,内服时也可使肠道寄生虫产生麻痹,达到驱虫、杀虫目的。

(2)吸收作用

药物吸收到体液循环后所发生的作用称为吸收作用。如磺胺类药物治疗赤皮病,外用药也可通过皮肤或黏膜吸收产生吸收作用,甚至引起中毒。

3.直接作用和间接作用

按发生机制,药物作用可分为直接作用和间接作用两种。

(1)直接作用

药物作用所接触的部位对药物所发生的反应称为直接作用。如敌百虫可以直接杀死鱼体外寄生虫。

(2)间接作用

由直接作用所引起而发生在其他部位的反应称为间接作用。如鱼壮粉通过改善鱼体营养,调节代谢功能,而达到防治鱼类脂肪肝病的作用。

4.选择作用和普遍细胞作用

(1)选择作用

药物进入机体后对组织器官的作用强度不一,对某些组织器官的作用特别明显,而对其他组织作用甚小甚至无作用,渔药的这种特点称为渔药的选择作用。

青霉素能阻止细菌细胞壁的合成,因而能对细菌起到杀灭作用,而对鱼无毒性。磺胺类药物能抑制二氢叶酸合成酶,因而能抑制细菌的生长和繁殖。敌百虫能选择性与寄生虫体内的胆碱酯酶结合,使酶丧失水解乙酰胆碱的能力,导致寄生虫体内乙酰胆碱蓄积,引起虫体兴奋、痉挛,最后麻痹死亡,而敌百虫与机体之间却不产生任何作用。

渔药的选择作用是相对的,它会随着剂量、剂型及其给药方式的改变而发生相应的变化。多数选择性高的药物,使用时针对性强,而选择性低的药物,则作用范围广,应用时副作用较多。

(2)普遍细胞作用

药物与接触的组织器官都有类似的作用称为普遍细胞作用。硫酸铜能与一切生活组织所必需的含巯基(SH)的酶结合,而破坏其机能。漂白粉能对细菌、病毒、寄生虫等原浆蛋白产生氯化和氧化作用。

5.防治作用与不良反应

(1)防治作用

包括预防作用和治疗作用。

①预防作用:能阻止、抵抗病原体侵入,或促使机体产生相应抗体,以预防疾病发生的作用称为预防作用。

②治疗作用:药物有减轻或治愈疾病的作用称为治疗作用。如含氯消毒剂,不但可以治疗疾病,消除病因,而且还可以用于预防疾病和改良水质。

治疗作用一般分对因治疗和对症治疗两种。对因治疗又称治本,用药目的在于消除疾病的原发性致病因子,彻底治愈疾病。例如抗生素消除体内致病菌。对症治疗又称治标,用药目的在于改善疾病的症状。如缺氧浮头时使用过氧化钙粉剂。对症治疗虽然不能根除病因,但是对于诊断病因暂时未明的疾病却是必不可少的。在水产动物疾病防治中常采用对因和对症治疗相结合方法,实际应用时应视病情的轻重灵活运用,遵循“急则治其标,缓则治其本,标本兼顾”的原则。

(2)不良反应

大多数药物在发挥治疗作用的同时,都存在程度不同的不良反应,这就是药物作用的两重性。不良反应指正常剂量的药物用于预防、诊断、治疗疾病或调节生理机能时出现的有害的和与用药目的无关的反应。不良反应常有以下几种类型:副作用、毒性反应、变态反应、继发性反应、后遗反应和停药反应。

①副作用:指药物用常用剂量治疗时,伴随治疗作用出现的一些与治疗无关的不适反应。用硫酸铜,晶体敌百虫等药物全池遍洒治疗寄生虫病时,虽然寄生虫被杀灭了,但带来的副作用是水产动物产生厌食。用硝酸亚汞治疗金鱼小瓜虫病时,随之而来的是金鱼体表色素的变化等副作用的发生。将抗生素添加到饲料中,能预防水产动物细菌性疾病,但带来的副作用是肠内细菌的耐药性和组织残留。副作用是药物所固有的,一般不太严重,可预测,但很难避免。副作用和治疗作用在一定条件下是可以转化。副作用常为一过性的,随治疗作用的消失而消失。但是有时候也可引起后遗症。

②毒性反应:指用药剂量过大或用药时间过长、蓄积过多,使机体发生严重功能紊乱或病理变化的反应。毒性反应一般是可以预知的,而且也是应该避免的。毒性反应分慢性毒性和急性毒性。“三致”(致癌、致畸、致突变)反应属于慢性毒性范畴。那些药理作用较强,

治疗剂量与中毒剂量较为接近的药物容易引起毒性反应。

③变态反应:也称过敏反应,它是指机体受药物刺激后所发生的不正常免疫反应。它与剂量无关,但与水产动物的种属、个体状况有关。不属于药物所固有的,不可预测。停药后变态反应结果逐渐消失,再次使用时即可导致其再发生。如青霉素引起的过敏性休克。

④继发性反应:指药物的治疗作用所引起的不良后果。如长期使用广谱抗菌素,由于大多数敏感菌被抑制,水产动物体内菌群间原有的相对平衡状态受破坏,致使少数病菌产生抗药性后大量繁殖,引起该类病菌疾病的继发性感染。

⑤后遗反应:指停药后血药浓度已降至最低有效浓度以下时尚残存的有害药理效应。

⑥停药反应:指突然停约后原有疾病的症状复发或加重。

6.协同作用和拮抗作用

(1)协同作用

当两种或两种以上药物合并使用时,其作用因互相协助而增强称为协同作用。硫酸亚铁与硫酸铜合用,可增加主效药的通渗性,从而提高硫酸铜药效。大黄与氨水合用,可使大黄的药效增加4倍。乌桕与生石灰合用,可使乌桕药效增加32倍。磺胺类药物与甲氧苄胺嘧啶(TMP)合用,可使磺胺类药物药效增加4～8倍。

(2)拮抗作用

当两种或两种以上药物合并使用时,其作用因互相对消而减弱称为拮抗作用。敌百虫与生石灰合用产生敌敌畏,不仅降低了敌百虫的药效,而且生成的敌敌畏会使毒性增强100倍,对水产动物产生较大危害;青霉素与四环素混用也会产生拮抗作用。拮抗作用常用于解除某一药物的毒性反应。敌百虫等有机磷中毒,可用阿托平来缓解。

有些渔药合用不仅表现出协同作用,还能相互纠正不良反应,提高疗效,如三磺合剂就是将三种磺胺类渔药合并使用,制成混悬剂,增强抗菌效果的同时,降低对肾脏的毒性。但是有些有毒副作用的渔药合用时,不仅不会使其毒副作用减弱,反而会导致其增强,如链霉素、庆大霉素或新霉素同时或先后用均可致肾脏毒性反应增加。

拮抗作用是联合用药时应当尽量避免的作用,一般属配伍禁忌。对于存在配伍禁忌的药,应错开使用。在前一种渔药药性基本消失后再使用后一种渔药,如使用三氯异氰脲酸和生石灰防病治病时,二者间隔时间要在7 d以上。

3.1.8 渔药作用的机制

渔药种类繁多,其化学结构和理化性质各不相同,因此,其作用机制也各不相同。渔药的作用机制是多方面的,主要包括非特异性药物作用机制和特异性药物作用机制。

1.非特异性药物作用机制

这类药物的生物活性与药物的化学结构关系不大,主要与其理化性质有关,如解离度、溶解度、酸碱度、渗透压和表面张力、氧化还原性等。主要包括:

(1)改变细胞周围的理化环境

如高浓度食盐水溶液能改变细菌细胞内渗透压,使细胞内外液体发生平衡失调而死亡;表面活性剂类消毒防腐剂通过表面活性作用,改变菌体细胞膜通透性使细胞内物质外流,从而发挥杀灭微生物的作用。

(2)参与机体生化过程,影响机体的代谢

如B族维生素作为体内多种酶的辅酶成分参与机体大量物质的代谢过程,B族维生素的缺乏往往会引起机体代谢紊乱。

(3)通过脂溶性影响神经细胞膜的功能

如乙醚等麻醉药,由于脂溶性高,进入细胞膜时可以造成膜膨胀,膜脂分子排列紊乱,流动度增加,干扰细胞膜传导冲动的功能,产生全身麻醉作用。

(4)螯合作用

如乙二胺四乙酸二钠可通过与水体中的多种金属离子形成络合物,降低水域中金属离子浓度,减轻水体中重金属污染。高锰酸钾还原后形成的二氧化锰与蛋白结合成蛋白盐类的络合物,沉积于虫体表面形成棕褐色胶状物,虫体窒息而死亡。

2.特异性药物作用机制

这类药物的生物活性与药物的化学结构密切相关。凡具有相同有效基团的药物,一般都具有相同的药理作用。药物与相应靶蛋白(酶、离子通道、载体、免疫蛋白、受体等)发生特异性结合后,诱发特定的细胞内信号转导过程及相应的生理生化效应,这类药物与靶蛋白的亲和性高,效价强度较大(剂量较小)。

(1)影响酶的活性

药物与酶结合后影响酶的活性。例如磺胺类药物抑制二氢叶酸合成酶,干扰细菌叶酸代谢,抑制细菌生长。

(2)影响细胞膜离子通道

药物可控制Ca^{2+}、K^{+}、Na^{+}、Cl^{-}等离子通道的关闭和开放,影响细胞内外无机离子的转运和分布,能迅速改变细胞功能,从而引起神经兴奋或抑制、血管收缩或舒张等。

(3)参与或干扰细胞代谢过程

药物可经载体转运,也可直接作为载体帮助体内大分子物质的转运。

(4)影响免疫功能

药物可影响机体的正常免疫反应,纠正超敏和缺陷的免疫反应,有些药物本身就是免疫系统中的抗体和抗原(疫苗)。

(5)影响体内活性物质

受体是大多数药物作用的靶点,根据药物与受体间亲和力和内在活性的不同,将药物分为激动药和拮抗药两大类。激动药对受体既有亲和力又有内在活性,与受体结合可引起药理效应;拮抗药又称称阻断药,对受体有较强亲和力,而无内在活性的药物,与受体结合后不产生效应。

3.1.9 影响渔药药效的因素

影响渔药作用的因素很多,概括起来有以下几个方面:

1.药物方面

(1)药物的理化性质与化学结构

药物作用与其理化性质、化学结构密切相关。生石灰一般块状,一旦变成粉末状,说明其成分已发生变化。硫酸亚铁呈绿色，若变黄褐色，则表明已失效。重金属盐类易与机体蛋白质发生化学结合反应，使之沉淀，因而可发生刺激、收敛或腐蚀作用。对氨基苯甲酸(PABA)是某些细菌的生长物质，磺胺类药物由于与其化学结构上的相似，能发生竞争性抑制，而表现其结构作用。药物的构效关系不仅影响药物作用的强度与效果，而且还会影响药物使用的安全。氯霉素会使人产生再生性贫血，导致白血病，已被禁用，取而代之的是氟苯尼考(氟甲砜霉素)，它保留了氯霉素的药理作用，克服了氯霉素可造成的副作用的缺点。

(2)药物的制剂和剂型

①制剂

某一药物制成的个别制品，通常是根据药典、药品质量标准、处方手册等所收载的、应用比较普遍并较稳定的处方制成的具有一定规格的药物制品，称为制剂。制剂可直接用于水产动物疾病的防治，如青霉素注射液。

②剂型

大多数药物的原料一般不宜直接用于水产动物疾病的预防或治疗，必须经加工制成适合使用、保存、运输的一种制品，称剂型。药物的剂型和制剂不同，即使在其药物剂量相同的情况下，其作用强度、作用效果和作用时间也不相同。药物的剂型对药效作用的影响，是因吸收速率不同，导致体内浓度差别而引起的。一般药物的分子越小，越易被吸收，晶体比胶体易吸收，液体比固体易吸收，水溶性比脂溶性易吸收。以口服剂型而言，溶液剂吸收的速度最快，散剂其次，片剂最慢。

(3)药物的剂量

剂量即药物治疗疾病的用量。药物的剂量可明显影响药物的作用。如金属收敛药物硫酸锌用于局部时，低浓度具有收敛作用，中等浓度具有刺激作用，而在高浓度时却具有腐蚀作用。又如大黄在小剂量时有健胃作用，中等剂量时有止泻作用，而在大剂量时却起着泻下作用。药物必须达到一定的剂量才能产生效应。在一定范围内，剂量越大药物作用越强。药物的剂量与效果关系见图3-1。

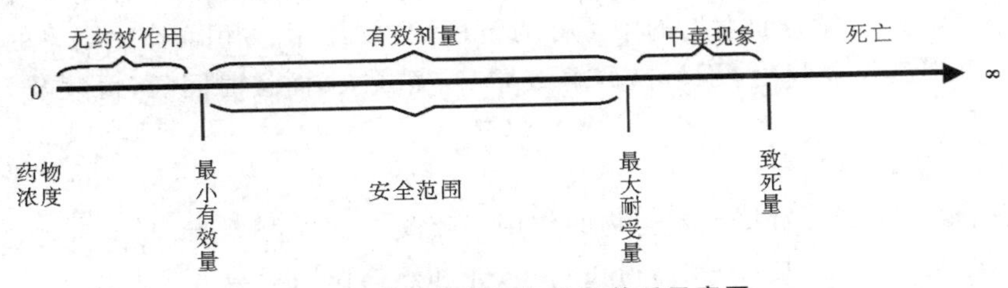

图3-1　药物的剂量与效果关系示意图

药物的剂量类型如下：

①无效量：药物剂量过小，不产生任何效应。

②最小有效量(阈剂量)：能引起药物效应的最小药物剂量。

③半数有效量(ED_{50})：对50%个体有效的药剂量。

④最大耐受量(极量)：出现最大药物效应的药剂量。

⑤安全范围：界于最小有效量与极量之间。良好的药物一般应有较大的安全范围。

⑥最小中毒剂量:使生物机体出现中毒的最低剂量。

⑦致死量:使生物出现死亡的最低剂量。

⑧半数致死量(LD_{50}):使 50%个体死亡的药物剂量。LD_{50} 值越小,渔药的毒性越大。

药物的剂量范围应灵活掌握,既要发挥药物的有效作用,又要避免其不良反应。如使用硫酸铜杀灭中华鳋时,一般 1 次全池遍洒的用量最高不能超过 0.7 mg/L,高于此浓度则易引起鱼、虾的死亡,但低于 0.2 mg/L,对寄生虫无效。此外,不同个体对同一剂量的反应存在着差异,因此,对于不同种类甚至同一种类的不同阶段,其药物的给予量是应有所不同的。

(4)给药方式

给药方法、给药时间、用药次数和反复用药均能影响药物作用效果。

①给药方法

一般来说,给药方法取决于药物的剂型,给药方法不同,药效作用也不同。以注射法吸收的速度最快,口服法其次,浸洗法或泼洒法最慢。

②给药时间

不同的给药时间,即使药物剂量相同,药效也会有所不同。一般来说,水产动物在饥饿状态时投喂效果较好,吸收较快。口服法一般在停饲一段时间后再给药,泼洒法一般在投饲之后再给药;酸性药物宜上午 9～10 时施用,碱性药物宜下午 3 时施用。

③用药次数

用药次数应根据病情需要和药物在机体内的消除速率以及维持有效的血药浓度而定。掌握正确用药量和用药次数,不仅可以减少不必要的损失,而且可以达到预期的防治效果。半衰期短、消除快的渔药,给药次数要相应增加;而半衰期较长,消除慢、毒性大的渔药,给药次数则应减少。杀菌药的作用主要取决于药物浓度,一日只需给药 1 次,既可提高疗效,又可减少不良反应;抑菌药的作用主要取决于必要的用药次数,次数不足,即使 10 倍药量,也不能达到治疗目的。

(5)药物的蓄积

当药物进入机体的速度大于药物自体消除的速度时,就会产生蓄积作用。在反复用药时,因体内解毒或排泄障碍而发生的中毒称为蓄积性中毒。由蓄积而产生毒害的药物,如六六六、DDT 等,因其性质稳定,不易被分解破坏,残留量大,而且时间长,可危及人类或水产动物的健康,现已禁用。

(6)药物的储藏和保管

药物的储藏和保管会直接影响药物的作用。硫酸亚铁储藏不当,与空气接触后生成碱式的硫酸亚铁,失去药效功能。漂白粉在 CO_2、光和热的作用下会迅速失效。

2.机体方面

(1)种类

水产动物对药物的敏感性,依其种类而异。鲑科鱼类比草、鲢鱼对硫酸铜敏感。鲈鱼、真鲷、淡水白鲳、鳜鱼比鲤科鱼类对敌百虫敏感。即便是同一种类,其在年龄和性别方面也存在差异。一般幼龄、老龄和雌性水产动物对药物较为敏感。如四大家鱼鱼苗比其成鱼对漂白粉敏感。

(2)机体的机能状态

机体的机能状态也会明显影响药物的作用。机能活动不同,对药物作用的反应也不同。

一般瘦弱、营养不良或患病的个体对药物较为敏感。鱼、虾等冷血动物不会发烧，因而退热药对水产动物没有作用。机体肝功能受损，可导致某些药物代谢酶的减少。肾功能受损，可造成药物蓄积。因此，在使用抗生素治疗传染性疾病时，应慎用或减少用药量。此外，捕捞、运输、换水等应激因素也能增加水产动物对药物的敏感性。

3.病原体方面

(1)病原体的耐药性

耐药性是生物与化学药物之间相互作用的结果。凡需要加大药物剂量才能达到原来在较小剂量时即可获得的药理作用的现象，称为耐药性，又称为抗药性。一些病原体在反复接触同一种药物后，其反应性不断减弱，以致最后病原体已能抵抗该药物，而不被杀灭或抑制。

耐药性有先天耐药性和后天耐药性两种。先天耐药性是由于病原体对药物代谢过快所致。后天耐药性的产生通常与用药量不足、疗程不够、长期使用同一种或同一类药物以及滥用药物等有关。

减少耐药性的对策主要有以下几点：

①科学诊断，及时治疗。

②合理选药，确保药物有效剂量与疗效。

③确定合理的疗程和投药次数。

④交替使用药物或联合用药。

⑤开发中草药、推广微生态制剂、提倡健康养殖。

(2)病原体的状态、类型和数量

病原体的状态、类型和数量都对药物的作用有影响。有些能形成胞囊的寄生虫，在药物的刺激下往往能形成胞囊，它们对药物的抵抗力就明显加强。青霉素对繁殖型细菌效果好，对生长型细菌差。一般革兰氏阳性菌比革兰氏阴性菌对抗菌消毒剂敏感。病原体数量越多，抗菌消毒剂作用就越弱。

4.环境方面

(1) pH值

碱性药物(新霉素)、磺胺类药物、阳离子表面活性剂等药物在偏碱性的水体中药效增强，而酸性药物、阴离子表面活性剂和四环素等药物，在偏碱性的水体中药效减弱，甚至失效。以漂白粉为例，漂白粉中的主要成分次氯酸钙，遇水后产生 HClO 与 ClO^-，两者的比例受 pH 值的影响。当水温 20 ℃时，HClO 与 ClO^- 的比例与 pH 值的关系可见表 3-1。可见，pH 值越低，HClO 越多，ClO^- 越少。HClO 与 ClO^- 的杀菌力的比约为 100∶1。所以，池水的 pH 值越低，HClO 越多，漂白粉的杀菌效果就越好。

表 3-1　HClO 与 ClO^- 在不同 pH 值水中的比例

pH值	8	7	6
HClO(%)	29	80	97.5
ClO^-(%)	71	20	2.5

(2)温度

药物的吸收、毒性、药效与水温有密切关系。一般水温升高，药物的毒性增强，水温越高，药效越好，不少药物在低温环境下(水温低于 10 ℃)疗效明显下降。但有的药物却相反，如溴氢菊酯在 20 ℃以上药效强度要比 20 ℃以下低得多。渔药的用量是在水温 20 ℃左右的基础用量，水温升高时应酌情减少用药量，水温降低时应适当增加用药量。

(3)有机物

由于不少药物，如漂白粉、硫酸铜、高锰酸钾、过氧化氢、新洁尔灭等，可与水中的有机物发生反应，因此，肥水池的用药量应适当提高，否则会影响药效。当然，也有一些药物，如碘和含碘制剂受有机物的影响则较小。

(4)溶解氧

一般来说，水中的溶解氧越低，药物对水产动物的毒性就越大。如硫酸铜、漂白粉在低溶解氧水中比在高溶解氧水中具有更大的毒性和药效。

(5)硬度

水的硬度往往也会影响有些药物的毒性和药效。如硫酸铜在硬水中，会与碳酸盐作用，生成蓝色的碱性碳酸盐，从而降低药效。因此，它在软水中比在硬水中具有更大的药效。

(6)光照

除了光敏药物(容易被光照分解的药物)之外，一般光照对药效的影响不大。但如果药物的作用与光合作用有关，如用于杀藻的药物，则光照就与药效有关。

3.2 国标渔药选用原则

3.2.1 渔药选择原则

药物在水产动物疾病防治中具有重要的作用。许多疾病是通过各种药物来获得治疗的。但是治疗一种疾病，究竟应选用哪种药物，应遵循以下几条基本原则：

1.有效性

从疗效方面考虑，首先要看药物对这种疾病的治疗效果。一般以用药后水产动物死亡率的降低情况作为确定疗效的主要依据。为使患病机体在短时间内，尽快好转和恢复健康，以减少生产上和经济上的损失，用药时应选择疗效最好的药物。高效、速效、长效是渔药选择的发展方向。如对细菌性肠炎病，一般选择恩诺沙星制成药饵投喂，或采用药饵口服和杀菌消毒剂遍洒相结合的方法；对细菌性皮肤病，许多药物如抗生素、磺胺类和含氯消毒剂等均有疗效，但首选含氯消毒剂，它能迅速杀死水产动物体表和水中的病原菌，且效果好。

2.安全性

“是药三分毒”，各种渔药或多或少都会有些副作用或毒性，因此在选择渔药时，既要看到它治疗疾病的一面，也要看到它引起不良作用的一面。有的药物疗效虽好，但是毒性太大，选药时不得不放弃，而改用疗效较好，毒性较小的药物。如敌敌畏，治疗甲壳动物引起的寄生虫病，杀虫效果显著，但它不仅污染水体，而且经常使用容易积累，影响机体健康，因此选药时，应选杀虫效果比它稍差的敌百虫。

渔药的安全性应考虑以下三个方面：药物对水产养殖动物的毒性、药物对水域环境的污染和药物对人体健康的影响。

3.方便性

渔药除少数情况下是使用注射法和涂抹法直接对个体用药外，绝大多数情况下是间接对群体用药，如口服法、全池遍洒法。因此，在防治某种疾病时一定要考虑操作是否方便。例如针剂类药物，费工费时，个体太小难以操作。

利用生物载体进行给药具有方便、效果好的优点。方法是选择水产动物喜欢摄食的卤虫、轮虫等饵料生物滤食渔药颗粒，然后将携药饵料生物投喂鱼虾，从而获得较好的治疗或预防效果。

4.廉价性

在水产动物疾病防治中，除观赏鱼或繁殖个体外，绝大多数用药量很大。因此，在保证疗效和安全的原则下，尽可能选用廉价易得的药物。昂贵的药物养殖者是不会接受。

3.2.2　渔用药物使用基本原则

渔用药物的使用应严格执行农业行业标准《无公害食品　渔用药物使用准则》(NY5071-2002)(附录2)和农业农村部有关公告(附录3、附录4)的规定，禁止使用违禁药品。

(1)渔药使用应以不危害人类健康和不破坏水域生态环境为基本原则。

(2)水生动植物增养殖过程中对病虫害的防治，坚持“以防为主，防治结合”。

(3)渔药使用应严格遵循国家和有关部门的有关规定，严禁生产、销售和使用未经取得生产许可证、批准文号与没有生产执行标准的药物。

(4)积极鼓励研制、生产和使用“三效”(高效、速效、长效)、“三小”(毒性小、副作用小、用量小)的药物，提倡使用水产专用药物、生物源药物和生物制品。

(5)病害发生时应对症用药，防止滥用药物与盲目增大用药量或增加用药次数、延长用药时间。

(6)食用鱼上市前，应有相应的休药期。休药期的长短，应确保上市水产品的药物残留限量符合NY 5070要求(附录5)。

(7)水产饲料中药物的添加应符合NY 5072要求(附录6)，不得选用国家规定禁止使用的药物或添加剂，也不得在饲料中长期添加抗菌药物。

3.3　国标渔药使用技术

3.3.1　给药方法与技术

如果给药方法不当，即使有特效药，也难以达到用药的预期目的，甚至还会对患病机体增加危害。因此应根据发病对象的具体情况和药物本身的特性，选用适宜的给药方法。目前，水产动物疾病防治中常用的给药方法有以下几种：

1.全池遍洒法

全池遍洒法又称全池泼洒法，即将药物充分溶解并稀释，再均匀泼洒全池，使池水达到一定的药物浓度，以杀灭水产动物体表及水中的病原体。此法杀灭病原体较彻底，但安全性差，用药量大，副作用也较大，对水体有一定的污染，使用不慎易发生事故。可用于水产动物疾病的预防和治疗，通常在养殖池、器具消毒、杀灭敌害生物、苗种培育阶段使用。

遍洒法必须先丈量水体的面积和平均水深，计算出池水的体积，然后根据药物施用的浓度算出总的用药量。

遍洒药物时应注意事项：

(1)正确丈量水体。

(2)不易溶解的药物应充分溶解后再均匀全池遍洒。

(3)勿使用金属容器盛放药物。

(4)泼洒药物和投饵不宜同时进行，应先喂食后泼药。

(5)泼药时间一般在晴天上午进行，对光敏感的药物(如高锰酸钾等)宜在傍晚进行。

(6)操作者应位于上风处，从上风处往下风处泼。

(7)遇到雨天、低气压或浮头时不应泼药。

(8)泼药后最好适时开动增氧机，泼药后的 24 h 内要注意观察水产动物活动情况。

2.浸洗法

浸洗法又称浸浴法，即将水产动物置于较小的容器或水体中进行高浓度，短时间的药浴，以杀死其体外的病原体。此法用药量少，疗效好，不污染水体，但操作较复杂，易碰伤机体，且对养殖水体中的病原体无杀灭作用。一般只作为水产动物的受精卵、苗种、亲体转池、运输前后预防性消毒使用。

浸洗法必须先确定浸洗的对象，然后在准备好的容器内装上水，记下水的体积，按浸洗要求的药物浓度，计算和称取药物并放入非金属容器内，搅拌使其完全溶解，记下水温，最后把要浸洗的对象放入药液容器中，经过要求的浸洗时间后，将其出直接放入池中或经清水洗过后再放入池中。

浸洗法用药应注意事项：

(1)浸洗的时间应根据水温、药物浓度、浸洗对象的忍耐程度等灵活掌握。

(2)捕捞，搬运水产动物时应谨慎操作，防止机体受伤。

(3)浸洗程序不可颠倒，即先配药液，后放浸洗对象。注意避光操作。

(4)浸洗药液现配现用，每次浸洗数量不宜太多。浸洗后药液不要倒入养殖水体中。

(5)浸浴的时间较长时要充气，尽量减少因浸浴所产生的应激反应。

(6)两种药物合用时，应分别在不同容器中溶解后，再混合使用。

3.挂袋挂篓法(图 3-2、图 3-3、图 3-4)

挂袋挂篓法又称悬挂法，即将盛有药物的袋或篓挂在食场的四周，利用水产动物进食场摄食的机会，达到消毒的目的。一般易腐蚀的药物放在竹篓内，不易腐蚀的药物装在布袋内。此法用药量少，方法简便，毒副作用小，但杀灭病原体不彻底，只有当水产动物到挂袋或挂篓的食场吃食和活动时，才可能起到一定的消毒作用。只适用于预防和疾病早期的治疗。

挂袋挂篓法应先在养殖水体中选择适宜的位置，然后用竹竿、木棒等扎成三角形或方形框，并将药袋或药篓悬挂在各边框上，悬挂的高度根据水产动物的摄食习性而定。漂白粉挂篓法，每篓装漂白粉 100 g，每个食场挂 3～6 只。挂在底层的，应离底 15～20 cm，篓口要加盖，防止漂白粉浮出篓外；挂到表层的，篓口要露出水面。硫酸铜和硫酸亚铁合剂(5：2)挂

图3-2　防治草鱼细菌性赤皮病的漂白粉挂篓法

图3-3　防治青鱼赤皮病的漂白粉挂篓法

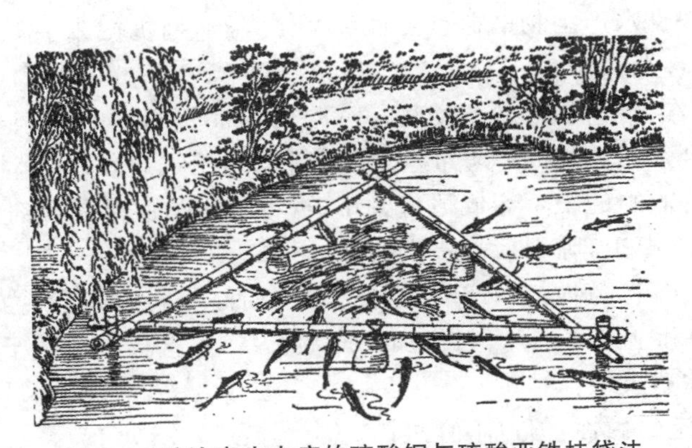

图3-4　防治寄生虫病的硫酸铜与硫酸亚铁挂袋法

袋法，每袋装硫酸铜100 g，硫酸亚铁40 g，每个食场挂3只。每天换药1次，连挂3～6 d。

采用挂袋挂篓法用药应注意事项：

(1)食场周围药物浓度要适宜。药物浓度过低水产动物虽来摄食，但杀不死病原体，达不到消毒的目的；药物浓度过高水产动物不来摄食，也达不到用药目的。药物浓度宜掌握在水产动物能来摄食的最高忍耐浓度及高于能杀灭病原体的最低浓度，且该浓度须保持不短于水产动物摄食的时间，一般须挂药3d。用药总量不应超过该渔药全池遍洒的剂量。

(2)放药前宜停食 1～2 d,保证水产动物在用药时前来摄食。

(3)抗生素等药物不得用袋(篓)悬挂用药。

4.涂抹法

涂抹法又称涂擦法,即在水产动物体表患处涂抹较浓的药液或药膏,以杀灭病原体。此法用药量少、安全、副作用少,但适用范围小。适用于治疗繁殖个体、名贵水产动物皮肤溃疡病及其他局部感染或外伤等体表疾病。

涂抹法的具体操作是将患病水产动物捕起,用药时用一块湿纱布或毛巾将其裹住,然后将药液涂在病灶处。

涂抹药物时应注意事项:将水产动物头部稍提起,以免药物流入口腔、鳃而产生危害。

5.浸沤法

浸沤法是将中草药扎成捆,浸泡在池塘上风处或进水口处,让浸泡出的有效成分扩散到池中,以杀灭或抑制水产动物体表和水中的病原体。此法药物发挥作用较慢,一般只适用于水产动物疾病的预防。

6.口服法

口服法又称投喂法,即将药物或疫苗与水产动物喜欢吃的饲料拌匀后直接投喂或制成大小适口、在水中稳定性好的颗粒药饵投喂,以杀灭水产动物体内的病原体。此法用药量少,使用方便,不污染水体,但只对那些尚有食欲的个体有作用,而对病重者和失去食欲的个体无效,对滤食性和摄食活性生物饵料的种类也有一定的难度。适用于水产动物疾病的预防和治疗,常用于增加营养,病后恢复及体内病原生物感染等,特别是细菌性肠炎病和肠道寄生虫病。

口服药量一般是根据每千克水产动物的体重来计算的;也有按每千克饲料的重量来计算的。口服药物使用 1 次,一般达不到理想的疗效,至少要投喂一个疗程(3～5 d)。

药饵的制作应根据水产动物的摄食习性和个体大小,用机械或手工加工,主要有两种类型:即浮性药饵和沉性药饵。

(1)浮性药饵制作:将药物与水产动物喜欢吃的商品饲料,如米糠、麦麸等均匀混合,加入面粉或薯粉作黏合剂(1∶0.3)和适量水,经饵料机加工成颗粒状,直接投喂或晒干备用。或者先将水产动物喜欢吃的嫩草切成适口大小,再将药物和适量黏合剂均匀混合,加热水调成糊状,冷却后拌在嫩草上,晾干后直接投喂。

(2)沉性药饵制作:将药物与水产动物喜欢吃的商品饲料,如豆饼、花生饼等均匀混合,加入黏合剂(1∶0.2)和适量水,经饵料机加工成颗粒状,直接投喂或晒干备用。

投喂药饵时应注意事项:

(1)药饵要有一定的黏性,但也不宜过黏。

(2)投喂量要适中,避免剩余,计算用药量时,应将所有能吃食的品种计算在内。

(3)投喂前应停食 1～2 d,保证水产动物在用药时前来摄食。

(4)一般易被消化道破坏的药物,不易采用口服方法。

7.注射法

注射法是用注射器将药物注入胸腔、腹腔或肌肉,以杀灭水产动物体内的病原体。此法用药量准确,吸收快,疗效高(药物注射),预防效果佳(疫苗注射),但操作麻烦,容易损伤机体。适用于水产动物疾病的预防和治疗,一般只在繁殖个体、名贵水产动物患病及人工注射疫苗时采用。注射法费工费时，特别是在鱼小数量多的情况下，一般不采用。

注射用药应注意方法事项：

(1)先配制好注射药物和消毒剂。

(2)注射器和注射部位都应消毒。

(3)注射药物时要准确，快速，勿使水产动物机体受伤。

上述几种给药方法，除了注射法和口服法属于体内用药外，其他给药方法均属体外用药。体外用药一般是发挥局部作用的给药方法。体内用药除驱虫药和治疗肠炎病的药物(发挥局部作用)外，主要是发挥吸收作用的给药方法。

3.3.2　给药方法的选择

水产养殖生产中，由于生产者对水产品质量安全问题尚未引起足够重视，不规范用药和滥用药的情形较为严重，因此，要正确选择给药方法和技术，确保无公害生产，提高养殖经济效益。选择给药方法时，应考虑以下因素：

1.患病动物的生理、病理状况

对于患病严重的鱼池，病鱼停止摄食或很少摄食，应选择全池遍洒、浸洗法等给药方法，避免使用投喂法、挂袋挂篓法。一些体表患有溃疡、伤口感染等病灶的水产动物，特别是亲鱼、龟、鳖、蛙类，可用涂抹法给药。

2.病原体的种类

采用某种药物治疗疾病前，必须先确认病原，对疾病作出正确的诊断。由病毒、细菌和体内寄生虫引起的疾病，可用口服法、挂袋挂篓法、全池遍洒法和浸洗法给药方式；由体表寄生虫引起的疾病可用全池遍洒法、浸洗法给药方式。

3.药物的理化性质与类型

不同药物的水溶性不同。除杀虫药物外，能溶于水或经少量溶媒处理后就能溶于水的药物可采取口服法、全池遍洒法、挂袋挂篓法、浸洗法，不溶于水的药物则不能采用全池遍洒法、浸洗法。杀虫类药物可用全池遍洒、浸洗法、挂袋挂篓法。疫苗、亲鱼催产激素使用可采用注射法，疫苗还可根据免疫对象选用浸洗法、喷雾法和口服法。

4.药物的剂型与制剂

药物的剂型与制剂决定了给药方法，剂型与制剂可影响药物在机体内的吸收速率，导致体内有血药浓度和生物利用度的差异。注射给药需用液体剂型或可配制成液体剂型，泼洒给药除用液体剂型外，还可用固体剂型(粉剂或片剂)。

3.3.3　渔药的选择与更换

1.选择渔药的依据

(1)依据药物的抗菌谱

从患病的水产养殖动物中分离病原菌，进行革兰氏染色和鉴定其种类后，根据不同药物的抗菌谱,就可大体上明确何种抗菌药能治疗该种疾病,方法是从药物的抗菌谱中选择出对该病原比较敏感的几种抗菌药物。

(2)感受性的测定

测定从患病水产动物中分离病原菌对各种抗菌药物的敏感性,是保证药物治疗效果的关键。如果选用的药物对某种致病菌没有抑制作用,使用后就不可能获得对疾病的治疗效果。因此,各种药物对病原菌的敏感性试验是选择药物的直接依据。

(3)抗生素的作用方式

所使用的各种抗生素应对病原微生物具有较高的选择性毒性作用,而对水产动物和人体细胞不产生危害。抗生素的选择性毒性作用就是不同的抗生素分别作用于病原微生物的不同部位,使之与细菌基本结构发生作用。

选择抗生素防治疾病时,应先弄清抗生素对病原微生物的作用究竟是抑菌还是杀菌。使用抑菌抗生素时,必须使药物在水产动物体内保持一定浓度与一定时间,需要准确计算初次用药量与再次用药的维持量,而使用杀菌抗生素时,则不必考虑药物在水产动物体内的维持时间。杀菌和抑菌作用也是相对的,有的杀菌剂在低浓度时仅有抑菌作用,而在高浓度时则可能有杀菌作用。

(4)第一次选用药物与第二次选用药物

在水产动物养殖过程中,由于多次和长时间使用同一种药物,导致病原菌的耐药性逐渐增强,最后导致用药量越来越大,用药效果越来越差的情形。因此,在选用药物时要根据不同药物的特性,决定不同药物的使用顺序。最好是将磺胺类药物作为第一次使用,抗生素类药物作为第二次使用(注意严格控制用药次数),各种化学合成的药剂作为第三次使用。由于病原菌对药物的耐药性会随着时间的推移和环境的变化而变化。因此,当第二次选用药物失去效果时,还可以从第一次选用药物中筛选出有效的药物。

2.更换渔药的原则

(1)原使用渔药无效或效果不明显。

(2)原使用渔药有效,但为避免病原产生耐药性或抗药性。

(3)对病情进一步确诊,发现误诊或漏诊。

(4)改用其他渔药后,可更有效的治疗或控制疾病。

(5)改用其他渔药后,养殖效益在盈亏平衡点之上。

3.3.4 给药剂量、给药时间和疗程的确定

1.给药剂量的确定

给药剂量的确定应考虑以下几点:

(1)给药剂量以渔药制剂产品说明书为准。

(2)全池遍洒或浸洗给药剂量的确定。

①根据鱼等水产动物对某种药物的安全浓度、药物对病原体的致死浓度来确定药物的使用浓度。

②准确测量水面积与平均水深,计算水体积。计算公式:水体积=水面积×平均水深。

③计算外用给药总用药量。计算公式：总用药量＝需用药物浓度×水体积。

(3)挂袋挂篓给药剂量的确定

挂袋挂篓给药时，药物的最小有效浓度必须低于水产动物的回避浓度。

(4)注射给药剂量的确定

注射给药按照注射个体的重量计算给药剂量。

(5)内服药给药剂量的确定

①标准用药量(mg/kg)：指每千克体重所用药物的毫克数。

②鱼的总体重(kg)：按估计每尾鱼的体重(kg)×鱼的尾数计算；或按投饵总量(kg)÷投饵率(%)进行计算。

③投饵率是指每 100 kg 鱼体重投喂饲料的千克数。

④药物添加率(%)：指每 100 kg 饲料中所添加药物的毫克数。其计算公式：标准用药量(mg/kg)÷投饵率(%)

⑤根据以上数据，可以从两方面计算出内服药的给药剂量。

如果能估算出鱼体的总重量，那么给药总量(mg)＝标准用药量×鱼总体重；如果投饵量每日相对固定且有一定依据，那么给药总量(mg)＝日投饵量(kg)×药物添加率(%)。

对于每天的投饵率较为固定的水产养殖动物，投喂药物的标准量采用在饲料中的添加率表示，与按水产养殖动物体重计算的标准用药量具有相同的意义。例如，磺胺类药物的标准用药量按水产养殖动物体重计算一般是每千克 100 mg，如果是在饲料中按 0.5%的比例添加药物，再按 2.0%的投饵率投喂水产动物，就正好合适。而如果将这种药饵的投饵率提高到 3.0%的话，按水产动物体重计算就已经达到了每千克 150 mg 的用药量。标准用药量、投饵率和添加率的关系如表 3-2 所示。

表 3-2　标准用药量、投饵率和添加率之间的关系

投饵率(%)	药物在饲料中的添加率(%)				
	0.01	0.05	0.1	0.5	1
5	5*	25	50	250	500
4	4	20	40	200	400
3	3	15	30	150	300
2	2	10	20	100	200
1	1	5	10	50	100

* 按每千克水产动物体重添加药物的毫克数：mg/kg。

2.给药时间的确定

通常当日死亡数量达到养殖群体的 0.1%以上时，就应进行给药治疗。给药时间一般选择在晴天上午 11 时前(一般为 9:00～11:00)或下午 3 时后(一般为 15:00～17:00)，此时渔药生效快、药效强、毒副作用小。确定最适给药时间时应考虑渔药理化性质、天气情况、环境因素以及养殖对象的生态习性等方面。

(1)渔药理化性质

多数渔药在遍洒给药过程中都要消耗水体中的氧气，因而不宜在傍晚或夜间用药(某些有氧释放的渔药除外，如过氧化钙、过氧化氢等)。外用杀虫剂不宜在清晨或阴雨天给药，因为此时用药不仅药效低，还会造成水产动物缺氧浮头，甚至泛池。

(2)天气情况

池塘泼洒渔药,宜在上午或下午施用,避开中午阳光直射时间,以免影响药效。阴雨天、闷热天气、鱼虾浮头时不得给药。

(3)环境因素

常用杀菌剂和杀虫剂的药效随水温的升高而增强,一些杀虫剂的毒副作用也会随水温的升高而增强。如水温 35 ℃以上全池遍洒硫酸铜就很容易造成中毒,应避免高温用药。对于逆温性的渔药,如菊酯类杀虫剂,更不宜在较高的温度下使用。有些渔药对光线较敏感,见光后易挥发、分解失效,如高锰酸钾、二氧化氯、碘制剂等,不宜在中午光照较强时使用。

(4)养殖对象的生态习性

大潮期间或大换水后,大多甲壳类动物往往会诱发大批蜕壳,蜕壳过程中和刚蜕壳后的动物体质较弱,一般不宜用药,尤其对毒性大的渔药,如硫酸铜、福尔马林等更应慎用。小瓜虫和粘孢虫类,只有针对它们生活周期中离开寄主,活动在自然水体的药物敏感时期,合理用药,才能起到较好的杀灭作用,在每次具体用药时间上,可根据养殖动物幼体喜在清晨浮于表层活动这一特性进行给药。泼洒药物应先喂食后给药,不宜在给药时同时投饵,否则将影响水产动物摄食。

3.疗程的确定

疗程长短应视病情的轻重和病程的缓急以及渔药的作用及其在体内的代谢过程而定,对于病情重、持续时间长的疾病一定要有足够的疗程,一个疗程结束后,应视具体的病情决定是否追加疗程,过早停药不仅会导致疾病治疗不彻底,而且还会使病原体产生抗药性。

一般来说,抗生素类渔药的疗程为 5～7 d,杀虫类渔药疗程为 2～3 d,采用药饵防病时疗程为 10～20 d。但不同的药物、不同的养殖对象和所针对的不同的病原体其疗程各不相同。如敌百虫治疗锚头鳋病时的疗程为 5 d,一般用 2～3 个疗程,每个疗程相隔 5～7 d;而用其治疗中华鱼鳋病时每个疗程只需 3 d 左右,一般只需一个疗程。

4.药物与饲料的混合方法

为提高治疗效果,将药物均匀地拌在饲料内是非常重要的,这是保证水产养殖动物均匀摄食的前提。

(1)用固形饲料制作药饵

当采用颗粒饲料做药饵时,以水溶性药物最好,其次是脂溶性药物,而药物散剂最差。在制作药饵时,可以将水溶性药物用相当于饲料重量 3.0%左右的水溶解后,将颗粒饲料加入其中,让水分被吸入饲料中即可。微粒饲料的粒子较小,表面粗糙,易于吸水而散失,不宜作为水溶性药物的吸附物。可以用相当饲料重量 5%～10%的油与药物充分混合,然后与微粒饲料混合,使其吸附在微粒饲料的表面。这法也适用于颗粒饲料。

(2)用粉状饲料制作药饵

用粉状饲料制作药饵较为简单,无论是对于水溶性药物,还是脂溶性药物均是适宜的。将水溶性药物用水溶解后,与粉状饲料充分混合,搅拌成块状后即可投喂。而对于脂溶性药物,可以首先将粉状饲料分成 3 等份,将药物添加在第一份饲料中充分搅拌均匀,再加入第二份饲料继续搅拌均匀,最后加入第三份饲料混合,这样可保证药物在饲料中均匀分布。若是制作少量药饵,还可将饲料与药物放在塑料袋中,充入少量气体后,通过上下左右翻动塑料袋，使药物与饲料混合均匀后投喂。

(3)用鲜鱼和鱼糜制作药饵

由于鲜鱼和鱼糜中含水量较大，药物若直接与其混合后投喂，其中的药物可能会很快散失到水体中，被水产动物摄食的药量会很少。最好是先将药物混合在黏合剂中，再黏附在鲜鱼或鱼糜中投喂，这样效果会更好些。

(4)用湿颗粒饲料做药饵

先将一定比例的粉状饲料加到鲜鱼的鱼糜或鱼粉中，而后再与药物混合制作成湿颗粒药饵喂鱼。药饵中的粉状饲料添加量越大，药物的黏性越好，药物散失越少。

3.3.5 渔药使用效果的判定

1.渔药治疗效果的判定

具体治疗效果可以从以下几个方面判定：

(1)死亡数量

如果选用的药物适当，在使用药物后的3～5 d内，患病水产养殖动物的死亡数量会逐渐下降，说明治疗有效，否则即可判定为无效。

(2)游泳状态

健康的水产养殖动物往往集群游动，且游动速度较快，而患病个体多是离群独游或是静卧池底。采用投喂药饵治疗时，因出现重病症的个体少摄食或不摄食，治疗效果往往不佳或根本无效，而采用浸泡法治疗时，对于病症较轻的个体有可能治愈。如果选用的药物有效，患病水产养殖动物的游动状态会得到逐渐改善。

(3)摄食状态

患病的水产养殖动物食欲下降，摄食量减少，重病者往往不摄食，如用药物后有效果，则其摄食状态应该逐渐恢复到原有水平。

(4)症状

不同的疾病有不同的典型症状，如果用药后症状得到改善或逐渐消失，说明治疗有效。

(5)病原菌保有率

在发病的前期和发展期，水产养殖动物群体中的病原菌保有率均很高，随着患病症状的逐渐改善，保菌率也会逐渐下降。

(6)抗体效价的变化

患病的水产养殖动物痊愈后，其体内会存在对引起该疾病的病原体的抗体，通过测定这种抗体的效价，不仅可以对病情作出判定，而且也可以了解水产养殖动物患病史。

(7)病理组织图像

通过组织切片，比较正常组织与患病组织的差异，以判定渔药治疗效果。此法虽有效，但操作过程较复杂，一般很少采用。

综上所述，渔药治疗效果的判定，不仅可以依据死亡率的下降、临床症状的消失、游泳与摄食状态的恢复，还可以通过检查病原菌保有率、测定抗体效价的变化、观察病理组织图像等判定是否已经痊愈。

2.几类药物使用有效参数

(1)养殖环境改良剂

能使养殖环境主要指标改善50%以上为显效,10%～40%为有效,10%以下为无效。施药2 d后,养殖水产养殖动物生理活动应能恢复正常。

(2)抗微生物药物与消毒剂

有效率在85%以上为显效,60%～85%为有效。

(3)杀虫、驱虫药物

有效率在85%以上为显效,60%～85%为有效。同时结合药物对寄生虫杀灭、虫体活力抑制、动物行为的变化等情况进行综合评价。

(4)渔用饲料药物添加剂

计算各组水产养殖动物阶段增重、饵料系数、生长速度、成活率、活力指标及经济效益。一般认为其效果比对照组提高10%以上时视为有效。

此外,给药后若水产养殖动物机体出现新症状,有可能为药物所造成的不良反应,应慎重判断。若水产养殖动物病情恶化,死亡数保持治疗前的水平或超过治疗前的水平,则认定为无效。此时应进一步检查、诊断、分析原因,为继续治疗作出决定。若一时找不到适用的渔药,且用药后养殖效益分析处于亏损状态,影响水产品品质,此时应考虑停药,通过调节池塘理化状况来控制疾病的进一步蔓延。

3.3.6 治疗失败后的对策

1.对病原体的鉴定不正确

对病原的正确分离和鉴定是进行对症治疗和选好药物的基础。当对病原的鉴定出现错误时,就可能导致选用药物的失准,药物治疗无效或失败。因此,应重新分离和鉴定病原。

2.对病原菌的诊断正确而治疗失败

(1)由耐药性致病菌引起的疾病

从患病的水产养殖动物体中分离病原菌并进行药物敏感性试验,根据试验结果选用致病菌敏感的药物。特别是对于由于产生耐药因子而形成的多种药物耐药性致病菌,要注意使用第二次用药选择。

(2)致病菌的二重感染现象

最初致病菌对抗菌药物敏感的已经被消灭,但对所用的抗菌药有耐药性的菌株仍在繁殖,引起更为严重的感染或菌群失调。这种现象虽不常发生,可一旦发生就很难治疗。因此,需要再次选择新的病原菌敏感药物作为紧急治疗用。

(3)用药剂量和用药时间不足

为节约生产成本,随意减少用药量或缩短用药时间,其结果会导致药物在水产养殖动物体内不能达到清除或杀灭致病菌的有效浓度,或者未能达到彻底清除病原体所需的维持有效浓度的时间,特别是对于只具有抑菌作用的抗菌药物更是不能达到有效治疗的目的。因此,必须根据药物使用说明书中规定的用药量与给药方案使用药物。

3.3.7 渔药使用中存在的问题与注意事项

1.渔药使用中存在的问题

(1)不重视对病原体的诊断

对病原的准确鉴定和对疾病的正确诊断,是正确选用渔药和获得良好药物疗效的基础。随着渔药新品种不断出现,可供选择的渔药种类越来越多,许多养殖生产者不重视病原的检测,只凭经验随意选用药物和治疗方法,导致用药不对症,不但用药成本上升,还延误治疗时机。

(2)不了解病原菌耐药状况

及时了解致病菌耐药性的变化趋势,对于正确选用药物和确定各种药物的使用剂量是十分重要的。细菌产生耐药性是对多数抗菌药物较长期使用后必然出现的现象。

(3)不重视提高水产养殖动物免疫功能

药物对控制疾病固然非常重要,但它在疾病控制过程中不是决定因素。决定因素是水产养殖动物机体的免疫力和抵抗力。只有在水产养殖动物机体存在一定的抵抗力和免疫力时,药物才能发挥其治疗作用。在水产养殖动物患病期间,可以采取降低人为干扰、增加营养和适当应用免疫激活剂等措施,增强其机体的免疫力和抵抗力。

①降低人为干扰:在水产养殖动物患病期间尽量减少人为干扰,如捕捞、倒池、筛选等,避免对水产养殖动物的应激性刺激。

②增加营养:在其饵料中增加高糖、高蛋白类物质,使水产养殖动物能在摄食量下降的条件下,仍然能满足机体的营养和能量需求。

③适当应用免疫激活剂:如在饲料中添加β—葡聚糖等具有免疫激活功能的物质,以激活水产养殖动物自身的免疫机能。

(4)不遵守休药期规定

渔药进入水产养殖动物体内之后,均会出现一个逐渐衰减的过程。为了保证水产品消费者的安全,避免水产养殖动物体内残留的药物对消费者健康的影响,每种渔药都有其相应的休药期。因此,养殖业者不得在休药期内上市水产养殖产品。

2.渔药使用注意事项

(1)正确诊断,明确用药指征。

(2)了解药物性能,选择有效的药物和给药方法。

(3)预期药物的治疗作用与不良反应。

(4)制定合理的给药方案。

(5)注意药物相互作用,避免配伍禁忌。

(6)正确处理对因治疗和对症治疗的关系。

3.易造成药害事故药品使用注意事项

(1)外用杀虫药

外用杀虫药使用注意事项见表3-3。

表 3-3 外用杀虫药使用注意事项

药品名称	使用注意事项
甲苯达唑溶液	按正常用量，胭脂鱼发生死亡；淡水白鲳、斑点叉尾鮰敏感；各种贝类敏感。无鳞鱼（特别是日本鳗鲡）慎用
菊酯类杀虫药（特别是氰戊菊酯溶液）	水质清瘦，水温低时（特别是 20 ℃以下），对鲢、鳙、鲫鱼毒性大，如沿池塘边泼洒或稀释倍数较低时，会造成鲫鱼或鲢鳙鱼死亡；虾蟹禁用，除生物菊酯外，所有菊酯类和有机磷药物不得用于甲壳类水生动物
杀虫药（敌百虫除外）或硫酸铜	当水深高于 2 m，如按面积及水深计算水体药品用量，并且一次性使用，会造成鱼类死亡，概率超过 10%
阿维菌素溶液	按正常用量或稍微加量或稀释倍数较低或泼洒不均匀，会造成鲢和鲫鱼的死亡。海水贝类在泼洒不均匀的情况下，易导致死亡
辛硫磷	对淡水白鲳、鲷毒性大。不得用于大口鲶、黄颡鱼等无鳞鱼
硫酸铜、硫酸亚铁	贝类禁用；用药后注意增氧，瘦水塘、鱼苗塘适当减少用量；30 d 内的虾苗禁用；广东鲂、鲟、乌鳢、宝石鲈慎用；硫酸铜不能和生石灰同时使用。当水温高于 30 ℃时，硫酸铜的毒性增加，硫酸铜的使用剂量不得超过 300 g/667 m^3，否则可能会造成鱼类中毒泛塘，且烂鳃病、鳃霉病不能使用
敌百虫	虾蟹、淡水白鲳禁用；加州鲈、乌鳢、鲶、大口鲶、斑点叉尾鮰、鳜、虹鳟、海水鱼、胡子鲶、宝石鲈慎用
硫酸锌	用于海水贝类时应小心，有可能致死，特别注意使用后缺氧

(2)外用消毒剂

外用消毒剂使用注意事项见表 3-4。

表 3-4 外用消毒剂使用注意事项

药品名称	使用注意事项
含氯、溴消毒剂	当水温高于 25 ℃时，按正常用量将含氯、溴消毒剂用于河蟹，会造成河蟹死亡（在室内做试验，则河蟹不会死亡），死亡率在 20%～30%；水质肥沃时使用，会导致缺氧泛塘；有效成分大于 20%的海因类含溴制剂，在水温超过 32 ℃时，若水体 3 d 累计用量超过 200 g/667 m^3，会造成在脱壳期内的甲壳水生动物死亡
外用消毒剂（包括杀虫药）	早春，鱼体质较差，按正常用量用药，会造成鱼类死亡，特别是鲤、鲫鱼死亡，概率 5%～10%，且一旦造成死亡，损失极大；对患有肝胆综合征以及其他内脏疾病的鱼类，降低用药量，否则会造成鱼类的死亡
碘制剂、季铵盐制剂	对冷水鱼类（如大菱鲆、虹鳟等）有伤害，并可能致死
阳离子表面活性消毒剂	用于软体水生动物，轻者影响生长，重者造成死亡。海参不得使用
高锰酸钾	斑点叉尾鮰、大口鲶慎用
生石灰	水体中氨氮含量较高时，严禁使用生石灰，否则造成养殖鱼类的大量死亡
季铵盐碘	瘦水塘慎用

(3)内服杀虫药

内服杀虫药使用注意事项见表 3-5。

表 3-5　内服杀虫剂使用注意事项

药品名称	使用注意事项
内服杀虫药	早春，如按体重计算药品用量，会造成吃食鱼的死亡，概率10%～20%
盐酸氯苯胍	若拌饲料不均匀，会造成鱼类中毒死亡，特别是鲫鱼的死亡
阿维菌素、伊维菌素	内服时，无鳞鱼会出现强烈的毒性

(4)其他药物及因素

其他药物及因素使用注意事项见表 3-6。

表 3-6　其他药物及因素使用注意事项

药品名称或因素	使用注意事项
维生素 C	不能和重金属盐、氧化性物质同时使用
硫酸乙酰苯胺	注意增氧，珍珠、蚌类等软体动物禁用；放苗前请试水；鱼苗及虾蟹苗慎用
水质因素	当水质恶化，或缺氧时，应禁止使用外用消毒、杀虫药；用药后 48 h 内，应加强对用药水体的观察，防止造成继发性水体缺氧；所有能杀藻的药物在缺氧状态下均不能使用，否则会加速泛塘

3.3.8　渔药使用说明

准确理解和掌握兽药标签或说明书上的内容，是安全用药、保证水产养殖动物产品食用安全和养殖者利益的重要一环。

1.看清“成分”，避免重复用药

兽药产品的名称通常可分为通用名、化学名或商品名。通用名和化学名是世界通用的。商品名是由生产厂商命名并向政府有关部门注册的，其右上角有一注册商标记号。

2.认准“文号”，防假药

兽药产品批准文号由农业农村部核发，具有专一性，不允许随意更改。编制格式为：兽药类别简称＋年号(4 位数)＋企业所在地省份序号(2 位数)＋企业序号(3 位数)＋兽药品种编号(4 位数)。不要购买无批准文号或批准文号标注有问题的兽药，以免买到假兽药。

3.看准“批号”，算准有效期

兽药产品批号是药品生产(或分装)出厂的日期和批次。国内兽药产品批号用 6 位阿拉伯数字表示，前 2 位表示年号，中间 2 位表示月份，末尾 2 位表示日期。如：批号为 041002，则表示这批药是 2004 年 10 月 2 日生产的产品。药品的有效期是指药品在一定的贮存条件下，能保持其质量的期限，计算日期都是从药品的生产日期算起。如批号 20020917，有效期为 3 年，即表示该药自 2005 年 9 月 18 日起失效。药品有效期并不是绝对的，如果在有效期内药品的性状，如颜色、味道、气味、溶解度等发生了明显质变，也同样是不能使用。

4.看“适应症”，确定有效性

选择用药一定要在适应证范围内，尤其是非处方药物，避免用错药贻误疾病治愈，造成不必要的浪费，甚至造成与用药目的相悖的效果或引起不必要的经济损失。

5.对“不良反应”做到心中有数

药品的不良反应包括副作用、毒性反应、过敏反应、继发性反应、后遗效应和停药反应。一旦出现不良反应，应及时采取措施。通过控制用药量、疗程或给药间隔时间，以及注意剂量的个体反应，可防止毒性反应的发生，一旦出现毒性反应，则应停药或改用其他药。出现过敏反应可积极给予抗过敏药物进行脱敏治疗。具有后遗效应的药物在停药时应采取逐步减量至停药的办法，避免突然停药。

6.别拿“禁忌”不当回事

“禁忌”是兽药生产厂商对药品安全使用的警示性提示，“禁用”、“忌用”和“慎用”在程度上是有所不同的。“禁用”就是禁止使用；“忌用”是指不适宜使用或应避免使用；“慎用”是指药物在使用过程中一旦出现不良反应就必须停止使用。当然，“禁用”、“忌用”和“慎用”也不是绝对的，对不同体质的同种动物或不同种类的动物之间有差别。

7.遵循“用法与用量”，确保疗效

合理的用药时间、给药方法是保证药物治疗效果的关键。用药时一定要用够剂量、日用量和疗程，治疗效果不明显时再考虑更换其他的药物使用。

8.按“贮藏方法”存药，保证药品质量

合理保存药品，既能确保药效的稳定，又可避免不必要浪费。药品贮藏方法主要有阴凉处贮藏（不超过 20 ℃）、冷藏保存（2～10 ℃）、冷冻保存（低于－20 ℃）、密封保存（加盖玻璃瓶或塑料瓶）、避光保存（棕色瓶）、干燥保存等几种。对于剧毒药品、麻醉药品、精神药品、易燃易爆类等药品一定要注意单独妥善保存。

9.选择用药掌握“原则”，关注用药“注意事项”

治疗某种疾病，常有数种药物可供选择使用，究竟应选用哪种药物，则应根据其疗效、不良反应及其成本等因素综合考虑。用药时应掌握以下注意事项：

（1）避免滥用，保证使用安全，药效稳定。

（2）注意选择最适宜的给药方法。

（3）注意防止蓄积中毒。

（4）注意避免药物的配伍禁忌。

10.掌握“用药”与“休药”时机，确保动物产品安全

遵守兽药使用安全规定，建立用药记录，禁止销售含有违禁药物和兽药残留超标的动物产品用于食品消费。

3.3.9 国标渔药使用配伍禁忌

两种以上渔药同时使用时有可能出现配伍禁忌。如果水产动物病情确实需要两种存在配伍禁忌的渔药使用时，应错开使用，在前一种渔药药性基本消失后再使用后一种渔药。

1.水产消毒剂配伍禁忌

水产消毒剂配伍禁忌见表 3-7。

表 3-7　水产消毒剂配伍禁忌

药品名称	注意事项及配伍禁忌
生石灰	现配现用，晴天用药效果更佳。 不宜与氯制剂(如漂白粉等)、重金属盐(如硫酸铜、硫酸亚铁等)、有机络合物混用。
含氯石灰	不能与酸类、福尔马林、生石灰等混用。
高锰酸钾	长时间使用本品易使鳃组织损伤，药效受有机物含量、水温等影响。 不宜与氨及其制剂、碘、有机物(甘油、酒精、鞣酸等)混用。
二氯异氰尿酸钠 三氯异氰尿酸	现配现用，宜在晴天傍晚施药，避免使用金属容器具。保存于干燥通风处。 不与酸、铵盐、硫黄、生石灰等配伍混用。
二氧化氯	现配现用，药效受风、光照等影响。勿用金属容器盛装。 不宜与其他消毒剂混用。
季铵盐	不可与其他阳离子表面活性剂、碘制剂、高锰酸钾、生物碱及盐类消毒药合用。
碘制剂	密闭避光保存于阴凉干燥处，杀菌效果受水体有机物含量的影响。 不宜与碱类、重金属盐类、硫代硫酸钠、鞣酸、季铵盐等混用。

2.水产杀虫剂配伍禁忌

水产杀虫剂配伍禁忌见表 3-8。

表 3-8　水产杀虫剂配伍禁忌

药品名称	注意事项及配伍禁忌
硫酸铜	药效与温度成正比，与有机物含量、溶氧、盐度、pH 成反比； 不宜经常使用，与氨、碱性溶液生成沉淀，不宜合用。
敌百虫	配置、泼洒不用金属容器；除可与面碱合用外。 不与其他碱性药物合用，中毒需用阿托品等解毒。
甲苯达唑	使用时，用冰醋酸溶解及乳化效果更佳；药浴需维持 36～48 h；高温时，为防止中毒不可高剂量使用。对甲苯达唑敏感的鱼类不宜使用。
阿苯达唑	避光、密闭保存。如投药量达不到有效给药剂量，只能驱除部分鱼体中的虫体。
溴氰菊酯、氯氰菊酯、阿维菌素、辛硫磷等	不可与碱性药物混用。在技术人员指导下使用。
硫酸锌	药效与温度成正比，与有机物含量、溶氧、盐度、pH 成反比； 不宜经常使用，与氨、碱性溶液生成沉淀，不宜合用。

3.水产抗微生物药配伍禁忌

水产抗微生物药配伍禁忌见表 3-9。

表 3-9　水产抗微生物药配伍禁忌

药品名称	注意事项及配伍禁忌
沙拉沙星	毒副作用低，与其他药物无交叉耐药性，对已对抗生素、磺胺类药物产生耐药的菌株仍非常敏感。

4.水产中草药配伍禁忌

水产中草药配伍禁忌见表3-10。

表3-10　水产中草药配伍禁忌

药品名称	注意事项及配伍禁忌
板蓝根	与广豆根联用,可提高对病毒感染的疗效
黄连	不宜与碘制剂、碱性药物、重金属盐、VB_6 等同时服用。与山莨菪碱联用,提高治疗肠道霉菌病疗效
大黄	不宜与含重金属离子的药物、生物碱等同时服用;长期服用后,需补充 VB_1;与利福平等联用,药效降低
黄芩	与氢氧化铝可形成络合物,不宜同时服用;与利胆药联用,有协同效应
五倍子	不宜与任何化学药物同时服用;水煎液可做重金属盐、生物碱、甙类中毒时的解毒剂
穿心莲	与抗菌药、糖皮质激素联用可增强疗效,减轻副作用
金银花	与青霉素、黄芩、连翘、蒲公英、地榆、黄芪等联用,可增强疗效
辣蓼	与苦楝树叶、生石灰、尿、盐制成合剂效果更佳
大蒜	与硫代硫酸钠联用,效果更显著
贯众	肠胃道不易吸收,过量会对肝、肾功能有损害,中毒可用电解质等解救
使君子	与大黄、鹤虱配伍可提高驱虫力;中毒可用绿豆、甘草等解救
槟榔	可与烟碱、使君子、苦楝皮、南瓜子联用,可提高疗效;不可与有机磷杀虫剂合用;解救可用阿托品、高锰酸钾等
苦楝皮	不可与新斯的明联用;中毒可用甘草、绿豆汤、高锰酸钾及阿托品等解救

3.3.10　水产养殖禁用药物

1.渔药使用禁用原则

(1)《兽药管理条例》第三十九条、第四十一条规定:

①禁止使用假、劣兽药。

②禁止在饲料和动物饮用水中添加激素类药品和国务院兽医行政管理部门规定的其他禁用药品。

③禁止使用国务院兽医行政管理部门规定禁止使用的药品和其他化合物。

④禁止将原料药直接添加到饲料及动物饮用水中或者直接饲喂动物。

⑤禁止将人用药品用于动物。

(2)《农药管理条例》第三十五条规定:严禁使用农药毒鱼、虾、鸟、兽等。

(3)农业行业标准《无公害食品　渔用药物使用准则》(NY 5071-2002)规定:

①严禁使用高毒、高残留或具有三致(致癌、致畸、致突变)毒性的药物。

②严禁使用对水域环境有严重破坏而又难以修复的药物。

③严禁直接向养殖水域泼洒抗生素。

④严禁将新近开发的人用新药作为渔药的主要或次要成分。

⑤严禁使用人畜、人渔共用药。

⑥禁用未经国家畜牧兽医行政管理部门批准的用基因工程方法生产的渔药。

2.禁停渔药

为保障水产品质量安全，我国公布了禁停药物名单。

(1)水产养殖食用动物中禁止使用的药品及其他化合物清单(附录3)

截至2022年11月，我国政府通过农业农村部第250号公告公布了孔雀石绿、氯霉素、硝基呋喃类、己烯雌酚、甲睾酮等在动物食品中禁止使用的药品及其他化合物清单，合计21种/类。

(2)水产养殖食用动物中停止使用的兽药(附录3)

①农业农村部第2292号公告

公布洛美沙星、培氟沙星、氧氟沙星、诺氟沙星4种兽药的原料药的各种盐、酯及其各种制剂在食品动物中停止使用；

②农业农村部第2294号公告

公布噬菌蛭弧菌微生态制剂(生物制菌王)在食品动物中停止使用；

③农业农村部第2583号公告

公布非泼罗尼及其相关制剂在食品动物中停止使用。

④农业农村部第2638号公告

公布喹乙醇、氨苯胂酸、洛克沙胂3种兽药的原料药及其各种制剂在食品动物中停止使用。

(3)《中华人民共和国农产品质量安全法》《兽药管理条例》有关规定

地西泮等畜禽用兽药在我国均未经审查批准用于水产动物，在水产养殖过程中不得使用。

(4)农业行业标准《无公害食品　渔用药物使用准则》(NY 5071-2002)规定的禁用药物

如环丙沙星、红霉素等，不属于国务院兽医行政管理部门规定禁止使用的药品及其他化合物。

3.水产药物使用白名单

为保障水产品质量安全和推进水产绿色健康养殖，2021年农业农村部制定了《实施水产养殖用投入品使用白名单制度工作规范(试行)》。

农业农村部决定在全国试行水产养殖用投入品使用白名单制度。

(1)水产养殖用投入品使用白名单制度(简称白名单制度)

白名单制度是指将国务院农业农村主管部门依法批准使用的水产养殖用兽药、依法获得生产许可的企业生产的饲料和饲料添加剂产品，及其制定的《饲料原料目录》和《饲料添加剂品种目录》所列适用于水产养殖动物的物质等，纳入水产养殖用投入品使用白名单，实施动态管理。

(2)水产养殖用兽药查询方法。

核实相关产品或物质是否在水产养殖用投入品使用白名单内。

水产养殖用兽药查询方法。可以通过中国兽药信息网(www.ivdc.org.cn)“国家兽药基础数据”中“兽药产品批准文号数据”，以及“国家兽药综合查询App”手机软件等方式查询。

4.已批准的水产养殖用兽药

截至2022年9月30日，已批准的水产养殖用兽药名称与休药期详见附录4。

5.水产养殖禁用药物品种

水产养殖禁用药物品种简表见表3-11。

表3-11　水产养殖禁用药物品种简表

种类	目录	数量
抗生素	1.氯霉素 2.红霉素 3.杆菌肽锌 4.泰乐菌素 5.阿伏霉素 6.万古霉素	6
合成抗菌药	磺胺类：1.磺胺噻唑 2.磺胺脒	2
	硝基呋喃类：1.呋喃唑酮 2.呋喃它酮 3.呋喃西林 4.呋喃妥因 5.呋喃苯烯酸钠 6.呋喃那斯	6
	硝基咪唑类：1.甲硝唑 2.地美硝唑 3.替硝唑	3
	喹诺酮类：1.环丙沙星	1
	喹噁啉类：1.卡巴氧	1
	其他合成抗菌剂：1.氨苯砜 2.喹乙醇	2
催眠镇静安定	1.甲喹酮 2.氯丙嗪 3.地西泮	3
β-兴奋剂	1.盐酸克伦特罗 2.沙丁胺醇 3.西马特罗	3
性激素	雌激素类：1.己烯雌酚 2.苯甲酸雌二醇 3.玉米赤霉醇 4.去甲雄三烯醇酮	4
	雄激素类：1.甲睾酮 2.丙酸睾酮 3.苯丙酸诺龙	3
	孕激素类：1.醋酸甲羟孕酮	1
杀虫药	1.六六六 2.林丹 3.毒杀芬 4.呋喃丹 5.杀虫脒 6.双甲脒 7.滴滴涕 8.酒石酸锑钾 9.锥虫胂胺 10.五氯酚酰钠 11.地虫硫磷 12.氟氯氰菊酯 13.速达肥	13
硝基化合物	1.硝呋烯腙 2.硝基酚钠	2
汞制剂	1.硝酸亚汞 2.醋酸亚汞 3.氯化亚汞 4.甘汞 5.吡啶基醋酸汞	5
其他化合物	1.孔雀石绿	1

3.4　渔药残留与无公害渔药

3.4.1　渔药残留定义与原因

近年来，随着人们生活水平的提高和饮食结构的变化，消费市场对食品的质量安全要求越来越高。水产品以其高蛋白、低脂肪、低胆固醇、营养丰富、味道鲜美等优点正成为国内外消费者的首选食品之一。正因如此，水产品质量安全也备受国内外消费者的关注。随着水产养殖业的迅猛发展，养殖环境不断恶化，水产养殖动物疾病逐渐增多，为防治疾病而使用大量渔药，致使渔药在水产养殖动物体内残留。渔药残留不仅极大地危害人体健康和生态环境，而且严重影响我国水产品出口，造成巨大的经济损失。

1.渔药残留定义

在水产品的任何食用部分中渔药的原型化合物或/和其代谢产物，并包括与药物本体有关杂质的残留称为渔药残留。水产品中主要残留药物有：孔雀石绿、喹诺酮类、抗生素、磺胺类、呋喃类、某些激素等。

2.最高残留限量与渔药残留限量标准

(1)最高残留限量

允许存在于水产品表面或内部(主要指肉与皮或/和性腺)的该药(或标志残留物)的最高量/浓度(以鲜重计,表示为:g/kg 或 mg/kg),称最高残留限量(MRL),又称允许残留量。它是确定水产品质量安全、保护人类健康的重要指标。

(2)渔药残留限量标准

渔药残留限量标准是规范水产品质量安全的重要措施,它不仅具有保护消费者身体健康的重要作用,更是 WTO 成员实施技术性贸易壁垒的重要手段。兽药残留法典委员会(CCRVDF)制定的兽药最高限量标准拥有的法律地位最高,它在解决国际贸易争端中具有国际法地位;欧盟和美国等制定的兽药最高残留限量属于技术法规范畴;我国的兽药最高残留限量属于强制性标准。技术法规的法律效力要高于强制性标准。欧盟、美国等国家与组织规定了水产品中的土霉素、磺胺二甲嘧啶等29种渔药最高残留限量标准(附录7)。我国目前涉及水产品中渔药残留的标准主要是 NY5070-2002(附录3),其中规定了四环素、土霉素、磺胺嘧啶等13种渔药残留限量,并且在 NY5071-2002(附录2)中规定了禁用渔药32种。

我国水产品渔药残留限量标准与国外先进标准比较存在较大的差距。主要表现以下几个方面:

①对水产品规定过于笼统。国际食品法典委员会(CAC)、日本、欧盟等的标准均分类设定限量值,而我国标准没有将水产品详细分类,只笼统地称为"水产品",

②涉及的渔药品种少。目前我国水产养殖常用渔药约70种,规定限量的只有13种,许多在生产上使用的渔药我国还没有制定限量标准。此外,国外大量生产使用或有限量标准的渔药在我国没有限量要求。

③涉及渔药种类与发达国家差别大。在我国标准涉及的渔药中,与 CAC、日本、欧盟相同的品种只占很少比例,其分别占我国水产品渔药残留指标的7%、54%、0%。

④标准制定缺少风险评估和贸易因素。我国在渔药种类上与发达国家不尽相同,如已广泛使用的氟苯尼考在水产品上没有规定限量指标,而欧盟和日本都作了规定。在残留限量值上也与发达国家不太一致,有些限量标准过宽,有些限量标准过严。如我国将红霉素规定为禁用渔药,这不仅严于 CAC 和欧盟,甚至比日本还严格。这对我国水产品出口贸易显然是不利的。

3.渔药残留原因

我国渔药残留的主要原因有以下几方面:

(1)不遵守休药期有关规定。

(2)不正确使用或滥用药物。

(3)使用未批准或禁止使用的药物。

(4)水产品及其制品在加工、储藏、运输过程受到药物污染。

(5)养殖场地的土壤、养殖用水含有药物。

(6)上市前使用渔药掩饰病症。

3.4.2 渔药残留危害与控制

1.渔药残留危害

(1)渔药残留对人体的危害

①诱导病原产生耐药性。抗菌药物的不断使用,会导致致病菌产生耐药性,使动物或人类疾病的治疗更加困难。至今为止,具有耐药性的微生物,通过动物性食品转移到人体内,而对人体健康产生危害的问题尚未得到解决。

②产生毒性反应。人类长期摄入含渔药的水产品后,药物不断在人体内蓄积,当积累到一定程度后,就会对人体产生毒性作用。如磺胺类药物可引起肾损害,特别是乙酰化磺胺在尿中溶解度低,析出结晶后对肾脏损害更大。又如氯霉素能抑制骨髓造血功能,引起再生障碍性贫血。

③产生过敏反应。经常食用一些含低剂量抗菌药物(如青霉素、四环素、磺胺类)的水产品还能使易感个体出现过敏反应,严重者可引起休克、喉头水肿、呼吸困难等严重症状。青霉素引起的变态反应,轻者表现为接触性皮炎和皮肤反应,严重者表现为致死性过敏性休克。磺胺类药物的过敏反应表现为皮炎、白细胞减少、溶血性贫血和药热。

④导致人体内微生物平衡失调。过多应用药物会使人体内菌群平衡失调,导致长期的腹泻或引起维生素缺乏等反应,对人体产生危害。

⑤产生“三致”作用。对人类会产生较强的致畸、致癌、致突变作用的渔药有孔雀石绿、双甲脒等。

⑥激素作用。激素类药物会导致人体生理功能紊乱,更严重的是会影响儿童的正常生长发育。

(2)渔药残留对水环境的危害

渔药残留于水环境中,可能带来水体正常藻类群被破坏、水体富营养化或类似赤潮的现象。

2.渔药残留控制

(1)严格规定休药期和动物性食品药物最大残留限量。

(2)规范用药,增强安全用药意识。

(3)建立健全水产品质量管理标准体系。

(4)加强监督和检测工作。

(5)采用适当的食用,加工方法,在一定程度上减轻渔药残留对人体的危害。

3.4.3 无公害渔药

我国渔药的发展历史较短,专门从事渔药研究的人员不多,现在生产上使用的渔药大部分是由兽药和人用药物转移而来的,针对性不强,不少渔药残留严重,长期使用对水体生态环境和人类的健康都将带来严重的威胁,其已不适应我国加入 WTO 后对水产养殖发展的要求。因此,当务之急是应加紧研制和开发疗效显著、安全、无毒副作用,对人体无危害和对环境无不利影响,并在水产品中不产生有害残留的新型渔药,即无公害渔药。

1.无公害渔药定义

无公害渔药是不会对养殖对象、养殖环境以及人类造成的不良影响的渔药。无公害渔药是我国实行“无公害食品行动计划”对渔药提出的一种更高的要求。

2.无公害渔药基本要求

(1)必须是有效的,甚至是高效的、速效的、长效的。

如果是防病治病制剂,要求它能快速地、有选择性地杀灭病原体。如果是诊断制剂,它必须有较高的灵敏度、准确性和特异性。如果是水质改良制剂,施用后它应该对水产养殖环境有较明显的改善作用。如果是营养和免疫增强剂,它能使养殖对象的生理机能和生长状态有明显的促进作用。总之,无公害渔药的药效应该是明显的。

(2)毒性较小。

无公害渔药必须容易分解或降解,其分解或降解的产物基本上是无害的或者很容易通过其他动物转换,从而在水产养殖对象的组织或水域环境中消失,避免在养殖对象组织中或环境中积累。还必须提供有关的毒性试验报告,以确定相关的毒理学指标和参数,确定它的毒性大小。任何毒理学指标不明了的药物,任何有致畸、致癌、致突变的药物均不可作为无公害渔药使用。

(3)副作用较小。

无公害渔药应对养殖对象所带来的刺激、产生的应激反应和正常生理活动的影响控制在它们所能承受的范围内。

(4)使用剂量应尽量小。

只有较小的使用剂量,才会减少其毒副作用,也才会在使用成本上有较大的降低,获得较大的使用价值。

(5)必须制定出合理的给药方法、给药剂量、给药间隔时间和休药期等参数。同时也应该对有可能引起的毒副作用提出警示。

(6)具有较好的稳定性。适宜在常温下保存,便于运输、销售和贮藏。

(7)剂型设计较合理,给药途径比较方便。

(8)有较大的价格优势。

3.无公害渔药研究与开发的基本原则

无公害渔药是一种科技含量较高、要求较高、开发研制难度较高的渔药。研究与开发无公害渔药,既要考虑它应具有疗效显著、给予途径方便和价格便宜特点,更要注意它的安全性。无公害渔药的研制应符合“渔业法”及“兽药管理条例”等相关法律法规的规定,也应符合国内外相关标准的要求。

3.5 常用渔药

3.5.1 环境改良剂与消毒药物

环境改良剂与消毒药物种类繁多，常用药物有卤素类、醛类、酸类、碱类、盐类、氧化剂、生物改良剂和矿物质等。

1.卤素类

(1)漂白粉(含氯石灰)

[性状] 本品为次氯酸钙、氯化钙和氢氧化钙的混合物；白色颗粒状粉末；有氯臭，有效氯含量25%～30%；水溶液呈碱性；部分溶于水和乙醇；稳定性差，在空气中易潮解。其精制品称漂粉精，是纯的次氯酸钙，有效氯含量为60%，稳定性比漂白粉好，效力为漂白粉的2～3倍。

[作用机制] 遇水产生具有杀菌力的次氯酸和次氯酸离子，次氯酸又放出活性氯和初生态氧，对细菌原浆蛋白产生氯化和氧化反应，从而起到杀菌作用。

[适应症] 可作为消毒剂与水质净化剂，用于清塘、水体消毒、机体消毒和防治细菌性疾病。一般带水清塘用量为20 mg/L；浸洗浓度为10 mg/L；全池遍洒浓度为1 mg/L。

[使用注意事项]

①密封贮存于阴凉干燥处。一般使用前，最好先用水生漂白粉有效氯测定器或蓝黑墨水滴定法，测定其有效氯含量后，再计算实际用药量，以保证疗效。

②不用金属器皿盛本品。

③禁忌与酸、铵盐、福尔马林、生石灰等配伍使用。与酸作用释放氯气(有毒)。

④用时应戴橡皮手套，避免接触眼睛和皮肤。

⑤药效与池水的温度成正比，与pH值、有机物、溶解氧等成反比。

(2)二氯异氰尿酸钠(优氯净)、三氯异氰尿酸(强氯精、鱼安)

[性状] 二氯异氰尿酸钠为白色结晶性粉末；有氯臭，含有效氯60%～64%(一般以60%计)；性质稳定，在室内保存半年后，有效氯含量仅降低0.16%；易溶于水，稳定性差，水溶液呈弱酸性。三氯异氰尿酸为白色粉末；有氯臭；其商品名有强氯精和鱼安，强氯精有效氯的含量在85%以上，鱼安在80%～82%；杀菌力为漂白粉100倍左右。

[作用机制] 在水中产生次氯酸，使细菌原浆蛋白氧化，从而起到杀菌作用。

[适应症] 可作为消毒剂，主要用于水体消毒、工具消毒和防治细菌性疾病。全池遍洒浓度为0.3～0.6 mg/L。

[使用注意事项]

①安全浓度范围小，使用时准确计算用量。

②大黄鱼慎用，勿用金属器皿盛本品，勿接触酸、碱。

③干燥处保存。

(3)二氧化氯(稳定性二氧化氯)

[性状] 本品常温下为淡黄色气体；可溶于硫酸和碱中；含有效氯为226%；其可制成无色、无味、无臭和不挥发的稳定性液体。

[作用机制] 本品具有很强的氧化作用，使微生物蛋白质中的氨基酸氧化分解，导致氨基酸断裂、蛋白质分解，从而使微生物死亡。

[适应症] 可作为消毒剂和水质改良剂，主要用于水体消毒。水产养殖生产中常用的2%左右二氧化氯溶液，在使用过程中需用弱酸活化。使用时先将10倍药品重量的水称量于水桶中，再将药品缓缓倒入水中，搅拌均匀，静置10 min，待溶液变成深黄色，再加水稀释2 000倍后全池均匀泼洒。

[使用注意事项]

①禁用金属容器盛本品。

②不宜在阳光下进行消毒，其杀菌效果随温度的降低而减弱。

③保存于通风、阴凉、避光处。

④禁止将药品先放入水桶中，再将水倒入桶内。

⑤勿与酸性物共贮混运，勿受潮。

⑥本品应现配现用。

(4)次氯酸钠(漂白水)

[性状] 本品为淡黄色透明液体，有似氯气的气味，不稳定，见光易分解。

[作用机制] 通过水解形成次氯酸，次氯酸再进一步分解形成新生态氧，新生态氧的极强氧化性使病原微生物的蛋白质变性，从而杀死病原微生物。

[适应症] 用于水体和工具消毒以及防治水生动物细菌性疾病。

[使用注意事项]

①受环境因素影响较大，在水温偏高、pH较低、施肥前使用效果更好。

②勿用金属器具盛装。

③有腐蚀性，会伤害皮肤。

④不能与酸类同时使用，用量过高易杀死浮游植物。

⑤遮光，密闭，阴凉干燥处存放。

(5)溴氯海因

[性状] 本品为白色或淡黄色粉末；微溶于水；易吸潮，吸潮后部分水解，有轻微的刺激性气味。

[作用机制] 在水中不断释放出活性Br^-离子和Cl^-离子，将微生物体内的生物酶氧化而达到杀菌的目的。

[适应症] 具有高效、广谱杀灭微生物的能力，用于池塘消毒、水体消毒与防治水产动物细菌性疾病。

[使用注意事项]

①正常使用剂量范围内无腐蚀性，但在高剂量具有腐蚀性，使用时应戴橡胶手套，避免与皮肤接触。

②本品稀释后，现配现用，不可久放。

(6)二溴海因

[性状] 本品为淡黄色结晶性粉末；微溶于水、溶于氯仿，乙醇等有机溶剂；干燥时稳定，

在强酸或强碱中易分解，在水中加热易分解。

［作用机制］在水中不断释放出活性 Br^- 离子，将微生物体内的生物酶氧化而达到杀菌的目的。

［适应症］作为杀菌、灭藻剂，用于水体消毒。

［使用注意事项］

①勿与酸、碱混存混用。

②本品稀释后，现配现用，不可久放。

(7)碘

［性状］本品为棕黑或蓝黑色，有金属光泽的片状结晶；有异臭；常温下易挥发，微溶于水，易溶解于乙醇、乙醚、氯仿等有机溶剂。在水产养殖生产中常使用2%的碘溶液。

［作用机制］氧化病原原浆蛋白的活动基团，并与蛋白质的氨基酸结合使其变性。

［适应症］作为消毒剂和驱虫剂，除了用于水产养殖动物机体消毒外，还用于驱除体内的寄生虫。

［使用注意事项］密封、阴凉、干燥、避光处保存。

(8)聚维酮碘(聚乙烯吡咯烷酮碘、皮维碘、PVP-Ⅰ、伏碘)

［性状］本品为碘和聚乙烯吡咯烷酮的有机复合物，黄棕色至红棕色粉末或水溶液；性能稳定；气味小；无腐蚀性；易溶于水，水溶液呈酸性；含有效碘为9%～12%。水产用10%聚维酮碘溶液，含有效碘为1%。

［作用机制］本品接触机体时，能逐渐分解，缓慢释放出碘而起到消毒作用。

［适应症］用于卵和水产养殖动物体表消毒、池塘消毒和防治水产动物病毒性、细菌性、真菌性疾病。

［使用注意事项］

①勿用金属容器盛装。

②勿与强碱类物质及重金属物质混用。

③密封、阴凉、干燥、避光处保存。

(9)蛋氨酸碘

［性质］本品为蛋氨酸与碘的络合物。蛋氨酸碘为黄棕色至红棕色粉末，蛋氨酸碘溶液粉为红棕色黏稠状液体，易溶于水和乙醇，含有效碘为4.5%～6.0%。

［作用机制］蛋氨酸碘在水中释放游离的分子碘，通过碘化和氧化菌体蛋白的活性基团，并与蛋白的氨基结合而导致蛋白变性和抑制菌体的代谢酶系统，从而起到杀灭微生物作用。

［适应症］主要用于水体和对虾体表消毒，以及内服预防对虾白斑综合征。

［使用注意事项］

①本品勿用金属容器盛装。

②勿与强碱类物质及重金属物质混用。

③勿与维生素C类强还原剂同时使用。

④遮光，密闭，阴凉干燥处存放。

2.醛类

(1)福尔马林(甲醛溶液)

［性状］本品含37%～40%甲醛的水溶液，并有10%～12%的甲醇或乙醇作稳定剂；无

色液体；有刺激性臭味；弱酸性；易挥发；有腐蚀性；在冷处(9 以下)易聚合发生浑浊或沉淀。

[作用机制] 使病原细胞质的氨基部分烷基化，导致蛋白质变性而起到杀菌作用。

[适应症] 除了用于养殖水体、工具或容器的消毒外，还可用于组织的固定和保存。

[使用注意事项]

①禁用金属容器盛装，避免接触眼睛和皮肤。

②使用时水温不应低于 18 ℃。

③保存于密闭的有色玻璃瓶中，并存放于阴凉、温度变化不大的地方，以防发生三聚甲醛白色絮状沉淀。使用时，如有白色沉淀，可将盛甲醛的瓶子放在热水中烫几十分钟，直至白色沉淀消失为止。

(2)戊二醛

[性状] 本品为无色透明油状液体；味苦；有微弱的甲醛臭，但挥发性较低；可与水或醇做任何比例的混溶，溶液呈弱酸性；pH 高于 9 时，可迅速聚合。

[作用机制] 戊二醛的自由醛基与微生物细胞表面和内部蛋白质和酶的氨基结合而引起一系列反应导致微生物死亡。

[适应症] 用于水体消毒、器具消毒和防治水产动物病毒性疾病与细菌性疾病。

[使用注意事项]

①勿用于金属容器盛装，避免接触眼睛和皮肤。

②勿与强碱类物质混用，使用后注意池塘增氧。

③瘦水塘慎用。

3.酸类

醋酸(乙酸)

[性状] 本品为无色液体；特臭；味极酸；易溶于水。

[作用机制与适应症] 除用作杀菌剂，水质改良剂外，还用作杀虫剂或调节池水 pH 值。

[使用注意事项] 放置玻璃瓶内，密封保存。

4.碱类

生石灰(氧化钙)

[性状] 本品为白色或灰白色块状；水溶液呈强碱性；空气中易吸水变为熟石灰而失效。

[作用机制]

①遇水生成的氢氧化钙能快速溶解细胞蛋白质膜，使病原丧失活力。

②使水中悬浮的胶状有机物沉淀，澄清池水。

③能疏松淤泥的结构，改善底泥的通气条件，促进细菌对有机质的分解。

④碳酸钙能起缓冲作用，使池水 pH 值始终稳定于弱碱性。

⑤增加钙肥，为水产养殖动物提供必不可少的营养物质。

[适应症] 除了用于消毒和环境改良外，还可清除敌害。一般带水清塘用量为 200 mg/L，全池遍洒浓度为 20～30 mg/L。

[使用注意事项] 药品现用现配，不宜久贮；晴天用药；注意防潮。

5.盐类

(1)氯化钠(食盐)

[性状] 本品为白色结晶状粉末；无臭；味咸；易溶于水；水溶液呈中性。

[作用机制] 改变病原体渗透压,使其脱水致死。

[适应症] 除用作消毒外,还用作杀虫。

[使用注意事项] 密闭保存,注意防潮;不宜在镀锌容器中浸洗,以免中毒。

(2)碳酸氢钠(小苏打)

[性状] 本品为白色结晶粉末;无臭;味咸;空气中易潮解;易溶于水,水溶液弱碱性。

[作用机制] 促使病原体的蛋白质和核酸水解,分解糖类而使其被杀灭。

[适应症] 常作辅助剂,与食盐或敌百虫配合使用,可增强主效药物的杀灭作用。

[使用注意事项] 密闭、干燥保存。

(3)双链季铵盐

[性状] 本品为无色透明黏稠状物质;易溶解于水和乙醇,水溶液呈无色透明,富有泡沫;挥发性低;性能稳定,可长期储存。

[作用机制] 吸附在细菌的表面,溶解脂质,改变细胞膜的通透性,使菌体内的酶、辅酶和代谢中间产物漏失。

[适应症] 双链季铵盐为阳离子表面活性剂,可用于养殖水体、养殖场的消毒。本品低浓度下有抑菌作用,较高浓度时可杀灭大多数种类的细菌与部分病毒。

[使用注意事项] 有机物对其消毒效果有影响,严重污染时应加大使用剂量或延长作用时间。

(4)乙二胺四乙酸二钠(EDTA-2Na)

[性状] 本品为白色结晶性粉末;略臭,易溶于水,不溶于乙醇、苯和氯仿。

[作用机制] 能与多种金属离子作用生成络合物。

[适应症] 本品为广谱的金属络合剂。可用作软水剂,预防和早期治疗重金属污染症。

[使用注意事项] 密封保存。

6.氧化剂

(1)高锰酸钾

[性状] 本品为黑紫色细长结晶,带蓝色金属光泽;无臭;易溶于水;与某些有机物或易氧化物接触,易发生爆炸;在碱性或微酸性水中会形成二氧化锰沉淀。

[作用机制] 其水溶液与有机物接触,即释放新生态氧,迅速氧化微生物体内的活性基团而发挥其杀菌作用。

[适应症] 可用作消毒、防腐外,还可用作杀虫、解毒、除臭。

[使用注意事项]

①溶液宜现用现配,久贮易失效。

②禁忌与甘油、碘和活性炭等研合。

③不宜在强光下使用,否则容易氧化失效。

④避光保存于密封棕色瓶中。

⑤药效与水中有机物含量、水温有关。有机物含量少、水温高时,药效增强。

(2)过氧化氢溶液(双氧水)

[性状] 本品为透明水溶液;无臭或类似臭氧的臭气;味微酸;有腐蚀性;不稳定,氧化性强,且具弱酸性,遇氧化物或还原物即分解发生泡沫,见光易分解,久贮易失效;一般以30.0%的水溶液形式存放,用时再稀释成3%溶液;能与水、乙醇或乙醚以任何比例混合,不

溶于苯。

［作用机制］在水中能迅速放出大量的氧，起杀菌和除臭作用。

［适应症］用于各种工具的消毒、防治各种微生物疾病，并有增氧效果；还可用于机体的消毒与清洁，但只适用于浅部伤口的清洁，体弱的水产动物不宜使用。

［使用注意事项］

①现配现用，避光密封保存。

②勿与碘类制剂、高锰酸钾、碱类等混用。

③有腐蚀性，对眼睛、鼻子等有刺激作用。

(3)过氧化钙

［性质］本品为白色或淡黄色粉末或颗粒；无臭无味；难溶于水，不溶于乙醇及乙醚，溶于稀酸中生成过氧化氢。干燥品在常温下很稳定，但在潮湿空气中或水中可缓慢分解，能长时间释放氧气。

［作用机制］本品遇水释放氧气，增加水体溶解氧，同时，产生的活性氧和氢氧化钙有杀菌和抑藻作用，并能调节水环境的 pH，降低水中氨氮、亚硝酸盐、硫化氢等有害物质的浓度，使胶体沉淀，并能补充水生动物对钙元素的需要。

［适应症］可作为环境改良剂、杀菌剂等。用于鱼池供氧和防治鱼类浮头，以及预防细菌性疾病，调节养殖水体的 pH。

［使用注意事项］

(1)不可与酸、碱混合使用。

(2)不宜使用金属容器盛放。

(3)贮存于干燥、阴凉通风处。

7.生物改良剂

生物改良剂是利用某些微生物把水体或底泥中的氨态氮、硫化氢、油污等有害物质分解(或吸收)，变成有益的物质，达到改良、净化环境的目的。目前常用的生物改良剂有光合细菌、硝化细菌、芽孢杆菌、EM、硫杆菌和固氮菌等。

(1)光合细菌

［种类和性状］有四科，即红螺菌(*Rhodospirillaceae*)、着色菌(*Chromatiaceae*)、绿色菌(*Cholorobiaceae*)及曲绿菌(*Chloroflexaceae*)。其生物学特性见表 3-12。

表 3-12　光合细菌的生物学特性

分类(科)	生物学特性	主含物
红螺菌	红色，螺旋状，端丛生毛，运动厌氧或微厌氧	紫色素，菌微素，类胡萝卜素
着色菌	红紫色，球形，有夹膜，极生鞭毛，运动或不运动，厌氧	胡萝卜素，叶绿素
绿色菌	绿色，卵球形，不运动，革兰氏阴性，严格厌氧	叶绿素
曲绿菌	绿色或橘汁色，革兰氏阴性，厌氧	叶绿素

［作用与用途］光合细菌的共同特点是在嫌气光照条件下吸收各种光谱，利用光能把硫化氢、氨或有机物作为氢的供给体，固定二氧化碳或低脂类有机物作为碳源进行生长和繁殖，生长过程不产生氧气。光合细菌可吸收、快速降解水中的氨态氮、硫化氢等有毒物质，起到净化水质的作用；富含氨基酸、维生素 B_{16}、维生素 H 及辅酶等，可作为饲料添加剂，促进

动物生长,预防疾病发生;稳定水体酸碱度,抑制有害藻类的繁殖生长;快速分解水中残饵、排泄物,减少水体泡沫发生,培养池塘有益藻类,稳定水色和透明度。

[使用方法]

①采用注射法或浸浴法。微生态制剂直接与水生动物接触,能在较短时间内刺激动物免疫系统产生反应。这种方法适合于大的动物。

②作为微生态饲料添加剂。随同饲料一起进入机体内发生作用,其成分必须具有较好的稳定性和耐受性,要求在饲料制粒过程中不使其生理活性丧失。

③直接加入水环境

将微生态制剂直接加入养殖池,要注意环境是否适合有益菌的生存和繁殖。

[使用注意事项]

①勿与抗生素或消毒剂同时使用。

②正常情况下 3 d 内不换水或减少换水量。阴雨天不使用,以免影响药效

(2)硝化菌

[种类和性状] 有两类:即亚硝化单胞菌(*Nitrosomonas* sp.)和硝化杆菌(*Nitrobacter* sp.)。亚硝化单胞菌呈杆状,单生,有极生鞭毛,革兰氏染色阴性,专性化能自氧菌,严格好氧,生长 pH 值 5.8~8.5,温度 5~30 ℃。硝化杆菌呈短杆状,鸭梨形,一般不运动,多为专性化能自氧菌,生长 pH 值 6.5~8.5,温度 5~40 ℃。

[作用和用途] 将水环境中的氨或氨基酸转化为硝酸盐或亚硝酸盐,放出热量,促使水体及底泥中的有毒成分转化为无毒成分,达到净化水体的作用。

[使用方法]同光合细菌。

[使用注意事项] 勿与抗生素或消毒剂同时使用。正常情况下 3 d 内不换水或少换水。

(3)芽孢杆菌

[种类和性状] 芽孢杆菌为芽孢菌属的种类,革兰氏染色阳性,好气性细菌,无毒性,能分泌蛋白酶等多种酶类和抗生素,耐氧化,耐挤压,耐高温,耐酸碱。代表种是枯草芽孢杆菌(*Bacillus subtilis*)、纳豆芽孢杆菌(*Bacillus subtils natto*)、地衣芽孢杆菌(*Bacillus licheniformis*)和蜡状芽孢杆菌(*Bacillus cereus*)等。

[作用和用途] 芽孢杆菌可直接利用硝酸盐和亚硝酸盐,起到净化水质的作用;分泌的多种酶类和抗生素,来抑制其他细菌的生长;可作为水产饲料添加剂。

[使用方法]同光合细菌。

[使用注意事项]

①不得与杀菌剂、消毒剂、农药等同时存放使用。

②初次使用、环境突变、水产养殖动物患病时应加倍使用。

③包装开启后最好一次性用完,未用完密封保存。

8.矿物质

(1)沸石粉(活性沸石)

[性状] 沸石是一种碱金属或碱土金属的铝硅酸盐矿石,为多孔隙颗粒,多为白色或粉红色,质软,有玻璃或丝绢光泽,偶尔有呈珍珠光泽。

[作用和用途] 可作为水质、底质净化改良剂和环境保护剂。

①能有效降低池底硫化氢毒性的影响。沸石中含多种金属氧化物,其中氧化铁可与水

中硫化氢作用,生成无毒的硫化铁而起到改善底质作用。

②具有调节水的 pH 作用。沸石中含 10%的氧化钙，与生石灰一样能调节水的 pH 作用。

③具有吸附氨氮、重金属离子和选择性离子交换能力,但对阳离子吸附能力强弱不一。由于钾、钠的竞争,导致沸石在海水中吸附的能力比在淡水中低得多,沸石在海水中用量应适当增加。吸附能力强弱常用吸氨量来表示,即每克沸石粉吸附氨的毫克数。

[用法和用量] 常用粒度是 100～150 孔径。一般养殖中、后期用量为 20～30 kg/666.7 m^2,每月 1～2 次;严重污染时用量为 50～100 kg/667 m^2。

[使用注意事项] 干燥处保存。可在饲料添加 1%～2%沸石,促进消化、吸收代谢毒物。但不能与化肥或药物混用。

(2)麦饭石

[性状] 麦饭石为灰白色粉末,无臭,无味,不溶于水。天然麦饭石是以氧化硅为主,含有多元素和金属氧化物的矿石,其内部有很多孔和通道,质地较为松软。

[作用和用途] 水环境保护剂。内服时能调节机体代谢,吸收消化道毒素,促进酶类的活力。在海水中有吸附杂菌、有机物、氨、硫化氢与调节 pH 的作用。

[用法和用量] 常用粒度是 100 孔径以上。可应用于室内循环水槽的滤水器上,当海水通过它时起到净化作用。平时一般用量为 50 kg/667 m^2,半月一次。改造池底时用量为 100～200 kg/666.7 m^2。

[使用注意事项] 单独贮存于干燥处。本品老化后可更新。用 10%海水彻底浸泡冲洗后能重新恢复效力,但这种情况只适用于淡水养殖。

(3)膨润土(斑脱岩、钠质膨润土)

[性状] 膨润土含有多种金属氧化物。分散性能和成胶性能很好。白色,含杂质时呈淡绿色、浅红色至灰白色不等,手感松软。透气性能较好,具强烈吸水性。在水中呈悬浮和凝胶状,并兼有良好的阳离子交换能力和黏结力。

[作用和用途] 在养殖生产中,主要是降低池水富营养化程度,用于净化水质和改良养殖水环境。

[用法和用量] 投放要选准时机,一般提早投放或定期投放优于应急投放。一般用量为 750～1 500 kg/ha。

[使用注意事项] 单独贮存于干燥处。

(4)明矾(白矾、生矾)

[性状] 无色透明晶体,明矾为含有结晶水的硫酸钾和硫酸铝的复盐。溶于水、稀酸,不溶于醇、丙酮。水溶液呈酸性,水解后产生氢氧化铝乳白色胶状物沉淀。

[作用和用途] 可吸附水体中的胶体颗粒,起到改良水质的作用。

[用法和用量] 一般用于浮泥和胶体物质较多的不洁之水。使用浓度为 0.5～1.0 mg/L。

[使用注意事项] 贮存于通风、密封、干燥处。

9.表面活性剂

(1)苯扎溴铵(新洁尔灭)

[性质] 常温下为黄色胶体状,低温时可形成蜡状固体;芳香,味极苦;易溶于水或乙醇,水溶液呈碱性;性状稳定。苯扎溴铵为季铵盐阳离子表面活性广谱杀菌剂,对革兰氏阳性菌

和革兰氏阴性菌都有杀灭作用,对革兰氏阳性菌作用较强。

[作用机制] 改变细菌胞浆膜的通透性,使菌体胞浆物质外渗,阻碍其代谢而起杀灭作用。

[适应症]用于水体、工具消毒,以及防治水产动物细菌性疾病,还可用于杀灭虾蟹固着类纤毛虫。

[使用注意事项]

①禁与用肥皂、洗衣粉等阴离子表面活性剂混用。

②禁与碘、碘化物、过氧化物和氧化剂等混用。

③软体动物、鲑等冷水性鱼类慎用,水质较清的养殖水体慎用。

④勿用金属容器盛装。

3.5.2 抗微生物药

抗微生物药是指通过内服或注射,杀灭或抑制体内微生物繁殖、生长的药物。根据杀灭病原体的对象不同,抗微生物药分包括抗病毒药、抗细菌药、抗真菌药。

目前,用于水产动物病毒病的药物种类很少,而且至今作用较不肯定,也不理想,已使用的抗病毒药物有聚维酮碘和免疫制剂。用于水产动物细菌病的药物约有 70 多种。包括磺胺类、抗生素类、喹诺酮类等药物。用于水产动物真菌病的常用药物有制霉菌素、甲霜灵等。

1.磺胺类

[主要种类和性状] 磺胺类药物的主要种类、性状和特点见表 3-13。

表 3-13 磺胺类药物的主要种类、性状和特点

名称	简称	性状	特点
磺胺甲基嘧啶	SM	白色结晶性粉末;无臭;味微苦;遇光色变深	抗菌作用强;易损伤肾脏;半衰期 17 h,中效磺胺类药。
磺胺甲基异噁唑(新诺明)	SMZ	白色结晶性粉末;无臭;味微苦;几乎不溶于水	抗菌作用强;半衰期 11 h,中效磺胺类药物
磺胺嘧啶	SD	白色结晶性粉末;见光色变深;几乎不溶于水	抗菌作用强;对肾有损害;半衰期 17 h,中效磺胺类药
磺胺间甲氧嘧啶	SMM	白色结晶性粉末;无臭;无味;遇光色变暗;不溶于水	抗菌作用强;吸收快且好,不良反应较少;维持期长,长效磺胺类药
磺胺间二甲氧嘧啶	SDM	白色结晶性粉末;无臭;无味;几乎不溶于水	抗菌作用较强;吸收快,毒副作用性较小;持续期长,长效磺胺类药
磺胺二甲异恶唑	SIZ SFZ	白色结晶性粉末;溶于水	抗菌作用仅次于 SMM 和 SMZ;吸收快,排泄快;半衰期 6 h,短效磺胺类药物

磺胺类药物为广谱抑制剂,其抗菌作用范围广、性质稳定、不易变质、使用方便、可大量生产,但其抗菌作用弱、不良反应较多、用药量大、疗程长、细菌易产生耐药性。磺胺类药物可分为三类:

①肠道易吸收的磺胺药:主要用于全身感染,其根据药物作用时间的长短又分为短效

类、中效类和长效类三类。

②肠道难吸收的磺胺药:能在肠道保持较高的药物浓度,主要用于肠道感染。

③外用磺胺药:主要用于皮肤感染。

[作用机制] 主要是磺胺类药物与对氨基苯甲酸(PABA)竞争二氢叶酸合成酶,妨碍细菌叶酸的合成,导致细菌不能生长和繁殖,起到抑菌作用。

[适应症] 用于水产养殖动物细菌性疾病与孢子虫病的防治。

[使用注意事项]

①一般首次剂量加倍,以后保持一定的维持量。

②细菌易对磺胺类药物产生耐药性。

③应避光密封保存。

④与甲氧苄啶(磺胺增效剂,TMP)合用,可增强抗菌能力。

⑤磺胺药物难溶或不溶于水,一般采用口服或浸泡等给药方式,一般不全池遍洒。

2.喹诺酮类药物

[主要种类和性状] 喹诺酮类药物的主要种类、性状和抗菌谱见表3-14。

表3-14　喹诺酮类药物的主要种类和性状

名称	性状	抗菌谱	备注
萘啶酸	白色或淡黄色,结晶性粉末;无臭;几乎不溶于水;在酸、碱溶液中稳定,见光色变黑	主要抗革兰氏阴性菌	第一代喹诺酮类药物
噁喹酸	白色,柱状或结晶粉末;无臭;无味;几乎不溶于水;对热、光、湿稳定	主要抗革兰氏阴性菌	第一代喹诺酮类药物
吡哌酸	微黄色,结晶性粉末;无臭;味苦;微溶于水,易溶于酸或碱;见光色变黄	抗菌谱较广	第二代喹诺酮类药物
氟甲喹	白色,细微粉末;无臭;无味;不溶于水,能在有机溶剂中互溶,可溶于碱性水溶液中;无毒,无麻醉作用	主要抗革兰氏阴性菌	第二代喹诺酮类药物
恩诺沙星(乙基环丙沙星)	白色至淡黄色结晶性粉末;无臭;味微苦;易溶于碱性溶液中,在水、甲醇中微溶,在乙醇中不溶;遇光色渐变为橙红色	抗菌谱广	第三代喹诺酮类药物

由于喹诺酮类药物具有抗菌活性强、抗菌谱广、给药方便、与常用抗菌药物间无交叉耐药现象、毒性小、治疗剂量无致畸致突作用等特点,使其广泛应用于水生动物病害防治中。

第三代(1979年开始合成)的喹诺酮类药物大多含有氟(F),与第一代(1962年开始合成)、第二代(1974年开始合成)的喹诺酮类药物相比,其抗菌范围更广,杀菌能力更强,抑菌浓度更低。第四代(1987年开始合成)的喹诺酮类药物除了保持第三代喹诺酮抗菌谱广、抗菌活性强、渗透性好等优点外,抗菌谱扩大到衣原体、支原体等病原体,主要用于人类的临床。目前水产动物疾病防治常用的是第三代的一些种类,如恩诺沙星。

[适应症] 用于水产养殖动物细菌性疾病的防治。

[作用机制] 抑制细菌脱氧核苷酸的合成。

[使用注意事项]

①干燥处贮存，避免阳光直射。

②避免与金属离子(Ca^{2+}、Mg^{2+}、Fe^{2+}等)的物质或与制酸剂同时服用。

③避免与四环素、甲砜霉素和氟苯尼考粉等有拮抗作用的药物配伍。

④禁止在鳗鱼养殖中使用。

3.抗生素类

细菌、放线菌和真菌等微生物在生长繁殖过程中产生的代谢产物，称为抗生素，又称为抗菌素。抗生素类药物的主要种类、性状、抗菌谱、作用机制和使用注意事项见表3-15。

表3-15 抗生素类药物的主要种类

名称	性状	抗菌谱	抗菌机制	使用注意事项
四环素	黄色，结晶性粉末；无臭；在空气中较稳定，见光色变深；在碱性溶液中易失效	广谱抗菌	干扰蛋白质的合成	①勿与碱性药物同时使用 ②需避光保存
金霉素	金黄色，结晶；无臭；在空气中较稳定，见光色变暗；水溶液呈酸性，中性和碱性溶液中易失效	广谱抗菌	干扰蛋白质的合成	①勿与金属、碱性物质接触 ②需避光保存
土霉素	黄色，结晶性粉末；无臭；在空气中稳定，强光下色变深；饱和水溶液呈弱酸性，在碱性溶液中易失效	广谱抗菌	干扰蛋白质的合成	①勿与碱性药物同时使用 ②需避光保存
青霉素	白色，结晶性粉末；无臭；易溶于水，水溶液不稳定；遇热、碱、酸、氧化剂、重金属等易失效	主要抗革兰氏阳性菌	干扰细胞壁的合成	①药品现配现用 ②保存在4～6 ℃的冰箱中
硫酸链霉素	白色到微黄色；粉末或颗粒；无臭；味苦；有吸湿性，在空气中易潮解；易溶于水；性质较稳定	主要抗革兰氏阴性菌	干扰蛋白质的合成	①勿与碱性药物同时使用 ②保存在4～6 ℃的冰箱中 ③不耐酸，不宜口服
新毒素	白色粉末；呈碱性；无臭；在水中极易溶解，在乙醇、乙醚、丙酮或氯仿中几乎不溶；性质稳定，耐热	广谱抗菌	干扰蛋白质的合成	
氟苯尼考(氟甲砜霉素)	白色结晶性粉末；无臭；极易溶于二甲基甲酰胺，溶于甲醇，略溶于冰醋酸，微溶于水或氯仿	广谱抗菌	干扰蛋白质的合成	①混拌后药饵不宜久置 ②本品应妥善存放
甲砜霉素	白色结晶性粉末；无臭；性微苦，对光、热稳定；易溶于二甲基甲酰胺，略溶于无水乙醇、丙酮，微溶于水，不溶于乙醚、氯仿及苯	广谱抗菌	干扰蛋白质的合成	不宜高剂量长期使用
制霉菌素	黄色或棕黄色粉末；有类似谷物气味，有吸湿性；性质不稳定，遇光、热、氧、水分、酸、碱等物质易变质失效；干燥状态下稳定；难溶于水，微溶于甲醇、乙醇	抗真菌	影响细胞膜的功能	①现配现用 ②避光、密闭保存

目前，水产动物疾病防治方面常用的抗生素主要有五类：四环素类、β-内酰胺类、氨基糖苷类、酰胺醇类和制霉菌素。

①四环素类：是一类碱性广谱抗生素，可与碱或酸结合成盐，在碱性水溶液中易降解，在

酸性水溶液中则较稳定。常用药物有土霉素、金霉素、四环素等。

② β-内酰胺类:常用药物有青霉素,一般细菌对青霉素不易产生耐药性,但随着青霉素的广泛应用,耐药菌株的比例逐渐增高。在较低浓度时仅有抑菌作用,而在较高浓度时则有强大的杀菌作用。

③氨基糖苷类:共同特点是均为有机碱,能与酸形成盐,制剂多为硫酸盐,水溶性好,性质稳定;口服吸收不良,肠道不易吸收,只可用于肠道感染。注射给药后效果良好,注射后可分布到体内许多重要器官中。常用的药物有链霉素、庆大霉素、卡那霉素、新毒素等。

④酰胺醇类:又称氯霉素类抗生素,属广谱抗生素,细菌对本类药物能缓慢产生耐药性。常用的药物有氟苯尼考、甲砜霉素。该药物易于吸收,在体内分布广泛,为速效、长效型制剂,无潜在致再生障碍性贫血的隐患,安全性较好。

⑤制霉菌素:属抗真菌抗生素,与真菌细胞膜中的类固醇结合,破坏细胞膜的结构,影响细胞膜的功能。外用需很高浓度,内服药多数病虾失去食欲,故效果不明显。

4.甲霜灵

[性状] 白色粉末;在室温下在中性和酸性介质中稳定,不易燃,不爆炸,无腐蚀性。

[作用机制] 抑制真菌蛋白质的合成。

[适应症] 主要用于防治水霉菌、鳃霉菌等引起的水产动物真菌性疾病。低浓度时,可以有效抑制水霉孢子的萌发和释放,并抑制水霉菌丝的生长;高浓度时,可杀死水霉菌。该品还有治疗鱼类创伤、收敛伤口作用。

[使用注意事项]

①本品不可与硫代硫酸钠、碱性药物、含制剂和巯基的药物同时使用。

②单一长期使用该药,病菌易产生抗性。

3.5.3　杀虫驱虫药

用来杀灭或驱除水产养殖动物体内、外寄生虫及敌害生物的一类物质称为杀虫驱虫药。包括:抗原虫药,如硫酸铜、硫酸亚铁、碘等;抗蠕虫药,如敌百虫、碳酸氢钠、氯化铜等;抗甲壳动物药,如高锰酸钾等;除害药等。

1.硫酸铜(蓝矾、胆矾、石胆)

[性状] 本品为蓝色透明,结晶性颗粒或结晶性粉末;无臭;具金属味;在空气中逐渐风化;易溶于水,水溶液呈酸性。

[作用机制] 铜离子与菌体蛋白质结合成蛋白盐,使其沉淀,达到杀灭病原体的目的。

[适应症] 用于防治水产养殖动物由纤毛虫引起的寄生虫病,还可用于清除敌害生物。

[使用注意事项]

①勿使用金属容器存放本品;贮存于干燥、通风处。

②本品安全浓度范围较小,毒性较大,使用时应准确计算用药量。

③溶解药物时,水温不应超过 60 ℃,否则失效。

④具有一定的毒副作用和铜的残留积累作用,故不能经常使用。

⑤药效与水温成正比,并与水中有机物含量、溶解氧、盐度、硬度、pH 值成反比。

2.硫酸亚铁(绿矾、青矾、皂矾)

[性状] 本品为淡蓝绿色,柱状结晶或颗粒;无臭;味咸涩;在干燥空气中易风化;在潮湿空气中则氧化成碱式硫酸铁而成黄褐色;易溶于水,水溶液呈中性。

[作用机制] 只能作为辅助剂,常与硫酸铜、敌百虫等合用,以提高主药效的通透能力而增强药效。

[适应症] 用于防治水产养殖动物由纤毛虫引起的寄生虫病。

[使用注意事项] 密封保存。若硫酸亚铁呈黄褐色,就不能再使用。

3.氯化铜(二氯化铜)

[性状] 本品为蓝绿色粉末或斜方双锥体结晶;无臭味;在潮湿空气中潮解,在干燥空气中风化;易溶于水,水溶液呈酸性。

[作用机制] 铜离子与菌体蛋白质结合成蛋白盐,使其沉淀,达到杀灭病原体的目。

[适应症] 除了用作杀虫剂外,还可用作杀菌消毒剂。

[使用注意事项]

①准确计算用药量。

②贮存于干燥、通风处。

4.硫酸锌

[性状] 本品为无色透明,棱柱状或细针状结晶或颗粒性结晶粉末;无臭,味涩;极易溶于水,在甘油中易溶,在乙醇中不溶。

[作用机制] 锌离子与虫体细胞的蛋白质结合成蛋白盐,使其沉淀;另外,锌离子易与虫体细胞酶的巯基相结合,巯基为此酶的活性基团,当与锌离子结合后就失去了作用,从而达到杀灭的目的。

[适应症] 用于防治河蟹、虾类等水产养殖动物的固着类纤毛虫病。

[使用注意事项] 鳗鲡禁用;虾蟹幼苗期及蜕壳期中期慎用。

5.地克珠利

[性状] 本品为类白色或淡黄色粉末;无臭;在二甲基甲酰胺中略溶,在四氢呋喃中微溶,在水、乙醇中几乎不溶。

[作用机制] 本品为新型、高效、低毒的三嗪类抗球虫药,对水生动物孢子虫等有抑制或杀灭作用,对球虫发育的各个阶段均有作用。

[适应症] 用于防治黏孢子虫、碘泡虫、四极虫、单极虫等引起的鱼类孢子虫病。

6.盐酸氯苯胍

[性状] 本品为白色或淡黄色结晶性粉末;无臭;味苦;遇光色渐变深;在乙醇中略溶,在三氯甲烷中极微溶,在水或乙醚中几乎不溶,在冰醋酸中略溶。

[作用机制] 干扰虫体细胞质中的内质网,影响虫体蛋白质代谢,使内质网的高尔基体肿胀,抑制氧化磷酸化反应和 ATP 酶活性。

[适应症] 治疗鱼类黏孢子虫病和孢子虫病。

[使用注意事项] 斑点叉尾鮰慎用。

7.敌百虫(马佐藤)

[性状] 本品为白色结晶;易溶于水和大多有机溶剂;在中性或碱性溶液中发生水解,生

成敌敌畏,进一步水解,最终分解成无杀虫活性的物质,是一种高效、低毒、低残留的有机磷农药。

[作用机制] 使寄生虫胆碱酯酶活性受抑制,失去水解破坏乙酰胆碱的能力,从而使寄生虫神经失常,中毒死亡。

[适应症] 用于防治水产养殖动物由吸虫、线虫、甲壳动物引起的寄生虫病。

[使用注意事项]

①忌用金属容器盛放本品;密封、避光、干燥处保存。

②溶解药物时,水温不应超过60℃,否则失效。

③遇碱即分解,故除面碱外,不得与其他碱性药物合用。

④敌百虫对鳜鱼、加州鲈鱼、淡水白鲳及虾、蟹、海水鱼的毒性较大,应慎用。

8.辛硫磷

[性状] 本品为浅黄色油状液体。不溶于水,溶于丙酮、芳烃等化合物。对光不稳定,很快分解。遇明火、高热可燃。受高热分解。如渗入土壤中残留期很长。本品属于有机磷杀虫剂。

[作用机制] 水解后能产生一种胆碱酯酶抑制剂,使寄生虫胆碱酯酶活性受抑制,失去水解破坏乙酰胆碱的能力,从而使寄生虫神经失常,中毒死亡。辛硫磷对人、畜低毒。水生甲壳类动物较为敏感。

[适应症] 用于杀灭水体中寄生于青鱼、草鱼、鲢、鳙、鲤、鲫、鳊和鳗鲡的指环虫、三代虫、中华鳋、锚头鳋及鱼鲺等寄生虫。

[使用注意事项] 对光敏感,宜夜晚或傍晚使用。其他同敌百虫。

9.硫酸二氯酚(别丁)

[性状] 本品为白色,结晶性粉末;无臭;几乎不溶于水,易溶于乙醇、乙醚。

[作用机制] 阻止三磷酸腺苷的合成,从而引起寄生虫能量代谢的障碍而致死。

[适应症] 驱除水产动物体表上的吸虫和体内的绦虫。

[使用注意事项] 本品应避光密封保存。

10.甲苯达唑

[性状] 本品为白色、类白色或微黄色粉末;无臭;难溶于水和多数有机溶剂(如丙酮、氯仿等),在冰醋酸中略溶,易溶于甲酸、乙酸。甲苯达唑为高效、广谱、低毒的驱虫药物。

[作用机制] 与寄生虫细胞微管蛋白结合,阻碍寄生虫细胞微管系统的形成,干扰葡萄糖的吸收及正常消化功能,从而发挥作用。

[适应症] 用于治疗鳗鲡的指环虫病、伪指环虫病、三代虫病等。本品常与盐酸左旋咪唑按4∶1配使用,可增加其杀虫效果。

[使用注意事项]

①避免在低溶解氧情况下使用。

②在使用剂量范围内,一般水温高时宜采用低剂量。

③贝类、螺类和斑点叉尾鮰、大口鲇等无鳞鱼禁用,日本鳗鲡等特殊养殖动物慎用。

11.阿苯达唑(丙硫达唑)

[性状] 本品为白色至黄色粉末;无臭,味涩;不溶于水和乙醇,微溶于丙酮和氯仿,在冰

醋酸中溶解。阿苯达唑是一种高效、低毒的广谱驱虫药。

[作用机制] 抑制寄生虫对葡萄糖的吸收,或抑制延胡索酸还原酶系统,使寄生虫无法存活和繁殖。

[适应症] 治疗海水鱼的线虫病和贝尼登虫病以及淡水鱼的指环虫病、三代虫病和绦虫病。

[使用注意事项]

①本品应避光密封保存。

②若投喂量达不到有效给药量,只能驱除部分虫体。

12.吡喹酮

[性质] 本品为白色或类白色结晶粉末;味苦;在氯仿中易溶,在乙醇中溶解,在乙醚和水中不溶。本品为理想的新型广谱驱绦虫药和驱吸虫药,毒性相对较低,应用安全。

[作用机制] 本品能阻断糖代谢,抑制葡萄糖的摄取,还可抑制虫体核酸与蛋白质的合成。

[适应症] 驱杀鱼体内棘头虫、绦虫、线虫等。

[使用注意事项] 本品应避光密封保存。

13.阿维菌素

[性状] 本品为淡黄色至白色结晶粉末,无味。易溶于甲苯、丙酮,微溶于水。性质不太稳定,对光线敏感。本品为新型广谱、高效、无残留的抗寄生虫药物。

[作用机制] 干扰寄生虫神经生理活动,从而使其中毒麻痹而死亡。

[适应症] 用于驱杀指环虫、三代虫和棘头虫。

[使用注意事项] 不可与消毒剂、碱性药物混用。

14.伊维菌素

[性状] 本品为白色结晶性粉末;无味;在甲醇、乙醇、丙酮、醋酸乙酯中易溶,在水中几乎不溶。伊维菌素溶液为无色或淡黄色液体,是一种新型的广谱、高效、低毒抗生素类抗寄生虫药。

[作用机制] 干扰寄生虫神经生理活动,阻断神经信号的传递,导致神经麻痹而死亡。

[适应症] 用于杀灭中华鳋、锚头鳋、车轮虫、指虫虫、线虫幼体等。

[使用注意事项] 应妥善存放,泼洒时要均匀,雨天禁用。

3.5.4 代谢改善和强壮药

代谢改善和强壮药是指以改善水产养殖动物机体代谢,增强机体体质、病后恢复,促进生长为目的而使用的药物。包括激素、维生素、矿物质、氨基酸等。通常以饵料添加剂和注射等方式使用。

1.激素

激素是动物内分泌器官直接分泌到血液中并对机体组织器官有特殊效应的物质。通常只需毫微克和微微克量就能对机体的生命活动起到重要作用。激素按其化学性质与作用原理可分为两大类:一类是含氮激素,如胰岛素、肾上腺素,它们大多数易被消化酶破坏,不宜口服;另一类是甾类激素,如性激素,一般不易被消化酶破坏,宜口服。

2.维生素

维生素在体内的含量很少,但在动物生长、代谢、发育过程中却发挥重要的作用。

维生素易受氧、潮湿、热、光照、金属离子等因素的影响而降低其活性。维生素根据其溶解性可分为脂溶性和水溶性两大类,常见的维生素有14种。

脂溶性维生素:在体内大量储藏,通过胆汁从粪便排出。包括:维生素A、维生素D、维生素E、维生素K等4种。

水溶性维生素:不需要消化,直接从肠道吸收,通过循环系统到达机体需要的组织,每天排出的尿携带大量的维生素,在体内储藏有限。包括:维生素 B_1、维生素 B_2、维生素 B_3、维生素 B_4、维生素 B_5、维生素 B_6、维生素 B_{11}、维生素 B_{12}、维生素H、维生素C等10种。

3.矿物质

目前在动物体内已检测到40种无机元素,已知有17种元素起着重要作用,其中K、Na、Ca、Mg、Cl、P、S等7种元素为常量元素,Fe、Cu、Zn、Co、Se、I、F、Mo、Mn、Si等10种元素为微量元素。矿物质不能在水产动物体内合成,只能由水和饲料供应。

4.氨基酸

按动物的营养需求,氨基酸通常分必需氨基酸和非必需氨基酸两大类。必需氨基酸不能由机体自身合成,如赖、蛋、色、异亮、亮、苯丙、苏、缬、精、组氨酸等;非必需氨基酸能由机体自身合成。人工配合饲料中的蛋白质大部分为植物蛋白,与动物蛋白氨基酸的组成不相同,需人工添加赖氨酸、蛋氨酸、色氨酸。

3.5.5　中草药

中草药是中药和草药的总称。中药是中医常用的药物,草药是指民间所应用的药物。

1.有效成分

中草药的化学成分极为复杂。一种中草药往往含有多种化学成分,中草药的化学成分通常分为有效成分和无效成分两种。

有效成分:包括生物碱、黄酮类、多聚糖、甙、挥发油、鞣质等;

无效成分:主要有树脂、油脂、糖类、蛋白质及色素等。

2.优点

中草药具有许多化学物质不能媲美的优点,即天然性、多功能性、毒副残留性小以及耐药性小。

3.常用中草药

根据中草药的作用可分为三类:抗病毒类中草药,如板蓝根、金银花等;抗细菌类中草药,如五倍子、大黄、黄连、黄芩等;抗真菌类中草药,如车前草等;驱虫、杀虫中草药,如苦楝皮、使君子、贯众等。现将水产动物疾病防治中常用的中草药介绍如下:

(1)大蒜(蒜)(图3-5)

[特性] 百合科,多年生草本植物。鳞茎呈卵形微扁,直径3～4 cm;外皮白色或淡紫红

图 3-5 大蒜
(仿《常用中草药手册》)

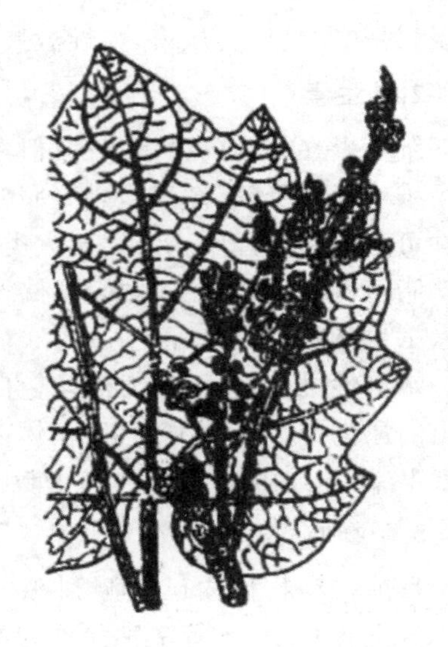
图 3-6 大黄
(仿《常用中草药手册》)

色,有弧形紫红色脉线;内部鳞茎包于中轴,瓣片簇生状,分 6～12 瓣,瓣片白色肉质,光滑而平坦;底盘呈圆盘状,带有干缩的根须。

[药用部分] 鳞茎,现有人工合成的大蒜素和大蒜素微囊。

[有效成分] 大蒜辣素,臭辣味。对热不稳定,遇碱易失效,但不受稀酸影响。

[性能和主要功效] 性温、味辛、无毒,具有止痢、杀菌、驱虫、健胃作用。

(2)大黄(图 3-6)

[特性] 蓼科,多年生草本植物,高达 2 m。地下有粗壮的肉质根及根块茎,茎黄棕色,直立,中空;叶互生,叶身呈掌状浅裂;花黄白色而小,呈穗状花序。

[药用部分] 根、根块茎。

[有效成分] 大黄酸、大黄素及芦荟大黄素等蒽醌衍生物。每千克大黄加 20 kg 0.3%氨水,浸泡 12 h,使蒽醌衍生物游离出来,可提高药效。

[性能和主要功效] 性寒、味苦,具有抗菌、收敛、增加血小板,促进血凝固作用。

(3)乌桕(木油树、木蜡树、乌果树)(图 3-7)

[特性] 大戟科,落叶乔木,高可达 20 m。叶互生,菱形或卵形,背面粉绿色;夏季开黄花,穗状花序顶生;蒴果球形,有三裂;三颗种子外被白色蜡层。

[药用部分] 根、皮、叶、果。

[有效成分] 酚酸类物质。它在酸性条件下溶于水,在 2%生石灰作用下生成沉淀,有提效作用。

[性能和主要功效] 性微温、味苦,具有抑菌、解毒、消肿作用。

(4)地锦草(奶浆草、铺地红)(图 3-8)

[特性] 大戟科。一年生匍匐小草本,长约 15 cm。茎从根部分为数枝,紫红色,平铺地面;叶小,对生,长椭圆形,边缘有细齿;茎叶含有白色乳汁;花极小,生于壶形苞内。

[药用部分] 全草。

图3-7　乌桕
（仿《常用中草药手册》）

图3-8　地锦草
（仿《常用中草药手册》）

［有效成分］黄酮类化合物及没食子酸。

［性能和主要功效］性平、味苦、无毒，具有强烈的抑菌作用，抗菌谱广，并有止血、中和毒素的作用。

(5)铁苋菜(海蚌含珠，人苋)(图3-9)

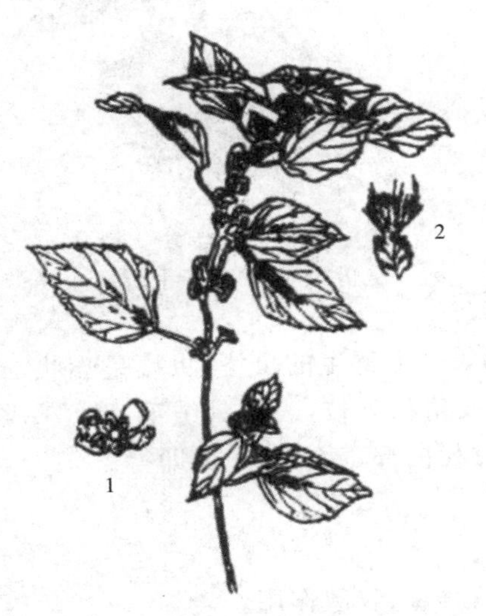

图3-9　铁苋菜
（仿《常用中草药手册》）

图3-10　穿心莲
（仿《常用中草药手册》）

［特性］一年生草本植物，高20～40 cm。叶互生，卵状菱形或卵状披针形，边缘有钝齿，叶片粗糙；花序腋生，雄花序穗状，花小，紫红色，雌花序藏于对合的叶状苞片内；果小，三角状半圆形，表面有毛。

［药用部分］全草。

［有效成分］铁苋菜碱。

[性能和主要功效] 性凉、味苦涩，具有止血、抗菌、止痢、解毒作用。

(6)穿心莲(一见喜，榄核莲、四方莲、苦草)(图 3-10)

[特性] 爵床科，一年生草本植物，高 50～80 cm。茎方形，有棱，分枝多，节稍膨大；叶对生，深绿色，尖卵形，类似辣椒叶；疏散的圆锥花序生于枝顶或叶腋，花冠白色，近唇形，有淡紫色条纹；果长椭圆形，表面中央有一纵沟；种子长方形。

[药用部分] 全草。

[有效成分] 穿心莲内酯，新穿心莲内酯和脱氧穿心莲内酯等。

[性能和主要功效] 性寒、味苦，具有解毒、消炎、消肿、止痛，抑菌、止泻及促进白细胞的吞噬作用等功能，对双球菌、溶血性链球菌有抑制作用。

(7)五倍子(佩子、百虫仑)(图 3-11)

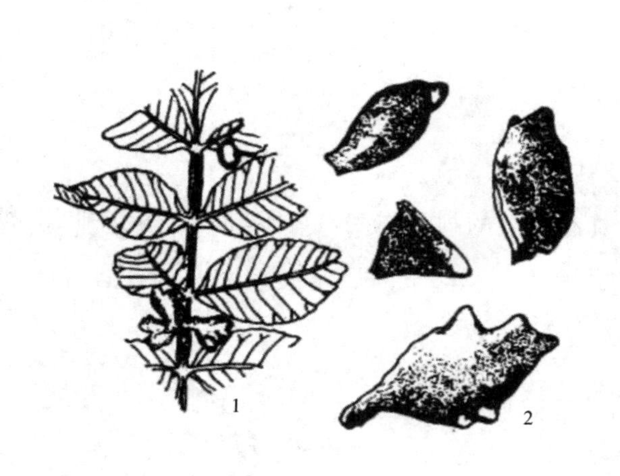

图 3-11　五倍子
(仿《常用中草药手册》)

图 3-12　辣蓼
(仿《常用中草药手册》)

[特性] 为漆树科属植物盐肤木、青麸杨和红麸杨等叶上寄生的虫瘿，虫瘿呈囊状，有角倍和肚倍之分。角倍呈不规则囊状，有若干瘤状突起或角状分枝，表面具绒毛；肚倍呈纺锤形囊状，无突起或分枝，绒毛少。9—10 月摘下虫瘿，煮死内部寄生虫，干燥即得。

[药用部分] 虫瘿。

[有效成分] 鞣酸等。

[性能和主要功效] 性寒、味酸涩，具有抗菌、止血、解毒、收敛作用。

(8)辣蓼(水蓼、红辣蓼、酒药草)(图 3-12)

[特性] 蓼科，一年生草本，高约 50～90 cm。茎直立或下部伏地，茎节部膨大，紫红色，分枝稀疏；单叶互生，披针形，长 5～7 cm，叶面有“八”字形黑纹；花淡红色，顶生或腋生穗状花序；果小，熟时褐色，扁圆形或略呈三角形。

[药用部分] 全草。

[有效成分] 甲氧基蒽醌、蓼酸、糖苷、氧茚类化合物等。

[性能和主要功效] 性温、味辛，具有杀虫、抑菌、消炎、止痛等作用。

(9)苦楝(森树、楝树)(图 3-13)

图 3-13　苦楝
(仿《常用中草药手册》)

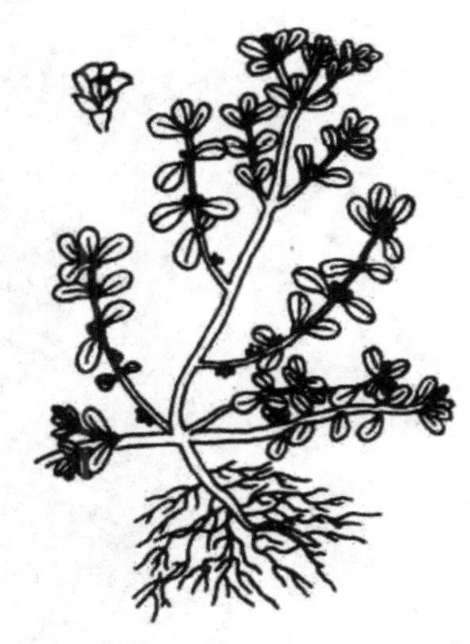

图 3-14　马齿苋
(仿《常用中草药手册》)

[特性] 落叶乔木,高 15～20 m。树皮暗褐色,有皴裂;叶互生,二至三回奇数羽状复叶;花淡紫色,腋生圆锥花序;果球形,熟时黄色。

[药用部分] 根、树皮和枝叶。

[有效成分] 川楝素。

[性能和主要功效和] 性苦、味寒,具有杀虫、抗真菌作用。

(10)马齿苋(瓜子菜、马齿菜、酱板草、马苋)(图 3-14)

[特性] 马齿苋科,一年生肉质草本植物,高约 35 cm。茎淡紫红色,全株味酸;叶互生,肉质,紫红色,形似瓜子;花小,黄色,腋生或顶生;蒴果圆形,从中裂开,内有许多黑色种子。

[药用部分] 全草。

[有效成分] 去甲肾上腺素,生物碱。

[性能和主要功效] 性寒、味酸,具有清热解毒、消炎镇痛、治痢杀虫等作用。

(11)枫树(枫香树)(图 3-15)

[特性] 落叶乔木,高 20～40 m 。单叶互生,有长柄,掌状三裂或裂片三角形,边缘有细锯齿,秋天呈黄色;花淡黄褐色,雌雄同株,顶生短穗状花序;蒴果圆球形,种子多角形。

[药用部分] 叶。

[有效成分] 倍半萜稀化合物与桂皮酸酯等挥发油。

[性能和主要功效] 性辛、平、味苦,具有解毒、止血、止痛作用。

(12)乌蔹莓(五爪龙,母猪藤,五将军,过江龙)

[特性] 葡萄科,多年生蔓生草本植物。茎紫绿色,有纵棱,无毛,有卷须;掌状复叶,小叶五片,倒卵形至长椭圆形,边缘有钝锯齿;花小,黄绿色,腋生聚伞花序;浆果球形,熟时紫黑色。

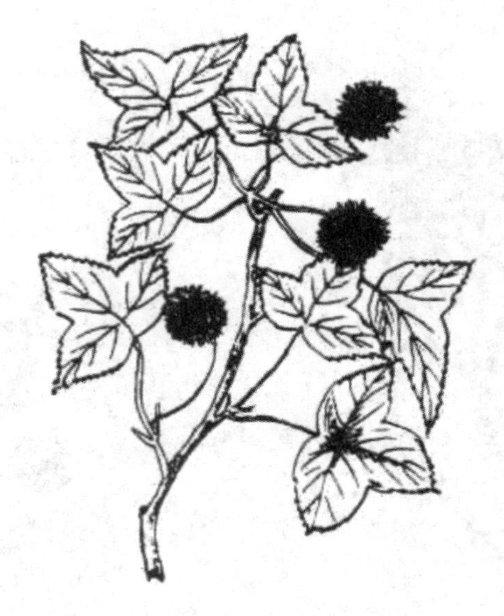

图 3-15　苦楝
（仿《常用中草药手册》）

［药用部分］全草。

［有效成分］甾醇，黄酮类。

［性能和主要功效］性寒、味酸苦，具有抑菌、解毒、消肿、止痛、止血等作用。

(13)黄柏(黄檗、元柏、檗木)

［特性］芸香科，落叶乔木，高 10～15 m。树皮厚，灰色或棕褐色，外层木栓质发达，有深纵裂，内皮鲜黄色；单数羽状复叶对生，5～13 片，卵状披针形；花小，黄绿色，单性，雌雄异株，圆锥状花序；果实球形，熟时紫黑色，果实揉碎后有松节油气味。

［药用部分］干燥树皮。

［有效成分］小檗碱，药根碱等。

［性能和主要功效］性寒、味苦，具有抑菌、消炎、止痛、解毒、消肿等作用。

(14)黄芩(山茶根、黄金茶根)

［特性］唇形科，多年生直立草本，高 20～60 cm。主根粗壮，略呈圆锥形，外皮棕褐色；茎为方形，基部多分枝；叶对生，卵圆形；花蓝色，唇形，总状花序顶生。

［药用部分］干燥根。

［有效成分］汉黄芩素、黄芩苷和汉黄芩苷等多种黄酮类成分。

［性能和主要功效］性寒、味苦，具有抑菌、消炎、清热等作用。

(15)黄连(味连、古勇连、雅连、鸡爪连)

［特性］毛茛科，多年生草本植物，高 20～50 cm。根状茎，细长柱形，多分枝，形如鸡爪，节多，生有极多须根；叶从根茎长出，有长柄，指状三小叶，小叶有深裂，裂片边缘有细齿；花小，淡黄绿色，花 3～8 朵，顶生。

［药用部分］根状茎。

[有效成分] 小檗碱等。

[性能和主要功效] 性寒、味苦，具有抗菌、杀虫、消炎、解毒等作用。

(16)车前草(车轮叶、钱贯草、蒲杓草、蛤蟆叶、耳朵棵)

[特性] 车前科，多年生草本植物，高 10～30 cm。根状茎短，有许多须根；叶根生，卵形，基出掌状脉 5～7 条。花细小，淡绿色，穗状花序，长 6～7 cm，；果卵形，长约 3 cm。

[药用部分] 全草。

[有效成分] 车前甙，桃叶珊瑚甙。

[性能和主要功效] 性凉、味淡甘，具有抗真菌、消炎、抗肿瘤等作用。

(17)生姜

[特性] 姜科，多年生草本，高 40～100 cm。根状茎肉质，扁平多节，黄色，有芳香及辛辣味；叶二列式互生，线状披针形，基部无柄；花橙黄色，花葶单独自根茎抽出，穗状花序，卵形，通常不开花；蒴果 3 瓣裂。

[药用部分] 鲜根状茎。

[有效成分] 姜醇、姜烯等挥发油。

[性能和主要功效] 性微温、味辛，具有抗菌、解毒、杀虫作用。

(18)板蓝根

本品为十字花科植物菘蓝的干燥根，药名为板蓝根，其叶干燥后，药名为大青叶。

[特性] 原植物 2 年生草本，高 40～90 cm。主根直径 5～8 mm，灰黄色。茎直立，光滑无毛，多少带白粉状。单叶互生，基生叶长圆状椭圆形，茎生叶长圆形至长圆状披针形；花序复总状，花黄色；角果顶端圆钝或截形。

[药用部分] 为菘蓝的根。

[有效成分] 靛甙。

[性能和主要功效] 性寒、味苦，具有清热解毒、抗菌、抗病毒等作用。

3.5.6 生物制品和免疫激活剂

1.生物制品

生物制品是指用微生物及其代谢的产物、动物毒素或水生动物的血液及组织加工制成的产品。生物制品包括抗病血清、诊断试剂、疫苗等，可用于预防、治疗或诊断特定的疾病。它多为蛋白质，性质不稳定，一般都怕热、怕光，需低温保存。有些还不可冻结，需贮存于2～10 ℃干燥暗处。

2.免疫激活剂

免疫激活剂主要是促进机体免疫应答反应的一类物质，一般均为非生物制品。免疫激活剂按其作用机制分为两大类：一类是改变疫苗免疫应答的物质，促使疫苗产生，增强或延长免疫应答反应，这就是佐剂，一般与疫苗联合使用或预先使用。另一类是非特异性的免疫激活剂，如植物血球凝集素(PHA)，这类激活剂可激发水产动物体内特异性和非特异性防御因子的活性，增强机体的抗病力。

3.5.7 抗霉剂、抗氧化剂、麻醉剂和镇静剂

1.抗霉剂

抗霉剂是为了抑制微生物活动,减少饲料在生产、运输、贮藏和销售过程中腐败变质,而在饲料中添加的保护物质。我国使用的种类有苯甲酸、苯甲酸钠、山梨酸及其盐类、丙酸及其盐类等。

2.抗氧化剂

抗氧化剂是为了阻止或延长饲料氧化,稳定饲料的质量、延长贮藏期而在饲料中添加的物质。如乙氧基喹啉、维生素 E。抗氧化剂对已氧化的饲料无用。

3.麻醉剂和镇静剂

麻醉剂和镇静剂是指在人工授精和活体运输中使用的药物。其作用是降低机体代谢机能和活动能力,防止机体受伤。常用麻醉剂有:MS_{222}、丁香酚、乙醚、二氧化碳等。

(1) MS_{222}(间氨基苯甲酸乙酯甲磺酸盐)

MS_{222}是美国 FDA 批准唯一允许用于食用鱼的渔用麻醉剂,具有良好效果。优点是使用浓度低、入静快、作用时间长、苏醒快、无残留、毒副作用小。使用方法主要是浸泡、喷雾、注射等。食用经过 MS_{222}麻醉的鱼类时,必须在用药 12 d 药物失效后方可。

(2)丁香酚

澳大利亚、新西兰、智利、芬兰等国家批准其用于渔用麻醉剂。优点是高效、安全、低成本。使用方法主要是浸泡。使用时根据实际需要增加使用量,以缩短入麻时间。

(3)乙醚

乙醚比重小、易挥发,若用于鱼类活体运输,需在运输途中视鱼体活动情况不断补充用量,且对鱼鳃有病变的鱼类和在水质不良时,特别是水体 pH 值失调时不能使用。

(4)二氧化碳

二氧化碳可使活鱼长期处于睡眠状态,减少运输所造成的死鱼,费用也较低,且经二氧化碳麻醉的鱼可直接食用。但其仅对部分鱼有麻醉作用,且使用时要分别用含有高分压(27～33 千帕)和低分压(13～17 分帕)的二氧化碳气流胶体刺激鱼体。

本章小结

本章主要介绍渔药的概念、特点和分类、渔药作用类型与影响因素、渔药选用原则、国标渔药使用技术、渔药残留和无公害渔药以及常用渔药等内容。要求掌握渔药的概念、特点、作用类型及影响因素;掌握渔药选择原则与渔用药物使用基本原则;掌握渔药给药技术、给药方法选择、渔药选择和更换;掌握给药剂量和给药时间及疗程的确定、渔药使用效果的判定、治疗失败后的对策;掌握渔药残留的概念、原因、危害与控制;熟悉渔药使用中存在的问题与注意事项;熟悉兽药使用说明;熟悉禁用渔药种类、国标渔药使用配伍禁忌;了解渔药产品标识与渔药分类方法;了解无公害渔药的概念与基本要求;了解水产动物疾病防治中常用

渔药的性状和作用机制。

思考题

1.名词解释：

渔药、局部作用、吸收作用、直接作用、间接作用、选择作用、防治作用、不良反应、协同作用、拮抗作用、安全范围、耐药性、渔药残留、最高残留限量、无公害渔药、生物改良剂、抗生素

2.简述渔药的特点和分类。

3.简述渔药的作用类型。

4.药物作用受哪些因素的影响？试举例说明。

5.简述抗药性产生的原因及其预防措施。

6.选择渔药应遵循哪些原则？

7.简述渔用药物使用基本原则。

8.水产动物疾病防治中常用的给药方法有哪些？哪些属体外给药？哪些属体内给药？哪些属群体给药？哪些属个体给药？

9.如何选择给药方法？

10.全池遍洒法有何优缺点？使用时应注意哪些事项？

11.浸洗法有何优缺点？使用时应注意哪些事项？

12.口服法有何优缺点？使用时应注意哪些事项？

13.注射法有何优缺点？使用时应注意哪些事项？

14.简述渔药的选择和更换。

15.如何确定给药剂量、给药时间和疗程。

16.全池遍洒法用药量如何计算？

17.口服法用药量如何计算？

18.简述药饵制作方法。

19.如何判定渔药使用效果？治疗失败后可采取哪些对策？

20.简述渔药使用中存在的问题与注意事项。

21.如何合理使用渔药？

22.简述禁用渔药原则及其种类。

23.简述渔药残留的原因、危害与控制。

24.简述无公害渔药基本要求。

25.试述漂白粉的作用机制？使用时应注意哪些事项？

26.简述磺胺类药物的种类与作用机制。

27.简述抗生素类药物的种类与作用机制。

28.简述喹诺酮类药物的种类与作用机制。

29.试述硫酸铜的作用机制？使用时应注意哪些事项？

30.试述敌百虫的作用机制？使用时应注意哪些事项？

31.简述中草药的类型与优点。

第4章 水产动物健康养殖防病技术

近年，随着水产养殖业的发展和养殖集约化程度的提高，养殖环境日趋恶化，水产养殖动物病害的种类和数量随之增多，危害也越来越大，养殖效益和水产品质量相应地不断下降。因此，水产动物的健康养殖问题已成了人们关注的焦点。推进水产动物健康养殖，实现水产养殖安全、优质、高效、无公害健康生产，保障水产品安全是水产养殖业发展的必由之路。

4.1 水产动物疾病预防的重要性

加强疾病预防工作，对实现水产养殖的稳产、高产，保障水产养殖业快速、健康、持续发展，具有十分重要的意义。

水产养殖动物生活在水中，一旦生病，不易被觉察，难以及时正确的诊断、治疗。因为当人们发现它开始死亡时，病已较重，药物无法主动吃入，治疗较为困难。

水产养殖动物疾病的治疗多采用群体用药方法。内服药一般只能由水产养殖动物主动吃入，但当病情较严重，机体已失去食欲时，即使有特效的药物，也不能达到治疗效果，尚能吃食的病体，由于抢食能力差，往往也由于没有吃到足够的药量而影响疗效；体外用药一般采用全池遍洒法或浸洗法，这仅适用于小水体，而对大水体就难以应用。

由于水环境的特殊性，水产养殖动物一旦发生传染性疾病，难以隔离，给疾病的传播带来便利。

治病药物多数具有一定的毒性，一方面直接影响水产养殖动物的生理和生长，甚至引起急性中毒；另一方面可能杀死水中的有益菌，从而破坏了水体中的物质循环，扰乱了水中的化学平衡；还有可能导致大批的浮游生物被杀并腐烂分解，引起水质突变。

此外，有些药物可能会在水中或水产养殖动物体内残留，从而影响人体的健康。

因此，水产养殖动物疾病预防的重点是在“全面预防，积极治疗”的方针指导下，遵循“无病先防，有病早治”的原则，采用“健康养殖”的管理技术。

4.2 健康养殖概念

4.2.1 健康养殖概念

健康养殖的概念最早是在20世纪90年代中后期由我国海水养殖界提出的，以后陆续向淡水养殖渗透并完善。1993年亚洲水产养殖会议提出"水产动物健康养殖"问题，把水产养殖动物疾病的控制与环境的改善紧密联系起来。专家认为：健康养殖是指根据养殖对象的生物学特性，运用生态学、营养学原理来指导生产，为养殖对象营造一个良好的、有利于快速生长的生态环境，提供充足的全价营养饲料，使其生长发育期间，最大限度地减少疾病发生，使养成的食用商品无污染，个体健康，产品营养丰富与天然鲜品相当，并对养殖环境无污染，实现养殖生态体系平衡，人与自然和谐。

健康养殖是以保护水产养殖动物健康、保护人类健康、生产安全营养的水产品为目的，最终以无公害水产养殖业的生产为结果。首先，健康养殖生产的产品必须是质量安全可靠、无公害的水产品；其次，健康养殖是具有较高经济效益的生产模式；再次，健康养殖对于资源的开发利用应该是良性的，其生产模式应该是可持续的，其对于环境的影响是有限的，体现了现代水产养殖业的经济、生态和社会效益的高度统一，即三大效益并重。

健康养殖是一个动态的概念，其内涵与外延随社会的发展、科技的进步、人类对健康需求的不断变化而变化。目前的健康养殖概念涵盖了生态养殖概念，是负责任水产养殖的发展和延伸。即现代健康水产养殖的涵义应科学地界定为：集确保水产养殖生态安全、环境安全、生产安全、动物安全、消费安全于一体所采取的一切有效控制和管理措施。

4.2.2　水产动物健康养殖研究现状

1.国外健康养殖研究现状

20世纪90年代中后期以来，国际上水产动物健康养殖的研究内容主要涉及水产养殖生态环境的保护与修复，水产动物疫病防治，绿色药物研发，优质饲料配制，水产品质量安全、养殖系统内部的水质调控、种质资源保护与健康苗种生产技术等领域。健康养殖关键技术的研究和标准制订已成为当前世界各国实施水产养殖业绿色技术壁垒的最直接和有效的手段。目前比较成熟的健康养殖技术是日本的EM菌技术、澳大利亚的微生物生态防病技术、美国的封闭式养殖系统水质调控技术及无特定病原体对虾育种技术、养殖容量与环境保护技术等。在推行健康养殖品种上，首推美国的淡水鮰鱼养殖和挪威的大西洋鲑的人工选育。总体而言，国际上对水产动物健康养殖的研究还处于初始阶段，并没有统一的标准或做法。

2.国内健康养殖研究现状

中国是世界水产养殖大国，水产动物健康养殖的研究也已起步，并取得了一定的成效。中国水产科学研究院淡水渔业研究中心在光合细菌等有益微生物制剂应用、养殖系统内水质调控和养殖动物疾病防治等方面取得了显著效果。南海水产研究所在微生物生态修复、优化养殖环境领域取得丰硕成果，并开发出有益微生物水质改良剂、微生物饲料添加剂、微生物肥料等系列产品，获得较好的生态、经济和社会效益。上海水产大学在种质改良、选育等方面取得了可喜成绩。当前，我国已建立疾病预防体系，开发了一整套疾病诊断技术和专门的渔药，建立了许多水产动物健康养殖示范区，取得了巨大的经济效益。但是，我国水产动物健康养殖研究的广度与深度还十分有限，加上对健康养殖概念理解和认识上存在一定的片面与分歧，许多具体的"健康养殖模式"尚处于尝试、探索阶段。

4.3 水产动物健康养殖防病技术

实施健康养殖,通过改善水产动物的生态环境、提高水产动物机体的抗病力、控制和消灭病原等措施,来减少或避免水产动物疾病的发生。

4.3.1 改善水产动物的生态环境

水是水产养殖动物的生活空间,水环境的好坏决定着水产养殖动物能否健康、快速地生长。因此,应清楚地知道养殖区域内水源及水污染源情况,以规避可能的养殖风险。

1.养殖场的设计和建造应符合防病要求

(1)水源、水质

在建造养殖场前要对水源进行周密考察。水源一定要充足,不被污染,不带病原,水的理化性质要符合水产养殖动物生长的要求。一些长期被工业、农业污水排放的河流、湖泊和水库等不宜作为养殖水源。

(2)进水与排水系统

在设计进水和排水系统时,应使每个池塘有独立的进水口与排水口,使每个养殖池的水源都能独立地从进水渠进水,并能独立地将池水排到排水渠去。

(3)蓄水池

养殖场设计与建造还应考虑配备蓄水池。水经蓄水池沉淀、自行净化,或经过滤、消毒后再引入养殖池,就能防止病原从水源中带入,尤其在育苗时更为需要。

2.采用理化方法改善水产动物的生态环境

(1)清淤、翻晒或冰冻池底

淤泥不仅是病原滋生和贮存的场所,而且淤泥在分解时要消耗大量的氧,在夏季容易引起泛池。因此,应清除池底过多的淤泥,或排干池水后对池底进行翻晒、冰冻。

(2)定期调节养殖水体的 pH 值

养殖过程中要定期监测水体 pH 值的变化。当 pH 值偏低时,泼洒生石灰、碳酸氢钠、硼砂,改善水质,提高淤泥肥效;当 pH 值偏高时,换水或泼洒醋酸、降碱灵、滑石粉,调节水的 pH 值至符合水产养殖动物的要求。

(3)定期加注新水

根据不同的养殖对象,确定加水时间和加水量,要保持养殖环境的相对稳定,使加水后养殖水体达到肥、活、嫩、爽的要求,并保持较高的溶氧。养殖前期水深以浅为好,有利于水温的回升和饵料生物的生长繁殖。以后随个体的长大和水温的上升,水深逐渐加深。水色最好是淡黄色、淡褐色、黄绿色,以硅藻为主;其次是淡绿色或绿色,以绿藻为主。水色呈红色、黑褐色都对养殖动物不利。透明度为 30~40 cm。水色或透明度适宜时,一般不换水或少量换水,水色不良或透明度过低水质易老化,应尽快换水。

(4)定时开动增氧机或水质改良机

在高温季节的晴天中午或早晨开动增氧机,增加水体氧盈,降低氧债,改变溶氧分布的不均匀性,改善水体溶氧状况。在主要生长季节晴天的中午,用水质改良机搅动底泥,搅动的面积不要超过池塘面积的一半,以加快有机物的分解速度,改善水体环境。

(5)定期泼洒环境改良剂

化学调控法是利用化学作用除去水中的污染物。通常是在水体中加入水质改良剂,促使污染物混凝、沉淀、氧化还原、络合等。水环境化学调控常用的药物有生石灰、过氧化氢、沸石、麦饭石、膨润土、过氧化氢、明矾等。定期泼洒生石灰、沸石、麦饭石、活性炭等水质或底质改良剂,能够净化水质、防止底质酸化和水体富营养化,促进水产养殖动物的生长和发育。

3.采用生物方法改善水产动物的生态环境

生物调控法是利用微生物与自养性植物改良水质。其原理是微生物与自养性植物可以吸收水体中的营养物质,有助于防止残饵与代谢产物积累,从而达到净化水质的目的。通过生物方法,人为地改善养殖池中的生物群落,使之有利于水体的净化,增强水产养殖动物的抗病能力,抑制病原生物的生长繁殖。

(1)微生物

①光合细菌:利用光合细菌抑制氨、硫化氢等有害物质,并使其氧化成为无害物质。光合细菌使用方法有全池泼洒、底播、喷拌在饲料上。

②净水活菌:净水活菌由多种化能异氧菌组成,可克服光合细菌不能直接利用大分子有机物,不能分解生物尸体,残饵、粪便等的不足;兼有氧化、氨化、硝化、反硝化、解磷、硫化及固氮等作用,不仅能净化水质,还能为单细胞藻类的繁殖提供大量营养。其大量繁殖在池内形成优势菌群,抑制病原体的滋生,减少疾病。

(2)植物净化

①培养浮游植物:浮游植物能吸收水中的营养盐类、二氧化碳,释放氧气,还能降低池水的透明度,改善池塘条件。浮游植物培养关键是合理施肥、适量换水、适时泼洒生石灰等水质改良剂、保持浮游植物的正常密度。施肥以无机肥为主,少施、勤施。当种群结构不合理时,可采用换水后重新接种繁殖的方法。若浮游植物量剧增且出现老化,使池水颜色变深,必须及时调整池塘中浮游植物的种类及组成,培养有益的品种。浮游植物大量死亡时,会大量消耗水体中的溶解氧并产生毒害物质。

②移植或种植水生生物:利用水生植物光合作用,净化水质,从而使富营养化水体得到改良。

(3)人造水草

用抗腐烂的人造纤维或塑料薄膜,扎成草把,作为载体,吊挂在池中,使其附上各种有助于转化的细菌菌膜,以及硅藻、原生动物、桡足类等。其功能除净化水质外,还能为虾蟹提供生物饵料。

(4)滤食生物的净化

浮游植物过剩也是一害,减少浮游植物的办法除了换水以外,就是利用滤食生物吃掉它们。淡水池塘中理想滤食生物是白鲢和红鲢。池塘中混养贝类不仅可以滤食有机碎屑、浮游植物,还可净化池水。

4.3.2 增强水产动物机体的抗病力

1.加强饲养管理

(1)合理放养

合理放养内容包括合理混养和合理密养两个方面。提倡合理混养能在有限的空间内减少同一种类接触传染的机会。单养要比同等条件下的混养容易发病。单养的密度也要合理,既要考虑单位面积的产量,又要注意防止疾病的发生。应根据池塘条件、水质、饵料以及饲养管理水平进行合理的混养和密养。

(2)科学投饵与施肥

坚持“三看”、“四定”投饵技术。“三看”是指看天气、看水质、看养殖动物的吃食和活动情况。一旦遇到异常天气、水质恶化或养殖动物吃食与活动异常,就应少投饵或不投饵。“四定”是指定质、定量、定时、定位。饵料应质优量适。质优指鲜活饵料需新鲜,配合饵料未变质、营养应全面,适口性好,不含有毒成分,对环境污染少。量适是指每天投饵量要适宜,少量多餐,宁少勿多,每次投喂前要检查前次投喂情况,以便及时调整投饵量,保证养殖动物都能吃饱、吃好,而又不浪费。

施肥应根据池塘底质的肥瘦以及肥料种类等灵活掌握,有机肥应进行发酵处理。

(3)加强日常管理,谨慎操作

要使水产养殖动物的生活正常,健壮生长,抗病力增强,就必须加强日常管理。日常管理工作主要有巡塘、除污、除害,注意观察水质变化、水产养殖动物的吃食动态,发现问题,及时解决,并做好记录。对于已患病和带有病原的水产养殖动物要及时隔离,已病死的水产养殖动物应及时捞出并深埋或销毁。在捕捉、运输、投放苗种等环节要细心操作,尽量避免水产养殖动物受伤,提高抗病力,减少疾病的发生。

2.选育抗病力强的养殖品种

进行抗病力强养殖新品种的选育是开展健康养殖的关键。选育方法主要有以下几种:

(1)选育自然免疫的品种

利用某些养殖品种对某种疾病有先天性或获得性免疫力的原理,选择和培育自然免疫的品种。最简单的办法就是从生病池中选择始终未受感染的或被感染但很快又痊愈了的个体,集中专池进行培养,并作为繁殖用的亲体,培育出抗病力强的品种。

(2)杂交培育抗病力强的品种

利用获得免疫力的机体可以遗传给子代的特点,通过水产动物的种间或种内杂交,培育抗病力强的品种。团头鲂与草鱼的杂交品种(鲩鲂)对草鱼“三病”有良好抗性,生长比团头鲂快。家鲤与野鲤杂交所产生的后代对鲤赤斑病有良好抗性。

此外,还可以通过理化诱变、细胞融合和基因重组技术培育抗病力强的品种,这些方法目前生产上应用较少,如无特异性病原种苗(SPF)和抗特异性病原种苗(SPR),有待进一步的研究开发,以推动水产养殖业的发展。

3.培育和放养健壮苗种

放养健壮和不带病原的苗种是水产养殖生产成功的基础。放养的苗种应体色正常,健康活泼。苗种生产期应重点做好以下几点：

(1)选用经检疫不带病原的亲本(如SPF亲本)，亲本入池前要用100 mg/L福尔马林或10 mg/L高锰酸钾溶液浸洗消毒5～10 min。

(2)受精卵移入孵化池前要用50 mg/L聚乙烯吡咯烷酮碘(含有效碘10%)溶液浸洗消毒10～15 min。

(3)育苗用水使用经沉淀、过滤或消毒过的水。

(4)忌高温育苗，忌滥用抗生素。

(5)动物性饲料投喂前应消毒，保证鲜活，不喂变质腐败的饲料。

4.降低应激反应

偏离养殖动物正常生活范围的异常因素称为应激源。养殖动物对应激源的反应称为应激反应。人为(如水污染、投饵技术和方法)或自然(如暴雨、高温、缺氧)因素常会使养殖动物产生应激反应。如果应激源过于强烈或持续时间过长，养殖动物就会因耗能过大，而使机体的抵抗力降低，最终引发疾病。因此，在水产养殖过程中，要想提高水产养殖动物机体的抗病力，就应尽量创造条件降低应激反应。

5.免疫接种

免疫接种是控制水产养殖动物暴发性流行病最为有效的方法。近年，已陆续有一些疫苗应用于预防鱼类的重要流行病，而且免疫接种的最佳方法也在不断探索之中。

4.3.3 控制和消灭病原体

1.彻底清塘

池塘是水产养殖动物生活栖息的场所，也是病原体的滋生及贮藏的地方，池塘环境的优劣直接影响水产养殖动物的生长和健康，所以一定要彻底清塘。通过清塘，改良底质和水质，增加水体容量，加固塘堤，减少渗漏，杀灭病原体和敌害生物。彻底清塘通常包括清整池塘和药物清塘两大内容。

水泥池使用前要浸泡、洗刷和消毒。新建水泥池使用前1个月左右就应灌满清水，浸出水泥中的碱性物质与有毒物质，隔几天换水1次，反复浸洗几次，使池水pH值稳定在8.5以内。使用过的水泥池再次使用时要严格洗刷，清除池底与池壁污物后，用100 mg/L高锰酸钾或漂白粉等含氯消毒剂溶液消毒浸泡数小时，再用清水冲洗干净，而后注入养殖用水待用。

新建土池一般不需要浸泡和消毒，如果将土池灌满水浸泡2～3 d，换水后再放水产养殖动物更加安全。使用过的土池再次使用时要清整和清毒。

(1)清整池塘

清淤一般在秋冬季或水产养殖动物收捕完后进行，先排干池水，而后根据不同的养殖对象，挖去过多的淤泥，改良底质。清淤后封闸晒池，维修池堤、闸门，清除池边杂草，疏通加固进排水渠。

(2)药物清塘

在放养养殖动物之前，先用药物进行清塘，清除池中的病原体及敌害生物。常用的药物及清塘方法有下列几种：

①生石灰清塘:生石灰清塘能杀灭池中各种病原体及敌害生物,使池水呈微碱性,保持pH值的稳定,增加池水的缓冲能力,水中钙离子浓度增加,起到直接施肥的作用。生石灰还可降低池水混浊度,有利于浮游植物光合作用。生石灰清塘7~10 d后,药性消失即可放入养殖动物。生石灰清塘方法有干塘清塘和带水清塘两种。

干塘清塘:先将池水排干或留水5~10 cm,在池底四周挖几个小潭,将生石灰放入小潭中,用水溶化后,不待冷却立即均匀遍洒全池,包括池堤内侧也要均匀泼洒。干塘清塘用量是每667 m^2 用50~75 kg。如果是酸性土质,生石灰的用量肯定要增加才有效。

带水清塘:将生石灰溶化后趁热全池均匀泼洒。带水清塘用量为每667 m^2(平均水深1 m)水面用120~150 kg。适用于一些排水困难或水源不足的地方。

②漂白粉清塘:漂白粉的清塘效果与生石灰相似,有用药量少,毒性消失快等优点,对急于使用池塘清塘更为适用。但没有增肥及调节pH值的作用,而且容易挥发和潮解,影响清塘效果。清塘后4~6 d药性消失,即可放入水产养殖动物。漂白粉清塘方法也有干池清塘和带水清塘两种。

干池清塘:用量为每667 m^2 用3~5 kg。

带水清塘:用量为每667 m^2(平均水深1 m)用10~15 kg。

③茶饼清塘:茶饼是油茶的果实榨油后剩下的渣,内含一种溶血性毒素皂角甙,它能杀死野杂鱼及部分敌害生物,并有施肥作用。但对病原体无杀灭作用,对敌害生物杀灭不彻底,还能助长蓝绿藻的繁殖。茶饼清塘后毒性消失较慢,放养前必须通过试水,确认毒性消失后,才能放养养殖动物。茶饼清塘也分干池清塘和带水清塘两种。

干池清塘:用量为每667 m^2 用20~30 kg。

带水清塘:用量为每667 m^2(平均水深1 m)用40~50 kg。使用时先将茶饼打碎,用水浸泡一昼夜,与水充分搅溶后均匀遍洒全池。

无论选用哪种药物清塘,苗种入池前都应先放"试水鱼",以防出现水产动物死亡事故。

2.机体消毒

在分塘、换池及苗种、亲本放养时,有必要对水产养殖动物进行消毒。消毒一般采用浸洗法。机体消毒前,应认真做好病原体的检查工作,根据病原体种类的不同,选择适当的药物进行消毒处理。药液浸洗消毒请参考表4-1。

表4-1 药物浸洗消毒用药、时间参考表

药物名称	浓度(mg/L)	水温(℃)	浸洗时间(min)	可防治的疾病
漂白粉	10	10~15 15~20	20~30 15~20	细菌性皮肤病和鳃病
硫酸铜	8	10~15 15~20	20~30 15~20	隐鞭虫病、鱼波豆虫病、车轮虫病、斜管虫病、毛管虫病等
漂白粉、 硫酸铜合用	10 8	10~15	20~30	同时具有两种药物单独使用时的功效
高锰酸钾	 20 14 10	10~20 20~25 20~30 30以上	20~30 15~20 1~2 h 1~2 h	三代虫病、指环虫病、车轮虫病、斜管虫病等 锚头鳋病

续表

药物名称	浓度(mg/L)	水温(℃)	浸洗时间(min)	可防治的疾病
食盐	3%～4%		5	水霉病、车轮虫病、隐鞭虫病及部分黏细菌病
敌百虫(90%晶体)	2 000～2 500		5～15	指环虫病、中华鳋病、烂鳃病、赤皮病等
敌百虫(90%晶体) 面碱($NaHCO_3$)合用	5 3	10～15	20～30	指环虫病、三代虫病
甲醛	25～40	20～25	10～30	体外原虫病

3.饲料消毒

投喂的饲料应清洁、新鲜、不带病原体。饲料消毒方法如下：

(1)配合饲料：一般不用进行消毒。

(2)水草：用6 mg/L漂白粉溶液浸泡20～30 min。

(3)水蚯蚓：用15 mg/L高锰酸钾溶液浸泡20～30 min。

(4)卤虫卵：用300 mg/L漂白粉浸泡消毒，淘洗至无氯味时(也可用30 mg/L硫代硫酸钠去氯后洗净)再孵化。

(5)无节幼体或受精卵：用福尔马林、有机碘和过滤的干净海水清洗。具体做法如下：

收集无节幼体在海水中漂洗1～2 min→在400 mg/L福尔马林溶液中浸泡0.5～1 min→在0.1 mg/L有机碘溶液中浸泡1 min→在海水中漂洗3～5 min→放入孵化池。

受精卵消毒方法同无节幼体，但其对福尔马林的敏感性比无节幼体高，浸泡浓度仅为100 mg/L。

(6)其他动物性饵料：无论是从外地购进还是自己培养的动物性饵料(含冷冻保存)应用10 mg/L漂白粉溶液浸泡消毒15～20 min，而后用清水洗净再投喂。

4.肥料消毒

肥料的消毒主要是指粪肥等有机肥料，半干半湿的粪肥每500 kg加120 g漂白粉或5 kg生石灰，拌匀消毒后投入养殖池。无机肥料直接施用即可。

5.工具消毒

养殖用具通常是传播疾病的媒介。为避免将病原体从一个养殖池带入另一个养殖池，养殖用具最好专池专用，发病池用过的工具应进行消毒处理后再使用。工具消毒一般可以采用煮沸法、高压灭菌法、药物浸泡法或紫外线消毒法等。水产养殖生产中最常用的消毒方法是浸泡法。一般网具、捞海等可用20 mg/L硫酸铜溶液、50 mg/L高锰酸钾溶液、100 mg/L福尔马林溶液或5%盐水等浸泡30 min，晒干后再使用。木制或塑料工具可用5%漂白粉药液消毒，在洁净水中洗净后再使用。

6.食场消毒

食场食台内常有残余饲料，腐败后为病原体的繁殖提供有利条件。因此，在水温较高疾病流行季节，除了注意投饲量要适当外，还要每天捞除剩饲，清洗食场食台，并定期在食场周围及食台上遍洒漂白粉或硫酸铜、敌百虫等杀菌、杀虫，用量要根据食场食台的大小、水深、水质及水温而定，一般为 250～500 g。

7.水体消毒

在疾病流行季节，要定期向养殖池施放药物，以杀死水中及水产养殖动物体表的病原体。水体消毒常采用全池遍洒法、悬挂法或浸沤法。预防细菌性疾病，可用 1 mg/L 漂白粉或 20 mg/L 生石灰水全池遍洒，还可在食场周围悬挂漂白粉。预防寄生虫病，可选择硫酸铜、敌百虫等药物遍洒或悬挂。

8.定期口服药饵

水产养殖动物体内疾病的预防一般采用口服法。用药的种类应随各种疾病的不同而不同。在疾病流行季节前或流行高峰，针对某种常发疾病定期投喂药饵，可提高机体抵抗力，预防疾病的发生。一般半个月口服 1 次。

9.消灭其他寄主

有些病原体的生活史较为复杂，一生要更换几个寄主，水产动物仅是几个寄主中的一个，鸟类及其他陆生动物是某些病原体的终末寄主，而一些螺类及其他水生生物是一些病原体的中间寄主。消灭带有病原体的终末寄主和中间寄主，切断其生活史，同样能够达到消灭病原体的目的。如驱赶鸥鸟，通过清塘或用水草诱捕，以杀灭池中的螺类等。

10.建立健全检疫和隔离制度

建立健全水产动物检疫制度和隔离制度，防止疾病的扩散及蔓延传播。对进出口水产动物疾病检疫方法采取现场检疫、实验室检疫和隔离检疫。检疫发现疾病时，应立即采取严格隔离措施。病死的水产动物要深埋、销毁，不得乱弃。用过的工具应消毒。患病水产动物不准外运销售。隔离治疗病愈后，经防检机构再检疫，开具检疫证明书后，方准调运。国内省际水产动物种苗的运输交流，也应建立常规检疫制度，对发现疫情严重的种苗应禁止交流，以防危害严重的疾病在国内蔓延扩散。

4.4 免疫防治技术

4.4.1 与免疫相关的概念

1.免疫

免疫是生物机体识别自身和异己物质，对自身物质形成天然免疫耐受，对异己物质产生清除作用的一种生理反应。在正常情况下，免疫可维持机体生理平衡和稳定，产生对机体有益的保护作用。免疫功能失调时，产生对机体有害的作用。

免疫是机体对病原产生抵抗力，使其免受感染的过程，它包括机体对侵入体内的微生物、异物以及体内发生异常变化的组织细胞，进行识别、排除等一系列过程。水产养殖动物之所以能健康地生活在水中，是因为它们本身存在若干有效防御机制。

免疫对感染来说是相对的，处于动态平衡中，一旦病原体与机体的平衡遭到破坏，机体就受到病原体的袭击，出现症状，由免疫转变为感染。

2.抗原

凡是能够刺激机体产生抗体和致敏淋巴细胞，并能与之结合引起特异性免疫反应的物质，称为抗原。

3.抗体

机体免疫活性细胞受抗原刺激后，在体液中出现的由浆细胞产生的一类能与相应抗原发生特异性结合的球蛋白。

4.4.2　免疫系统及其功能

1.免疫系统

免疫系统是机体执行免疫功能的组织系统，由免疫器官、免疫细胞和免疫因子三部分组成。

(1)免疫器官

免疫器官是指实现免疫功能的器官或组织。水产动物的免疫器官包括胸腺、脾脏、肾脏和肠道淋巴集结及淋巴造血组织。它与哺乳动物在免疫器官组成上的主要区别在于没有骨髓和淋巴结。

(2)免疫细胞

免疫细胞是指与免疫应答有关的所有细胞，主要包括T细胞、B细胞、杀伤细胞(K细胞)、自然杀伤细胞(NK细胞)、单核吞噬细胞、粒细胞、肥大细胞和血小板等。

(3)免疫因子

由机体细胞产生的，与免疫应答有关的、分泌到体液中或存在于细胞膜表面的分子统称为免疫因子，主要包括抗体、补体、细胞因子等。

2.免疫功能

免疫功能是指免疫系统在识别和清除非已物质过程中所产生的各种生物学作用的总称。免疫功能主要包括免疫防御、免疫稳定和免疫监督三个方面。免疫系统功能及其生理与病理主要表现见表4-2。

表4-2　免疫系统功能及其生理与病理主要表现

主要功能	生理表现	病理表现
免疫防御	抗感染免疫作用	超敏反应(过高) 免疫缺陷症(过低)
免疫稳定	消除体内衰老或损伤细胞 维持内环境相对稳定	自身免疫病
免疫监督	识别、清除体内突变、畸形的细胞和病毒感染细胞	恶性肿瘤、病毒持续感染

(1)免疫防御

免疫防御是机体清除异己物质的一种免疫保护功能。免疫防御反应正常时，能充分发挥防御抗感染免疫作用、消灭病原生物、中和毒素。免疫防御反应过高会引起变态反应，免疫防御反应过低会引起免疫缺陷症。

变态反应也叫超敏反应，是指机体对某些抗原初次应答后，再次接受相同抗原刺激时，发生的一种以机体生理功能紊乱或组织细胞损伤为主的特异性免疫应答。免疫缺陷症是指机体免疫系统由于先天性发育不良或后天遭受损伤所致的免疫功能降低或缺乏的系统综合征。

(2)免疫稳定

免疫稳定是机体免疫系统维持内环境相对稳定的一种生理功能。免疫稳定功能正常时，能消除体内衰老的和被破坏的细胞；免疫稳定功能失调时，免疫识别紊乱导致自身免疫病。

自身免疫病：自身抗体或自身致敏淋巴细胞攻击自身靶抗原细胞和组织，使其产生的病理性改变或功能障碍。

(3)免疫监督

免疫监督是指机体免疫系统识别、清除体内突变、畸形的细胞和病毒感染细胞的一种生理保护作用。在免疫监督功能正常时识别和消除突变细胞；免疫监督功能异常时，易生恶性肿瘤、病毒持续感染。

4.4.3 免疫类型

根据来源和作用特点，可将免疫分为非特异性免疫和特异性免疫两类。

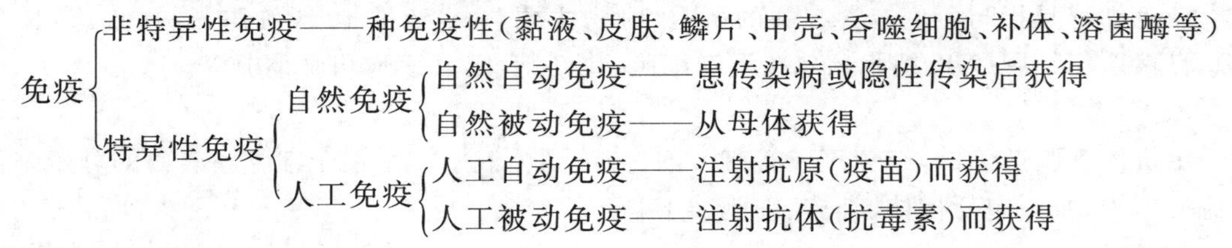

1.非特异性免疫

非特异性免疫也称先天性免疫、天然免疫，是生物在长期的进化过程中形成的先天具有的正常生理防御功能。它对所有的病原体都有一定程度的抵抗力，没有特殊的选择性，受性别、年龄等的影响较小。如黏液、皮肤、吞噬细胞、溶菌酶等。

2.特异性免疫

特异性免疫也称获得性免疫，是生物在生长发育过程中，由于自然感染或预防接种后产生的，对某一种或某一类的病原体有特异性免疫力。特异性免疫可分为自然免疫和人工免疫。

(1)自然免疫

自然免疫是在自然情况下获得的，包括自然自动免疫和自然被动免疫两种方式。

①自然自动免疫：机体由于患传染病或隐性传染后而获得的免疫。

②自然被动免疫：机体通过母体而获得的免疫。

(2)人工免疫

人工免疫是通过人工的方式获得的，包括人工自动免疫和人工被动免疫两种方式，两者的区别要点见表 4-3。

表 4-3　人工自动免疫与人工被动免疫的区别

区别要点	人工自动免疫	人工被动免疫
接种或输入的物质	抗原(疫苗、类毒素)	抗体(抗血清、抗毒素)
免疫速度	较慢(注射后 1～4 周产生)	立即
抗体量	不断增加 再次接触抗原刺激出现增强反应	<所接受的量 再次接触抗原也不出现增强反应
免疫期	较长(>半年)	较短(2～3 周)
主要用途	预防	治疗或应急预防

①人工自动免疫:人工给机体注射某种抗原(疫苗)而获得。

②人工被动免疫:人工给机体注射含有抗体的免疫血清而获得。

4.4.4　人工免疫在水产动物疾病防治中的应用

1.用于疾病的诊断

用免疫方法诊断水产养殖动物疾病有两类:

(1)用已知抗原诊断病原

用已知抗原与从患病动物中提取的抗体进行血清学反应,以确定病原种类。该法只能用于病体已产生抗体的诊断。

(2)用已知抗体诊断病原

将已知抗体与从病体中分离的病原进行血清学反应,以确定病原的种类,该法适于所有被诊断的动物。

2.用于疾病的预防

水产动物免疫最重要的应用方向为研制疫苗进行疾病的预防。在水产养殖动物中,由于只有鱼类、两栖类和爬行类等脊椎动物才能在接种抗原后产生抗体,目前认为只有这些动物才能用免疫学方法进行疾病的预防。

3.用于疾病的治疗

利用人工被动免疫,即给患病动物接种抗体进行应急治疗。先将抗原(疫苗)注入同种或其他种动物机体,1～4 周后从接种动物的血液等部位提取抗体(或制备卵黄抗体),并将提取的抗体接种到患病动物中进行疾病治疗。

4.4.5　水产动物免疫的特点及其在病害防治中的意义

1.水产动物免疫的特点

(1)水产动物病原与人类疾病关系不大,不易引起重视。

(2)水产动物的免疫机制依赖于外界环境变化较为明显。

(3)水产动物的抗体与高等动物的已知抗体不同,其疾病的免疫防治方法尚在探索中。

(4)水产动物是变温动物,其免疫学研究必须在同一特定条件下进行。

(5)水产养殖生产上应用疫苗预防疾病还极为有限。

2.水产动物免疫在病害防治中的意义

(1)通过人工免疫或对病后有免疫力个体筛选,培育免疫新品种(SPR)。

(2)通过人工免疫可有效预防流行病的发生。

(3)免疫防治可有效避免药物残留及化学药物对水体的污染。

(4)免疫防治可避免长期使用抗生素等而产生的耐药性。

(5)疫苗防治可维持较长的药效时间。

4.4.6 水产动物人工免疫预防技术

1.疫苗含义

疫苗是用致病微生物为材料,通过人工的方法制成的预防传染性疾病的生物制品。

目前水产动物疫苗的种类不多,应用也不广。由于病毒性出血病和细菌性烂鳃病、赤皮病、肠炎病对草鱼的危害较大,对这些病的免疫预防研究较早,并且已应用于养殖生产,取得较好的防病效果。

截至2021年底,我国已有9个水产疫苗取得新兽药注册证书,详见表4-4。

表4-4 中国已取得注册证书的9个鱼类疫苗(截至2021年底)

序号	疫苗名称	主要病原	免疫对象	接种方式	新兽药注册证及审批时间	疫苗注册证书编号
1	草鱼出血病灭活疫苗(ZV8909抹)	草鱼呼肠孤病毒	草鱼	注射	一类 1992年	(1993)新曾药证字14号
2	嗜水气单胞菌败血症灭活疫苗	嗜水气单胞菌	淡水鱼	注射 浸泡	一类 2001年	(2001)新兽药证字06号
3	牙鲆溶藻弧菌、鳗弧菌和迟缓爱德华氏菌病多联抗独特型抗体疫苗	溶藻弧菌 鳗弧菌 迟缓爱德华氏菌	海水鱼	注射	一类 2006年	(2006)新兽药证字66号
4	鰤鱼格式乳球菌病灭活疫苗(BYI株)	格式乳球菌	鰤	注射	2008年	(2008)外兽药证字16号
5	草鱼出血病活疫苗(GCHV-892株)	草鱼呼肠孤病毒	草鱼	注射 浸泡	一类 2010年	(2010)新曾药证字51号
6	鱼虹彩病毒病灭活疫苗(Ehime-1/GF14株)	虹彩病毒	真鲷 鰤、拟鲹	注射	2014年	(2014)外兽药证字48号
7	大菱鲆迟钝爱德华氏菌活疫苗(EIBAVI株)	迟级爱德华氏菌	大菱鲆	注射	一类 2015年	(2015)新兽药证字30号
8	鳜传染性脾肾坏死病灭活疫苗(NH0618株)	传染性脾肾坏死病毒	鳜	注射	一类 2019年	(2019)新兽药证字75号
9	大菱鲆鳗弧菌基因工程活疫苗(MVAV 6203株)	鳗弧菌	大菱鲆	注射 浸泡	一类 2019年	(2019)新兽药证字15号

2.疫苗种类

(1)根据抗原类别分

①病毒疫苗:国内获准进行商品性生产的病毒疫苗有草鱼出血病疫苗,其免疫保护率达80%以上。国外获准进行商品性生产的病毒疫苗有鲤春病毒血症疫苗,其免疫保护率达90%以上。

②细菌疫苗:国内或国外获准进行商品性生产的细菌疫苗有弧菌苗、迟缓爱德华菌苗、疥疮病菌苗,这些疫苗均能使免疫后的鱼获得较高或一定的免疫保护力。

③寄生虫疫苗:如小瓜虫疫苗。

(2)根据疫苗的性质和组成成分分

①单价疫苗:由单一病菌培养制备的疫苗。

②多价疫苗:由同一种病菌的不同型或不同株培养制备的疫苗。

③混合疫苗:由一种以上的病菌或其代谢产物制备的疫苗,又称联苗。如二联疫苗。

(3)根据疫苗的活力分

根据疫苗的活力可分为灭活疫苗和减毒活疫苗两类,两者的区别要点见表4-5。

表4-5 灭活疫苗和减毒活疫苗的区别

区别要点	灭活疫苗(死疫苗)	减毒活疫苗(活疫苗)
制剂特点	死的病原微生物	活的无毒或弱毒病原微生物
接种次数,用量	2~3次,量较大	1次,量较小
不良反应	较重	较轻
免疫效果	较差,仅维持半年至1年	较好,维持3~5年甚至更长
保存	易保存,在4℃条件下有效期为1年	不易保存;室温条件下较快失效;冷冻干燥条件下可保存较长时间

①灭活疫苗:是指用理化方法(热灭活、药物灭活、紫外线灭活、超声灭活)将病原微生物杀死后制成的用于预防传染性疾病的生物制品。水产上使用的疫苗大多为死疫苗。其优点是易保存,使用安全性好。缺点是接种次数多,用量多,免疫持久性差,免疫效果比活疫苗差。

②减毒活疫苗:是指通过人工方法诱导或从自然环境中直接获得的毒力高度减弱或基本无毒的微生物制成的生物制品,又称弱毒疫苗。如草鱼出血病疫苗和病毒性出血性败血症疫苗。其优点是接种1次,用量少,免疫效果好,维持时间长。缺点是不易保存,有效期短,使用安全性差。在免疫力差的部分个体中可恢复毒力,甚至引发感染。

(4)根据疫苗的生产工艺分

①传统疫苗

传统疫苗是采用病原微生物及其代谢产物,经过人工减毒、脱毒、灭活等方法制成的疫苗。主要有减毒活疫苗、灭活疫苗和类毒素疫苗等。

②新型疫苗

新型疫苗是采用生物化学合成技术、人工变异技术、分子微生物学技术、基因工程技术等现代生物技术制造出的疫苗,有亚单位疫苗、合成肽疫苗、核酸疫苗等。

3.疫苗制备

(1)草鱼出血病组织浆疫苗的制备

取患典型症状病鱼的肝、肾、脾、肌肉等病变组织，称重，剪碎，加10倍的0.85%生理盐水制成匀浆，置于3 000～3 500 rpm的离心机中，低温离心30 min，取其上清液，加1 000 IU/mL青霉素与1 000 μg/mL链霉素，混匀后，再在4 ℃下过夜除菌后即为病毒悬液，再加福尔马林溶液至最终浓度为0.1%，摇匀后，置32 ℃恒温水浴中灭活72 h。用石蜡封口，贴上标签，置于4～8 ℃冰箱中保存备用。同时，取上述制备的疫苗作安全试验及效力试验。

①安全试验：设试验缸与对照缸各1只，各放入健康草鱼10尾，将水温逐渐上升到28 ℃，试验缸的鱼每尾腹腔注射上述灭活好的疫苗0.1～0.3 mL，对照缸的鱼每尾腹腔注射无菌生理盐水0.1～0.3 mL，连续饲养观察15 d。如果两缸鱼都没有发生出血病死亡，说明此疫苗是安全的。如果两缸鱼都死，说明注射技术不过关，试验应重做。如果对照缸的鱼不死，而试验缸的鱼发生出血病死亡，证明此疫苗是不安全的。

②效力试验：对做过安全测试的两缸鱼，各在腹腔注射0.1 mL病毒悬液，继续饲养观察15 d。若试验缸的鱼不发生出血病，不死亡，而对照组发生出血病死亡，病鱼症状与天然发病鱼的症状一样，说明该疫苗有效。反之，如两缸鱼都发生出血病死亡，说明该疫苗无效。

(2)草鱼细菌性烂鳃病、赤皮病和肠炎病的组织浆疫苗(土法疫苗)的制备

取患典型症状病鱼的肝、肾、脾、肌肉、肠等病变组织，用清水冲洗干净后称重，用研体磨碎，加5～10倍的0.85%生理盐水，制成匀浆后用两层纱布过滤，取滤液置60～65 ℃恒温水浴中灭活2h，再加入福尔马林，使最终浓度为0.5%。用石蜡封口，置4～8 ℃冰箱中保存，保存期2～3个月。取样做安全试验及效力试验。

4.疫苗应用

(1)疫苗接种方法

水产动物常用的免疫接种方法有注射法、浸洗法、口服法和喷雾法等。目前以注射法免疫接种效果较好。在一定剂量范围内，免疫效果与接种剂量成正比。应用灭活疫苗时，最好接种2～3次，每次间隔7～10 d。

①注射法：将疫苗直接注射到肌肉、腹腔的免疫接种方法。

优缺点：此法免疫效果较好，疫苗用量较少，但操作困难，易损伤受接种的水产动物。

注射工具：普通医用注射器。

适用对象：一般要求水产动物体重在50 g以上，苗种过小难以操作。

注射剂量：按水产动物体重注射，体重250 g以下的注射0.1～0.3 mL，500 g以上的注射0.5 mL。

注射部位：胸鳍基部、背部肌肉、背鳍基部。

注射深度：注射深度以不伤内脏为准，一般为0.2～0.5 cm，为控制进针深度，可在针头上套上一定长度的塑料胶圈。可使用鱼用麻醉剂将水产动物麻醉后再进行注射。

②浸泡法：将水产动物浸泡于疫苗溶液中以达到免疫接种目的。

优缺点：此法操作简单，对受免疫水产动物的应急性刺激较注射法小，疫苗用量较口服法少，但受浸泡进入机体的疫苗量有限的影响，免疫效果不稳定。

适用对象：适用于不同规格的水产动物苗种，尤其是小规格苗种。

具体方法：用0.5%疫苗液，加10 mg/L 莨菪碱，尼龙袋充氧浸浴3 h；或尼龙袋充氧，0.5%疫苗液浸浴夏花24 h。免疫保护率78%～92%。

③口服法：将疫苗通过投喂的方法接种到水产动物机体。

优缺点：此法操作简单，对受免疫水产动物的应急性刺激较小，但受消化液对疫苗的消化分解的影响，免疫效果不稳定，疫苗用量较大。

④喷雾法：将疫苗以高压喷射到接种水产动物体表进行免疫的方法。

优缺点：此法操作简单，但需要一定的接种设施，免疫效果差。

⑤其他方法：如超声免疫法等，该法是在浸泡法基础上外加超声作用而实施的接种方法，目前尚在探索中。

(2)疫苗接种注意事项

①接种的水产动物体质要健康，免疫接种工作一定要在发病季节前半个月完成。

②在制备疫苗时，一定要选择毒力强的毒种，患病水产动物组织一定要新鲜。

③制备好的疫苗，在室内一定要进行安全试验和效力试验。

④疫苗稀释时应现配现用，稀释好的疫苗要1次用完。如用不完，应立即置于4～8 ℃冰箱中保存。在野外一定要注意避免阳光直射和避热，以免引起变质。

⑤水产动物苗种(如草鱼夏花)在浸泡免疫前最好停食1 d，并拉网锻炼1次，浸泡水温不宜超过32 ℃，整个浸泡过程宜在阴凉、通风的环境中进行。

本章小结

本章主要介绍水产动物疾病预防的重要性、健康养殖概念及其研究现状、水产动物健康养殖防病技术和免疫防治技术。要求掌握水产动物疾病预防的重要性；掌握健康养殖涵义；掌握改善水产动物的生态环境、增强水产动物机体的抗病力、控制和消灭病原体等方法；掌握疫苗概念、水产动物人工免疫预防技术；了解国内外水产健康养殖研究现状；熟悉免疫、抗体、抗原概念；了解免疫系统、免疫功能和免疫类型；了解水产动物免疫的特点及其在病害防治中的意义。

思考题

1.名词解释：健康养殖、免疫、抗体、抗原、疫苗

2.简述水产动物疾病预防重要性。

3.水产动物健康养殖防病技术措施包括哪些主要内容？

4.如何改善水产动物的生态环境？

5.如何增强水产动物机体的抗病力？

6.如何控制和消灭病原体？

7.清塘有何目的？其包括哪些内容？清塘常用哪些药物？如何进行？

8.机体消毒常用哪些药物？

9.如何进行饲料消毒与肥料消毒？

10.简述免疫系统功能及其生理与病理主要表现。

11.水产动物免疫类型有哪些？
12.简述人工自动免疫与人工被动免疫的区别要点。
13.水产动物免疫有何特点？
14.简述灭活疫苗和减毒活疫苗的区别要点。
15.简述草鱼出血病组织浆疫苗制备技术。
16.简述细菌性疾病疫苗制备技术。
17.水产动物常用的免疫接种方法有哪些？
18.简述水产动物人工免疫预防注意事项。

第5章　水产动物疾病的检查与诊断技术

检查与诊断是水产动物疾病防治过程中的重要环节。对疾病进行全面的检查，综合分析，是作出正确诊断的前提。有了正确的诊断，便可做到对症下药。引起疾病的原因十分复杂，因此，仅对机体进行检查是很难作出正确的诊断，必需同时对现场进行综合调查。

5.1　现场调查

水产养殖生产中，及时发现疾病，了解养殖环境与饲养管理情况，对水产养殖动物疾病的防治至关重要。

5.1.1　了解疾病的异常现象

水产动物的发病有其共同的特性，主要表现在体色、摄食、活动等方面出现异常。但只要坚持定时巡塘，细心观察，必要时借助多种检测手段综合分析，就可以及时发现水产养殖动物的发病情况。

1.体色

健康的养殖动物体色鲜艳有光泽，体表完整。患病的养殖动物则体色异常，有的背部和头部发黑，如细菌性肠炎病；有的体色发白，如白皮病；有的体表披有棉絮状白毛，肌肉腐烂，如水霉病；有的鳞竖，如竖鳞病；有的体表分布白点，如粘孢子虫病或小瓜虫病；有的肌肉出血发红、红鳍、红鳃盖，如出血病。

2.摄食

健康的养殖动物一般食欲旺盛，投喂食料后很快来食场吃食，而且每天食量正常。患病的养殖动物则食欲减退，甚至停止吃食。

3.活动

健康的养殖动物常成群游动，反应灵活，一旦受惊，迅速散开。患病的养殖动物常常离群独游或时游时停；有的浮于水面，不爱游动；有的急窜狂游或上蹿下跳。

4.内部器官

患病的养殖动物和健康的养殖动物的内部器官与组织（鳃、肠道、肝脏等）有明显差别，视病的类型而异。患病的养殖动物有的鳃丝末端腐烂，黏液较多或附有污泥，如细菌性烂鳃病；有的肠壁充血发炎，如细菌性肠炎病。

一般由微生物引起的疾病，体表常出现充血、出血、变黑和发炎等病症，摄食明显下降并有陆续死亡现象，严重时有较高的死亡率。由寄生虫引起的疾病，有的出现烦躁不安现象；有的也出现如同微生物引起疾病的病状，但死亡率一般不太高。由化学因子引起的疾病，病状异常有较明显的区别，如鱼类因工业废水或农药中毒时，会出现跳跃和冲撞等兴奋现象，随后进入抑制状态，并在短时间内出现大量死亡，具有明显的死亡高峰。因此，对养殖动物体色、摄食、活动和死亡情况进行观察，了解疾病的种种异常现象，是诊断水产动物疾病的首要环节。

5.1.2 调查养殖环境状况与发病史

1.调查养殖环境状况

养殖环境调查包括周围水环境（外环境）调查和养殖水体（内环境）调查。

(1)周围水环境调查

周围水环境调查主要是要了解水源是否受污染、水质的好坏。如养殖水体周围的工厂排污情况、农田施药情况、海域是否受污染、附近海域有无赤潮和溢油事故发生等。

(2)养殖水体调查

养殖水体调查主要是要了解清塘方法、清塘药物剂量、苗种消毒用药情况。同时还要着重调查养殖水体的水质状况。疾病的发生和流行与水质有密切的关系。溶解氧降低可引起浮头，严重时可导致泛池。酸性水体易暴发嗜酸卵甲藻病。氯化物含量和硬度高，可使小三毛金藻大量繁殖，导致鱼类中毒而死。重金属含量高，鱼苗易患弯体病。因而，对水温、pH值、DO、氯化物、硫化物、氨氮、亚硝酸盐、重金属盐类等指标要进行调查与分析。

2.调查养殖动物发病史

了解养殖动物以往的发病情况，如疾病的种类、危害程度，防治方法与效果等。对于发病时间患病的养殖动物的不同反应，要一一弄清。

5.1.3 调查饲养管理情况

疾病的发生常与饲养管理不善有关。施肥、投饵、放养规格、放养密度、品种搭配、拉网等不当都可能引发疾病。投放大量没有经发酵腐熟的有机肥料，分解时大量消耗水中溶解氧，池中养殖动物因缺氧而大批死亡。投喂量不足，易引发萎瘪病、跑马病。投喂腐败或变质的饵料，易导致消化系统疾病或食物中毒，此外，残余饲料还会引起水质恶化、缺氧和有毒物质的产生，不但影响养殖动物机体的健康，也为病原体创造繁殖的有利条件，导致养殖动物发病和死亡。拉网操作不慎，使养殖动物受伤，易引发水霉病。

因此，对养殖动物的来源与规格、放养密度、品种搭配和比例、施肥种类和数量、投饵种类和数量、拉网和各种操作等都要进行调查。

5.2 疾病的检查

用于检查的水产动物，最好是濒死的或刚死的个体，死亡时间太久的个体，体色改变，组织变质，症状消失，病原体脱落或死亡，一般不适合用作疾病诊断的材料。有些疾病不能立即确诊的，也可用固定剂和保存剂，将动物或其组织器官固定或保存起来做进一步的诊断。

水产动物疾病的检查方法主要有目检与镜检两种。检查的顺序是从前向后，先体表后体内，先目检后镜检。

5.2.1　目检

用肉眼直接观察患病养殖动物的各个部位即为目检。目检是根据水产动物疾病症状和肉眼所能看到的大型病原体进行诊断。这种检查既不需要高端仪器，也不需要昂贵的费用，就可实现对疾病的快速诊断，但它仅局限于对常见的、具有特征性症状的以及大型寄生虫引起的疾病的诊断。

肉眼能识别真菌、蠕虫、甲壳动物等大型病原体，而对病毒、细菌、小型原生动物等小型病原体则无法看清。当前对水产动物病毒性疾病和细菌性疾病，主要是根据患病养殖动物表现的显著症状，用肉眼来进行初诊；对小型原生动物疾病，除用肉眼观察其症状外，主要是借助于显微镜来进行确诊。以鱼体检查为例，目检重点部位为体表、鳃和内脏。

1.体表

检查鱼体左右两侧。将病鱼或死亡不久的新鲜鱼置于白搪瓷盘中，按顺序仔细观察头部、嘴、眼、鳞片、鳍等部位。检查主要内容：观察体形是否有畸形、过瘦或异常肥胖；腹部是否肿胀；体色是否正常；黏液是否过多；眼球是否突出、浑浊、出血；肛门是否红肿外突；体表是否有附着物、霉菌、大型寄生物、充血、出血以及溃烂等；鳞片是否竖起、完整；鳍是否缺损、溃烂、出血等。

若鱼体呈弯曲状可能是由于营养不良或有机磷中毒或重金属含量超标（易发生在新开挖的池塘）所致；下唇突出呈簸箕口状则可能为池塘缺氧浮头所致；腹部膨大，肛门红肿呈紫红色，轻压腹部有黄色黏液流出则多为细菌性肠炎病；体表有棉絮状的白色物则为水霉病；体表充血、发炎、鳞片脱落则多为细菌性赤皮病；鳍基充血，肌肉呈充血状或块状淤血则为出血病；尾柄及腹部两侧有红斑或表皮腐烂呈印章状则为打印病；体表黏液较多并有小米粒大小、形似臭虫状的虫体为鲺病；体表有白色亮点，离水 2h 后白色亮点消失则为小瓜虫病；体表有白色斑点，白点之间有出血或红色斑点则为卵甲藻病；部分鳞片处发炎红肿，有红点并伴有针状虫体寄生则为锚头鳋病；苗种成群在池边或池面狂游，一般为车轮虫病或跑马病；尾柄表皮发白则为白皮病；鱼在水中头部或嘴部明显发白，离水后又不明显则可能为白头白嘴病或车轮虫病；眼球突出、鳞片竖起、腹胀可能为竖鳞病或链球菌病；眼球浑浊或水晶体脱落则可能为链球菌病或双穴吸虫病。

2.鳃

重点检查鳃丝。先观察鳃盖是否张开，鳃盖表皮是否腐烂或变成透明。然后用剪刀把鳃盖剪去，观察鳃片颜色是否正常，黏液是否较多，鳃丝末端是否肿大、腐烂。

若病鱼鳃部浮肿，鳃盖张开不能闭合，鳃丝失去鲜红色呈暗淡色则为指环虫病；鳃盖出现“开天窗”现象，鳃丝腐烂发白、尖端软骨外露，并有污泥和黏液则为细菌性烂鳃病；鳃丝因贫血而发白则可能为鳃霉病或球虫病；鳃丝末端挂着像蝇蛆一样的白色小虫则为中华鳋病；鳃丝呈紫红色，黏液较少则可能为池塘中缺氧引起泛池所致；鳃丝呈紫红色，并伴有大量黏液则应考虑是否为中毒性疾病，如过量使用有机氯消毒剂时这种现象较常见；鳃丝上有白点，黏液异常增多则可能为钩介幼虫病或孢子虫病。

3.内脏

重点检查肠道。剪刀从肛门伸进，向上方剪至侧线上方，然后转向前方剪至鳃盖后缘，再向下剪至胸鳍基部，最后将身体一侧的腹肌翻下，露出内脏。注意下刀不伤及内脏。先观察是否有腹水，是否有肉眼可见的大型寄生虫。其次，用剪刀从咽喉附近的前肠和靠肛门的后肠剪断，并取出内脏，置于白搪瓷盘中，把肝、胆、鳔、肠等内脏器官逐个分开，仔细观察各内脏器官外表是否正常，是否有充血、出血或白点出现。最后，把肠道分成前、中、后三段置于盘中，轻轻地把肠道中的食物和粪便去掉，然后进行观察。

若病鱼肠道全部或局部充血，肠壁不发炎则为出血病；充血、发炎且伴有大量黄色黏液则为细菌性肠炎病；前肠肿大，但肠道颜色外观正常，肠内壁含有许多白色小结节则为球虫病或粘孢子虫病。

目检主要以症状为主，要注意各种疾病不同的临床症状。一种疾病可以有几种不同的症状，如肠炎病具有鳍基充血、蛀鳍、肛门红肿、肠壁充血等症状；同一种症状也可以在几种不同的疾病中出现，如体色变黑、鳍基充血、蛀鳍是细菌性赤皮病、烂鳃病、肠炎病共同的症状。因此，目检时要认真检查，全面分析。

5.2.2 镜检

镜检是用显微镜或解剖镜对患病养殖动物作更深入的诊断。镜检是根据目检时所确定下来的病变部位，作进一步的诊断。镜检主要判断依据是虫体的形态特征和虫体寄生部位。镜检的顺序和检查主要部位与目检相同。每一病变部位至少检查三个不同点的组织。

1.检查方法

镜检检查方法有玻片压缩法和载玻片法两种。

(1)玻片压缩法

用解剖刀和镊子从病变部位刮取少量组织或者黏液，放在载玻片上，滴入少许清水或生理盐水，用另一载玻片将它压成透明的薄层，然后放在解剖镜或低倍显微镜下检查。检查后用镊子解剖针或微吸管取出寄生虫或可疑的病象的组织，分别放入盛有清水或生理盐水的培养皿，以后作进一步的处理。

(2)载玻片法

将要检查的小块组织或小滴内含物放在载玻片上，滴入清水或生理盐水，盖上盖玻片，轻轻地压平后放在低倍镜下检查，如有寄生虫或可疑现象，再用高倍镜观察。

2.检查部位

镜检一般检查步骤为：黏液(体表)、鼻腔、血液、鳃、体腔、脂肪、胃肠、肝、脾、胆囊、心脏、肾脏、膀胱、性腺、眼、脑、脊髓、肌肉。尤其是体表、鳃、肠道、眼、脑等部位。注意对肉眼观察时有明显病变症状的部位作重点检查，显微镜检查特别有助于对原生动物引起的疾病的确诊。

(1)黏液

用解剖刀从病鱼体表疑似病变部位上刮取少许黏液，放在载玻片上，滴入少许清水，盖上盖玻片，用显微镜检查。体表常见的寄生虫有车轮虫、小瓜虫、斜管虫、鱼波豆虫、钩介幼虫、粘孢子虫等。

(2)鼻腔

先用小镊子或微吸管从鼻孔里取少许内含物，放在载玻片上，滴入少许清水，盖上盖玻片，用显微镜检查，随后用吸管吸取少许清水注入鼻孔中，再将液体吸出，放在培养皿里，用显微镜或解剖镜观察。鼻腔内常见的寄生虫主要有粘孢子虫，车轮虫、指环虫等。

(3)血液

从鳃动脉或心脏取血均可。具体方法如下：

①从鳃动脉取血：剪去一边鳃盖，左手用镊子将鳃瓣掀起，右手用微吸管插入鳃动脉或腹大动脉吸取血液。如果血液量不多时可直接放在载玻片上，盖上盖玻片，用显微镜检查；如果血液量多时可放在培养皿里，然后吸取一小滴在显微镜下检查。

②从心脏直接取血：除去鱼体腹面两侧两鳃盖之间最狭处的鳞片。用尖的微吸管插入心脏，吸取血液放在载玻片上，盖上盖玻片，在显微镜下检查。也可将血液放在培养皿里，用生理盐水稀释，在解剖镜下检查。

血液中常见的寄生虫主要有锥体虫、线虫或血居吸虫等。

(4)鳃

用小剪刀取少量鳃组织放在载玻片上，滴入少许清水，盖上盖玻片，在显微镜下检查。鳃上常见的寄生虫主要有鳃隐鞭虫、波豆虫、粘孢子虫、纤毛虫、毛管虫、指环虫、双身虫、鱼蛭、中华鳋、鲺等，常见的微生物有细菌、水霉、鳃霉等。

(5)体腔

打开体腔，观察有无可疑病象及寄生虫，发现白点，压片镜检。体腔内常见的寄生虫主要有粘孢子、微孢子虫、绦虫成虫和囊蚴等。

(6)脂肪组织

观察脂肪组织，发现白点，压片镜检。脂肪组织常见的寄生虫主要有粘孢子虫。

(7)胃肠

先肉眼检查肠外壁，发现许多小白点，压片镜检。然后用镊子取一小滴肠的内含物放在载玻片上，滴上一滴生理盐水，盖上盖玻片，在显微镜下检查；或刮下肠的内含物，放在培养皿里，加入生理盐水稀释并搅匀，在解剖镜下检查。胃肠部位常见的寄生虫主要有鞭毛虫、变形虫、粘孢子虫、微孢子虫、球虫、纤毛虫、复殖吸虫、线虫、绦虫、棘头虫等，常见的微生物有细菌。

(8)肝

用镊子从肝上取少许组织放在载玻片上，滴上一滴生理盐水，盖上盖玻片，轻轻压平，在低倍镜和高倍镜下检查。肝脏常见的寄生虫主要有粘孢子虫、微孢子虫的孢子和胞囊。

(9)脾

镜检脾脏少许组织，往往可发现粘孢子或胞囊，有时也可发现吸虫的囊蚴。

(10)胆囊

然后取一部分胆囊壁，放在载玻片上，滴上一滴生理盐水，盖上盖玻片，压平，放在显微镜下观察。胆汁另行检查。胆囊壁和胆汁，除用载玻片法在显微镜下检查外，都要同时用压缩法或放在培养皿里用解剖镜或低倍显微镜检查。胆囊常见的寄生虫主要有六鞭毛虫、粘孢子虫、微孢子虫、复殖吸虫和绦虫幼虫等。

(11)心脏

取出心脏放在盛有生理盐水的培养皿里,用小镊子取一滴内含物放在载玻片上,滴入少许生理盐水,盖上盖玻片,用显微镜检查。心脏常见的寄生虫主要有锥体虫和粘孢子虫。

(12)鳔

用镊子剥取鳔的内壁和外壁的薄膜,放在载玻片上排平,滴入少许生理盐水,盖上盖玻片,在显微镜下观察,同时用压缩法检查整个鳔。鳔上常见的寄生虫主要有复殖吸虫、线虫、粘孢子及其胞囊。

(13)肾

取肾应当完整,分前、中、后三段检查,各查两片。可发现粘孢子、球虫、微孢子虫、复殖吸虫、线虫等。

(14)膀胱

完整地取出膀胱放在玻片上,没有膀胱的鱼,则检查输尿管。用载玻片法和压缩法检查,可发现六鞭毛虫、粘孢子虫、复殖吸虫等。

(15)性腺

取出左、右两个性腺,先用肉眼观察它的外表,常可发现粘孢子虫、微孢子虫、复殖吸虫的囊蚴、绦虫的双槽蚴、线虫等。

(16)眼

用弯头镊子从眼窝里挖出眼睛,放在玻璃皿或玻片上,剖开巩膜,放出玻璃体和水晶体,在低倍显微镜下检查,可发现吸虫幼虫、粘孢子虫。

(17)脑

打开脑腔,用吸管吸出油脂物质,灰白色的脑即显露出来,用剪刀把它取出来,镜检可发现粘孢子虫和复殖吸虫的胞囊或尾蚴。

(18)脊髓

把头部与躯干交接处的脊椎骨剪断,再把身体的尾部与躯干交接处的脊椎骨也剪断,用镊子从前端的断口插入脊髓腔,把脊髓夹住,慢慢地把脊髓整条拉出来,分前、中、后等部分检查,可发现粘孢子虫和复殖吸虫的幼虫。

(19)肌肉

剥去皮肤,在前、中、后部分别取一小片肌肉放在载玻片上,滴入少许清水,盖上盖玻片,轻轻压平,在显微镜下观察,再用压缩法检查。可发现粘孢子虫、复殖吸虫、绦虫、线虫等。

3.镜检注意事项

(1)用活的或刚死的养殖动物检查。由于死后时间较长的个体,体色已改变,组织已腐烂分解,原有症状已消退,病原体也随之脱落或死亡后变形,故难以进行诊断。

(2)用于检查的水产动物体表要保持湿润。如果养殖动物体表干燥,则寄生在体表的寄生虫会很快死亡,症状也随之不明显或无法辨认。

(3)取出的内脏器官除保持湿润外,还要保持器官的完整。取出的内脏器官均完整地放在白盘内,避免寄生虫从一个器官移至另一器官,以至于无法查明或错认寄生虫的部位,从而影响诊断的正确性。

(4)检查器官用过的工具要洗净、消毒后再用。

(5)一时无法确定的病原体或病象要保留好标本。

5.3 病毒的分离与鉴定

5.3.1 病毒的培养

病毒必须在活细胞中方能进行生命活动，病毒的人工培养方法包括动物接种、鸡胚接种和细胞培养，其中细胞培养是用于病毒分离和培养最常用的方法。

1.细胞培养和传代

细胞培养是在模拟体内生理环境中维持细胞生长、繁殖的技术。它是进行病毒分离和鉴定的重点工具。

细胞培养需要从水产动物体上获取组织，使用特定的培养液进行培养，最终获得细胞的稳定培养物，这个过程通常需要数个月以上，称为细胞的建株，获得的培养形态、特性一致的细胞称为细胞株或细胞系。目前能够建立稳定的细胞培养并在水生动物病毒学方面广泛应用的主要为鱼类细胞株。

常用于病毒分离鉴定的鱼类细胞株有鲤鱼上皮瘤细胞(EPC)、草鱼性腺细胞(CO)、胖头鱼肌肉细胞(FHM)等。

(1)细胞培养的类型

细胞培养分为单层细胞培养和悬浮细胞培养两类。单层细胞培养是使细胞在培养器皿表面贴壁形成单层细胞的培养技术，它常用来分离和繁殖病毒。悬浮细胞培养是指细胞悬浮于营养液中繁殖的一种培养方法。

根据培养细胞来源，细胞培养可分为原代培养和传代培养。原代培养是指直接从组织消化后分散的细胞所进行的细胞培养，原代培养受动物来源及操作影响较大，结果不很稳定。将培养的细胞从培养器中消化下来，转移至新的培养器中再进行培养，即为传代培养。

(2)培养液的配制

体外细胞生长的营养要求较为严格，细胞培养液的成分较为复杂。细胞培养一般采用商品性培养基，常用的培养基有 M-199、MEM、L-15 等。这些培养基成分稳定且经过了生长性能检验，大大提高了工作效率。通常购买的培养基为干粉，使用时按说明书加入双蒸水溶解，由于细胞培养基的成分含有较多不稳定的营养成分，必须采取过滤灭菌方法除菌，并调节 pH，至 4 ℃保存。培养液使用前，根据实验要求，加入 3%～20%的胎牛血清以及适量的青霉素和链霉素。

2.细胞的传代

细胞株需要在合适培养液中连续培养才能维持，这一过程称为细胞的传代。

常用的细胞均为贴壁单层细胞，传代培养时必须使用胰酶或 EDTA 溶液分散贴壁细胞，使细胞从瓶壁上脱落，称为细胞的消化。细胞消化后，用吸管吹打细胞使其充分分散，然后按 1∶2 或 1∶3 的比例分装于细胞瓶，培养于适宜温度。一般在 24～48 h 内长成单层细胞。

3.细胞保存

细胞保存分短期保存和长期保存。短期保存是指细胞长满单层时，更换新的细胞培养液，置于比最适生长温度低 5～8 ℃的环境，可存放 1～4 周，使用前一般通过两代传代培养可基本恢复细胞的正常生长状态。细胞的长期保存通常保存在－70 ℃或液氮中，一般可保存数年。细胞冷冻保存时需加入保护剂，以保护细胞不受损伤。冷冻细胞复苏时，要迅速解冻，离心去除保护剂，再置于细胞瓶中培养。方法主要有两种：一是液氮长期保存，细胞冻存液中加入 10%的二甲亚砜（DMSO）保护剂和 20%的胎牛血清；二是低温环境保藏，温水鱼细胞可在 20 ℃或 15 ℃保藏，冷水鱼细胞在 15 ℃保藏。

5.3.2　利用鱼细胞培养物分离病毒

利用细胞分离病毒基本过程大致相似，分为样品的采集、样品处理与病毒分离、接种细胞、出现细胞病变几个过程。

1.样品的采集

一般选择濒死或者出现临床症状的鱼，采集已知或怀疑有病毒存在的部位或病变器官进行病毒分离。最好以活体标本的形式送检，实在无法活体标本送检，则标本应当分别包装放在密封容器或冰袋中送到实验室，严格避免交叉污染，所采集的鱼必须严格避免冰冻。如需运输，最好冷藏，并且要求在 24 小时内进行病毒检测，否则应低温冷冻保存（－20 ℃以下）。

注意不能使用死亡已久特别是已经开始腐烂的鱼，由于大量细菌已经生长，细菌毒素会因为细胞毒性产生类似的细胞病变，影响结果的误判。

要对已发生的疾病进行诊断，建议最少采集 100 个幼体，50 个后期幼体，10 个稚体或成体标本。如果临床症状明显，可采集更多的数量。被采鱼的临床症状要有代表性，能代表大多数鱼所出现的症状，而不是只要有病的鱼就可以。要对无症状水产动物进行诊断，所需的采集数量就应该用统计学方法来确定。

2.样品的处理和病毒分离

用于病毒检测的样品，需要按照鱼大小取样。幼鱼和带卵黄囊的鱼，取整条鱼，但如有卵黄囊则需除掉。4～6 cm 的鱼，采集包括肾脏在内的所有内脏。在鳃盖后方切开头部，从侧面挤压，可获得脑。超过 6 cm 的鱼，采集肾、肝、脾和脑。怀卵鱼，采卵巢液。如取多条病鱼样品，可将 5～10 尾鱼的组织混合在一起，总重量约1.5 g。

基本方法是将待检材料匀浆，使组织中的病毒充分释放出来。组织材料较少时，建议使用小型玻璃匀浆器。匀浆后的组织，用含有双抗的 M199 培养液按照 1∶10 稀释后，放在 4 ℃中保存待 24 h 后接种，或者放置在 15 ℃中 2～4 h 后接种。

3.病毒接种

把孵育过的组织匀浆液，7000 rpm/min，离心 15 min，收集上清液，再作 2 次连续 10 倍稀释，即达到 1∶100 和 1∶1000 的组织上清液，将稀释好的组织上清液接种到生长 24 h 以内的长满细胞单层的 96 孔板。每个样品至少接种 2 孔，每孔加0.1 mL。试验中要 2 孔阳性对照和 2 孔空白对照。放置于适当温度培养。

4.细胞病变的观察和盲传

细胞病变是指细胞接种病毒后产生的病理变化，又称为CPE。CPE的出现是最直观的病毒在细胞内增殖的体现。不同的病毒产生的细胞病变不同，常见的细胞病变是细胞崩解、细胞圆缩、细胞肿大和形成合胞体等几种类型。此外，包涵体是病毒病诊断的主要依据，它是某些病毒感染细胞产生的特征性形态变化，可存在细胞核或细胞质内。空斑是细胞病变的特殊形式。

每天观察细胞病变是否出现，连续观察7 d。如维持7 d没有出现细胞病变，可将培养物再冻融一次，重复病毒分离接种过程，即盲传1次。如7 d中出现细胞病变，应立即对病毒鉴定。对水生物病毒来说，盲传2次后，如没有CPE即可以判定为病毒阴性。重要的样品可以多次盲传，以获得明确的检测结果。

5.病毒收获和观察

细胞病变出现后，一般可进一步扩增病毒。合并出现细胞病变的培养物，冻融后可合并作进一步测定。依据检测对象所具有的实验手段进一步检测病毒，可考虑采用电镜观察、抗体检测、分子生物学技术等进行病毒的检测。

对于出现CPE的观察，应注意区分因组织毒性、细菌继发感染产生的毒素也会引起类似CPE的现象，区别在于毒性可随着传代而降低，而病毒随着传代而增强。另外，目前所有的鱼类细胞并不能保证对所有的鱼类病毒均敏感，出现阴性结果时应注意分析各种现象，结合细菌分离结果以及药物治疗效果，以防止结果的误判。

5.3.3　病毒的鉴定

病毒鉴定通常采用物理、化学、生物学以及分子生物学方法。

病毒分类鉴定步骤：根据病毒的宿主范围及感染表现；按照病毒的理化性质，包括电镜形态、理化因子对病毒的感染性作用，鉴定核酸类型；病毒的血凝特性，病毒的血清学鉴定；病毒的分子生物学方法。

1.根据症状诊断

通过了解养殖过程中水产动物疾病急性和慢性死亡情况，结合发病对象的所表现出来的典型症状进行判断，此方法可在现场情况紧急且没有其他诊断手断可用时应用，以便减少损失。

2.组织学检测

如T—E染色法：取材→染色(曲利本蓝—伊红)→加盖玻片→观察包涵体。此法只适于具有包涵体的病毒种类。包涵体：病毒感染的细胞内出现的LM(光学显微镜)下可见的大小、形态和数量不等的小体。

3.电镜检查

可直接观察了解病毒粒子的形态、大小等情况，并确定病毒的种类。此法直观，但操作复杂，需要较严格的实验条件和较高超实验技术以及样品处理时间长等缺点。仅使用于实验室，不能用于生产实践中病毒病的快速诊断。

4.试剂盒等快速诊断

采用分子生物学方法(如 PCR、DNA 探针)、免疫学方法(如荧光抗体、ELISA)对病毒进行快速鉴定诊断。

5.4 细菌的分离与鉴定

细菌性疾病的诊断,除个别有典型临诊症状的疾病外,一般均需要采集相应部位的样本,进行细菌学诊断以明确病因。从样本中分离到细菌,并不一定意味该菌为疾病的病原。

5.4.1 细菌培养基

1.培养基主要成分与作用

培养基是用人工方法,将多种营养物质根据各种细菌生长的需要而合成的一种混合营养料。细菌培养必须有适合细菌生长繁殖的培养基。不同种类的细菌对营养的要求有显著的差别。培养基中一般含有碳源、氮源、无机盐类、水及某些生长因子(维生素、辅酶等营养物质),有的还有鉴别细菌用的糖(醇)类、指示剂、抑菌剂等。

培养基主要作为繁殖细菌、分离细菌、鉴定细菌、传代保存细菌、研究细菌的生理及生化特性、制造生物制品等之用。

2.培养基的分类

(1)按培养基形态分

培养基可分为固体培养基、半固体培养基和液体培养基三类。固体培养基又分为平板、斜面和高层培养基。

(2)按培养基用途分

培养基可分为基础培养基、增菌培养基、选择性培养基、鉴别培养基、厌氧培养基等。

(3)按培养基成分分

培养基可分为合成培养基和天然培养基两类。合成培养基是由已知化学成分的营养物组成的,常用于细菌营养和代谢、药物作用的原理以及生化测定,亦用制备某些菌苗,以减少其他反应。天然培养基含有化学成分不完全明了的天然物质,如蛋白胨、牛肉膏、肉浸液、苞米、血液、血清、马铃薯,常用于教学或临床细菌学检验中。

5.4.2 无菌操作

无菌操作是指微生物实验中,控制或防止各类微生物污染及干扰的一系列操作方法和措施,它是细菌培养必须掌握的最基本操作。无菌操作包括无菌实验环境、无菌实验器材和试剂、无菌操作技术等。

1.无菌实验环境

保证无菌实验环境最常用的办法是无菌室、超净工作台。超净工作台使用前应提前用紫外灯杀菌30 min,关闭后开风机10～20 min再使用;超净台应定期检测无菌状态,每2至3月将预滤器无纺布滤拆下清洗或更换。实验结束后,超净台表面应用75%酒精擦洗,并用紫外灯杀菌20～30 min。在野外进行病原分离培养时,也可利用酒精灯火焰提供的一个局部无菌区,进行简单的病鱼取样和分离。

2.无菌器材和试剂

所使用的器材能灭菌的必须进行灭菌处理,包括所有的玻璃器皿、培养基、稀释液、解剖工具,解剖用具用75%乙醇擦表面后用火焰灼烧。此外,需要进入超净台的物品,如试管架、天平、试剂瓶等,以及操作人员双手,都应使用75%酒精擦洗或用75%酒精喷瓶喷射。

3.无菌操作技术

无菌操作是在无菌环境下,防止微生物污染和干扰的操作方法,以保证待检物品不被环境中的微生物污染,同时也要防止被检微生物在操作过程中污染环境和操作人员。酒精灯是保证操作无菌的重要用具,所有操作都要求在酒精灯火焰附近进行,在非无菌区不能打开已灭菌物品、试剂及培养物。

5.4.3　细菌的分离培养

1.水生物样品的采集与保存

(1)水生物样品采集与保存的原则

水产动物细菌感染诊断所需样品的采集与保存应遵循以下原则:

①应选择具有典型病症的活体或濒临死亡的个体进行采集。

②采样工具必须做到无菌、无毒、清洁、干燥、无污染。

③样品采集过程中避免对病原分析结果有影响的因素发生。

④样品采集的数量与方法应根据具体养殖品种和疾病的临床表现而定。

(2)水生物样品采集的方法

水生物样品采集方法:包括制定采样方案、准备采样用品、设置采样点与采样数量。

①采样方案:包括采样地点、对象、数量、采样时间、检测项目等。

②采样用品:根据采样方案准备采样工具、容器、辅助设施、记录表等。

③采样点与采样数量:根据发病池塘的分布、疾病发生与发展的不同过程设置采样点与采样数量。水生物样品一般选择整体,带回实验室进行取样操作;对于特殊样品,可无菌操作采集合适的器官和组织保存。对于有临床症状的水生物,应尽量采集具有典型症状的活体或濒临死亡的个体,一般采集20尾(只),对于外表健康无临床症状的水生物,原则上每批次采集150尾(只)。

(3)样品采集的保存与运输

水生物样品采集后应立即进行封样,运回实验室。活体包装袋加水并充氧转运,必要时加冰。死亡个体或组织器官封装后,4℃保存下运输,在2h内进行病原细菌分离。包装容器应完整,具有一定的抗压、抗震性,不对样品造成污染和伤害。

2.水生物病原菌分离

细菌培养是将所需细菌在特定条件下大量增殖的过程。水生物病原菌分离是指从患病水生物或待测其他标本中得到病原菌纯培养的过程。这个过程依细菌的生长特性，一般可在 2～4d 内完成，有的则需要数周甚至数月才能完成。

(1)从水生物分离病原菌

由细菌感染引起的疾病，通常可从肝、肾、脾、血液中取样进行细菌的分离；运动机能失调的疾病，可从脑中分离细菌；体表溃疡症状的疾病，可在病灶附近取样分离；烂鳃病可在鳃丝取样分离；出血性败血症可在肾、肝等处取样分离。

无论从何处分离细菌，分离前均应用 75％酒精对鱼体表面进行消毒，再用灭菌解剖工具解剖鱼体，用接种环蘸取病灶部分，于固体培养基上画线分离，25～37 ℃培养 24～48 h。选取形状、色泽和大小一致的优势单菌落，重复划线分离培养，以获得纯种。分离培养基、培养温度、培养时间依据不同的水生物品种和分离菌种有一定差异。

从病鱼分离细菌要求鱼体较为新鲜，最好是濒临死亡的病鱼，死亡半小时左右的鱼也可用于细菌分离。高温季节鱼体送检时，尽量送表现明显症状的活鱼，也可用冰保持低温，以保证分析的准确性。对于肠道感染或已经污染的标本，可依据疾病的可能病原，采用选择性培养基进行病菌分离培养。

(2)从养殖水体分离病原菌

从水体分离细菌也可采用画线分离方法，但一般采用涂布方法。基本过程为：取待分析水体，用灭菌水或生理盐水作 10 倍系列稀释，取 2～3 个不同的稀释度，各在培养基上加 0.1 ml，用灭菌三角锥棒将水样在培养基上充分涂布，25～28 ℃培养 24 h，观察或统计菌落数。

3.培养结果的观察和记录

除了观察细菌的生长外，还应观察细菌菌落，根据菌落特征(大小、颜色、表面光泽等)判断是否为纯培养或优势生长。一般由某种细菌引起的疾病通常能得到纯培养，而继发感染则较多出现两种以上的菌落。此外，要注意发现生长较为缓慢的细菌，以免遗漏重要的病原菌。

结果记录应包括发病鱼名、主要症状、死亡情况、分离部位、使用培养基、菌落主要特征等。有条件时最好能对重要样品拍照，并在记录上指明图片编号。水体样品应记录生长菌落数、主要菌落的特点等。使用商品性培养基时，还应记录培养基生产商的名称、产品批号、配制日期等。

5.4.4 细菌的鉴定

细菌鉴定是通过细菌的形态特性、生理生化特性确定细菌分类地位的过程。通过分离培养获得的病原菌，必须达到不含有杂菌的纯培养程度，才能进行细菌鉴定。

目前较成熟且应用较多的方法有：经典分类法(测定形态、结构和生理生化特性等)；分子分类法(测定细菌的细胞组分和核酸特征等)；免疫学方法(用已知抗体测定细菌抗原的反应特异性)；半自动和自动检测系统(用微量、快速方法综合测定方某些有分类价值的指标并结合计算机分析归类)等。最后，除自动系统检测法外，各种方法中应将测得的系列指标对照权威分类鉴定手册进行检索，确认细菌的分类地位。

1.形态学检查

细菌的形态在一定条件下有相对稳定性，但它会随环境的变化而变化。形态学检查一般包括肉眼观察和显微镜观察。

(1)肉眼观察

固体培养基上主要观察菌落大小、形态、颜色、表面光滑湿润、边缘整齐与否等;液体培养时重点观察培养物是否均匀浑浊、管底有无沉淀、液面有无菌膜等;半固体穿刺主要观察细菌沿接种线的生长情况。此外,在鉴定性培养基中的菌落形态也是细菌鉴定的重要依据。

(2)显微镜观察

显微镜观察主要观察菌体形态、运动性、革兰氏染色及其他染色特性、是否形成芽孢等。根据这些特性,可初步进行细菌的大类划分,如球菌、杆菌、成链状否等。

2.生化鉴定(又称生理生化鉴定)

细菌的生化特性是细菌分类最重要的特征。细菌的生理生化特征主要包括细菌的营养类型、氮源利用种类、碳源利用种类、生长因子需要、温度适应性、代谢产物、对抗生素和抑菌剂的敏感性等多种性状。细菌代谢类型的不同本质还是与细菌分泌酶有关。常用的细菌生化鉴定指标有:

(1)糖的分解试验

按细菌能分解糖的种类、产酸与否、是否产气等特性来鉴定。通常加入指示剂,如指示剂变黄,表明产酸。还可根据对糖的利用是需氧还是不需氧,可进一步分类。如假单胞菌需在有氧条件下利用糖,称为氧化型,而气单胞菌则可在无氧状态下利用糖产酸,称为发酵型。

(2)氨基酸脱羧试验

原理基本同上,也通过指示剂显色得知脱羧阳性或阴性。

(3)吲哚试验

测定细菌利用色氨酸后产生吲哚与否。

3.利用商品试剂盒进行细菌的鉴定

商品性细菌鉴定系统的出现降低了细菌鉴定的专业性,使得细菌鉴定能够在许多实验室甚至基层单位开展。目前商品性鉴定试剂已普遍实现了鉴定的微量化,并已经广泛应用于临床及水产动物分离细菌的鉴定。这类产品国内外均有,虽然国外产品的价格要大大高于国内产品的价格,但由于产品标准化、系统化程度较高,且产品也较为成熟,性能稳定,因此,目前大有替代国内产品的趋势。

5.4.5　细菌毒力测定

病原菌致病能力的强弱程度称为毒力。通常病原菌的毒力越大,其致病性就越强。同一种病原菌,因菌株数不同,致病力大小也不相同,它的毒力也有强毒、弱毒和无毒株之分。测定微生物毒力大小系用递减剂量的材料(活的微生物或毒素)感染易感动物来进行。每次试验时,均须注意实验动物的种别、年龄与体重、试验材料和剂量、感染途径以及其他因素,其中感染途径与动物体重尤为重要。一般用来表示微生物毒力大小的单位有最小致死量(M.L.D)和半数致死量(LD_{50})两种。

5.5 真菌的分离和培养

5.5.1 真菌分离培养

真菌培养第一步是从临床标本中培养真菌的初代培养，初代培养后进一步进行分离纯化培养和鉴定培养。真菌培养需在28～30 ℃培养3～4周。初代培养选用沙氏培养基(SDA)或者马铃薯琼脂培养基(PDA)，采用试管培养，一般同时培养两管，其中一管可添加抗生素(氯霉素或庆大霉素均可)。

一般培养4周后，若无真菌生长可报阴性，若发现培养出真菌可报阳性。然后进行真菌的鉴定，典型菌种可直接报告种属，不典型菌种根据基本表现，采用适当的标准鉴定培养基，标准培养条件下培养，必要时要结合生理学和分子生物学方法进行鉴定。

5.5.2 真菌鉴定

真菌鉴定是对真菌分离培养后的纯培养物根据菌落特征、镜下形态和结构确定菌种的过程。必要时可通过生化反应、鉴别试验、分子生物学、动物接种等方法明确菌种。

对常见致病真菌要掌握的鉴定原则是首先区分酵母菌和霉菌。酵母菌鉴定主要根据形态学特征和生理生化特点，按照一定的流程进行。霉菌的鉴定非常复杂，有许多标准包括形态学特征、温度耐受性，放线菌酮抗性、双相性、营养需求、蛋白分解活动以及水解尿素能力等。现代分类学鉴定方法主要依据分生孢子的个体发生过程结合其他特征来进行鉴定。初代培养后根据形态学特征一般可鉴定到属的水平，再依据不同真菌的鉴定要求，采用标准培养基和培养条件进一步完成菌种鉴定。

5.6 寄生虫的鉴定

病原体检查是寄生虫病最可靠的诊断方法。判断某种疾病是否由寄生虫感染引起时，除了检查病原体外，还应结合流行病学资料，临床症状和病理变化等进行综合考虑。

5.6.1 寄生虫的鉴定

首先对寄生虫的形态结构进行活体观察，然后进行解剖、切片、染色后显微镜检查，必要时还须进行扫描电镜观察。至于寄生虫生活史的研究，凡不需要中间寄主的寄生虫，采用人工培养观察，查明其生活史；需要更换中间寄主的寄生虫可根据判断，从自然界中检查可疑中间寄主，并结合人工感染的办法来查明其生活史。

5.6.2　寄生虫的计数标准

在寄生虫病的诊断过程中，除了确定寄生虫的种类外，还要判断其数量，因为不是有寄生虫的存在就能引起疾病的发生，而是必须寄生数量达到一定的强度时才能致病，所以相对准确地估计寄生虫数量是重要的，否则会产生误诊。但是在具体计算中难免产生不少困难，如原生动物肉眼无法看到，即使在显微镜下，也不可能逐个数清，只能采用估计法。估计法虽不能做到十分准确，但终究还有一个数字可凭，否则在进行材料总结时，就无法了解各种疾病的危害情况。一般采用以下计数标准：

1.计数符号

用"＋"表示。"＋"表示有；"＋＋"表示多；"＋＋＋"表示很多。

2.计数标准

(1)鞭毛虫、变形虫、球虫、粘孢子虫、微孢子虫、单孢子虫

在高倍显微镜下，约有1～20个以下的虫体或孢子记"＋"，21～50个时记"＋＋"，50个以上时记"＋＋＋"。

(2)纤毛虫及毛管虫

在低倍显微镜下有1～20个虫体时记"＋"，21～50个虫体时记"＋＋"，50个以上的虫体时记"＋＋＋"。若计算小瓜虫囊胞则用数字说明。

(3)单殖吸虫、线虫、绦虫、棘头虫、蛭类，甲壳动物，软体动物的幼虫

在50个以下均以数字说明，50个以上者，则说明估计数字。

注：目镜为10×；虫体数为同一片中观察3个视野的平均数。

5.7　免疫学诊断技术与分子生物学诊断技术

免疫学诊断技术与分子生物学诊断技术的发展为水产动物疾病的正确诊断、预防和治疗提供了前提。用分离培养法诊断水产动物的传染性疾病病原要进行各类繁琐的试验，往往需要1周或更长的时间，且有些病原还难以分离甚至不能分离。因此，必须借助于免疫学诊断技术和分子生物学诊断技术。

5.7.1　免疫学诊断技术

1.免疫学诊断技术的基本原理

免疫学技术最基本的原理是抗原抗体反应。抗原与相应抗体在体外或体内发生的特异性结合反出现凝集、沉淀、补体结合等不同类型的反应称为抗原抗体反应。抗原抗体的体外反应称为血清学反应，抗原抗体的体内反应称为免疫学反应。可用已知抗原检测未知抗体，也可用已知抗体检测未知抗原。

2.免疫学诊断技术及其应用

免疫诊断技术主要是利用各种血清学反应对细菌、病毒引起的传染性疾病进行诊断，它具有灵敏度高、特异性强、迅速方便等优点。免疫诊断方法很多，水产动物疾病诊断中常用的免疫学诊断技术有凝集反应、酶联免疫吸附试验(ELISA)和荧光抗体法等。

(1)凝集反应

颗粒性抗原(如完整的红细胞或细菌)与相应抗体结合，在一定条件下，经过一定时间形成肉眼可见的凝集物，称为凝集反应。用于凝集反应的抗原称为凝集原，用于凝集反应的抗体称凝集素。

凝集反应按操作方法分为玻片法、试管法、玻板法和微量法。玻片法属定性试验，常用于细菌和 ABO 血型鉴定；试管法、玻板法和微量法三种均为定量试验。

(2)酶联免疫吸附试验(ELISA)

利用抗原或抗体能非特异性吸附于固相载体(酶标板)表面的特性，使抗原—抗体反应在固相载体表面进行的一种免疫酶技术。

ELISA 法包括四种基本方法，即直接法、间接法、双抗体夹心法和抗原竞争法。

(3)荧光抗体技术

用荧光物标记抗体来检测细胞或组织中相应抗原或抗体的技术。主要包括直接法、间接法和补体法三种。

凝集反应是四个古典的血清学方法之一，在微生物疾病诊断中有广泛的应用。在水产动物疾病中，酶联免疫吸附试验(ELISA)已制备检测草鱼出血病、传染性胰腺坏死病、传染性造血组织坏死病的试剂盒；免疫荧光抗体法已广泛用于细菌、病毒、真菌及原虫等病原的鉴定和相应疾病的诊断。

5.7.2 分子生物学诊断技术

1.分子生物学诊断技术的基本原理

分子生物学诊断也称为基因诊断，是通过探查基因的存在状态或表达水平对疾病作出判断的一种诊断方法。其立足点是每一种病毒的核酸序列的独特性以及碱基配对互补原理。其检测物是核酸，可以是 DNA 或 RNA，前者反映基因的存在状态，后者反映基因的表达状态。

2.分子生物学诊断技术及其应用

水产动物的分子生物学诊断主要是诊断机体有无病原体感染，对于研究和治疗水产动物疾病有着重大的意义，该技术已渗透到疾病的诊断、治疗以及疫苗的研制等各方面。其优点是高度的特异性和敏感性。分子生物学诊断技术主要有三大类：即聚合酶链反应(PCR)、核酸分子杂交和 DNA 芯片。目前水产动物疾病诊断中常用的主要是前两项。

(1)聚合酶链反应(PCR)

PCR 技术是 80 年代中期发展起来的体外核酸扩增技术。其基本原理是通过对目标核酸的特异性扩增测定目标核酸的方法。PCR 技术具有特异、敏感、产率高、快速、简便、重复性好、易自动化等优点。从提取核酸加入特异性引物，后用 PCR 扩增，再电泳确认扩增产物只需要数小时。但此法检测准确性略低，操作繁琐，需要昂贵的PCR仪和凝胶电泳设备，且所用药品（如溴化工锭）具有强烈的致癌性，有较强的危险性，因此，一般仅适用于实验室使用。目前已广泛用于检测细菌、病毒和寄生虫等各种病原生物。

比较PCR技术、免疫技术和病原分离培养技术：在灵敏性方面，PCR技术和病原分离培养技术相对较好；在速度上，PCR技术、免疫技术相对较好；在定量分析上，免疫技术和病原分离培养技术较PCR技术好。

（2）核酸分子杂交技术

核酸分子杂交技术是利用核酸分子的碱基互补原则而发展起来的。它具有快速、准确、灵敏、操作简单、不需要昂贵的实验设备、易于大量制备等优点。但此法灵敏度不如PCR方法。由于核酸分子杂交的高度特异性及检测方法的灵敏性，它已成为分子生物学中最常用的基本技术。其基本原理是利用一种预先纯化的已知DNA或RNA序列片段去检测未知的核酸样品。已知DNA或RNA序列片段称为探针，它常常用放射性同位素标记。

迄今为止，国内外均已开发了商品化WSSV（对虾白斑综合征病毒）的PCR检测试剂盒和核酸探针检测试剂盒。PCR技术和核酸分子杂交技术已经大量应用于水产动物疾病的快速诊断。

本章小结

本章主要介绍疾病的现场调查和检查方法、病毒的分离与鉴定、细菌的分离与鉴定、寄生虫的鉴定、免疫学诊断技术、分子生物学诊断技术等内容。要求掌握水产动物疾病现场调查方法；掌握水产动物疾病检查方法；掌握病毒、细菌和寄生虫等病原的分离与鉴定方法；了解免疫学诊断技术与分子生物学诊断技术基本原理与方法。

思考题

1.名词解释：玻片压缩法、载玻片法、细胞培养、细胞传代

2.如何及时发现水产养殖动物生病？

3.如何对发病现场进行调查？

4.如何对水产动物进行肉眼检查与显微镜检查？

5.显微镜检查时要注意哪些事项？

6.简述细胞培养的类型。

7.如何用鱼类细胞株分离病毒？

8.简述培养基主要成分、作用及其类型。

9.简述无菌操作技术要点。

10.简述从病鱼和水体分离细菌技术要点

11.简述免疫学诊断技术的基本原理与主要方法。

12.简述分子生物学诊断技术的基本原理与主要方法。

下篇

水产动物疾病防治技术

第6章　水产动物微生物病防治

水产动物由微生物引起的疾病称为水产动物微生物病，也称水产动物传染性疾病。按病原体的不同，可将其分为病毒性疾病、细菌性疾病、真菌性疾病和寄生藻类引起的疾病等四大类。

6.1　水产动物病毒性疾病防治

水产动物由病毒感染而引起的疾病称为水产动物病毒性疾病。病毒性疾病是危害水产动物最严重的一类疾病，常有暴发性、流行性、季节性和致死性强的特点。由于大多数病毒对抗生素不敏感，加上病毒对宿主细胞的专一性使得病毒性疾病的防治异常困难，至今尚无有效的控制方法，主要依赖早期的检测与早期预防。

6.1.1　病毒概述

病毒是一类体积微小，能通过细菌滤器，只含一种核酸和少量蛋白质，专性活细胞寄生的非细胞型微生物。

1.病毒基本特征

病毒与其他微生物比较有以下基本特征：

(1)个体微小。病毒以纳米(nm)为测量单位。

(2)构造简单。病毒粒子主要由核酸与蛋白质组成。

(3)专性细胞内寄生，以复制的方式增殖。病毒不能产生代谢能量，也不能进行蛋白质合成，因此不能在人工培养基上生长，只能寄生在活细胞内，利用宿主细胞的代谢系统和能量复制繁殖，具有严格的寄生性。

(4)多数病毒耐冷不耐热，对抗生素不敏感，但受干扰素抑制。由于病毒无完整的细胞结构和代谢系统，故对抗生素不敏感，干扰素可抑制病毒增殖。

2.病毒的形态结构

病毒大小差别较大，小型病毒直径只有20 nm左右，必须用电子显微镜才能观察到，大型病毒可达300～450 nm，用常规光学显微镜即可看到。

病毒形状各异，有球形、杆状、弹状、蝌蚪形、二十面体等。

病毒无完整的细胞结构，仅含一种类型核酸(DNA或RNA)，外围由蛋白质衣壳包绕，有些病毒在衣壳外还有脂蛋白外膜包绕。病毒核酸是遗传、变异的物质基础，具有感染性。

蛋白质衣壳有保护核酸，吸附易感细胞受体，构成病毒特异性抗原的作用。包膜有保护病毒核酸的作用。

3.病毒的增殖

病毒对机体致病有一个感染周期即病毒自我复制周期。通常经历吸附、穿入、脱壳、生物合成、组装和释放等过程。一般一个被病毒感染的细胞可以复制、释放出100～1 000个病毒颗粒。病毒只能活细胞内复制，复制周期的长短因病毒的种类不同而有差异，有的需要几个小时，有的需要几十个小时，有的则需要数天或更长的时间。当病毒在宿主细胞内生长繁殖时，可引起细胞形成一种特殊的斑块结构，称为包涵体，经特殊染色后，可在普通显微镜下看到。体外培养只能在敏感细胞中进行。

4.病毒的感染

病毒是通过感染的方式进入机体的。病毒经一定途径进入机体并侵入易感细胞内增殖的过程，称为病毒感染。

(1)病毒感染类型

病毒感染是病毒侵入机体后与机体相互作用的动态过程，这决定了病毒感染复杂性。

①根据病毒感染后是否出现临床症状分

隐性感染：指一切不引起临床症状的病毒感染。隐性感染动物有向外界传播病毒成为传染源的可能。

显性感染：指有症状的感染。显性感染通常在机体免疫力较弱，或入侵病毒毒力较强，或数量较多时发生。

②根据病毒感染范围分

局部感染：指病毒侵入机体后在一定部位定居，生长繁殖。

全身性感染：指病毒侵入机体后，由于机体免疫功能薄弱，不能将病毒限于局部，导致病毒向周围扩散，引起全身感染。

③根据病程及病毒在机体内停留时间分

急性感染：病毒感染后，潜伏期短，发病急，病程一般为数日至数周，恢复后机体不再残留病毒。

持续性感染：病毒长期存在于宿主体内，可达数月至数年，造成慢性持续性感染。根据病毒在体内存在的状态又可分为慢性感染、潜伏性感染和慢发病毒感染三种类型。

慢性感染：经急性或隐性感染后，病毒长期存在机体内，并经常或间歇排出体外，潜伏期长，临床症状轻微或无症状携带者。

潜伏性感染：经初次急性或隐性感染后，病毒基因组可长期潜伏在特定组织或细胞内，但不复制，体内无病毒排出，也不引起临床症状。一旦机体免疫力降低，病毒可重新繁殖而引起症状。

慢发病毒感染：与慢性感染不同，病毒经显性或隐性感染后转入潜伏期达数年，一旦症状出现，病变逐渐加剧直至死亡。

(2)病毒的侵入途径

病毒对水生动物侵入主要有以下几途径：

①呼吸器官：鱼、虾的鳃；水生爬行动物的肺、鼻等。

②消化道：带有病毒的食物、病毒污染的水经口进入消化道感染动物。

③皮肤：病毒通过皮肤外伤进入机体。

④生殖腺及精子和卵子：一些病毒通过生殖腺、病毒感染亲本的精子和卵子垂直感染子代。

(3)病毒的传播方式

病毒感染的传播方式包括水平传播和垂直传播两种。

①水平传播：指病毒在群体的个体之间的传播。携带病毒的动物或饵料鱼、污水均是重要的水平传播媒介。

②垂直传播：指病毒通过繁殖，直接由亲代传染给子代的传播方式。

5.水产动物病毒种类

根据核酸类型将病毒分为RNA病毒与DNA病毒两大类。根据国际病毒分类委员会(ICTV)网站公布的数据，已报道的水产动物病毒中，有70多个病毒种或分离株列入15个病毒科的正式成员或待分类成员。其中鱼类病毒有9个科，虾蟹类病毒有6个科、贝类病毒有2个科。

(1)鱼类病毒及病毒病

部分鱼类病毒及病毒病见表6-1。

表6-1　部分鱼类病毒及病毒病

病毒类型	病毒科	病毒名称	病毒病	动物疫病类型
RNA病毒	呼肠孤病毒科	草鱼呼肠孤病毒(GCRV)	草鱼出血病	二类
RNA病毒	双RNA病毒科	传染性胰腺坏死病毒(IPNV)	传染性胰腺坏死病	三类
RNA病毒	双RNA病毒科	鰤腹水病毒(YAV)	鰤幼鱼病毒性腹水病	
RNA病毒	野田村病毒科(诺达病毒科)	病毒性神经坏死病毒(VNNV)(β-诺达病毒)	病毒性神经坏死病(病毒性脑病和视网膜病)	二类
RNA病毒	弹状病毒科	传染性造血组织坏死病毒(IHNV)	传染性造血组织坏死病	二类
RNA病毒	弹状病毒科	病毒性出血性败血症病毒(VHSV)	病毒性出血性败血病	二类
RNA病毒	弹状病毒科	鲤弹状病毒或鲤春病毒血症病毒(SVCV)	鲤春病毒血症	二类
RNA病毒	弹状病毒科	牙鲆弹状病毒(HRV)	牙鲆弹状病毒病	三类
RNA病毒	冠状病毒科	鳗冠状病毒样病毒	鳗鱼狂游病	
RNA病毒	小RNA病毒科	红鳍东方鲀吻唇溃烂病毒(TSUV)	红鳍东方鲀白口病	
DNA病毒	异疱疹病毒科	鲤疱疹病毒Ⅰ型	鲤痘疮病	
DNA病毒	异疱疹病毒科	鲤疱疹病毒Ⅱ型	鲫造血器官坏死	二类
DNA病毒	异疱疹病毒科	锦鲤疱疹病毒(KHV)(鲤疱疹病毒Ⅲ型)	锦鲤疱疹病毒病	二类
DNA病毒	异疱疹病毒科	斑点叉尾鮰病毒(CCV)	斑点叉尾鮰病毒病	
DNA病毒	异疱疹病毒科	大菱鲆疱疹病毒	大菱鲆疱疹病毒病	
DNA病毒	异疱疹病毒科	鲑疱疹病毒(HS)	鲑疱疹病毒病	
DNA病毒	痘病毒科	鲤浮肿病毒(CEV)	鲤浮肿病(锦鲤昏睡病)	二类
DNA病毒	虹彩病毒科	淋巴囊肿病毒(LCV)	淋巴囊肿病	
DNA病毒	虹彩病毒科	真鲷虹彩病毒(RSIV)	真鲷虹彩病毒病	三类
DNA病毒	虹彩病毒科	传染性脾肾坏死病毒(ISKNV)	传染性脾肾坏死病(又称鳜鱼暴发性传染病)	二类
DNA病毒	虹彩病毒科	流行性造血器官坏死病毒(EHNV)	流行性造血器官坏死病	二类

(2)虾蟹类病毒及病毒病

部分虾蟹类病毒及病毒病见表 6-2。

表 6-2　部分虾蟹类病毒及病毒病

病毒类型	病毒科	病毒名称	病毒病	动物疫病类型
DNA 病毒	线头病毒科	白斑综合征病毒(WSSV)	白斑综合征	二类
DNA 病毒	虹彩病毒科	十足目虹彩病毒Ⅰ型(DIV1)	十足目虹彩病毒病	二类
DNA 病毒	杆状病毒科	斑节对虾杆状病毒(MBV)	斑节对虾杆状病毒病	
DNA 病毒	杆状病毒科	中肠腺坏死杆状病毒(BMNV)	日本对虾中肠腺坏死杆状病毒病(中肠腺白浊病)	
DNA 病毒	杆状病毒科	对虾杆状病毒(BP)	对虾杆状病毒病	
DNA 病毒	细小病毒科	肝胰腺细小病毒(HPV)	肝胰腺细小病毒病	
DNA 病毒	细小病毒科	传染性皮下及造血组织坏死病毒(IHHNV)	传染性皮下及造血组织坏死病	三类
RNA 病毒	双顺反子病毒科	桃拉综合征病毒(TSV)	桃拉综合征	三类
RNA 病毒	杆套病毒科	黄头病毒(YHV)	黄头病	三类
RNA 病毒	野田村病毒科(诺达病毒科)	罗氏沼虾野田村病毒(MrNV)(罗氏沼虾诺达病毒)	罗氏沼虾白尾病(罗氏沼虾肌肉白浊病)	
RNA 病毒	小 RNA 病毒科	小 RNA 病毒科的病毒	河蟹颤抖病(河蟹抖抖病)	

6.1.2　鱼类病毒性疾病防治

1.草鱼出血病

[病原] 草鱼呼肠孤病毒(*Grass carp reovirus*,简称 GCRV),又叫草鱼出血病病毒(*Grass carp hemorrhage reovirus*,简称 GCHV)。病毒粒子球形,二十面体,直径为 70～80 nm,双层衣壳,无囊膜,含有 11 个片段的双股 RNA,病毒复制温度为 25～28 ℃,对酸(pH 3)、碱(pH 10)和氯仿、乙醚不敏感,对热(56 ℃)稳定。该病毒是我国分离的第一种鱼类病毒。

[症状] 病鱼体色发黑,离群独游,反应迟钝,摄食减少或停止。主要症状是病鱼各器官组织有不同程度的充血、出血。根据病鱼所表现的症状及病理变化可分为“红肌肉”型、“红鳍红鳃盖”型和“肠炎”型三种。

(1)“红肌肉”型:病鱼外表无明显的出血症状,或仅表现轻微出血,但撕开病鱼的皮肤或对准阳光或灯光透视鱼体,可见肌肉明显充血,严重时全身肌肉均呈红色,鳃瓣则严重失血,出现“白鳃”。此类型一般在较小的草鱼种(体长 7～10 cm)中出现。

(2)“红鳍红鳃盖”型:病鱼的鳃盖、鳍基、头顶、口腔、眼眶等明显充血,但肌肉充血不明显,或仅局部点状充血。此类型一般见于在较大的草鱼种(体长 13 cm 以上)中出现。

(3)“肠炎”型:病鱼体表及肌肉的充血现象均不明显,但肠道严重充血,肠道部分或全部呈鲜红色,肠系膜、脂肪、鳔壁等有时有点状充血。肠壁充血时,仍具韧性、光泽,肠内虽无食物,但很少充有气泡或黏液。此类型在各种规格的草鱼种中均可见到。

上述三种类型的病理变化可同时出现,亦可交替出现。

[流行与危害] 主要危害2.5～15 cm的草鱼和1足龄的青鱼，有时2足龄以上的草鱼也患病。此病在湖北、湖南、广东、广西、江西、福建、江苏、浙江、安徽、上海、四川等主要淡水鱼类养殖省、自治区、直辖市都流行。每年6至9月是此病的流行季节，8月份为流行高峰期。一般发病水温为20～33 ℃，最适流行水温为27～30 ℃，水温27 ℃以上最为流行，水温降至25 ℃以下，病情逐渐消失。流行严重时发病率达30%～40%，死亡率达50%左右，有的死亡率高达80%，严重影响草鱼养殖产量。病毒的传染源主要是带毒的草鱼、青鱼以及麦穗鱼等。病毒可通过被污染的水、食物等进行水平传播，也可通过卵进行垂直传播。

我国农业农村部将此病列为二类水生动物疫病。

[诊断方法] 根据症状和流行情况进行初步诊断，确诊需要借助细胞培养、电镜观察、免疫诊断和分子生物学技术等方法。应注意"肠炎"型草鱼出血病与细菌性肠炎病的区别：前者肠壁弹性好，具光泽，肠腔内黏液量少；而后者肠壁弹性较差，无光泽，肠腔内有大量黄色黏液，肠腔内没有食物。

[防治方法] 疾病一旦发生，彻底治疗通常比较困难，故强调以防为主。

预防措施：

①严格执行检疫制度，不从疫区引进鱼种。

②用200 mg/L生石灰或20 mg/L漂白粉或10 mg/L漂粉精溶液等消毒鱼池，改善养殖环境。

③用草鱼出血病疫苗进行人工免疫预防，具有较好的效果。

注射法：腹腔注射10^{-2}浓度疫苗，6 cm以下鱼种每尾注射疫苗0.2 mL；8 cm以上鱼种为0.3～0.5 mL；20 cm以上鱼种为1 mL左右。

浸浴法：用0.5%疫苗液，加10 mg/L莨菪碱，尼龙袋充氧浸浴3 h；或尼龙袋充氧，0.5%疫苗液浸浴夏花24 h。

④用0.3 mg/L二氯异氰尿酸钠或三氯异氰尿酸，或0.1～0.2 mg/L漂粉精等含氯消毒剂全池遍洒消毒池水。每半个月1次。

⑤加强饲养管理，采用生态防病。如选用优质饲料，定期消毒水体、食场，定期加注新水，高温季节注满池水，以保持水质优良和水温稳定。

⑥每千克鱼体重用200 mg清热散拌饵投喂；或按5%投饵量计，每千克饲料用4 g，连续1～2 d。

⑦用0.015～0.02 mg/L高碘酸钠溶液全池遍洒消毒池水，每半个月1次。

治疗方法：

①每100 kg鱼用0.5～1.0 kg大黄拌饲投喂或制成颗粒饲料投喂，每天1次，连续3～5 d。

②每万尾鱼种用水花生4 kg，捣烂后拌入250 g大蒜、少量食盐和豆粉制成药饵，每天2次，连续3 d。

③口服、注射植物血球凝集素(PHA)。口服用量是每千克鱼日用量4 mg，隔天1次，连续2次；注射用量是每千克鱼注射4～8 mg；也可用5～6 mg/kg PHA溶液浸洗鱼种30 min。

④每50 kg鱼每天用大黄150 g、黄芩150 g、黄柏200 g碾粉煎煮，然后加入适量面粉煮成药面糊，冷却后与精料制成药饵或拌入鲜嫩青草投喂，5 d为1个疗程。同时，用1～2.5 mg/L大黄或黄芩抗病毒中草药溶液全池遍洒。

⑤每千克鱼用 0.3～0.4 g 清热散拌饲投喂；或按 5%投饵量计，每千克饲料用 6～8 g 清热散，连续投喂 7 d。

2.传染性胰腺坏死病

[病原] 传染性胰腺坏死病毒(*Infectious pancreatic necrosis virus*，简称 IPNV)。病毒粒子呈正二十面体，六角形，无囊膜，有 92 个壳粒，直径约 55～75 nm，含有 2 个片段的双股 RNA，生长温度为 4～25 ℃，最适生长温度为 15～20 ℃，对乙醚、氯仿不敏感，在酸(pH3)、碱(pH9)和热(56 ℃ 30 min)处理中相对稳定。该病毒是已知鱼类病毒中最小的 RNA 病毒。

[症状] 患急性型传染性胰腺坏死病时，病鱼在水中旋转狂游，随即沉底，1～2 h 内死亡。患慢性型传染性胰腺坏死病时，病鱼体色发黑，眼球突出，腹部膨大并有充血，肛门处常拖一条线形黏液便。解剖可见幽门部、胰脏有点状出血，肝、脾、肾、心脏贫血苍白，肠壁薄而松弛，肠内无食但充满透明或乳白色黏液，这些黏液在 5%～10%的福尔马林溶液中不凝固，这具有诊断价值。组织病理学最明显的特点是胰腺坏死。

[流行与危害] 本病是 20 世纪 80 年代中期从国外引进虹鳟发眼卵时带入。敏感鱼类有美洲红点鲑、虹鳟、河鳟、克氏鲑、银大麻哈鱼、大口玫瑰大麻哈鱼、湖红点鲑、大西洋鲑、大鳞大麻哈鱼、真鲷等，主要危害 14～70 日龄的鱼苗、鱼种。开食后 2～3 周的发病率最高，死亡率为 50%～100%。东北三省、陕西、山东、甘肃以及台湾等地均有发现。病毒通过水平和垂直两种途径传播，亲鱼可以长时期携带 IPNV，并将病毒传给稚鱼。此病在 10～15 ℃时流行，2～3 周的鱼苗发病常呈急性型，几天之内可大批死亡；体重 1 g 以上的幼鱼，大多为慢性型，每天死少量，但持续时间长；20 周龄以上的幼鱼，一般不再发生此病。本病是鱼类口岸检疫的第一类检疫对象。

我国农业农村部将此病列为三类水生动物疫病。

[诊断方法] 根据症状和流行情况进行初步诊断。确诊需借助病理组织学检查、细胞分离、免疫诊断和分子生物学等方法。

[防治方法] 以预防为主，主要措施是严格检疫与消毒。

①严格执行检疫制度，不得将带有 IPNV 的鱼卵、鱼苗、鱼种和亲鱼引进或输出。

②发现疫情应实施隔离饲养，严重者应彻底销毁，并用含氯消毒剂消毒鱼池。

③受精卵用含 0.2～0.4 μg/mL 臭氧的过滤海水冲洗 3～5 min；或用 20 mg/L 聚维酮碘溶液浸洗 15 min，或用 50 mg/L 聚维酮碘溶液浸洗 5 min。

④养殖设施、工具、育苗用水等应进行消毒，避免混用。

⑤通过降低水温(10 ℃以下)或提高水温(15 ℃以上)来控制病情发展。

⑥发病初期用聚维酮碘拌饵投喂，每千克鱼每天用有效碘 1.64～1.91 g，连喂 15 d。

[治疗方法] 患病早期每千克饲料用 100～200 mg 蛋氨酸碘粉剂拌饵投喂，每天 1～2 次，连续 15 d。

3.病毒性神经坏死病(又称病毒性脑病和视网膜病)

[病原] 病毒性神经坏死病毒(*viral nervous necrosis virus*，简称 VNNV)，或称 β-诺达病毒(*Betanodavirus*)。病毒粒子球形，二十面体，大小为 25～34 nm，无囊膜，双 RNA 病毒。

［症状］主要症状是病鱼出现不同程度神经异常。病鱼厌食，出现典型神经性疾病症状，如螺旋状或旋转游动，或腹部朝上漂浮于水面，难于下沉。腹部肿大，有的鳔肿大充血。外观无其他明显病变。

［流行及危害］流行于除美洲和非洲外几乎世界所有地区的海水鱼类，对仔鱼和幼鱼危害很大，严重者在1周内死亡率可达100%。近年受感染的鱼类种类和危害程度迅速增加。夏秋季水温25～28 ℃时为发病高峰期。病毒可通过垂直和水平两种途径传播。

我国农业农村部将此病列为二类水生动物疫病。

［诊断方法］需借助组织病理学检查、细胞培养、电镜观察、免疫学和分子生物学技术等方法进行诊断。

［防治方法］尚无有效的药物治疗，以预防为主。

①严格执行检疫制度，选择健康无病毒侵袭的苗种和亲虾，避免用同一尾亲鱼多次刺激产卵。

②受精卵用含0.2～0.4 μg/mL臭氧的过滤海水冲洗3～5 min；或用20 mg/L聚维酮碘溶液浸洗15 min，或用50 mg/L聚维酮碘溶液浸洗5 min。

③养殖设施和器具用卤素类、乙醇类、碳酸及pH值12的强碱溶液等消毒处理。育苗池水用紫外线或消毒剂消毒处理。

④及时捞出死鱼深埋，防止病毒扩散。

4.鰤幼鱼病毒性腹水病

［病原］鰤腹水病毒(*Yellowtail asictes virus*，简称YAV)。病毒粒子为球形，大小为62～69 nm，无囊膜，双RNA病毒。

［症状］鰤幼鱼体色变黑，腹部膨胀，眼球突出，鳃褪色呈贫血状。解剖可见腹腔积水，肝脏和幽门垂周围有点状出血。牙鲆稚鱼则头部发红、出血。

［流行及危害］病毒可侵染黄条鰤、三线矶鲈、牙鲆等海水鱼类，主要危害鰤幼鱼，体重小于10 g的幼鱼对该病毒敏感。5至7月份水温18～22 ℃时为该病流行季节。

［诊断方法］根据其症状进行初步诊断，确诊需借助细胞培养、免疫学等方法。

［防治方法］尚无有效的药物治疗，以预防为主。

5.传染性造血组织坏死病

［病原］传染性造血组织坏死病毒(*Infectious hematopoietic necrosis virus*，简称IHNV)。病毒粒子弹丸形，大小为(120～300)nm×(60～100)nm，有囊膜，单链RNA，生长温度为4～20 ℃，最适生长温度为15 ℃，对乙醚、甘油、氯仿敏感，不耐热、酸，水温15 ℃时，病毒在淡水中可生存25 d，为海水生存时间的两倍。

［症状］病鱼先出现昏睡状，摇晃游动，继而突然狂游，打转，旋即死亡。病鱼体色发黑，眼球突出，腹部膨大，体表充血、出血，肛门处常拖有1条较粗长的黏液便。解剖观察，病鱼鳃贫血，肝、脾、肾色浅，而肌肉、脂肪、鳔、心包膜、腹膜上可见出血斑点。刚孵出的鱼苗，其卵黄囊肿胀并有出血斑。组织病理学最明显的特点是肾脏和脾脏的造血组织严重坏死。

［流行与危害］主要危害虹鳟、大鳞大麻哈鱼、红大麻哈鱼、马苏大麻哈鱼、河鳟等鲑科鱼类的鱼苗和鱼种，尤其以刚孵出的鱼苗到摄食4周龄的鱼种发病率最高。本病最早在加拿大、美国流行，1971年传入日本，约在1985年传入我国东北地区，发病水温为8～15 ℃，

水温 8～10 ℃时发病率最高，15 ℃以上发病停止。患病和隐性感染的鱼是该病的主要传染源，IHNV 的主要传播途径是水平传播，但也存在垂直传播即"附在卵上"传播。该病是鱼类口岸第一类检疫对象。

我国农业农村部将此病列为二类水生动物疫病。

[诊断方法] 根据症状进行初步诊断，但该病临床诊断易与 IPNV 引起的病混淆，需借助病理学检查、细胞分离、免疫诊断和分子生物学技术等方法进行确诊。

[防治方法] 目前尚无治疗方法，预防措施参照"传染性胰腺坏死病"。

①鱼卵孵化与苗种培育阶段将水温调至 17～20 ℃，可防止此病的发生。

②国外采用 IHN 减毒疫苗注射、浸泡免疫，防治效果较好。国内采用 IHN 组织浆疫苗浸泡免疫，保护率达最高可达到 75%。

6.病毒性出血性败血症(鳟腹水病)

[病原] 病毒性出血性败血症病毒(*Viral haemorrhagic septicaemia virus*，简称 VHSV)，又称艾特韦病毒或称艾格特维德病毒(Egtved virus)。病毒大小为(170～180)nm ×(60～70)nm，单链 RNA，生长温度为 4～20 ℃，最适温度为 15 ℃，20 ℃以上失去感染力，对乙醚、氯仿、酸、碱敏感，对热不稳定，在－20 ℃可保存数年。

[症状] 该病的主要特征是出血，自然条件下本病潜伏期为 7～25 d。因症状缓急及表现差异，分急性型、慢性型和神经型三种类型。

(1)急性型：见于流行初期，发病快，死亡率高。病鱼突发性大量死亡，皮肤出血。体色发黑，眼球突出，眼和眼眶四周以及口腔上腭充血，鳃苍白或呈花斑状充血，肌肉和内脏有明显出血点，肝、肾水肿、变性和坏死。

(2)慢性型：见于流行中期，病程长，中等程度死亡率。病鱼除体黑、眼突出外，鳃肿胀、苍白贫血，肌肉和内脏可见出血。

(3)神经型：多见于流行末期，发病率及死亡率低。病鱼运动异常，或静止不动，或沉入水底，或旋转运动，或狂游甚至跳出水面。解剖检查一般无肉眼病变。

[流行及危害] 主要危害淡水养殖的鲑科鱼类，各年龄鱼均可感染，以危害鱼种及 1 龄以上的幼鱼为主，一般鱼体大于 5 cm 才见该病。主要流行于欧洲，以冬末春初和水温 6～12 ℃为流行季节，8～10 ℃死亡率最高，水温上升到 15 ℃以上，发病率降低。病毒可通过病鱼或带毒鱼的排泄物感染其他健康鱼，不进行垂直传播。

WOAH 将此病列为必须申报的疾病。我国农业农村部将此病列为二类水生动物疫病。

[诊断方法] 根据症状、流行情况和病理变化进行初步诊断，确诊需借助细胞分离、免疫诊断和分子生物学技术等方法。

[防治方法] 以预防为主，主要措施有：

①严格执行检疫制度，从无此病的地区引进鱼卵、鱼苗、鱼种和亲鱼。

②发眼卵用浓度 50 mg/L 聚维酮碘溶液浸洗 15 min。

③发现疫情应实施隔离饲养，严重者应彻底销毁，并用含氯消毒剂消毒鱼池。

④发病季节用聚维酮碘、季铵盐类、含氯消毒剂消毒养殖水体。

⑤养殖设施和工具等应进行消毒，避免混用。

7.鲤春病毒血症

[病原] 鲤弹状病毒(*Rhabdovirus carpio*),亦称鲤春病毒血症病毒(*Spring viraemia of carp virus*,简称 SVCV)。病毒粒子子弹状,大小为 180 nm × 70 nm,有囊膜,单链 RNA,对乙醚、酸、热敏感,冷冻干燥可长时间保存。

[症状] 病鱼体色发黑,呼吸困难,失去平衡,侧游。腹部膨大,眼球突出,肛门红肿,皮肤和鳃渗血。解剖检查以全身出血、水肿及腹水为特征,消化道出血,腹腔内积有浆液性或带血的腹水,心、肾、鳔、肌肉出血及炎症,尤以鳔的内壁最常见。

[流行及危害] 危害鲤、锦鲤、草鱼、鲢、鳙、鲫等,尤其是1龄以上的鲤鱼。主要流行于欧洲,我国及亚洲其他国家也有此病流行。流行季节为水温 13~20 ℃的春季,鲤春病毒血症由此得名。水温超过 22 ℃就不再发病。传染源为病鱼、死鱼和带毒鱼,病毒经水传播,或经某些水生吸血寄生虫(鲺、尺蠖鱼蛭等)机械传播。病毒经鳃和肠道入侵体内。本病是鱼类口岸检疫的第一类检疫对象。

WOAH 将此病列为必须申报的疾病。我国农业农村部将此病列为二类水生动物疫病。

[诊断方法] 根据症状、流行情况和病理变化进行初步诊断,确诊需借助细胞分离、免疫诊断和分子生物学技术等方法。

[防治方法] 以防为主。

①严格检疫,彻底消毒。要求水源、引入饲养的鱼卵和鱼体不带病毒。

②选育对此病有抵抗力的品种。

③养殖设施要消毒。

④将养殖水体水温提高到 22 ℃以上可控制此病发生。

⑤发现患病鱼或疑似患病鱼必须销毁,并用含氯消毒剂消毒鱼池。

8.牙鲆弹状病毒病

[病原] 牙鲆弹状病毒(*Hirame rhabdovirus*,简称 HRV),属弹状病毒属(*Rhabdovirus*)。病毒粒子枪弹形,大小为 80 nm (160~180)nm,单链 RNA,生长温度为 5~20 ℃,最适温度为 15~20 ℃,遇热不稳定,温度 25 ℃时开始失活,对酸、乙醚敏感。

[症状] 病鱼体色变黑,动作缓慢,静止水底或漫游于水面。体表及鳍充血或出血,腹部膨胀,内有腹水。解剖可见肌肉点状出血,生殖腺瘀血,肾脏、脾脏、肝脏坏死;肠管黏膜固有层、黏膜下肌肉层充血、肿胀,胃黏膜上皮、黏膜下肌肉层显著充血。

[流行与危害] 该病首先在日本发现,主要危害牙鲆,从幼鱼到成鱼均可感染,以危害鱼苗和鱼种为主。近年来我国山东沿海也发现有此病。发病季节为水温 16 ℃以下的冬季和春季,水温 10 ℃时为发病高峰期,死亡率一般为 60%左右,水温在 18 ℃以上不发病。用该病毒人工感染真鲷、黑鲷稚鱼有强烈的致病性,对虹鳟也具致病性。

我国农业农村部将此病列为三类水生动物疫病。

[诊断方法] 根据症状进行初步诊断,确诊需借助细胞分离、电镜观察和分子生物学技术等方法。

[防治方法]

①孵化用水经紫外线或臭氧或含氯消毒剂消毒处理后再使用。

②受精卵用 25 mg/L 聚维酮碘溶液浸洗 15 min。

③将养殖水温保持在 15 ℃以上可有效预防此病发生。

9.鳗鱼狂游病(又称狂奔病、昏头病)

[病原] 鳗冠状病毒样病毒(*Eel coronavirus-like virus*)。病毒粒子大小约为 80～100 nm,具有囊膜。

[症状] 发病初期,少量鳗鱼在池边进行不规则游动,出现间歇性头部抽动,几天后大量鳗鱼出现类似症状,头部阵发性颤动,在水面狂游后很快死亡。刚死的鳗鱼呈僵直状,嘴张开。病鱼体表完整,但是下颚均有不同程度的溃疡或充血,有的口腔、臀鳍、尾部充血或有溃疡,多数病鱼鳃丝鲜红、肝脏淡红、部分病鱼肾脏肿大。

[流行与危害] 主要危害欧洲鳗和非洲鳗,从黑仔到成鳗都可发生,尤其是当年鳗及 2 龄鳗最易受害,死亡率高,且在同一池塘中总是大鳗先死。广泛流行于广东、福建等地,流行季节为 5 至 10 月,7 至 8 月高温期为发病高峰。该病来势猛,1 周内发病死亡率高达 90%以上,更甚者几乎全部死亡。高温与残饵的积累是该病的诱发因子。

[诊断方法] 根据病鱼症状进行初步诊断,确诊需借助电镜观察。

[防治方法] 目前尚缺乏有效的治疗方法,一般采取调节环境因子方法来预防此病。

①高温季节在鳗池上设置遮阳棚,避免阳光直射,或加深水位适量换水,以降低水温。

②控制投饵量,保持水质清洁,防止残饵污染水质。

③保持水环境的相对稳定,防止水温变化幅度过大。

④饵料中添加抗菌药,提高鱼体抗病力。每千克鱼每天用 10～15 mg 氟苯尼考拌饵投喂,连续 3～5 d。

⑤发病季节养殖水体用 0.2～0.3 mg/L 二氯异氰尿酸钠或三氯异氰尿酸,或 0.1～0.3 mg/L二氧化氯等消毒剂全池遍洒消毒,每半月左右 1 次。

10.红鳍东方鲀白口病

[病原] 红鳍东方鲀吻唇溃烂病毒(*Takifugu rubripes snout ulcyr virus*,简称 TSUV)。病毒粒子正二十面体,直径 30 nm,类似于小核糖核酸病毒。

[症状] 病鱼首先口部发黑,然后变成溃疡状白化,继而上下颚的齿槽露出,呈"烂嘴"状,行为异常狂躁,并互相撕咬。解剖可见肝脏呈线状出血。

[流行与危害] 此病于 1982 年在日本首先发现。主要危害红鳍东方鲀幼鱼和 1 龄鱼,适宜的发病水温为 25℃左右,高水温期一旦发病,感染率和死亡率都很高。我国山东、浙江等地区养殖的东方鲀曾发现有此病症。此病毒可经水传播,养殖池或网箱中鱼互相撕咬也是传播途径之一。

[诊断方法] 根据症状进行初步诊断。

[防治方法] 尚无特效治疗方法。

①防止将病鱼和带病毒鱼带入池塘,杜绝健康鱼和病鱼或带毒鱼间的直接接触。

②培育抗病品种,放养健康、不携带有此病毒的苗种。

③放养密度要适宜,投饵要定时,并要有足够的数量,以避免缺饵而互相撕咬蚕食。

④及时捞除病鱼和死鱼,并彻底销毁。对发病池,实施隔离,断绝可能相通的水流,禁止养殖工具交互使用。

11.痘疮病

［病原］鲤疱疹病毒（*Herpesvirus cyprini*）。病毒粒子为近球形，二十面体，直径 140～160 nm，有囊膜，双链 DNA，对乙醚、pH 值及热不稳定。

［症状］病鱼体表出现乳白色小斑点，覆盖着一层很薄的白色黏液，随着病情的发展，病灶部分变大、增厚而形成大块石蜡状的“增生物”，这些“增生物”长到一定大小和厚度，会自动脱落，在原处又重新长出新的“增生物”。病鱼消瘦，游动迟缓，食欲较差，常沉在水底，陆续死亡。

［流行与危害］该病早在 1563 年就有记载。主要发生在 1 足龄以上鲤鱼，鲫鱼可偶尔发生，同池混养的其他鱼则不感染。流行于欧洲，朝鲜、日本及我国的湖北、江苏、云南、四川、河北、东北和上海等地均有发生。大多呈局部散在性流行，大批死亡现象较少见。该病流行于冬季与早春的低温季节（10～16 ℃）及密养池。水质肥沃的池塘和水库网箱养鲤中易发生。当水温升高或水质改善后，痘疮会自行脱落，条件恶化后又可复发。本病主要通过接触传播，也可通过单殖吸虫、鲺、蛭等传播。

［诊断方法］根据初期的小白点、后期的石蜡状增生物以及流行情况可进行初步诊断，确诊需借助病理组织学检查、电镜观察等方法。

［防治方法］

预防措施：

①严格执行检疫制度，不从疫区引进鱼种、亲鱼。

②流行地区改养对痘疮病不敏感的鱼类。

③做好越冬池和越冬鲤鱼的消毒工作，调节池水 pH，使之保持在 8 左右。

④升高水温或减少养殖密度也有预防效果。

⑤发病池塘应及时灌注新水，或将病鱼放到含氧量高的清水或流水中饲养一段时间，体表的“增生物”会逐渐脱落转愈。

治疗方法：

①每天用 0.45～0.75 mL/L 的 10％聚维酮碘溶液全池遍洒。

②每千克饲料用 3.2～4.8 g 银翘板蓝根，或 8～16 g 七味板蓝根，每天 2 次，连续 7 d。

12.鲫造血器官坏死病

［病原］鲤疱疹病毒 2（*Cyprinid herpesvirus* 2，简称 CyHV-2），为具囊膜的球形病毒。

［症状］病鱼体表充血或出血；鳃丝肿胀，黏液较少，鳃丝发红、鳃出血；腹水呈淡黄色或红色，内脏器官充血、出血。［流行与危害］主要危害金鱼、白鲫、鲫、异育银鲫等，尤其是金鱼、鲫鱼，发病迅速、死亡率高。1992 年，日本西部养殖的金鱼稚鱼曾因此病出现大量死亡。该病在我国鲫主要养殖地区江苏盐城暴发，随后传播到江西、湖北、安徽、浙江、广东、宁夏、河北、天津、辽宁等地。该病流行时间长，4—10 月均有暴发，4—5 月和 9—10 月为发病高峰期。流行水温为 15 ℃～33 ℃，以 24～28 ℃时最为流行，当水温升高至 30℃以上时，该病的发生率会大幅度下降。异育银鲫从水花、夏花、秋片、大规格鱼种到成鱼均对该病原敏感，死亡率高达 90％以上。

我国农业农村部将此病列为二类水生动物疫病。

［诊断方法］通过临床症状初步诊断。此外，发病水温、流行季节以及只有鲫及其变种、

杂交种发病等流行病学特征，亦可为该病提供辅助诊断参考。通过细胞培养技术进行病毒分离培养、制备超薄切片在电镜下对病毒颗粒进行直接观察，以及采用针对病毒核酸的特异性引物进行特异性的 PCR 扩增等进行检测确诊。

[防治方法] 目前尚无有效的治疗措施，应该加强养殖中的预防管理。

①亲鱼、鱼种检疫。定期检疫亲鱼，杜绝亲鱼带毒繁殖；购苗时检疫鱼种，避免购买到携带病毒的鲫鱼种。

②定期投喂天然植物抗病毒药物。如将黄芪、大青叶、板蓝根等中药超微粉碎后拌入饵料或与饲料一起加工成颗粒，在发病季节前进行预防投喂。

③改善鱼体代谢环境与健康水平。如在鲫饲料中适量添加多种维生素预混料、免疫多制剂以及肠道微生态制剂等，改善鱼体的代谢环境。

④保持良好的养殖环境。如使用光合细菌、芽孢杆菌、反硝化细菌等微生态制剂以及底质改良剂，有利于保持稳定的养殖环境。

一旦发病，可采取减料或停料、使用微生态制剂调控水质等温和处理措施，避免大换水或大量使用各种药物对患病鱼造成应激性刺激。

13.锦鲤疱疹病毒病

[病原] 鲤疱疹病毒Ⅲ型(*Cyprinid herpesvirus*-3，CyHV-3)，又名锦鲤疱疹病毒(KHV)。病毒衣壳呈对称二十面体结构，直径 100～110 nm，双链 DNA。成熟的病毒颗粒带有松散的囊膜，直径 170～230 nm。

[症状] 病鱼无力、游泳无方向感，或在水中呈头朝下、尾朝上漂游，甚至停止游泳。病鱼体表出血，局部溃疡，皮肤有灰白色斑点，鳞片出现血丝，眼凹陷，鳍条尤其是尾鳍充血严重，部分出血；鳃出血，并产生大量黏液或组织坏死。

[流行与危害] 仅感染鲤和锦鲤，金鱼和鲢、鳙、草鱼等混乱养鱼类不感染。锦鲤疱疹病毒传播迅速，鱼苗、幼鱼、成鱼均会感染，死亡率高达 80%～100%。发病最适温度是 23～28 ℃，低于 18 ℃，高于 30 ℃不会致死。主要通过水平传播。

WOAH 将此病列为必须申报的疾病。我国农业农村部将此病列为二类水生动物疫病。

[诊断方法] 依临床症状初步诊断，用 PCR、ELISA 或电镜观察病毒等方法进一步确诊。

[防治方法] 目前无有效的药物用于治疗。

①加强进出口口岸检疫，防止 KHV 传入我国。

②通过培育或引进抗病品种，提高抗病能力。

③加强饲养管理，对水源、繁殖用的鱼卵和亲鱼、引进的鱼苗及相应设施等进行严格消毒，切断传染源，减少病毒感染的概率。

14.斑点叉尾鮰病毒病

[病原] 斑点叉尾鮰病毒(*Channel catfish virus*，简称 CCV)。病毒粒子为二十面体，直径 175～200 nm，有囊膜，双股 DNA，生长温度为 10～35 ℃，最适温度为 25～30 ℃，对氯仿、乙醚、酸、热敏感，在甘油中失去感染力。

[症状] 病鱼表现为嗜睡、打转或头朝上垂直悬浮于水中，鳍基部(尤其是腹鳍基部)、腹

部和尾柄处出血,腹部膨大,并有淡黄色渗出液(腹水),一侧或双侧眼球突出,鳃苍白。解剖可见胃肠空虚、无食物,内有淡黄色黏液,脾通常肿大变黑,肾、肝、胃、肠道、脾、骨骼肌出血或有瘀斑。

[流行及危害] 主要危害小于15 cm的斑点叉尾鮰鱼苗和鱼种,流行于北美地区。夏季水温较高时发生,流行适温28～30 ℃,水温低于15 ℃,发病很少。发病前几天死亡率较低,随后死亡率即急剧上升,5～7 d达到高峰。成鱼隐性感染后,一般为带毒者。带病毒的成鱼是主要传染源,感染途径尚不清楚。

[诊断方法] 依症状、流行情况进行初步诊断,确诊需要借助组织病理学检查、细胞分离、免疫学和分子生物学等方法。

[防治方法] 目前尚无有效的治疗方法,检疫与消毒是有效控制方法。

①严格执行检疫制度,不用感染该病毒的亲鱼繁殖。

②加强水体、鱼体和养殖用具的消毒。

③疾病流行时,降低水温到15 ℃可终止此病的流行,减少死亡率。

④全池遍洒含氯消毒剂,同时在饵料中适当添加抗菌药物(如四环素、恩诺沙星等),防止细菌继发性感染。

⑤加强饲养管理,保持良好水质,控制放养密度(<15尾/m^2),减少拉网等应激性操作,以降低病鱼的死亡率。

⑥用黄柏、板蓝根等抗病毒中草药或病毒灵加维生素C拌饵投喂,连喂10～12 d。

15.大菱鲆疱疹病毒病

[病原] 大菱鲆疱疹病毒(*Hyrpesvirus scophthalmi*)。细胞质中的病毒粒子为球状,直径200～220 nm,具囊膜,有核衣壳,双股DNA,对酸、热敏感。

[症状] 病鱼昏睡,静卧水底不动,厌食,对捕捉不反抗。通常肉眼观察不到明显的外部症状。腹腔有大量腹水,有的直肠脱出,背部表皮和鳃组织中可见大量异常的巨大细胞,心脏、肠上皮和肾小管等处出现继发病理现象。

[流行及危害] 大菱鲆疱疹病毒通常有宿主的专一性,常感染4至5个月龄的大菱鲆,死亡率降低,但感染持续期长。病鱼对温度、盐度波动敏感,并可引起快速死亡。该病毒的主要传播方式是水平传播。

[诊断方法] 需要借助组织病理学检查、电镜观察等方法进行诊断。

[防治方法] 以预防为主。

①水体用紫外光消毒。

②投喂优质饲料,饵料中可适当添加复合维生素、维生素C、免激活剂与免疫增强剂,提高鱼体的免疫能力。

③保持水温、盐度恒定,避免人为惊扰。

治疗方法:每天用0.06～0.1 mL/L的10%聚维酮碘溶液浸洗鱼苗30 min,每天1次,连续2～3 d。

16.鲑疱疹病毒病

[病原] 鲑疱疹病毒(*Herpesvirus salmonis*,简称HS)。病毒粒子为球状,二十面体,具囊膜,直径150 nm,双股DNA,对乙醚、氯仿、酸、热敏感。

[症状] 病鱼食欲减退，有的腹部或侧面向上，受惊后会出现阵发性狂游，临死前呼吸急促。体色变黑，有的眼球突出，眼眶周围出血，鳃苍白。多数病鱼腹部膨大，皮肤和鳍出血。一些患病鱼苗在感染 2 周后，肛门后拖着一条粗的黏液便。

[流行及危害] 主要危害虹鳟的鱼苗、鱼种，大马哈鱼及大鳞马哈鱼的鱼种也易感染，主要在北美流行，流行水温为 10 ℃以下。自然发病者多见于产卵后的虹鳟亲鱼，死亡率可达 30%～50%。

[诊断方法] 依症状、流行情况进行初步诊断，确诊需要借助组织病理学检查、细胞培养、免疫学等方法。

[防治方法]

①严格执行检疫制度，不从疫区引进鱼卵及苗种。

②提高鱼卵孵化与鱼苗饲养的水温，一般维持在 16～20 ℃，可控制疾病的发生。

③每日用 47～70 mL/L 的聚维酮碘溶液浸洗鱼苗 30 min。

治疗方法：每天用 0.06～0.1 mL/L 的 10%聚维酮碘溶液浸洗鱼苗 30 min，每天 1 次，连续使用 2～3 d。

17.鲤浮肿病（也称锦鲤昏睡病）

[病原] 鲤浮肿病毒(*Carp edema virus*，简称 CEV)，隶属于痘病毒科(Porviridae)的线性双链 DNA 病毒。病毒颗粒呈圆形或卵圆形，大小为 200 nm×400 nm。

[症状] 病鱼行动迟缓，食欲不振，聚集在池面、池边或池底，呈昏睡状，受到触动时会游动，但很快又处于昏睡状态。病鱼的临床症状表现为烂鳃，眼球凹陷，体表有溃疡、出血，皮下组织水肿，吻端和鳍基部溃疡等。

[流行与危害] 主要感染锦鲤和鲤。20 世纪七十年代，日本首次报道鲤浮肿病，我国也于 2014 年首次报道此病，目前已在我国局部地区暴发流行，流行水温一般在 20～27 ℃。鲤浮肿病发病快、死亡量大、易造成较大经济损失。苗种携带病原流通是该病传播和扩散的主要途径。换水、用药不当，或水质、天气突变，可诱发该病暴发。

我国农业农村部将此病列为二类水生动物疫病。

[诊断方法] 通过临床症状初步诊断。借助 PCR、重组酶聚合酶扩增技术等分子生物学检测技术进一步诊断。

[防治方法]

预防措施：

①使用生石灰彻底清塘。

②投放经检疫合格的苗种。

③合理设置养殖密度，建议与一定比例的鳙混养。

④定期投喂免疫增强剂可有效预防该病。

⑤采用聚维酮碘定期消毒水体、养殖工具。

⑥保持水质稳定，保证水体溶氧充足。

⑦减少应激，减少抗菌药物、杀虫药物的使用。

治疗方法：

①捞出病死鱼，采用深埋法或化尸法进行无害化处理。

②养殖工具专池专用，彻底消毒，避免交叉传染。

③遵守“三停一开”的原则，即停投饲、停用药、停操作、多开增氧机，保持溶氧在5 mg/L以上。

④用10 mg/L三黄粉或大黄粉全池泼洒1～2次。

18.淋巴囊肿病

[病原] 淋巴囊肿病毒(*Lymphocystic virus*，简称LCV)。病毒粒子为正二十面体，直径200～260 nm，有囊膜，双股DNA，生长温度为20～30 ℃，适宜温度为23～25 ℃，对乙醚、甘油和热敏感，对干燥和冷冻很稳定。

[症状] 病鱼的头部、躯干、鳍、尾部及鳃上长出单个或成群的珠状肿胀物，肿胀物大多延血管分布，颜色呈白色、淡灰色至黑色，成熟的肿物可轻微出血，甚至形成溃疡。有时淋巴囊肿还可见于肌肉、腹膜、肠壁、肝、脾及心脏的膜上。

[流行与危害] 淋巴囊肿病是世界上最早发现的鱼类病毒病，流行广，多种海水鱼、咸淡水鱼及淡水鱼类均受害。广东、福建、山东、浙江等地养殖的石斑鱼、鲈鱼、牙鲆、大菱鲆、东方鲀、真鲷、鲈鲷、红斑笛鲷及平鲷也有发生。主要危害当年鱼种，对2龄以上的鱼，一般不引起死亡，但鱼体较瘦，外表难看，失去商品价值。10月至翌年5月水温10～25 ℃时为流行高峰期，本病可通过接触感染、消化道感染，网箱养殖的感染率可达60%以上，池塘养殖的感染率为20%～27%。

[诊断方法] 依症状可进行初步诊断，确诊需要借助组织切片、电镜观察、细胞分离、免疫学和分子生物学技术等方法。该病症状易与小瓜虫、吸虫的胞囊混淆，但后者在显微镜下可见在胞囊内有活动的虫体。

[防治方法] 目前尚无有效的治疗方法，主要是进行综合预防。

预防措施：

①亲鱼、苗种应严格检疫，以确保无病毒感染。

②鱼池进行彻底清塘。

③发现病鱼及时捞除并销毁，发病池应全池遍洒杀菌药消毒。

④用0.015～0.02 mg/L高碘酸钠溶液全池遍洒，每半个月1次。

治疗方法：

①挑出病鱼，刮去囊肿物，涂抹四环素软膏、碘酒消毒。

②每千克饵料拌50～100 mg恩诺沙星或1～2 g土霉素，连续投喂5～10 d，防止细菌感染。

③市售过氧化氢(30%浓度)稀释至3%，以此为母液，配成50 mg/L的浓度，浸洗20 min，然后将鱼放入25 ℃水温饲养一段时间后，淋巴囊肿会自行脱落。

19.真鲷虹彩病毒病

[病原] 真鲷虹彩病毒(*Red sea bream iridovirus*，简称RSIV)。病毒粒子为正二十面体，大小200～260 nm，双股DNA。

[症状] 病鱼体色变黑，昏睡，严重贫血，鳃瘀血，鳍出血。解剖观察脾脏和肾脏肿大。脾脏、心脏组织切片中出现肥大细胞，不过数量不多。

[流行及危害] 该病1990年最先发现于日本养殖的真鲷幼鱼，发病后死亡率达37.9%。主要危害鲈形目、鲽形目和鲀形目等鱼类，对海水鱼类养殖危害很大。发病期7至10月，水

温在 22.6～25.5 ℃为发病高峰期。水温降在 18 ℃以下时发病较少。真鲷虹彩病毒的主要传播途径是水平传播。

WOAH 将此病列为必须申报的疾病。我国农业农村部将此病列为三类水生动物疫病。

［诊断方法］根据病鱼体表、鳃的外观症状和脾脏肥大进行初步诊断，确诊需要借助组织切片、电镜观察、细胞培养、免疫学和分子生物学技术等方法。

［防治方法］以防为主。日本已开发出该病毒病的商用疫苗。

20.鳜鱼虹彩病毒病（又称鳜鱼暴发性传染病）

［病原］传染性脾肾坏死病毒（*Infectious spleen and kidney necrosis virus*，简称 ISKNV），或鳜鱼病毒（*Siniperca Chuastsi Virus*，简称 SCV）。病毒粒子为二十面体，具包膜，直径（135±10）nm，双链 DNA，对碘、紫外线照射不敏感。

［症状］病鱼口腔周围、鳃盖、鳍条基部、尾柄处充血。有的病鱼眼球突出、蛀鳍。濒死鱼表现嘴张大，呼吸加快，身体失去平衡，鳃苍白，部分鱼体表变黑。解剖可见肝、脾和肾肿大，并有出血点，肠壁充血或出血，部分鱼体有腹水，肠内充满黄色黏稠物。

［流行及危害］主要危害鳜鱼和大口黑鲈，尤其是 10 cm 以上鳜鱼，成鱼和亲鱼也有发生。无论是珠江三角洲地区还是广东、福建、江西、浙江、上海等地都有此病流行。流行季节为 5 至 10 月，7 至 9 月为高峰期，发病水温为 25～34 ℃，最适宜水温为 28～30 ℃。20 ℃以下时较少发病。此病发病急，发病率和死亡率均很高。25～34 ℃条件下，受感染鳜鱼在 7～12 d 内死亡率为 100%。在发病池中，鳜鱼一般 10 d 内死亡率达 90%左右。该病毒的传播方式有水平传播与垂直传播两种。本病发生于单养鳜鱼池中。

我国农业农村部将此病列为二类水生动物疫病。

［诊断方法］根据症状、流行情况进行初步诊断，确诊需借助病理组织学、电镜观察、分子生物学技术等方法。

［防治方法］目前尚无治疗方法，以预防为主。

①严格检疫，对检测呈病毒阳性的鱼要及时作淘汰处理。

②加强饲料管理，改良水质，饵料鱼投喂前应消毒处理，保证鳜鱼的良好生存环境。

③使用安全、高效、廉价的鳜鱼病毒疫苗免疫。

21.流行性造血器官坏死病

［病原］流行性造血器官坏死病病毒（*Epizootic haematopoietic necrosis virus*，简称 EHNV），双股 DNA。

［症状］病鱼体色发黑，运动失调，眼球突出，腹部膨胀，肛门处拖一条长而不透明的白色粪便。鳃苍白，胸鳍或背鳍充血，通常在头部之后的侧线上方有皮下出血。解剖可见肝、脾苍白、坏死，脾周围脂肪有出血斑点，肾褪色显著并有出血斑，全部造血组织坏死，消化道中缺少食物，但胃内充满乳白色液体，肠内充盈黄色液体。

［流行及危害］主要危害河鲈、欧鲇、鮰鱼、虹鳟，以开食 2 个月左右的幼鱼最易感染，引起全身性疾病。对河鲈是致死性的，幼鱼、成鱼都会被感染，幼鱼更容易被感染。对鳟鱼危害小些，从出生到 12.5 cm 的虹鳟感染后死亡率高。银大马哈鱼有部分抵抗力，对本病不易感。早春到初夏水温 8～12 ℃时为流行高峰，水温 15 ℃以上一般不发病。暴发时，稚幼鱼

死亡率突然升高。传染源为病鱼,病毒主要经水平传播。潜伏期一般为4～6 d。成鱼一般不发病,但可起携带、扩散病毒作用。本病是鱼类口岸第一类检疫对象。

WOAH将此病列为必须申报的疾病。我国农业农村部将此病列为二类水生动物疫病。

[诊断方法] 根据症状进行初步诊断,确诊需借助细胞培养、电镜观察、免疫学和分子生物学技术等方法。

[防治方法] 该病尚无有效的药物治疗,以预防为主。

①严格执行检疫制度,禁止转运感染的鱼卵、鱼苗、鱼种和亲鱼。

②培育无病毒鱼种。

③用漂白粉、碘制剂等消毒受精卵、鱼种、养殖设施和工具。

④对病鱼实行隔离治疗,死鱼深埋,不得乱弃。

⑤将发病初期的病鱼放到水温18～20 ℃的水中饲养4～6 d,可有效控制病情。

⑥用大黄、板蓝根、贯众等抗病毒中药拌饵投喂有防治作用。

6.1.3 虾蟹类病毒性疾病防治

1.白斑综合征(又称对虾白斑病)

[病原] 对虾白斑综合征病毒(*White spot syndrome virus*,简称WSSV)。病毒粒子呈杆状,大小为150 nm × 350 nm,具囊膜,无包涵体,双链DNA。白斑综合征是由白斑综合征杆状病毒复合体引发的,主要对虾体的造血组织、结缔组织、前后肠的上皮、血细胞、鳃等系统进行感染破坏。白斑综合征杆状病毒复合体主要有皮下及造血组织坏死杆状病毒、日本对虾杆状病毒、系统性外胚层和中胚层杆状病毒及白斑杆状病毒等。

[症状] 病虾体色微红,停止摄食、空胃,反应迟钝,漫游于水面或伏于水底不动,很快死亡。发病初期病虾甲壳内表面出现白点,白点在头胸甲部位特别清楚。发病后期虾体较软,白点扩大甚至连成片状,头胸甲易剥离,壳与真皮分离。

[流行与危害] 白斑综合征是对虾养殖业危害最大的疾病之一。斑节对虾、日本对虾、中国对虾、南美白对虾等多种对虾都因此病毒感染而患病,并造成大量死亡。主要危害4 cm以上的对虾。该病流行于亚洲,并已扩散到美洲。该病病程短,急性发作,一般2～3 d,最多也不过7 d可使全池虾死亡。传播方式主要是水平传播,经口感染,即由于病虾把带毒的粪便排入水中,污染了水体或饵料,再由健康虾吞入后感染,或健康虾吞食病虾、死虾后感染。此病也常引发弧菌病,使病虾死亡更加迅速,死亡率更高。

WOAH将此病列为必须申报的疾病。我国农业农村部将此病列为二类水生动物疫病。

[诊断方法] 依头胸甲上无法刮除的白斑等症状进行初步诊断,确诊要借助病理组织学检查、电镜观察、分子生物学技术等方法。

[防治方法] 对虾病毒病目前尚无有效的防治药物,根本措施是强化饲养管理,进行全面综合预防。

①做好养殖池塘的清淤、消毒及培水工作。

②使用无污染和不带病原的水源,并经过滤和消毒。

③严格检测亲虾，杜绝病原从母体带入。亲虾入池前用 100 mg/L 福尔马林或 10 mg/L 高锰酸钾海水溶液浸洗 3～5 分钟，杀灭体表携带的病原体。

④受精卵孵化池前用 50 mg/L 聚维酮碘溶液浸洗 0.5～1 min。

⑤放养健壮无病毒的苗种，并控制适宜的放养密度。

⑥投喂优质饲料，并添加 0.2%～0.3%的稳定性好的维生素 C。如投喂鲜活饵料，必须先检测证明不带毒，并且不腐败变质，或经熟化后再投喂。

⑦保持水体的相对稳定，防止各种理化因子剧变，避免人为惊扰。

⑧加强巡塘、定期检查。发现池水变色，要及时调控，采用多次少量换水法，遇到流行病时，暂时封闭不换水。

⑨对发病的虾体要及时进行无害化处理，发病虾池要严格消毒。

2.斑节对虾杆状病毒病

[病原] 斑节对虾杆状病毒(*Penaeus mondon-type baculovirus*，简称 MBV)。病毒粒子杆状，大小(75±4)nm×(325±33)nm，具被膜，具包涵体，双链 DNA。

[症状] 病虾浮头、靠岸、厌食、昏睡，最终侧卧池底死亡。体色蓝灰或蓝褐色，胃附近白浊化，体表和鳃附着聚缩虫、丝状细菌、藻类及污物，容易并发褐斑病等细菌性疾病。

[流行与危害] 主要危害斑节对虾，墨吉对虾和短沟对虾等也受感染，Ⅱ期溞状幼体及以后各生长阶段的斑节对虾都可感染。此病地理分布广，主要流行于我国的台湾和福建、东南亚国家、夏威夷、墨西哥和意大利等地区，对台湾省对虾养殖危害最大。仔虾和幼虾期感染后，可发生严重的成批死亡，成虾感染死亡率低，亲虾多呈隐性感染，主要是垂直传播。恶劣的环境与天气是发病的诱因。

[诊断方法] 借助病理组织学、电镜观察等方法进行诊断。

[防治方法] 目前尚无特效的治疗方法，主要是采取预防措施。主要预防措施是对引进的亲虾和幼体严格检疫、消毒，销毁病虾，消毒发过病的虾池。

3.日本对虾中肠腺坏死杆状病毒病(又称中肠腺白浊病)

[病原] 中肠腺坏死杆状病毒(*Baculoviral midgut gland necrosis virus*，简称 BMNV)。病毒粒子杆状，大小 72 nm×310 nm，具双层被膜，不形成包涵体，双链 DNA。

[症状] 该病有急性和慢性两种类型。病虾常在近表层水中游动，活力差，对刺激反应迟钝，不时回旋转动，厌食，不能正常发育，发病池内虾大小相差悬殊。发病仔虾的中肠腺(肝胰腺)白浊，即混浊不透明变白色。中肠腺上皮细胞坏死，核明显肥大。

[流行与危害] 此病于 1971 年首次在日本发现。主要危害日本对虾幼体和仔虾，特别是糠虾幼体。此病流行于中国的山东与湛江、日本、澳大利亚、巴西、夏威夷等地区。感染病毒的幼体 8～9 d 的累计死亡率可高达 90%。带病毒的亲虾是该病的主要传染源，病毒可随中肠腺上皮细胞的坏死而被排出体外，释放于水中而成为新的传染源。健康虾摄食病虾后即被感染。5 至 9 月为该病流行季节，发病水温为 19～29.5 ℃，pH 为 7.7～8.8。

[诊断方法] 依据症状及流行情况进行初步诊断，尤其是中肠腺出现白浊现象是该病的重要特征，确诊要借助于病理组织学、电镜观察、免疫学等方法。

[防治方法] 目前尚无特效的治疗方法，主要是采取预防措施。主要预防措施是对引进的日本对虾要严格检疫，彻底消毒养虾设施。

4.对虾杆状病毒病

［病原］对虾杆状病毒（*Baculovirus penaei*，简称BP）。病毒粒子杆状，大小74 nm×270 nm，具被膜，具金字塔形包涵体，属于双链DNA。

［症状］病虾摄食和生长下降，体表和鳃部常有生物共生和污物附着。病虾外观无特殊症状，但用显微镜检查新鲜肝胰腺压片时，很容易看到金字塔形包涵体。

［流行与危害］主要斑节对虾、长毛对虾、南美白对虾、黑吉对虾、短沟对虾等多种对虾的幼体、仔虾和成虾，其中对仔虾的危害最大，常表现为急性死亡，累积死亡率达90%以上。发病对虾和带病毒对虾是传染源。传播途径为经口感染，通过消化道侵害肝胰腺和中肠上皮。

［诊断方法］借助压片显微镜检查、组织病理学、电镜观察等方法进行诊断。

［防治方法］目前尚无特效的治疗方法，以预防为主。

①对引进的亲虾和幼体要严格检疫。

②加强检查，发现携带病毒的对虾要及时销毁，彻底消毒发过病的虾池。

③虾卵和仔虾用50～60 mg/L聚维酮碘溶液浸泡消毒；养殖水体用0.2～0.5 mg/L聚维酮碘溶液全池遍洒。

④每千克饲料用三黄粉1 g拌饲料投喂，每天1次，连续7 d。

5.对虾肝胰腺细小病毒病

［病原］肝胰腺细小样病毒（*Hepatopancereatic parvo-like virus*，简称HPV）。病毒粒子球形，直径22～24 nm，无被膜，有包涵体，单链DNA。

［症状］病虾外观无明显特殊症状，只是被感染后食欲减退，行动不活泼，生长缓慢或停止，体色较深，体表布满黑色斑点或其他污物，腹部肌肉变白。该病毒侵犯肝胰腺管上皮，组织切片观察，可见细胞核内有包涵体。严重感染时肝胰腺变白、萎缩、坏死。

［流行与危害］主要危害中国对虾，墨节对虾、斑节对虾、短沟对虾等也可被感染。该病毒能使幼体在3～5 d内就大量死亡，养成期的死亡率为50%～90%。分布地区主要是我国，东南亚、墨西哥湾和澳洲、非洲等地也有发现，无明显季节性。

［诊断方法］借助病理组织学检查、电镜观察、分子生物学技术等进行诊断。

［防治方法］同对虾白斑综合征。

6.传染性皮下及造血组织坏死病

［病原］传染性皮下及造血组织坏死病毒（*Infectious hypodermal and hematopoietic necrosis virus*，IHHNV）。病毒粒子为正20面体，直径20 nm，无被膜，有包涵体，单链DNA。该病毒是已知对虾病毒中最小的病毒。

［症状］急性感染的病虾游动反常，池边散游，腹部反转，然后附肢停止运动，下沉水底，病虾周期性地重复上述动作，通常在4～12 d内死亡。亚急性感染的病虾甲壳发白或有浅黄色斑点，肌肉白浊，失去透明，一般蜕皮时或蜕皮后死亡。幸存者甲壳柔软，甲壳、附肢、鳃的皮下组织有许多黑点，体表、鳃上附生固着类纤毛虫、丝状细菌和硅藻等。

［流行与危害］主要危害蓝对虾，其次为万氏对虾、斑节对虾和日本对虾，在短沟对虾、印度对虾、中国对虾和加州对虾中也有发现，但未发现有严重影响。此病流行范围广，已报道的流行的国家和地区有美国、南美洲、新加坡、菲律宾、我国台湾省等。此病在蓝对虾的仔

虾期和幼虾期有较高的死亡率。

WOAH 将此病列为必须申报的疾病。我国农业农村部将此病列为三类水生动物疫病。

[诊断方法] 依据症状及流行情况进行初步诊断，确诊要借助病理组织学检查、电镜观察、分子生物学技术等方法。

[防治方法] 目前尚无特效的治疗方法，主要是采取预防措施。

①对引进的对虾要严格检疫。

②做好虾池的清淤、消毒工作。

③使用无污染和不带病原的水源，并经过滤和消毒，发病时，池水不能大量交换。

④放养健壮无病毒的苗种，并控制适宜的放养密度。

⑤投喂优质配合饲料，并在饲料中添加 0.1%～0.2%的稳定性好的维生素 C。

⑥保持池水的理化因子与藻类稳定，减少人为惊扰。

⑦对发病的虾体要及时进行无害化处理，发病虾池要严格消毒。

7.桃拉综合征

[病原] 桃拉综合征病毒(*Taura syndrome virus*，简称 TSV)，病毒粒子为正二十面体，直径 30～32 nm，无囊膜，有包涵体，单链 RNA。

[症状] 急性感染常发生在幼虾期，病虾身体虚弱，甲壳柔软，不摄食，胃空，附肢变红，甚至整个体表都变红，病虾大多死于蜕皮期。幸存者则进入慢性期，在下次蜕皮时会再次转为急性感染，病虾甲壳上出现黑斑。成虾多为慢性感染。

[流行与危害] 桃拉综合征于 1992 年首次在厄瓜多尔的桃拉河附近发现，因此而得名。该病为南美白对虾特有的病毒性疾病，主要感染蜕皮期的幼虾，全国各地都有发生。发病迅速，死亡率高，一般虾池发病后 10 d 左右大部分对虾死亡，死亡率高达 40%～60%。发病规律：通常在水温骤升或骤降(尤其是水温升至 28 ℃以上)时出现；发病时间为投苗后的 30～60 d；发病规格为 5～9 cm；发病虾池一般水色浓、透明度低(<20 cm)、pH 高于 9，氨氮在 0.5 mg/L 以上。主要靠水平传播。大部分虾池进水换水后发现对虾染上此病，可能是由于海水中有害细菌增多加速了桃拉病毒病的暴发。

WOAH 将此病列为必须申报的疾病。我国农业农村部将此病列为二类水生动物疫病。

[诊断方法] 根据症状进行初步诊断，确诊需借助组织病理学检查、电镜检查、分子生物学技术等方法。

[防治方法] 目前无特效药可用，以防为主，采用综合防治方法。

预防措施：

①对引进的对虾要严格检疫。选择无感染的亲虾和虾苗。

②做好虾池的清淤、消毒工作。

③养殖水体用 0.1～0.2 mg/L 溴氯海因、二溴海因、二氧化氯、聚维酮碘、季铵盐或季铵盐络合碘溶液全池遍洒消毒。每 10～15 天 1 次，尤其是在进水换水后。有淡水资源的地方应多补充淡水，以抑制病菌数量。

④选用优质饲料，添加维生素 C 和生物活性物质，提高对虾免疫功能与抗应激能力。

⑤定期使用光合细菌、硝化细菌等水质底质改良剂，保持良好的养殖环境。

⑥按投饲量的0.1%～0.5%添加抗生素或大蒜素到饲料中，每天2次，连续5～7 d。

⑦在饲料中添加中草药药汤。配方如下：

配方一：穿心莲160 g，板蓝根200 g，大青叶200 g，五倍子20 g，大黄40 g，鱼腥草20 g，大蒜粉40 g。

配方二：菊花160 g，板蓝根200 g，黄连40 g，甘草10 g。

以上两个配方可任选一方的药物粉碎过筛（60目）后，混匀用瓶存放。用量为投饲量的4%，把药粉用水煮沸后再煮3 min，待晾干后添加到饲料中，再用鸡蛋或鱼肝油包裹投喂，每天傍晚投喂1次，连用4 d。

治疗方法：采用外用药与内服药相结合。

①用0.2～0.3 mg/L溴氯海因溶液全池遍洒，同时投喂板蓝根和三黄粉药饵，用量均按1 g/ kg饲料添加，每天2次，连续7 d。

②用0.4 mg/L二溴海因溶液全池遍洒，次日早上再用0.6 mg/L季铵盐络合碘溶液全池遍洒1次。同时加大上述中草药分量，按投饲量的7%投喂。

8.黄头病

［病原］黄头病毒（*Yellow head virus*，简称YHV）。病毒粒子杆状，大小（50～60）nm×（150～200）nm，有囊膜，有3层包膜，有细胞质包涵体，单链RNA病毒。

［症状］发病初期，病虾摄食量增加，然后突然停食，在2～4 d内头胸甲呈黄色或发白，膨大，鳃变淡黄色，并死亡。患病虾组织多处坏死。主要感染鳃组织、淋巴器官、血细胞和结缔组织等。

［流行与危害］多种对虾都会感染发病，主要感染斑节对虾，尤其是对养殖50～70 d的对虾影响最大，累积死亡率达100%。此病1990年首次在泰国流行，随后在中国、印度等国家流行和蔓延，并与对虾白斑综合征合并感染。该病毒毒力较强，对虾被感染后3～5 d内可全军覆灭。

WOAH将此病列为必须申报的疾病。我国农业农村部将此病列为二类水生动物疫病。

［诊断方法］根据症状进行初步诊断，确诊需借助组织病理学检查、电镜检查、分子生物学技术等方法。

［防治方法］

①严格执行检疫制度，不从疫区引进亲虾。

②孵化设施用聚维酮碘、二氯异氰尿酸钠、二氧化氯等消毒处理。

③虾苗用0.3～0.6 mg/L聚维酮碘溶液浸洗消毒10 min。

④发现病虾，及时隔离、扑杀，进行无害化处理，用含氯消毒剂处理发病虾池。

⑤控制放养密度，使用微生物制剂和水质改良剂，保持良好的养殖环境。

⑥选用优质饲料，添加维生素C和矿物质，保持健壮体质。

9.罗氏沼虾白尾病（又称罗氏沼虾肌肉白浊病）

［病原］罗氏沼虾诺达病毒（*Macrobrachium rosenbergii Nodavirus*，简称MrNV）。病毒粒子球状，二十面体，无囊膜，大小为20 nm，单链RNA。该病毒对氯仿不敏感。

［症状］病虾体色发白，尤以尾扇部位为甚，之后随时间的推移，逐步向前扩展。所有发

白之处肌肉均坏死,甲壳变软,死亡前头胸部与腹部分离。轻者影响生长,重者在1周左右内全部沉底而死。

[流行与危害] 主要危害罗氏沼虾苗种,尤其是0.5～5 cm规格的幼虾。该病最早于1996年前后出现在广东、广西一带,以后迅速蔓延至全国各地。主要季节流行于4至7月。刚淡化后的仔虾期,发病死亡率很高,累积死亡率高达30%～70%,严重时死亡率高达90%。

WOAH将此病列为必须申报的疾病。

[诊断方法] 根据肌肉白浊症状进行初步诊断,确诊需借助电镜检查、分子生物学技术等方法。

[防治方法] 目前无特效药可用,以防为主。

①选择没有发病史的养殖地区的罗氏沼虾作为亲虾,收购后精心培育。

②饲料中添加复合维生素和免疫多糖添加剂,提高亲虾的免疫力,减少疾病的发生。

③严格消毒措施。

④用0.3～0.35 mg/L二溴海因溶液全池遍洒。同时投喂三黄粉药饵,用法是每千克饲料用三黄粉1 g拌饲料投喂,每天1次,连用7 d,另在每千克饲料中加维生素C 2 g,连喂3～5 d。

10.十足目虹彩病毒病

[病原] 十足目虹彩病毒1(*Decapod iridescent virus* 1,简称DIV1),是大颗粒的二十面体病毒,有囊膜,直径为150～160 nm,双链DNA。

[症状] 病虾肝胰腺颜色变浅,空肠空胃,活力下降,濒死的个体会失去游动能力,沉入池底。养殖凡纳滨对虾和罗氏沼虾感染后死亡率可达80%以上,部分个体出现红体症状。患病罗氏沼虾额剑基部出现白色三角形病变,俗称"白头"。患病脊尾白虾额剑基部也出现轻微的发白现象。

[流行与危害] DIV1的易感物种包括凡纳滨对虾、罗氏沼虾、青虾、克氏原螯虾、红螯螯虾和脊尾白虾等。我国主要的甲壳类养殖区域以及南亚部分地区均有该病的流行。仔虾到亚成虾均可感染,体长在4～7cm检出率最高。水温27～28℃最为流行,4—8月为发病高峰。海水、半咸水和淡水养殖环境均可发病。DIV1主要通过水平传播。

WOAH将此病列为必须申报的疾病。我国农业农村部将此病列为二类水生动物疫病。

[诊断方法] 根据临床症状初步诊断,确诊需借助组织病理学检测、核酸检测等方法。

[防治方法]

①选择混养品种时尽量避免易感宿主。

②采购检疫合格的种苗,并进行2～4周苗种高密度标粗和检疫,标粗检疫无发病且测合格的虾苗才能投放养殖。

③根据种苗健康水平和设施条件,科学设置养殖密度。

④对养殖场、养殖池塘和养殖设施进行消毒处理。

⑤避免投喂冰鲜或鲜活饵料,杜绝饵料引入病毒的风险。

⑥提倡鱼虾混养,降低池塘发病风险。

⑦适当拌喂有益微生物和提高免疫力的营养补充剂。

6.1.4　其他水产动物病毒性疾病防治

1.鲍疱疹病毒病

［病原］鲍球形病毒（Abalone spherical virus）。病毒粒子球状，直径90～200 nm，具有核衣壳，双层囊膜。目前经电子显微镜检查出的该种病毒粒子可分为Ⅰ型、Ⅱ型、Ⅲ型和Ⅳ型四种。

［症状］病鲍活力减弱、翻转能力变弱、附着能力降低，足部肌肉周边凹凸不平或内卷、僵硬，外套膜萎缩，口部肿胀、突出，显微镜下可见相关组织发生神经节炎。

［流行与危害］主要危害我国南方养殖地区的九孔鲍、杂色鲍，北方地区养殖的皱纹盘鲍也会感染。幼鲍和成年鲍均可被感染，累积死亡率高达70%以上。主要发生于冬、春季节，即10～11月至翌年4～5月，水温低于24℃易流行，水温高于25 ℃以上一般不发病。病毒主要通过水平传播。

我国农业农村部将此病列为三类水生动物疫病。

［诊断方法］根据组织病理学、电镜检查、病毒分离等方法进行诊断。

［防治方法］尚无有效的治疗药物，以预防为主。

①加强日常管理，注意控制适度的培育密度。

②育苗水体应进行消毒处理。采用的物理方法有紫外线消毒、多级过滤等，化学方法有使用聚维酮碘、二氧化氯、溴氯海因等消毒药物。

2.鳖鳃腺炎病(又称鳖病毒性出血病)

［病原］尚未确定，普遍认为是病毒与细菌共同感染而引起的。病毒以鳖类呼肠弧病毒和腺病毒为主，细菌以嗜水气单胞菌为主。

［症状］病鳖颈部肿大，但不发红。眼睛白浊而失明。全身浮肿，后肢窝隆起，但体表光滑。鳃腺糜烂，肝脏严重病变，"花肝"且土黄色，原质地易碎，甚至出现逐步坏死。有的病鳖出现肌肉松弛、行动缓慢、反应迟钝、生殖器外露等现象。鳃腺炎的表现型可分为出血型、失血型、混合型三种。

(1)出血型：腹甲及四肢、尾部的腹面有血斑，严重时口鼻出血。解剖发现鳃腺充血糜烂，有分泌物（黏液），口、舌、食道发炎充血，肝脏充血肿大呈"花肝"，肠道内充满凝血，腹腔大量积水。

(2)失血型：腹甲及四肢、尾部腹面无出血斑，腹甲苍白，解剖发现体内无血，肌肉苍白，鳃腺白色糜烂，覆盖着黏液。肝脏为土黄色，质脆易碎，肠道中空白色，有黑色瘀血，同样也有腹水。

(3)混合型：表现为上两种类型的症状交叉出现。鳃状组织发红，食道和肠管内有黑色瘀血块，腹腔充满血水，肌肉和底板纸白无色。

［流行与危害］主要危害稚幼鳖，它对稚鳖的死亡率可达10%，1龄幼鳖的死亡率可达5%，2龄以上的鳖则较少发病。有的鳖养殖区发病率可达50%以上，死亡率超过30%。该病常年都可发生，但主要流行季节在5至6月，6月中下旬为发病高峰期，发病水温为25～30 ℃。水质不良，甚至发臭，体质弱，尤其越冬后，易受各种应激因素影响而发病。

我国农业农村部将此病列为二类水生动物疫病。

[诊断方法] 根据症状、流行情况进行初步诊断,确诊借助病原分离、培养以及电镜观察等方法。

[防治方法]

①种苗要严格进行检疫和消毒。

②改革养殖模式,变有沙养殖为无沙养殖。

③投喂新鲜饵料,增强鳖的抵抗力。

④养鳖设施与工具要消毒,发现病死鳖及时销毁。

⑤发现病鳖及时隔离,并用 2～3 mg/L 漂白粉或 0.4～0.5 mg/L 二氧化氯溶液泼洒 2～3 次,每隔 3 天 1 次,并按每千克鳖每天投喂 50～80 mg 庆大霉素、10～20 mg 病毒灵。

⑥在每千克饲料中加入 3 g 盐酸黄连素(次日减半)、0.6 g 先锋霉素、0.3 g 病毒灵,连续投喂 7 d。

⑦用浓度为 0.3 mg/L 的 15% 聚维酮碘溶液全池遍洒,并结合按每千克鳖每天口服 50～80 mg 庆大霉素、10～20 mg 病毒灵,连续 3 d;或 15 mg 板蓝根,连续 10 d。

6.2 水产动物细菌性疾病防治

水产动物由细菌感染而引起的疾病称为水产动物细菌性疾病。细菌性疾病是水产动物中最为常见而且危害较大的一类疾病。细菌性疾病的控制相对较为容易,目前国内对于细菌性疾病的控制多采用抗菌药物与消毒剂,常用的给药方法有浸洗法、口服法、全池遍洒法、挂袋挂篓法等,可起到较好的效果。对于重要细菌性疾病的控制已采用疫苗免疫方式,但目前还未取得显著的效果和推广前景。

6.2.1 细菌概述

细菌是一类具有细胞壁的单细胞的原核生物,仅具原始核,无核膜和核仁。水产动物致病菌大多为革兰氏阴性菌,多数适温范围为 25～30 ℃,喜欢弱碱性环境,pH 7.2～7.6,适应能力强,变异性大,在疾病发生前大量存在于水体、底泥及水生动物机体中,只有当水产动物机体抵抗力减弱、细菌的毒力或致病力提高时,才产生病变形成流行病,所以水产动物致病菌多数是一种条件致病菌。

1.细菌的形态结构

在适宜条件下,细菌的形态结构相对稳定。

细菌大小通常以微米(μm)为测量单位,一般在显微镜下用测微尺测量,球菌测其直径,杆菌测其长度和宽度。大多数球菌的直径约 1 μm,杆菌长 1～5 μm,宽 0.3～1 μm。

细菌的基本形态有球状、杆形、螺旋状三种。

细菌的结构可分为基本结构和特殊结构两大类。细菌的基本结构包括细胞壁、细胞膜、细胞质和核质。细菌的特殊结构有荚膜、鞭毛、菌毛和芽孢等。

2.细菌的生长繁殖

细菌与病毒不同,可以进行人工培养。细菌生长繁殖的基本条件包括充足的营养物质、合适的酸碱度、适宜的温度与必要的气体环境。细菌的繁殖方式是以二分裂的方式进行无性繁殖。在适宜条件下,一般细菌繁殖一代用时20～30 min。细菌群体生长繁殖呈现一定的规律,其典型生长曲线显示了细菌生长繁殖的四个期:即迟缓期、对数生长期、稳定期和衰退期。

3.细菌的致病性

(1)致病菌与条件致病菌

致病菌是指能侵入机体生长繁殖导致疾病的细菌,亦称病原菌。

条件致病菌是指存在于动物体及环境的正常菌群,在正常情况下并不致病,但当在某些特定条件(寄居部位的改变、免疫功能低下和菌群失调)改变时可以引起疾病的细菌。

(2)细菌的致病性及其影响因素

细菌的致病性是指细菌能引起感染或引起宿主疾病的性能。

致病菌侵入机体能否引起宿主机体疾病,一方面取决于宿主的抵抗力即抗感染免疫力;另一方面取决于致病菌本身的毒力、侵入的数量以及侵入的部位。通常是宿主的抵抗力弱,致病菌的毒力强,侵人的数量足够,且侵入的部位适当,就可引起疾病;否则,不能引起疾病。

4.细菌的感染

(1)感染来源

感染的来源也称为传染源。传染源就是指体内有致病菌生长繁殖,并能将致病菌排出体外的人和动物。感染的来源分外源性感染与内源性感染两种。前者是指致病菌来自宿主体外的感染。后者是指致病菌来自自身体内或体表的感染,也称自身感染,这类细菌在发生感染前已经存在于宿主的体内和体表,多数为正常菌群中的细菌(多为条件致病菌),少数是以隐伏状态存留的致病菌。

(2)细菌感染途径

致病菌感染机体的方式与途径主要有接触感染、消化道感染和创伤感染等。不同的致病菌感染的途径与方式是不同的,但也有致病菌可经多种途径感染到机体内。

(3)细菌感染类型

细菌感染的类型可分为不感染、隐性感染、显性感染、带菌感染、潜伏感染等。根据病情缓急、病程长短不同,显性感染可分为急性感染与慢性感染。根据感染的部位及性质不同,显性感染也可分为局部感染与全身感染。

5.水产动物细菌种类

引起水产动物疾病的病原菌种类较多。

鱼类细菌性疾病的病原主要有革兰氏阴性菌中的噬纤维细菌、气单胞菌、假单胞菌、爱德华氏菌、弧菌、巴斯德氏菌以及革兰氏阳性菌中的链球菌、诺卡氏菌、肾杆菌等。其中气单胞菌是淡水养殖品种最为重要的病原菌,其引起的疾病种类最多、危害最大;弧菌则是海水养殖品种最为主要的病原菌,其引起的疾病种类最多、流行也最为普遍。

虾蟹类细菌性疾病的病原主要有气单胞菌、弧菌、假单胞菌、丝状细菌中的亮发菌等。

6.2.2 鱼类细菌性疾病防治

1.细菌性烂鳃病(又称乌头瘟)

[病原] 柱状噬纤维菌(*Cytophage columnaris*)。菌体大小为(2～12)μm×0.4 μm,两端钝圆,无鞭毛、荚膜及芽孢,滑行运动,革兰氏染色阴性杆状。最适生长温度为25～30 ℃,在最适pH为6.5～7.5,最高耐NaCl浓度为5 g/L,在海水培养基中不能生长。

[症状] 病鱼离群独游,不吃食,体色发黑,尤其是头部颜色更黑。鳃上黏液很多,鳃丝腐烂带泥,呈白鳃或花鳃状,病情严重的时候,鳃丝末端软骨外露,鳃盖内侧表皮充血,中央表皮常腐蚀成一个圆形透明小窗,俗称"开天窗"。鳃组织出血、腐烂。

[流行与危害] 本病为淡水鱼养殖中广泛流行的一种鱼病。主要危害草鱼、青鱼,鲤、鲫、鲢、鲂、鳙也可发生。近年来,名优鱼养殖中,如鳗鲡、鳜鱼、淡水白鲳、加州鲈、斑点叉尾鮰等多有因烂鳃而引起大批死亡的病例。不论鱼种或成鱼阶段均可发生。该病一般在水温15 ℃以上时开始发生,在15～30 ℃范围内,水温越高越易暴发流行。由于致病菌的宿主范围很广,野杂鱼类也可感染,因此,容易传染和蔓延。本病常与赤皮病和细菌性肠炎病并发。

[诊断方法] 依据症状、光学显微镜检查进行初步诊断,确诊需借助细菌分离、免疫学方法。尤其注意细菌性烂鳃病与寄生虫、真菌引起的鳃病进行区别,具体方法如下:显微镜下可见鳃上有大量车轮虫与指环虫为寄生虫引起的鳃病;肉眼可见鳃上挂着像小蛆一样的虫体为大中华鳋病;显微镜下可见病原体的菌丝进入鳃小片组织或血管和软骨组织中生长为鳃霉病。

[防治方法]

预防措施:

①彻底清塘,池塘施肥时应经充分发酵处理(草食动物的粪便中含有该病原)。

②鱼种放养前用2%～2.5%食盐水浸洗5～20 min,或用10～20 mg/L高锰酸钾溶液浸洗15～30 min。

③注射细菌性烂鳃病疫苗。注射前用五万分之一的晶体敌百虫消毒麻醉鱼体3～4 min。

治疗方法:采用外用药与内服药相结合。

外用药:发病季节定期用药物全池遍洒。

①用20 mg/L生石灰溶液全池遍洒,每半月1次。

②用1 mg/L漂白粉,或0.3～0.6 mg/L二氯异氰尿酸钠,或0.2～0.5 mg/L三氯异氰尿酸溶液全池遍洒。

③大黄经20倍0.3%氨水浸泡提效后,连水带渣全池遍洒,使池水浓度成2.5～3.7 mg/L。

④用2～4 mg/L五倍子溶液全池遍洒(先粉碎后用开水浸泡2 h)。

⑤将干乌桕叶用20倍2%石灰水浸泡过夜,再煮沸10 min进行提效,然后连水带渣全池遍洒,使池水浓度成6.25 mg/L。

内服药:下列内服药物任选一种投喂。

①每千克鱼每天用10～30 mg恩诺沙星或卡那霉素拌饵投喂,连续5～7 d。

②每千克鱼每天用100～200 mg复方新诺明拌饵投喂,连续3～5 d。

③每千克鱼每天用100～200 mg磺胺-2,6-二甲氧嘧啶或磺胺-6-甲氧嘧啶拌饵投喂,连续5～7 d。

2.白头白嘴病

[病原] 一种黏球菌(*Myxococcus* sp.)。菌体细长,大小为0.8 μm×(5～9)μm,革兰氏阴性菌,无鞭毛,滑行运动,柔软易曲挠,好气,菌落淡黄色,边缘假根状。最适生长温度为25 ℃,最适pH为7.2。

[症状] 病鱼自吻端至眼球处的皮肤呈乳白色,唇似肿胀,张闭失灵,造成呼吸困难。口周围皮肤溃烂,黏附有絮状物,隔水观察,可见"白头白嘴"症状,但将病鱼捞出水面,症状则不明显。个别病鱼颅顶充血,呈现"红头白嘴"症状。最终,病鱼体瘦发黑,反应迟钝,漂游在下风近岸水面处,不久即死

[流行与危害] 危害草鱼、青鱼、鲢、鳙、鲤、加州鲈等的鱼苗和夏花鱼种,尤其对夏花草鱼的危害最大。一般鱼苗饲养20 d左右,如不及时分塘,就易暴发此病。本病发病快,传染迅猛,死亡率高。流行于每年的5至7月,6月份为发病高峰。

[诊断方法] 根据症状和流行情况进行初步诊断,根据镜检结果进一步诊断。注意白头白嘴病与车轮虫病、钩介幼虫病的区别:可用显微镜检查患处黏液,如有大量车轮虫或钩介幼虫寄生可确诊为车轮虫病或钩介幼虫病;若有大量滑行杆菌可诊断为白头白嘴病。

[防治方法]

①鱼苗饲养密度要合理,及时分池饲养,保证鱼苗有充足适口的饵料。

②同细菌性烂鳃病的防治方法。

3.白皮病(又称白尾病)

[病原] 分离到两种细菌。

(1)白皮假单胞菌(*Pseudomonas dermoalba*)。菌体大小为0.4 μm×0.8 μm,革兰氏阴性性杆菌,多数两个相连,极端单鞭毛或双鞭毛,有运动力,无芽孢和荚膜。菌落圆形稍凸起,表面光滑湿润,边缘整齐,灰白色。24 h后产生黄绿色色素,直径0.5～1 mm。

(2)鱼害黏球菌(*Myxococcus piscicola*)。菌体细长,柔软而易弯曲,滑行,直径0.6～0.8 μm,表面光滑,菌落上有时有多个子实体。

[症状] 发病初期,病鱼尾柄处出现一白点,然后迅速蔓延以至背鳍与臀鳍间的体表至尾鳍基部全部发白。严重时,病鱼尾鳍烂掉或残缺不全,头向下,尾向上,时而挣扎游动,时而悬挂于水中,不久即死亡。

[流行与危害] 本病主要危害鲢、鳙鱼,其他鱼类也可发生,尤对鱼苗和夏花危害较大,死亡率高,可达50%以上。病程短,从发病至死亡约2～3 d。广泛流行于我国各地鱼苗、鱼种池,每年6至8月为流行季节。尤其在夏花分塘前后,因拉网、囤箱、过筛、运输时操作不慎或体表有大量车轮虫等寄生,导致鱼体受伤,病菌乘虚而入。

[诊断方法] 依症状和流行情况进行初诊断,确认需借助细菌培养和分离方法。

[防治方法]

①保持池水清爽,夏花及时分塘,放养、拉网、过筛、运输时避免鱼体受伤。

②用12.5 mg/L金霉素或25 mg/L土霉素溶液浸洗病鱼20～30 min。

③每千克鱼每次用0.35 g甲砜霉素粉拌饵投喂,每天2～3次,连续3～5 d。

④其他同细菌性烂鳃病的防治方法。

4.赤皮病(又称出血性腐败病、赤皮瘟、擦皮瘟)

[病原] 荧光假单胞菌(*Pseudomonas fluorescens*)。菌体为短杆状,大小为(0.7～0.75) μm×(0.4～0.45) μm,两端圆形,单个或成对排列,极端鞭毛,1～3 根,有动力,无芽孢,革兰氏阴性菌。菌落灰白色,半透明,圆形,表面光滑湿润,边缘整齐,24 h 后产生荧光素或黄绿色色素。最适生长温度为 25～35 ℃。生长 pH 为 5～11。

[症状] 病鱼体表局部或大部分出血发炎,鳞片脱落,呈不规则的块状红斑,鱼体两侧及腹部尤为明显。鱼鳍末端烂去一段,鳍条间组织腐烂、鳍条散开,形成“蛀鳍”或像破烂的纸扇状。在鳞片脱落和鳍条腐烂处,常有水霉菌寄生。鱼的上、下颌及鳃盖部分充血,呈块状红斑。病鱼行动缓慢,离群独游于水面。

[流行与危害] 本病危害草鱼、青鱼、鲤、鲫、团头鲂、金鱼等多种淡水鱼,是草鱼、青鱼的主要疾病之一,主要发生在鱼种和成鱼。我国各养鱼地区均有发生,特别是华东、华南、华中等地,终年可见,以 3—11 月为甚。常在春末夏初与烂鳃、肠炎病并发。本病原菌不能侵入健康鱼的皮肤,只有当鱼因捕捞、运输、分养过程或寄生虫寄生而使鱼体受损时病菌才会乘虚而入。

[诊断方法] 依外观依症状就可进行初步诊断。但要注意与疖疮病的区别。确诊需从脾脏或肾脏等部位进行细菌分离与鉴定。

[防治方法]

预防措施:

①生石灰彻底清塘。

②放养、搬运等操作过程中,避免鱼体受伤,并及时杀灭鱼体表寄生虫。

③鱼种放养前,用 5～10 mg/L 漂白粉溶液浸洗 20～30 min,或用 3%～5%的食盐水浸泡 5～15 min。浸洗时间视水温和鱼体忍受力灵活掌握。

治疗方法:采用外用药与内服药相结合。

外用药:可用治疗烂鳃病的任何一种外用药全池遍洒。

内服药:下列内服药物任选一种投喂。

①每千克鱼每天用 40～80 mg 四环素拌饵投喂,连喂 3～5 d。

②每千克鱼用 100 mg 复方新诺明拌饵投喂,每天 2 次,连续 5～7 d。

③每千克鱼用 100 mg 磺胺-6-甲氧嘧啶拌饵投喂,每天 1 次,第一天药量加倍,连续 5 d。

④每千克鱼每天 10 mg 氟苯尼考拌饵投喂,连续 4～6 d。

5.竖鳞病(又称鳞立病、松鳞病、松球病)

[病原] 水型点状假单胞菌(*Pseudomonas punctata f.ascitae*)。菌体为短杆状,单个排列,有运动力,无芽孢,革兰氏阴性菌。菌落圆形,中等大小,边缘整齐,表面光滑、湿润、半透明、略黄而稍灰白。

[症状] 病鱼体表用手摸去有粗糙感,身体前部或胸腹部鳞片像松球一样向外张开,鳞片基部水肿。用手轻压鳞片,渗出液从鳞囊中溢出,鳞片也随之脱落。严重时,全身鳞片竖起,并有体表充血、眼球突出、腹部膨大、肌肉浮肿、腹腔积水等。病鱼游动迟缓,呼吸困难,

身体失去平衡，最终死亡。

［流行与危害］本病为鲤、鲫等鱼的一种常见病。近年来，乌鳢、月鳢、宽体鳢等也常有发生，草、青、鳙鱼也偶有发生。此病常在成鱼和亲鱼养殖中出现，发病后的死亡率为50%左右，严重时，死亡率可达80%以上。流行于广东、湖南、湖北、江西、浙江、江苏等地区，且大多呈急性流行。鲤、鲫、金鱼竖鳞病主要发生于春季，水温为17～22 ℃时，其次是越冬后期，以北方地区非流水养鱼池中较流行。乌鳢、月鳢等则在夏季，水温为25～34 ℃时为发病高峰期。此病的发生大多与鱼体受伤、池水污浊、投喂变质饵料及鱼体抗病力降低有关。

［诊断方法］依外观依症状就可初诊。镜检鳞囊内的渗出液可进一步诊断，但要注意与鱼波豆虫病的区别。

［防治方法］

预防措施：

①在捕捞、运输和放养等操作过程中，尽量避免鱼体受伤。

②鱼种放养时，用3%食盐水浸洗10～15 min，或用2%食盐和3%小苏打混合液浸洗10 min。

③用7 mg/L硫酸铜、硫酸亚铁合剂（5∶2）和10 mg/L漂白粉混合液，浸洗5～10 min。

治疗方法：

①轻轻压破鳞囊的水肿泡，勿使鳞片脱落，用10%温盐水擦洗，再涂抹碘酊，同时肌肉注射磺胺嘧啶钠2 ml，有明显效果。

②发病初期向养殖池塘冲注新水，可使病情停止蔓延。

③每千克鱼用6 g复方新诺明或6 g卡那霉素拌饵投喂，每天1次，连续4～6 d。

④每千克鱼每天用100～200 mg磺胺二甲氧嘧啶(SDM)拌饵投喂，连喂3～5 d。

⑤每千克亲鲤腹腔注射硫酸链霉素15～20 mg。

6.白云病

［病原］恶臭假单胞菌（*Pseudomonas putida*）。菌体短杆状，革兰氏阴性菌，单个或成对相连，极生多鞭毛，无芽孢。在琼脂平板上菌落圆形，黄白色。最适生长温度为25～30 ℃，最适pH为7～8.5，pH值6以下不生长。

［症状］患病初期，鱼体表附有白色点状黏液物，随着病情的发展，白色点状黏液物逐渐蔓延，好似全身布满一层白云。严重时，病鱼鳞片基部充血，鳞片脱落，不摄食，游动缓慢，不久即死。剖开鱼腹，可见肝脏、肾脏充血。

［流行与危害］此病仅危害鲤鱼，同一网箱中饲养的草鱼、鲢、鲫则不感染。流行水温6～18 ℃，水温上升到20 ℃以上，此病可不治而愈。在微流水、水质清瘦、溶氧充足的网箱养鲤及流水越冬池中经常出现。在没有水流的养鱼池中，溶氧偏低，很少发病或不发病。当鱼体受伤后更易暴发流行，常与竖鳞病、水霉病并发，死亡率可高达60%以上。

［诊断方法］依症状和流行情况进行初步诊断，镜检体表黏液可进一步诊断，确诊必须进行病原分离与鉴定。通过镜检体表黏液，可辨别鲤白病与鲤斜管虫病、车轮虫病。

［防治方法］

预防措施：

①选择健壮、无伤的鲤鱼进箱，进箱前鱼种用10～20 mg/L高锰酸钾水溶液浸洗15～

30 min、或 1%～4%盐水浸洗 5～10 min。

②流行季节，投喂磺胺类药物或抗生素药饵，每月 1～2 次，每次连续 3 d。

③网箱内遍洒 30 mg/L 福尔马林、或 0.5～1.0 mg/L 新洁尔灭或 0.1～0.3 mg/L 双季铵盐类消毒剂。

治疗方法：采用外用药与内服药相结合治疗。

外用药：在网箱内遍洒福尔马林、新洁尔灭或双季铵盐类消毒剂。

内服药：下列内服药物任选一种投喂。

①每千克鱼每天用 10～20 mg 氟苯尼考拌饵投喂，每天 1 次，5 d 为一个疗程。

②每千克鱼每天用 100 mg 磺胺间甲氧嘧啶拌饵投喂，连喂 5 d。

7.鳗鲡红点病

[病原] 鳗败血假单胞菌(*Pseudomonas anguilliseptica*)。菌体短杆状，革兰氏阴性菌，大小为 0.4 μm×2 μm，极端单鞭毛，有荚膜，菌落圆形、透明。生长温度为 5～30 ℃，最适温度为 15～20 ℃。生长 pH 为 6.5～10.2，最适 pH 为 7.8～8.3。生长盐度为 0.1%～4%，最适盐度为 0.5%～1%。

[症状] 病鱼体表各处出现点状出血，以下颌、鳃盖、胸鳍、胸部、腹部尤为显著。病鱼开始出现上述症状后，一般 1～2 d 内就死亡。严重时出血点密布全身，并合成血斑。剖腹检查，腹膜有点状出血，肝、脾、肾脏均显肿胀，呈暗红色，并有网状血丝。肠壁充血，胃松弛。

[流行与危害] 主要发生于日本鳗鲡，欧洲鳗则很少发生。本病大多发生于水中含盐度较高的鳗场。流行时间为 2 至 6 月和 10 至 11 月，以 4 至 5 月为流行高峰，通常水温低于 25 ℃时流行，30 ℃以上时疾病即可缓解或终止。带菌鳗鲡是主要传染源。

[诊断方法] 根据重病鱼体表各处点状出血，用手摸患处有带血的黏液沾手，即可作出初步诊断，确诊必须进行细菌的分离、鉴定，或采用快速诊断方法。

[防治方法]

预防措施：严格饲养管理和消毒措施；控制水中盐度，或将鳗移入淡水饲养；将养殖水体水温适当升高到 28 ℃以上；注射菌苗预防此病。

预防措施：严格饲养管理和消毒措施；控制水中盐度，或将鳗移入淡水饲养；将养殖水体水温适当升高到 28 ℃以上；注射菌苗预防此病。

治疗方法：采用外用药与内服药结合进行。

外用药：采用含氯消毒剂全池遍洒。

内服药：采用四环素拌饵投喂，用量为每千克鱼用 100 mg，每天 2 次，连续 4～6 d。

8.淡水鱼细菌性败血病(又称淡水鱼类暴发性流行病、溶血性腹水病)

[病原] 由多种病原菌引起，主要为鳍水气单胞菌(*Aeromonas hydrophila*)、温和气单胞菌(*Aeromonas sobria*)、豚鼠气单胞菌(*Aeromonas caviae*)、河弧菌生物变种Ⅲ(*Vibirio fluvialis biovor* Ⅲ)、鲁克氏耶尔森氏菌(*Yersinia ruckeri*)和产碱单胞菌等。

[症状] 疾病初期，病鱼体色变黑，食欲减退，活力减弱。颌部、口腔、鳃盖、体侧和鳍条基部出现局部轻度充血现象。随病情发展，体表充血严重，眼眶充血而出现突眼，全身肌肉充血。解剖腹可见腹腔内积有黄色或血红色腹水，肝、脾、肾脏肿胀，肠壁充血且半透明，肠道内充气且含稀黏液。部分鱼鳃色浅，呈贫血症状。

[流行与危害] 此病危害鱼的种类最多，危害鱼的年龄范围最大，流行地区最广，流行季节最长，危害水域类别最多。主要危害鲢、鳙、鲤、鲫、团头鲂、白鲫、黄尾鲴、鲮等多种淡水鱼。近年鳜、斑点叉尾鮰等名优鱼类也有病例报告。夏花鱼种至成鱼均可发生此病，但以2龄成鱼为主。全国二十多个省市都有流行，此现终年可见，6至8月为流行高峰期，流行水温9～36 ℃，以28～32 ℃时和高温季节后水温仍在25 ℃以上时更为严重。池塘、湖泊、水库中均可发生流行病。本病的流行与池水中淤泥累积、水质恶化、养殖密度过大、投喂变质饵料以及很少或根本不进行池塘消毒等因素有关。

我国农业农村部将此病列为二类水生动物疫病。

[诊断方法] 根据症状、流行情况可作出初步诊断。南京农业大学在1991年研制出嗜水气单胞菌毒素检测试剂盒，可在3～4h内作出正确诊断。

[防治方法]

预防措施：

①用生石灰彻底清塘。

②放养前鱼种用10～20 mg/L的高锰酸钾水溶液浸洗15～30 min。

③发病季节，每半月施石灰水或含氯消毒剂。同时内服恩诺沙星等抗菌药，用量为治疗量的一半，每天1次，连服3 d。

治疗方法：采用外用药与内服药相结合方法进行治疗。

外用药：

①用25～30 mg/L生石灰溶液全池遍洒消毒水体。

②用1 mg/L漂白粉或0.2～0.3 mg/L漂粉精或0.1～0.2 mg/L二氧化氯等含氯消毒剂全池遍洒消毒水体。

内服药：可选择下列药物制成药饵投喂。

①每千克鱼用10～20 mg恩诺沙星拌饵投喂，每天1次，连续5～7 d。

②每千克鱼用10～15 mg氟苯尼考拌饵投喂，每天1次，连续3～5 d。

③每千克鱼每次用0.35 g甲砜霉素粉拌饵投喂，每天2～3次，连续3～5 d。

9.细菌性肠炎病(又称烂肠瘟)

[病原] 肠型点状气单胞菌(*Aeromonas punctata f. intestinalis*)。菌体短杆状，大小为(0.4～0.5)μm×(1～1.3)μm，极端单鞭毛，有动力，无芽孢，革兰氏阴性菌，多数两个相连。菌落圆形，表面光滑，边缘整齐，半透明。1～2 d产生褐色色素，最适温度为25 ℃，生长pH为6～12。

[症状] 病鱼体表发黑、行动缓慢，不摄食，腹部膨大，两侧有红斑，肛门红肿突出。用手轻压腹部，有黄色黏液从肛门流出。解剖可见肠壁充血，呈红褐色，肠内没有食物，只有大量淡黄色的黏液。肠壁无弹性，轻拉易断。

[流行与危害] 本病是草鱼、青鱼的常见病，1冬龄以上草鱼危害严重，常与烂鳃病、赤皮病并发，成为草鱼的三大主要病害。在罗非鱼、黄鳝养殖中也出现典型的肠炎病，死亡率较高。本病在全国各地均有发生，流行季节为4至10月，水温在18 ℃以上流行，水温25～30 ℃为流行高峰。最先发病的鱼，身体均较肥壮，贪食是诱发因子之一。特别是鱼池条件恶化，淤泥堆积，水中有机质含量较高和投喂变质饵料时容易发生此病。

[诊断方法] 依据症状进行初步诊断，从肝、肾或血中检出病原菌可以确诊。注意细菌

性肠炎病与肠炎型草鱼出血病的区别：细菌性肠炎病肠壁弹性较差，无光泽，肠腔内有大量黄色黏液，肠腔内没有食物，而肠炎型草鱼出血病肠壁弹性好，具光泽，肠腔内黏液量少。还要注意细菌性肠炎病与食物中毒的区别：细菌性肠炎病不可能出现突然死亡，同时肠内又有大量食物的现象，其从发病到死亡总有一个过程，而食物中毒则肠内有大量食物，且呈突然大批死亡。

[防治方法]

预防措施：彻底清塘消毒，保持水质清洁。投喂新鲜饵料，严格执行"四消四定"措施。鱼种放养前用 8～10 mg/L 漂白粉溶液浸洗 15～30 min。

治疗方法：采用外用药与内服药相结合方法进行治疗。

外用药：用 1 mg/L 漂白粉或 20 mg/L 生石灰溶液全池泼洒消毒水体。

内服药：下列内服药物任选一种投喂。

①每千克鱼每次用 0.35 g 甲砜霉素粉拌饵投喂，每天 2～3 次，连续 3～5 d。

②每千克鱼第一天用 100 mg 磺胺-2，6-二甲氧嘧啶，第 2 天起每天 50 mg，每天 1 次，连续 6 d。

③每千克鱼用 5 g 大蒜（用时捣烂）添加 0.5 g 食盐拌饵投喂，分上、下午二次投喂，连续 3 d。

④按每千克鱼用 5 g 地锦草、5 g 铁苋菜、5 g 水辣蓼干草（单用或混用均可）打成粉，加 0.5 g 食盐拌饵投喂，分上、下午二次投喂，连续 3 d。如与石灰乳（20 mg/L）联用，则效果更好。

10.打印病（又称腐皮病）

[病原] 点状气单胞菌点状亚种（*Aeromonas punctata subsp. punctata*）。菌体大小为 (0.6～0.9) μm×(0.7～1.7) μm，革兰氏阴性短杆菌，两端圆形，多数两个相连，少数单个，极端单鞭毛，有运动力，无芽孢。菌落圆形，表面光滑、湿润，边缘整齐、半透明、灰白色。最适生长温度为 28 ℃左右，最适 pH 为 3～11。

[症状] 病灶大多发生在肛门附近两侧或尾柄部位。初期症状是病灶处出现圆形或椭圆形出血性红斑，随后红斑处鳞片脱落，肌肉腐烂穿孔，直到露出骨骼和内脏为止。病灶呈圆形或椭圆形，周缘充血发红，形似打上一个红色印记。严重时病鱼游动迟缓，食欲减退，鱼体瘦弱，直至衰竭而死。

[流行与危害] 本病是鲢、鳙、草鱼常见的一种疾病，主要危害成鱼和亲鱼。近年来，团头鲂、黄尾鲴、加州鲈、大口鲇、斑点叉尾鮰等鱼也有病例报道。全国各地均有散在性流行，发病池中，感染率可高达 80%以上，大批死亡的病例很少发生，但严重影响鱼的生长、繁殖。本病全年均可发生，以夏、秋两季最为常见。由于病程较长，尤其是初期症状不容易发现，常被忽视，以至导致高发病率。

[诊断方法] 根据症状、流行情况进行初步诊断，确认需借助病细培养、免疫学方法。注意打印病与疖疮病的区别：前者病灶常在肛门附近两侧；后者病灶常在背鳍基部两侧。

[防治方法]

预防措施：用生石灰 20mg/L 溶液全池遍洒，改良水质，保持池水清洁，防止池水污染。小心操作，勿使鱼体受伤。

治疗方法：

①病池用1 mg/L漂白粉或0.4 mg/L三氯异氰尿酸溶液全池遍洒。

②亲鱼患病时可用1%高锰酸钾溶液清洗病灶处。

③每千克鱼用10～20 mg恩诺沙星拌饵投喂，每天1次，连续5～7 d。

④每千克鱼肌肉注射或腹腔注射20 mg氟苯尼考。

11.鲤科鱼类疖疮病(又称瘤痢病)

[病原] 疥疮型点状气单胞菌(*Aeromonas punctata f. furunculus*)，革兰氏阴性小杆菌，大小为(0.5～0.6)μm×(1.0～1.4)μm，无荚膜，有动力，极端单鞭毛。菌落半透明，灰白色。最适生长温度为25～30 ℃。

[症状] 鱼体躯干有一个或几个脓疮，通常在鱼体背鳍基部附近的两侧。典型症状是鱼体病灶部位皮下肌肉组织长脓疮，隆起红肿，用手摸有浮肿的感觉。脓疮内部充满浓汁，周围的皮肤和肌肉发炎充血，严重时肠也充血。

[流行与危害] 主要危害青鱼、草鱼、鲤鱼，鲢、鳙鱼则不多见，常发生于较大的鱼，不引起流行病。我国各养殖地区均有发生，但发病率较低。无明显流行季节，一般为散在性发生。

[诊断方法] 根据症状进行初步诊断，确认需借助病菌培养、免疫学方法。注意疖疮病与粘孢子虫病的区别，有的粘孢子虫寄生在肌肉中，也可引起体表隆起，患处的肌肉失去弹性、软化及皮肤充血。两者可以通过镜检区别，即取病变组织在显微镜下观察，若有大量杆菌可诊断为打印病，若有大量粘孢子虫寄生则为粘孢子虫病。

[防治方法]

预防措施：尽量避免鱼体受伤，放养密度不宜过高，经常换水，保持水质清新。

治疗方法：

①每千克鱼用200 mg磺胺甲基嘧啶(SM)或用100 mg磺胺二甲嘧啶(SDM)或磺胺甲基异恶唑(SMZ)拌饵投喂，第二天起药量减半，连续一周。

②每千克鱼用0.4～1 g大黄五倍子粉拌饵投喂，连续5～7 d。

12.鳗鲡赤鳍病

[病原] 嗜水气单胞菌(*Aeromonas hydrophila*)。菌体为短杆状，革兰氏阴性菌，大小为(0.6～1.1)μm×(0.9～6)μm，极端单鞭毛，没有芽孢和荚膜。菌落圆形，肉色。最适生长温度为28 ℃。生长pH为6～11，最适pH为7.2～7.4。生长盐度为0%～4%，最适盐度为0.5%左右。

[症状] 发病初期，病鳗食欲不振，胸鳍发红，随着病情的发展，病鳗各鳍都充血发红，停止摄食。严重时腹部全面充血、红肿。剖腹可见肝、脾脏肿胀、瘀血，呈暗红色，肾脏肿大、瘀血，胃、肠发炎充血，胃、肠内充有黏性脓汁。白仔到黑仔阶段发病时，除各鳍充血外，鱼体相对比较僵硬。

[流行与危害] 鳗鲡、鲤、鲫等温水性淡水鱼都易感染，尤以露天鳗池为多，可以形成急性流行，发病后死亡率较高。本病多发生于水温20 ℃以下的春、秋两季，尤以梅雨期为甚，高水温的夏季较少流行。当水质恶化，水温剧变，饥饱不匀，捕捞、搬运后鱼体受伤，或越冬后期鱼体抵抗力下降时容易暴发流行此病。

[诊断方法] 赤鳍病与爱德华氏菌病、红点病及弧菌病外表症状相似，仅以此特征不能

作出正确的诊断，确诊必须进行细菌的分离、鉴定，或采用快速诊断方法（如荧光抗体法）。

[防治方法]

预防措施：保特水质清新，喂食均匀，勿过饱过饥，避免鱼体受伤。

治疗方法：外用药与内服药相结合进行治疗。

外用药：采用含氯消毒剂全池遍洒。

内服药：可选择下列药物制成药饵投喂。

①每千克鳗用 50～60 mg 甲氧苄氨嘧啶（TMP）与磺胺嘧啶（SD）合剂（1∶5）拌饵投喂，每天 1 次，连续 3 d。

②每千克饲料加入 1～2 g 复方新诺明，连喂 3～5 d。

13.烂尾病

[病原] 鳗鱼烂尾病病原为豚鼠气单胞菌（*Aeromonas caviae*），草鱼烂尾病病原为温和气单胞菌（*Aeromonas sobria*）。豚鼠气单胞菌原称点状气单胞菌（*Aeromonas punctata*），革兰氏阴性短杆菌，极端单鞭毛，生长温度为 5～42 ℃，适宜温度为 25～37 ℃。生长 pH 为 5～10 生长，最适 pH 为 6～9.5。最适盐度为 0%～3%。温和气单胞菌为革兰氏阴性短杆菌，大小为 0.4 μm×0.8 μm，极端单鞭毛。

[症状] 发病开始时，鱼的尾柄处皮肤变白，因失去黏液而手感粗糙，随后尾鳍开始蛀蚀并伴有充血，最后尾鳍大部或全部断裂，尾柄处皮肤腐烂，肌肉红肿，溃烂，严重时露出骨骼。

[流行与危害] 常见于草鱼、鳗鲡、斑点叉尾鮰、大口鲇等苗种养殖阶段，发病鱼池处置不当，可以造成大批死亡。发病季节大多集中于春季。多发生于养殖水质较差的鱼池中，在苗种拉网锻炼或分池、运输后，因操作不慎，尾部受损伤后易于发生。

[诊断方法] 根据症状和流行情况进行初步诊断，确诊必须进行细菌的分离、鉴定。

[防治方法]

预防措施：

①放养、搬运等操作过程中，避免鱼体受伤，并及时杀灭鱼体表寄生虫。

②鱼种放养前，用 5～10 mg/L 漂白粉溶液浸洗 20～30 min，或用 3%～5%的食盐水浸泡 5～15 min。

治疗方法：外用药与内服药相结合进行治疗。

外用药可选择下列药物全池泼洒。

①用 0.1～0.15 mg/L 苯扎溴铵溶液全池泼洒，每 2～3 天 1 次，连续 2～3 次。

②用 0.45～0.75 mg/L 聚维酮碘溶液全池遍洒，每 2 天 1 次，连续 2～3 次。

③用 0.015～0.02 mg/L 高碘酸钠溶液全池泼洒，每 2～3 天泼洒 1 次，连续 2～3 次。

④用 1～1.5 mg/L 次氯酸钠溶液全池泼洒，每 2～3 天 1 次，连续 2～3 次。

⑤2.5～4 mg/L 大黄末全池泼洒，每天 1 次，连续 3 d。

内服药：可选择下列药物制成药饵投喂。

①每千克鱼每次用复方磺胺二甲嘧啶粉Ⅱ型 1.5 g 拌饵投喂，每天 1 次，连续 4～6 d。

②每千克鱼用氟苯尼考粉 15～20 mg 拌饵投喂，每天 1 次，连续 4～6 天。

③每千克鱼每次用 0.1 g 青莲散拌饵投喂，每天 2 次，连续 5～7 d。

④每千克鱼每次用 0.5 g 三黄散拌饵投喂，每天 2 次，连续 4～6 d。

14.爱德华氏菌病

[病原] 主要有:迟缓爱德华氏菌(*Edwardsiella tarda*)、浙江爱德华氏菌(*Edwardsiella Zhejiangensis*)或福建爱德华氏菌(*Edwardsiella fujianensis*)。迟缓爱德华氏菌为短杆状,革兰氏阴性菌,大小为(0.5~1.0)μm×(1.0~3.0)μm,单个,周生鞭毛,运动,无荚膜,无芽孢,菌落表面光滑,灰白色,边缘整齐。生长温度为15~42 ℃,最适温度为28~37 ℃。生长pH为5.5~9,最适pH为5.5~9.4。生长盐度为0%~3%。

[症状] 爱德华氏菌可感染多种海水鱼类,在不同患病鱼中症状不同。

牙鲆稚鱼患病时出现腹胀,腹腔内有腹水,肝、肾、脾肿大、褪色,肠道发炎、眼球白浊等;幼鱼肾脏肿大,并出现许多白点。

鲻鱼患病时腹部及两侧发生大面积脓疡,病灶处组织腐烂,放出强烈恶臭味,并有腹胀现象。

真鲷、鰤的肾脾有许多小白点。

日本鳗鲡发生此病的症状主要分肝脏型和肾脏型两种,也有肝肾混合型的。

(1)肝脏型:病鱼的前腹部(即肝区)肿大,充血,腹壁肌肉坏死而致体表软化,严重时,坏死部位穿孔,可见肝脏,通常臀鳍充血,剖腹可见肝脏明显肿大,有一到数个大小不等的溃疡病灶,内充满脓液。

(2)肾脏型:病鱼则表现为肛门红肿,以肛门为中心的躯干部红肿,红肿部位肌肉坏死,皮肤、鳍条充血,挤压腹部,有脓血流出。剖腹可见脾、肾肿胀,有小脓疡病灶。

(3)肝肾混合型:同时呈现上述两种症状。

[流行与危害] 其宿主范围广,易感鱼类有鳗鲡、罗非鱼、斑点叉尾鮰、大口黑鲈、犁齿鲷、比目鱼、鲻鱼、牙鲆、红鳍东方鲀等多种海、淡水鱼类,但以日本鳗鲡和牙鲆幼鱼为主。国内大多数养鳗场均曾发生过此病,从白仔到成鳗均有感染发病,以黑仔和养成阶段发病率较高,危害较大,死亡率可达50%左右。白仔在饲料(如水蚯蚓)诱食后约1周,很容易造成急性流行。温室养鳗终年可发病,露天养鳗池则以夏季为流行盛期。主要经口感染,流行于高水温期的夏、秋季。本病发生后,易继发红鳍病。

我国农业农村部将此病列为三类水生动物疫病。

[诊断方法] 根据症状可作出初步诊断,确诊必须进行细菌的分离、鉴定或采用快速诊断方法。注意与鳗鲡赤鳍病的区别:剖腹检查肝、肾脏病灶部位,若形成肾、肝脓疡可诊断为爱德华氏菌病,若不形成肾、肝脓疡则为鳗鲡赤鳍病。

[防治方法]

预防措施:

①彻底清培,加强饲养管理,保持优良水质,增强鱼体抵抗力。

②选择优质健壮鱼种,鱼种下塘前用10 mg/L漂白粉或15~20 mg/L高锰酸钾溶液浸洗15~30 min,或用2%~4%食盐溶液浸洗5~10 min。

③在发病季节,每月用15~20 mg/L生石灰溶液全池遍洒1~2次,使池水的pH值保持在8左右。每周消毒食场1~2次,用量为每个食场周围遍洒250~500 g漂白粉。

④白仔投喂水蚯蚓时,应经过清洗。

治疗方法:外用药与内服药相结合进行治疗。

外用药:用含氯消毒剂全池遍洒。用1~1.2 mg/L漂白粉或0.5~0.6 mg/L二氯异氰尿酸钠或 0.4～0.5 mg/L 三氯异氰尿酸溶液全池泼洒。

内服药：可选择下列药物制成药饵投喂。

①每千克鱼第一天用 200 mg 磺胺甲基异恶唑拌饵投喂，第二天起药量减半，连续5 d。

②每千克鱼用 50～60 mg 甲氧苄氨嘧啶（TMP）与磺胺嘧啶（SD）合剂（1∶5）拌饵投喂，每天 1 次，连续 3 d。

③每千克鱼用 10～20 mg 恩诺沙星拌饵投喂，每天 1 次，连续 5～7 d。

15.鮰肠型败血症

［病原］鮰爱德华氏菌（*Edwardsiella ictaluri*）。菌体短杆状，革兰氏阴性菌，大小为 0.75 μm×（1.5～2.5）μm，周生鞭毛，运动，最适生长温度为 25～30 ℃。

［症状］表现形式主要有慢性型和急性型两种类型。

（1）急性型：病鱼离群独游，反应迟钝，摄食减少甚至不吃食。典型的症状为病鱼头朝上尾朝下，悬垂在水中，有时呈痉挛式的螺旋状游动，继而发生死亡。死鱼腹部膨大，下颌、鳃盖和腹部等处可见到细小的充血、出血斑，在深色皮肤区则出现淡白色斑点，头部和身躯皮肤发生腐烂，一侧或两侧眼球突出，鳃丝苍白而有出血点，肌肉有点状出血或斑状出血。病鱼的肾脾显著肿大，呈暗红色，肝肿大呈苍白色，或由于充血、出血而呈斑驳状，脂肪、腹膜、肠道表现为明显的出血性炎症。

（2）慢性型：主要症状是在头部形成开放性的溃疡灶，称为“头洞病”。

［流行及危害］主要危害斑点叉尾鮰，各个生长阶段均能感染，尤其是对鱼种的危害最大。5 至 6 月和 9 至 10 月是该病流行季节，24～28 ℃是该病的高发水温范围。急性型发病急，死亡率高，感染途径为消化道。慢性型病程长，病原经神经系统感染。此病的发生与饲养管理不良，水质差、放养密度高、水中有机质过多等有关。

［诊断方法］依临床症状与流行情况进行初步诊断，依病原菌的分离和鉴定、免疫学方法进行确诊。

［防治方法］

预防措施：

①加强饲养管理，保持良好的水环境，适宜的养殖密度，选择营养全面的配合饲料，科学饲喂，减少应激，能明显降低此病发生率。

②采用鮰爱德华氏菌病福尔马林灭活疫苗免疫，能有效地预防此病。

③彻底清培消毒，鱼种下塘前用用 1%～3%食盐溶液浸洗 5～20 min。

治疗方法：外用药与内服药相结合进行治疗。

外用药：可选择对无鳞鱼刺激小的消毒剂，如二氧化氯、溴氯海因等进行水体消毒，以杀死水环境中的病原菌。

内服药：可选择以下方法：

①每千克鱼第一天用 100～200 mg 磺胺类药物拌饵投喂，第二天起药量减半，连续 5 d。

②每千克鱼用 10～15 mg 氟苯尼考拌饵投喂，每天 1 次，连续 3～5 d。

③每千克鱼用 10～20 mg 恩诺沙星拌饵投喂，每天 1 次，连续 5～7 d。

16.弧菌病（又称细菌性溃疡病）

［病原］弧菌属（*Vibrio*）中的一些种类，主要是鳗弧菌（*Vibrio anguillarum*）。菌体短杆

状,革兰氏阴性菌,有动力,稍弯曲,两端圆形,大小为(0.5～0.7)μm×(1.0～2.0)μm,极端单鞭毛。生长温度为10～35 ℃,最适温度为25 ℃。生长pH为6～9,最适pH为8。生长盐度为0.5%～6%,最适盐度为1%。

[症状] 其症状随患病鱼的种类不同而有所不同。较为共同的症状是:发病初期体表皮肤溃疡,体表部分褪色。随后鳍基部和鳍膜、躯干部充血或出血。随病情发展,鳞片脱落,肛门红肿,眼球突出,眼内出血或眼球变白混浊。解剖病鱼,肝、肾、脾等内脏出血或瘀血,甚至坏死;肠道发炎、充血,肠黏膜组织腐烂脱落,肠内有黄色或橘黄色黏液。

[流行与危害] 鳗弧菌能引起世界范围内的50多种海淡水鱼类及其他养殖动物发生弧菌病。鲷科、鲈科、鲻科、鲀科、鲹科、鲆鲽类、鲑鳟类、香鱼、鳗鲡、鰤鱼等都可受其害。野生的、养殖的、蓄养的、运输途中的鱼类都可发生此病。发病适宜水温为15～25 ℃,每年5至7月和9至10月是流行季节。疾病的发生与水质不良,池底污浊,放养密度过大,饵料质量低劣,操作管理不慎,鱼体受伤等密切相关。多发生在含盐分的养鳗池中,可通过受伤的皮肤和消化道感染,潜伏期一般为2～5 d。

[诊断方法] 依症状可初步诊断,从病灶部位刮取组织镜检可进一步诊断,根据细菌培养与鉴定结果来确诊。

[防治方法]

预防措施:

①保持优良的水质和养殖环境,不投腐败变质的小杂鱼、虾等。

②放养密度要适度,操作要细心,避免鱼体受伤。

③用淡水或盐水浸洗,治疗体表、鳃上的寄生虫病后,投喂抗菌素药饵,方法同治疗。

④及时捞出死鱼,对病池或网箱应消毒隔离。

⑤接种鳗弧菌疫苗,美、日等国已有商品性产品。

治疗方法:外用药与内服药相结合进行治疗。

外用药:用1 mg/L漂白粉溶液全池泼洒,1～2次。

内服药:下列内服药物任选一种投喂。

①每千克鱼用10～15 mg氟苯尼考拌饵投喂,每天1次,连续3～5 d。

②每千克鱼用200 mg磺胺甲基嘧啶拌饵投喂,第二天后减半,连续3～5 d。

17.巴斯德氏菌(又称类结节症)

[病原] 杀鱼巴斯德氏菌(*Pasteurela piscicda*)。菌体短杆状,革兰氏阴性菌,大小为(0.6～1.2)μm×(0.8～2.6)μm,无运动力,不形成芽孢。生长温度为17～32 ℃,最适温度为20～30 ℃。生长pH为6.8～8.8,最适pH为7.5～8。生长盐度为0.5%～3%,最适盐度为2%～3%。

[症状] 病鱼反应迟钝,体色发黑,食欲减退。体表、鳍基、尾柄等处有不同程度充血,严重者会全身肌肉充血。解剖可见肾、脾、肝、胰、心、鳔和肠系膜等组织器官上有许多小白点,内脏中的白点类似于结节。

[流行情况] 多数海水养殖鱼类能被感染,主要危害鰤的幼鱼,2龄以上的大鱼也可被感染。流行季节从春末到夏季,发病最适水温为20～25 ℃,一般水温在25 ℃以上时发病很少,水温在20 ℃以下时不生病。该菌在普通海水、底泥中不能长期生存,但能在富营养化的水体或底泥中能长期存活。

[诊断方法] 依症状可进行初步诊断，根据病原菌的培养、分离和鉴定来确诊。

[防治方法] 尚无有效的防治方法。

预防措施：勿过量投饵，或投喂变质的生饵。及时清除病鱼、死鱼，保证水源清洁，避免养殖水体富营养化。

治疗方法：每千克鱼用 10～15 mg 氟苯尼考拌饵投喂，每天 1 次，连续 3～5 d。

18.链球菌病

[病原] 链球菌(*Streptococcus* sp.)，属链球菌科。菌体圆形或卵圆形，呈链状排列，直径 1 μm 左右，革兰氏阳性菌，有荚膜，无运动性，无鞭毛不形成芽孢。生长温度为 10～45 ℃最适温度为 20～37 ℃。生长 pH 为 3.5～10，最适 pH 为 7.6。生长盐度为 0%～7%，最适盐度为 0%。

[症状] 病鱼体色发黑，游动缓慢，浮于水面，或头向上，尾向下，呈悬垂状。临死前病鱼或间断性猛游，或腹部向上。最明显的症状是眼球突出、周围充血，鳃盖内侧发红、充血或强烈出血，肛门红肿。低水温期发病时，还会出现各鳍充血发红或溃烂，体表尤其是尾柄往往溃烂或带有脓血的疥疮。解剖病鱼，肝脏肿大、出血，或脂肪变性，褪色；幽门垂有出血点，胃肠积水，肠壁发炎。病原菌若侵入脑部，还可引起鱼体弯曲。

[流行与危害] 其主要传染途径是经口感染。易感动物有鰤鱼、虹鳟、香鱼、银大麻哈鱼、比目鱼、鲷鱼、竹荚鱼、鳎鱼等海水鱼、咸淡水鱼及淡水鱼。主要流行于夏季，从当年鱼至成鱼均受害，死亡率高。常与爱德华氏菌病、弧菌病并发。在日本、美国、加拿大、瑞典、爱尔兰及我国均有流行。全年均可发病，但流行高峰在 7 至 9 月，水温降至 20 ℃以下时则较少。此病发生与养殖密度大，换水率低，饵料新鲜度差及投饵量大密切相关。

我国农业农村部将此病列为三类水生动物疫病。

[诊断方法] 依眼球突出和鳃盖内侧出血等外观的典型症状以及内部器官的病理变化可进行初步诊断；确诊需从病灶部位刮取组织进行细菌培养、分离与鉴定以及免疫血清学方法。

[防治方法]

预防措施：

①加强养殖环境管理，改进水体交换。

②投喂鲜饵，长期投喂同一种饵料应添加适量(0.3%)的复合维生素，最好不要长期投喂同一种饵料。

③控制放养密度，网箱养殖放养密度为 10 kg/m^3，池塘养殖放养密度 7 kg/m^3。

治疗方法：外用药与内服药相结合。

外用药：用漂白粉、漂粉精、二氯异氰尿酸钠或三氯异氰尿酸等含氯消毒剂全池泼洒。

内服药：下列内服药物任选一种投喂。

①每千克鱼每天用 20～50 mg 盐酸多西环素拌饵投喂，连喂 3～5 d。

②每千克饲料每天用 20 mg 的 50%氟苯尼考预混剂拌饵投喂，每天 1 次，连喂 3～5 d。

③每千克鱼用 10～20 mg 恩诺沙星拌饵投喂，每天 1 次，连续 5～7 d。

④每千克鱼第一天用 200 mg 磺胺-6-甲氧嘧啶拌饵投喂，第二天起药量减半，连喂 3～5 d。

⑤每千克鱼每天用 75～100 mg 四环素拌饵投喂，连喂 3～5 d。

⑥每千克鱼每天用 50～75 mg 土霉素拌饵投喂，连喂 3～5 d。

19.诺卡氏菌病

[病原] 卡姆帕其诺卡氏菌(*Nocardia kampachi*)。菌体短杆分枝丝状,无运动力,革兰氏阳性菌。生长温度为12～32 ℃,最适温度为25～28 ℃。生长pH为5.8～8.5,最适pH为6.5～7。生长盐度为0%～4.5%,最适盐度为0%～1%。

[症状] 病鱼大体上分为躯干结节型和鳃结节型两类。

(1)躯干结节型:主要是在躯干部的皮下脂肪组织和肌肉组织发生脓疮,外观上则膨大突出成为许多大小不一、形状不规则的结节,或叫做疥疮,疮里有白色或稍带红色的脓,心脏、脾脏、肾脏、鳔等处也有结节,在所有病灶处都有炎症反应。

(2)鳃结节型:在鳃丝基部形成乳白色的大型结节,鳃明显褪色,内脏各器官也出现结节,特别容易发生在2龄鰤鱼的鳔内。

[流行及危害] 主要危害养殖鰤,当年鱼和2龄鱼均可感染。流行季节从7月开始,一直持续到次年2月,流行高峰期为9至10月。日本养殖鰤鱼地区广泛流行,我国福建、广东等地也常发病。该菌在海水中2 d内死亡,在养殖场附近的海水中能生存1周左右,在富营养化的海水中可能生存更长时间。

[诊断方法] 依外观症状可进行初步诊断,从病灶部位刮取少量脓汁涂片,进行革兰氏染色,镜检发现有阳性的丝状菌可进一步诊断,根据病原菌的培养、分离和鉴定来确诊。

[防治方法] 尚无有效的防治方法。

预防措施:勿过量投饵,避免养殖水体富营养化或残饵堆积。

治疗方法:采用外用药与内服药相结合方法。

外用药:用漂白粉、漂粉精、二氯异氰尿酸钠或三氯异氰尿酸等含氯消毒剂全池泼洒。

内服药:下列内服药物任选一种投喂。

①每千克鱼每天用20～50 mg盐酸多西环素拌饵投喂,连喂3～5 d。

②每千克饲料每天用20 mg的50%氟苯尼考预混剂拌饵投喂,每天1次,连喂3～5 d。

③每千克鱼用10～20 mg恩诺沙星拌饵投喂,每天1次,连续5～7 d。

20.细菌性肾病

[病原]鲑肾杆菌(*Renibacterium salmoninarum*)。菌体短杆菌,革兰氏阳性菌,大小为(0.3～1.0)μm×(1.0～5.5)μm,常成双排列,无荚膜,无动力,无芽孢且好氧。生长温度为5～22 ℃,最适温度为15～18 ℃。最适pH为6.5。

[症状] 游动无力,离群、靠边,食欲丧失,体色变浅。常伴有肛门、鳍条鳍部出血,烂尾、烂鳃及鳞片脱落。腹部膨大,腹腔积水,有贫血现象。眼球周围出血,部分失明,双侧或单侧眼球突出。肌肉中形成肉眼可见的结节。肾显著肿大,形成白色的小结节。肝、心、脾也可见直径为2～3 mm灰白色结节。

[流行及危害] 主要危害鲑鳟鱼类,各龄鱼都易感染,死亡率达70%,但6月龄以前很少发病。流行于美洲、欧洲和日本,我国尚无此病报道。水温在4～20 ℃均能发病,7～18 ℃发病率较高。18 ℃以上死亡率降低。该菌通过三种方式传播:感染的鱼卵垂直传播、鱼之间的水平传播和饵料和带菌的水体接触传播。

我国农业农村部将此病列为三类水生动物疫病。

[诊断方法] 依症状可进行初步诊断,根据病原菌的培养、分离和鉴定来确诊。

[防治方法] 尚无有效的防治方法。预防措施是控制病原菌的引入,隔离、封锁和消毒可以控制该病进入非感染区。每千克鱼每天用 45mg 磺胺甲基嘧啶拌饵持续投喂可控制死亡,但不能治愈。

6.2.3 虾蟹类细菌性疾病防治

1.红肢病(又称红腿病)

[病原] 从病灶处分离到的细菌有副溶血弧菌(*Vibrio Parahaemolyticus*)、气单胞菌(*Aeromonas*)或鳗弧菌(*Vibrio anguillarum*)。

[症状] 一般病虾离群独游,行动呆滞,不能控制行动方向,在水面打转或在池边爬行,重者倒伏在池边。此病的主要症状是附肢变红,特别是游泳足变红,头胸甲鳃区多呈黄色或浅红色。

[流行与危害] 主要危害日本对虾、斑节对虾、南美白对虾和中国对虾等,疾病的感染率和死亡率均可达到 90%以上,为对虾养成期危害严重的一种细菌性疾病。流行于全国沿海各养虾地区,流行季节为 6 至 10 月,8 至 9 月为流行高峰期,广东、广西和福建则在 7 月下旬和 10 月中、下旬也可大批发病并引起死亡。越冬期的亲虾也常感染此病,但一般不会发生急性大批死亡。此病的流行与池底污染和水质不良有密切关系。

[诊断方法] 依外观症状进行初步诊断,确诊需借助电镜检查、免疫学与分子生物技术等方法。

[防治方法]

预防措施:

①虾苗放养前,用生石灰或漂白粉彻底清淤消毒。

②高温季节前,提高池塘水位,保持良好的水质和水色。

③南方呈酸性或底质出现污浊的虾池,7～10 d 内泼洒生石灰,每 667 m^2 用 5～15 kg。

④发病季节养殖水体用 1 mg/L 漂白粉或 0.3～0.5 mg/L 漂粉精,或 0.2～0.3 mg/L 二氯异氰尿酸钠或三氯异氰尿酸,或 0.3～0.5 mg/L 溴氯海因或二溴海因等消毒剂全池遍洒消毒,每月 2～3 次。

治疗方法:外用药与内服药相结合。

外用药:用含氯消毒剂全池遍洒,每半月左右 1 次。

内服药:下列内服药物任选一种投喂。

①每千克虾每天用 0.1～0.15 g 的 10%氟苯尼考粉拌饵投喂,每天 1 次,连喂 3～5 d。

②用 1%～2%大蒜去皮捣烂,加入少量清水搅匀拌饵投喂,连续 3～5 d。

③每千克虾每天用 40～60 mg 甲砜霉素粉拌饵投喂,分 2 次投喂,连续 3～5 d。

2.甲壳溃疡病(又称褐斑病或黑斑病)

[病原] 从病灶处分离到的细菌有弧菌(*Vibrio*)、假单胞菌(*Pseudomonas*)和黄杆菌(*Flavobacterium*)等。甲壳溃疡病的病因可能有以下四种:

(1)上表皮先受到机械损伤,然后具有分解几丁质能力的细菌再侵入。我国越冬期间的甲壳溃疡病发病就是由此原因引起的。

(2)上表皮先受到其他细菌破坏,然后具有分解几丁质能力的细菌再侵入。

(3)由营养不良引起的。

(4)由某些化学物质(如重金属)引起的。

[症状] 病虾体表的甲壳发生溃疡,形成褐色的凹陷,凹陷的周围较浅,中部较深。其褐色是由于虾体为了抑制细菌的继续扩散和侵入,在伤口周围所沉积的黑色素。越冬亲虾患病后除了体表的褐斑外,附肢和额剑也烂掉,断面也呈褐色。病蟹表面有多个形状、大小不同的溃疡,溃疡斑的时间长后呈黑色褐斑。

[流行与危害] 此病在我国的越冬亲虾中最为流行,危害性较大。亲虾越冬期(1至2月)为疾病流行季节。中国对虾越冬期感染率和积累死亡率高达70%。在池塘养殖的对虾中也有甲壳溃疡病发生,但一般发病率很低,危害性不大,仅见于少量虾体。幼蟹至成蟹的各个阶段都可能染有此疾病,主要对亲蟹危害较大,严重时会引起大批死亡。发病率与死亡率一般随水温的升高而增加,流行范围较大,任何养殖水体均可能发生。

[诊断方法] 根据外观症状就可进行初步诊断。要确诊还要刮取黑斑处的物质镜检。但要注意与维生素C缺乏病的区别:维生素C缺乏病的症状是黑斑位于甲壳之下,甲壳表面光滑,并不溃烂。

[防治方法]

预防措施:

①选留越冬亲虾时操作管理要谨慎、细心,尽可能避免虾、蟹体受伤。

②定期泼洒含氯消毒剂或生石灰,保证水质不受污染,投喂质量优良的饵料。

③发现病虾、病蟹应及时隔离、消除。

治疗方法:

①对虾养成期甲壳溃疡病:参照红肢病的治疗方法。

②越冬亲虾甲壳溃疡病:用20～25 mg/L过氧化氢溶液全池遍洒,隔天泼1次。同时每千克饲料加0.5～1 g土霉素投喂,日投饵量为虾体重的10%,连喂3～5 d。

③河蟹甲壳溃疡病:用20～25 mg/L过氧化氢或2 mg/L漂白粉溶液全池遍洒,隔天1次,连泼2次。同时按每千克饲料添加1～2 g投磺胺类药物喂,连喂3～5 d。

3.对虾烂眼病

[病原] 养成期烂眼病的病原非01群霍乱弧菌(*vibrio cholerae non-01*)。菌体短杆状弧状,革兰氏阴性菌,大小为(0.5～0.8)μm×(1.5～3.0)μm,单个,有时连成"S"形,极生单鞭毛,能运动。生长温度为15～45 ℃,最适温度为30～42 ℃。生长pH为5～10,最适pH为7～9。生长盐度为0%～5%,最适盐度为0.5%～2.0%。该菌适于高温、微碱性、低盐的水体中繁殖。

越冬亲虾烂眼病的病原有两种:一种是细菌,另一种是真菌,均未定出属名和种名。

[症状] 养成期烂眼病的病虾伏于水草或池边,有时浮于水面旋转翻滚,眼球出现病变,由黑变褐,以后溃烂,溃烂一般从眼球前部开始,严重时眼球烂掉,仅存眼柄。越冬亲虾烂眼病的病虾游动缓慢或伏于水底,病变一般在眼球的前外侧,有的双眼溃烂,有的仅一边的眼睛溃烂,严重时眼球脱落。

[流行与危害] 养成期烂眼病全国各地均有发生,流行季节为7至10月,并以8月最为严重。感染率30%～50%,一般是散发性死亡,死亡率不高,但影响生长。越冬亲虾烂眼病

感染率达 90%以上。

[诊断方法] 肉眼观察眼球颜色和溃烂情形可进行初步诊断，镜检方可确诊。

[防治方法]

预防措施：虾池放养虾前彻底清淤消毒，养成期保持良好水质，越冬期常吸污换水，控制暗光以减少亲虾游动。

治疗方法：

①对虾养成期烂眼病：参照红肢病，但初期可不用内服药，只泼洒含氯消毒剂。

②越冬亲虾烂眼病：细菌引起的烂眼病可泼洒含氯消毒剂或抗菌药 3～5 d，但两者不能同时使用；真菌引起的烂眼病可用 2～3 mg/L 克霉灵或 6 mg/L 制霉菌素浸洗，连续 3 d。

4.对虾烂鳃病

[病原] 弧菌(*Vibrio*)、假单胞菌(*Pseudomonas*)或气单胞菌(*Aeromonas*)。

[症状] 病虾呼吸困难，浮于水面，游动缓慢，反应迟钝，最后死亡。鳃丝灰白，肿胀变脆，严重时鳃尖端基部溃烂，坏死鳃丝皱缩或脱落。

[流行与危害] 全国各地养成虾的常见病。危害各种对虾，高温季节(8 月)易发病，可引起对虾的死亡。烂鳃病发病率较低，但已烂鳃的虾很少成活。

[诊断] 根据症状进行初步诊断，镜检鳃丝以确诊。

[防治方法] 参照对虾红肢病。

5.幼体弧菌病(又称菌血病)

[病原] 从患病幼体分离出多种弧菌，其中包括鳗弧菌(*Vibrio anguillarum*)、副溶血弧菌(*Vibrio Parahaemolyticus*)和溶藻胶弧菌(*Vibrio alginolyticus*)。因病菌主要发现在血淋巴中，所以也叫做菌血病。

[症状] 患病对虾幼体游动不活泼，趋光性差，严重者在静水中下沉于水底，不久就死亡。慢性感染者一般身体有单细胞藻类、原生动物和有机碎屑等污物附着，而急性感染者则无。患病河蟹身体瘦弱，活动能力减弱，多数在水的中、下层缓慢游动，趋光性差，体色变白，摄食减少或不摄食，呈昏迷状。随病情发展，病蟹腹部伸直失去活动能力，最终聚集在池边浅滩处死亡。病蟹组织中，特别是鳃组织中，有血细胞和细菌聚集成不透明的白色团块，濒死或刚死的的病蟹体内有大量的凝血块。

[流行与危害] 对虾幼体弧菌病是世界性的，以溞状幼体Ⅱ以后的发病最高。河蟹弧菌病主要危害幼蟹、溞状幼体，甚至大眼幼体，尤以溞状幼体的前期为重。由于具有很强的传染性和高的死亡率，往往在 2～3 d 时间导致 90%以上的幼体死亡，甚至在 24 h 内大批死亡。我国沿海各养虾、养蟹地区均有发生，流行季节为夏季，流行水温为 25～30 ℃。发病的主要原因是放养密度高、机体受到机械损伤或敌害侵袭而体表受损、水质污染、投料过多等，导致弧菌继发性感染。

[诊断方法] 取发病幼体镜检来初步诊断。

[防治方法]

预防措施：

①合理放养，一般蟹放养密度为 3～6 只/m²，放养规格为 5～10 g/只。

②捕捞与运输过程中,操作要谨慎,避免幼体受伤。

③育苗池用高锰酸钾或漂白粉溶液消毒,育苗工具用漂白粉溶液浸泡 1 h 以上,育苗用水最好要经过沙滤。

④投喂适量,防止残饵污染水质,滋生细菌,及时更换新水,保持水质清新。

治疗方法:关键在早发现、早治疗。每千克饲料每天用 20 mg 的 50%氟苯尼考预混剂拌饵投喂,每天 1 次,连喂 3～5 d。

6.丝状细菌病

[病原] 主要是毛霉亮发菌(*Leucothrix mucor*),一种头发状、不分支、菌丝无色透明、好氧、嗜盐的革兰氏阴性菌。此外还有发硫菌(*Thiothrix* sp.)。

[症状] 丝状细菌可附着在对虾的卵、幼体、成虾的鳃和体表,以及河蟹的溞状幼体和大眼幼体的体表上。病虾鳃部多为黑色或棕褐色,头胸部附肢和游泳足色泽暗淡,似有旧棉絮状附着物。病蟹幼体头胸甲背部有一簇白毛,严重时全身似绒毛状。丝状细菌仅以宿主为生活基地,不侵入宿主机体组织,不摄取宿主营养,与宿主共栖,不直接危害宿主,但会影响虾、蟹呼吸,会使幼体蜕皮受阻,游泳迟缓,甚至沉于池底,逐渐死亡。

[流行与危害] 丝状细菌不仅着生在各种对虾及其各个生活时期,而且在海水鱼类的卵上,其他虾、蟹等多种海产甲壳类的各个生活阶段以及海藻上都可发现。一般不会引起大规模的死亡,但它与固着类纤毛虫和吸管虫同时存在时,其危害性加大。该病流行广,无明显地域界限,没有明显季节性,但主要发生在 8 至 9 月,流行温度为 23～35 ℃,最适温度为 25 ℃。池水和底泥有机质含量多是诱发本病的一个重要原因。

[诊断方法] 取发病的卵、幼体或病虾鳃丝镜检进行初步诊断。

[防治方法]

预防措施:

①清除池底淤泥并消毒,定期冲注水,保持水质与底质的清洁。

②合理放养密度,投喂营养丰富饲料,促使幼体正常蜕皮与生长。

治疗方法:

①治疗幼体丝状细菌病:加大换水量,并多喂适口饲料,促使患病幼体尽快蜕皮。同时用 0.5 mg/L 漂粉精或 0.5～0.7 mg/L 高锰酸钾溶液全池遍洒,有一定疗效。

②治疗养成期丝状细菌病:用 10～15 mg/L 菜籽饼全池遍洒,促使其蜕皮,蜕皮后并大换水;或用 5 mg/L 高锰酸钾溶液全池遍洒,6 h 后大量换水;或用 1 mg/L 氯化铜溶液浸洗,对控制该病也有一定疗效。

注意:不能用蜕皮的方法治疗封闭式纳精囊亲虾的丝状细菌病。

7.对虾黑鳃病

[病因] 病因复杂,病毒、细菌、真菌、固着类纤毛虫、水质污染和营养缺乏等因素都能引起的对虾黑鳃病。

[症状] 病虾鳃丝呈土黄色或灰色,直至完全变黑,严重时鳃丝萎缩、糜烂和坏死等。不同病因引起的黑鳃症状的区别见表 6-3。

表 6-3 不同病因引起的黑鳃症状的区别

黑鳃类型	病因	症状	诊断
病毒性黑鳃	白斑综合征病毒 黄头病毒	鳃丝组织坏死变黑	病症和流行情况
细菌性黑鳃	弧菌	鳃丝组织坏死变黑	症状、细菌分离与培养
细菌性黑鳃	毛霉亮发菌	鳃丝表面有污附生,外观黑色,但鳃组织并不变黑。	症状、镜检鳃丝
真菌性黑鳃	镰刀菌	鳃丝组织坏死变黑	症状、镜检鳃丝,可见菌丝及分生孢子
固着类纤毛虫引起的黑鳃	钟虫、累枝虫、聚缩虫	鳃丝表面有污附生,外观黑色,但鳃组织并不变黑。	症状、镜检鳃丝
水质污染引起的黑鳃	水质、底质恶化 pH 值偏低、重金属过多 氨氮和亚硝酸盐过高	鳃丝组织坏死变黑	症状、镜检鳃丝
营养缺乏引起的黑鳃	长期缺乏维生素 C	鳃丝组织坏死变黑	症状、镜检鳃丝

[诊断方法] 根据症状进行初步诊断,镜检鳃丝以确诊。对虾黑鳃病病因广泛,诊断时可根据病症逐一排除,分析其究竟为何种情况所致,然后确诊。

[防治方法]

预防措施:彻底清塘、严格消毒、控制苗种质量、合理放养,定期改良水质和底质,定期投喂多糖、寡肽,补充多种维生素,尤其是维生素 C,提高对虾抗病力和抗逆性。

治疗方法:

①细菌和真菌引起的黑鳃病:可全池遍洒含氯消毒剂,同时内服抗生素进行防治。

②固着类纤毛虫引发的黑鳃病:可全池遍洒硫酸锌等杀灭纤毛虫的药物。

③水质恶化、重金属过多或缺乏 Vc 引发的黑鳃病:可换水并使用螯合剂、絮凝剂、吸附剂和微生态制剂等改善水环境,同时增加饲料中维生素 C 的添加量。

8.红体病

[病因] 病因复杂,对虾红体病可分为病毒性红体、细菌性红体和应激性红体三大类。

[症状] 病虾缓游于池边或池面,身体局部或全身性发红。

不同病因引起的红体症状区别见表 6-4。

表 6-4 不同病因引起的红体症状的区别

红体病类型	病因	肝胰腺	体色	甲壳
病毒性红体病	桃拉病毒 白斑综合征病毒	肿大、变白	淡红色 或深红色	甲壳变软 甲壳变软,白色斑点
细菌性红体病	溶藻弧菌 副溶血弧菌	肿大、变白	红色	甲壳硬
应激性红体病	水环境变化、捕捞、施药等操作	稍微发红	发红	甲壳不软

［诊断方法］根据症状，并结合水质以及养殖管理情况分析予以诊断。

［防治方法］

防治方法：

预防措施：彻底清塘、调控好水质，保持水质的“嫩、肥、活、爽”。定期进行水体消毒，杀灭病原体；补充营养，添加免疫活性物质，增强对虾抗逆性和抗病力。

治疗方法：

①病毒性红体病：依具体情况采取合适措施。如选择SPF虾苗。

②细菌性红体病：可使用温和药物消毒水体，减少刺激，同时拌饵投喂一些抗生素，以便达到内外兼治的效果。

③应激性红体病：可换水或投放解毒抗应激类药物，增加水体缓冲，适当投入微生态制剂和水质改良剂，改善水环境，同时投喂提高免疫力的抗应激产品，数日后便可恢复（此时慎用消毒剂，避免产生刺激，加大应激反应）。

9.急性肝胰腺坏死病

［病原］一类携带特定毒力基因的弧菌（V_{AHPND}）。种类包括：副溶血弧菌、哈维氏弧菌、欧文斯氏弧菌和坎贝氏弧菌。

［症状］患病后的对虾表现出肝胰腺颜色变白、萎缩，壳软，空肠空胃或肠道内食物不连续。发病晚期肝胰腺表面常可见黑色斑点和条纹。几天之内发生大量死亡。

［流行与危害］主要危害凡纳滨对虾、斑节对虾。主要发生在对虾幼虾期，投苗后2周左右发病率最高。4—7月为发病高峰期。低盐度（<6）的水源似乎能减少疫病的发生。

WOAH将此病列为必须申报的疾病。我国农业农村部将此病列为三类水生动物疫病。

［诊断方法］依据临床症状进行初步诊断，确认可参照水产行业标准（急性肝胰腺坏死病诊断规程）(SC/T 7233-2020)。

［防治方法］以预防为主。

①采购检疫合格的种苗，并进行2～4周的种苗高密度标粗和检疫，再次检疫合格的虾苗用于养成期养殖。

②根据种苗健康水平和设施条件，科学设置养殖密度。

③避免投喂冰鲜或鲜活饵料，杜绝饵料引入病原的风险。

④提倡鱼虾混养，降低发病风险。

⑤用生石灰清塘消毒。水泥池，地膜塘和养殖设施用50～100 mg/L次氯酸钙或200 mg/L二氧化氯浸泡消毒24 h以上。

⑥养殖或育苗用水的水体用40～100 mg/L次氯酸钙消毒浸泡12 h，消毒后充分曝气消除余氯（低于3 mg/L后才可放苗或者将水体加入池塘。

10.河蟹螺原体病（又称河蟹颤抖病、河蟹抖抖病）

［病原］中华绒螯蟹螺原体（*Spiroplasma eriocheiris*）。螺原体是一类螺旋状、无细胞壁的原核生物。个体极小，结构相对简单，细胞骨架由一个长约240nm的哑铃形结构和一个扁平的带状结构组成。

［症状］病蟹行动减缓，反应迟钝；附肢环爪，呈痉挛状颤抖或僵直；鳃丝呈浅棕色或黑

色;肝胰腺脓肿呈灰白色,肝组织糜烂。

[流行与危害] 全国养殖河蟹的地区均有发生此病,主要流行于江苏、安徽、浙江等省。从5～10 g/只幼蟹到200～250 g/只成蟹都有发生,100 g以上的蟹发病率最高,高达60%～90%。发病时间为5～10月,以8～9月为发病高峰。流行水温25.0～35.0 ℃,水温20.0 ℃以下患病逐渐减少。

[诊断方法] 根据临床症状进行初步诊断,确诊需借助电镜检查方法。

[防治方法] 以预防为主。

①清淤消毒池塘,种好水草,定期泼洒消毒剂、水质和底质改良剂,为河蟹生长营造一个良好的生态环境。

②严格执行检疫制度,不从疫区引入蟹种,并对蟹种进行消毒。

③蟹种必须纯,严禁近亲繁殖。

④精心饲养管理,注意投喂优质颗粒饲料,捕捉及搬运时操作要细心,严防蟹体受伤。

⑤养蟹设施及工具必须进行消毒。

⑥饲料中添加中草药和多糖类免疫增效剂,增强蟹体免疫力。

6.2.4 其他水产养殖动物细菌性疾病防治

1.鲍脓疱病

[病原] 河流弧菌Ⅱ型(*Vibrio fluvialis*-Ⅱ)。革兰氏阴性杆状(有时为短杆),极生单鞭毛,能运动。生长温度为15～42 ℃,生长pH为5,5～11,最适盐度为2%～3%。

[症状] 发病初期,病鲍行动缓慢,摄食量减少,病鲍从养成板上的背面爬行至养成板的表面或养殖水池的池壁。腹足肌肉表面颜色较淡,随着病情加重,腹足肌肉颜色发白变淡,出现若干白色球状脓疱,脓疱破裂后形成2～5mm深的孔状创面,并由脓液溢出,继而创面周围的肌肉溃烂坏死。发病后期,病鲍基本停止摄食,腹足肌肉附着力明显减弱且腹足肌肉发生大面积溃疡,最终死亡。

[流行与危害] 脓疱病是一种危害较严重的鲍病,主要危害皱纹盘鲍,九孔鲍,1龄稚鲍到成鲍均会感染,死亡率高达50%,流行于每年夏季7至9月高温季节,水温20 ℃以上。

[诊断方法] 根据症状进行初步诊断,确认需对病原菌进行分离鉴定。

[防治方法]

预防措施:改善养殖工艺和管理水平,尽量避免鲍足受伤。选用健康亲鲍育苗,投喂优质饲料,控制放养密度,加大换水量,适当控制水温,将水温降到20 ℃。也可采用药饵预防。

治疗方法:病鲍每天用6.25 mg/L复方新诺明,或6 mg/L恩诺沙星溶液浸洗3 h,3～5 d为1个疗程。

2.蛙肠胃炎病

[病原] 肠型点状气单胞菌(*Aeromonas punctata f. intestinalis*)。

[症状] 病蛙体虚乏力,行动迟缓,食欲消失,缩头弓背。解剖可见病体肠内少食或无食,多黏液,肠胃内壁有炎症。

[流行与危害] 从蝌蚪到成蛙各个发育阶段均有发生,主要危害30日龄左右蝌蚪。全

国各地均有发生，5至9月是主要发病季节，并常与红腿病并发。此病具有发病快、危害大、传染性强、死亡率高等特点。饲养管理不当，如时饱时饥、吞食腐败变质的饲料、池水不够清洁是诱发疾病的主要原因。

［诊断方法］以症状可以初步诊断。

［防治方法］

预防措施：

①定期换水，保持水质清新。

②不投腐烂变质饲料，对食台定期清扫和消毒，并尽可能驯化牛蛙到陆地摄食。

③用1 mg/L漂白粉或30 mg/L生石灰溶液全池遍洒，每半月1次。

治疗方法：

①用0.3～0.5 mg/L三氯异氰尿酸溶液全池遍洒，1天1次，连续2次。

②用0.05%～0.1%食盐溶液浸浴患病蝌蚪15～30 min。

③每千克蛙用200 mg磺胺药物拌饵投喂，第2～6 d药量减半。

④用0.05%～0.1%食盐溶液浸浴患病蝌蚪15～30 min。

⑤每只蛙用含青霉素2万IU、链霉素5 000 IU的药水0.2～0.4 ml灌喂，每天2次，连续3～4 d。

3.蛙红腿病

［病原］嗜水气单胞菌(*Aeromonas hydrophila*)和乙酸钙不动杆菌(*Acinetobacter calcoaceticus*)的不产酸菌株。

［症状］可分为急性型和慢性型两种。急性型的病蛙行动迟缓，厌食，后肢红肿，皮下出血，严重时后腿肌肉充血呈紫红色，并全身肌肉充血。慢性型的病蛙病情较轻，病程长，身体无水肿现象，腹部和四肢皮肤无明显充血发红。

［流行与危害］几乎所有的养殖蛙均有发病，多发生于幼蛙和成蛙。流行于广东、福建和江苏，一年四季均有可能发病，但是3—11月发病率较多，5—9月是发病高峰，水温20～30 ℃易发病。该病发病快、感染性强、死亡率高。当水质恶化、蛙体受伤、营养不良、水温和气温温差大、密度过高时，更易暴发此病。

［诊断方法］依症状可初步诊断，根据细菌培养与鉴定结果来确诊。

［防治方法］

预防措施：

①保持水质清新，及时扫清残饵。

②控制放养密度，避免相互擦挤受伤，并投喂足量的优质饲料。

③流行季节，可注射牛蛙红腿病灭活菌苗进行预防。

④发病季节用0.3 mg/L三氯异氰尿酸和30 mg/L生石灰溶液间隔消毒池塘，每周1次。

治疗方法：

①病蛙用3%～5%盐水浸洗20～30 min；或先用30 mg/L高锰酸钾溶液浸洗5～10 min，然后注射庆大霉素(4万IU)2～4 ml。

②用0.05 mg/L高锰酸钾或2 mg/L漂白粉溶液全池遍洒消毒，每周1次，连续3次。同时，口服药饵，每千克蛙第一天用200 mg复方新诺明拌饵投喂，第2～7 d药量减半。或

每千克蛙每天用 30 mg 恩诺沙星拌饵投喂，连续 3～5 d；或按在饲料中添加 0.1%土霉素，连续 3～5 d。

4.蛙脑膜炎败血症

［病原］脑膜炎败血金黄杆菌（F.*meningosepticum*）。革兰氏阴性菌，具荚膜。生长温度为 5～30 ℃，最适生长温度为 15～20 ℃，生长 pH 为 6.5～10.2，最适 pH 为 7.8～8.3。生长盐度为 0.1%～1%。

［症状］病蛙精神不振，行动迟缓，食欲减退，全身发黑，个别病蛙有类似神经性疾病症状，身体失去平衡，在水中打转，肛门红肿，有腹水，眼球外突、充血，以致双目失明。解剖可见病蛙的肝、肾、肠等器官均有明显的充血现象。

［流行及危害］主要危害 100 g 以上的成蛙，全国各养娃地区均有不同程度的发病，主要发生于 5—9 月，水温 20 ℃以上时。具有病程长，传染性强，死亡率高等特点。水温高时从病发到死亡，一般为 2～3 d，温度低时则要 15 d 以上，最高死亡率可达 90%以上。当水质恶化，水温变化较大时更易发生疾病。

我国农业农村部将此病列为三类水生动物疫病。

［诊断方法］依症状可初步诊断；根据细菌分离、培养与鉴定结果来确诊

［防治方法］

预防措施：

①加强对引种种苗的检疫，种苗入池前用 20～30 mg/L 高锰酸钾溶液浸浴 15～20 min；或用 50 mg/L 聚维酮碘溶液浸浴 5～10 min。

②定期用 0.3 mg/L 三氯异氰尿酸溶液全池遍洒消毒水体。

③病蛙要毁灭处理，或活埋或烧毁。

④每千克蛙第 1 d 用 200 mg 磺胺类药物（如复方新诺明）拌饵投喂，第 2～7 d 药量减半。

治疗方法：用 0.3 mg/L 三氯异氰尿酸全池遍洒，隔天 1 次。同时在饲料中拌入复方新诺明，用量为每千克蛙第 1 d 用药 200 mg，第 2～7 d 药量减半。

5.鳖出血性肠道坏死症（又称白底板病、胃肠溃疡出血病）

［病原］该病病原较复杂，包括细菌性病原与病毒性病原。细菌性病原有嗜水气单胞菌（*Aeromonas hydrophila*）、迟钝爱德华氏菌（*Edwardsiella tarda*）、大肠杆菌（*Escherichia coli*）、假单胞杆菌（*Pseudomonas* spp.）、普通变形杆菌（*Proteus vulgaris*）等，病毒病原分类地位尚不明了。初步认为，病毒性病原为原发性感染，细菌性病原为继发性感染。

［症状］病鳖鳖体完好无损伤，底板大部分呈乳白，偶尔个别布满血丝；有些雄性生殖器外露。内部器官表现出两种类型：充血型和失血型。

（1）充血型：胃、肠充血，深红或暗紫色，肠内充满血水或血凝块，肠道无食物、糜烂、坏死；脾深红色、肿大；肝灰黑色或青灰色，有的点状充血，糜烂；胆囊肿大；生殖器官严重充血，卵巢呈暗紫色出血状。

（2）失血型：大部分内脏器官均失血、发白。病鳖在濒死前主要有两种表现：一是浮于水面，不下沉水底，显得焦躁不安；二是夜晚静伏于食台或岸边，极易捕捉，捕捉后给予刺激，表现出很强的活动力，病鳖一般在 4～8 h 内即会死亡。

[流行与危害] 主要危害成鳖、亲鳖和体重为100～200 g的幼鳖，发病率为43.2%，死亡率为44.5%，严重时可导致全池覆灭。流行地区广，以湖北、福建、河南等省的养鳖地区最为严重，流行期为5至7月，25～30 ℃为发病高峰期，气温与水温的波动可加速该病的进程。投喂不洁饲料，营养成分单一，养殖环境恶劣与剧变，或从外地引入带病的亲、幼鳖，均可导致本病发生。

[诊断方法] 依症状可初步诊断，根据细菌培养与鉴定结果来确诊。失血型的白底板病与鳃腺炎症状相似应注意区别：此病鳃腺正常，体形正常，无浮肿现象，卵膜常有出血点或出血斑。

[防治方法]

预防措施：

①严格检疫，不从疫区引种。

②温室鳖最好推迟到6月上中旬出温室。出温室前按每千克鳖用10万IU庆大霉素与0.5 g板蓝根、苦参、穿心莲、虎杖等中草药合剂投喂3～5 d，同时用0.8 mg/L强氯精溶液遍洒1～2次。

③加强水质管理，保持生态环境的相对稳定。

④在饲料中添加一些活鲜饲料，并注意其质量，做好消毒。

治疗方法：目前尚无有效防治方法。每千克鳖每次用0.35 g甲砜霉素粉拌饵投喂，每天2～3次，连续3～5 d。

注意：此病发生后，切忌干塘或大换水，否则会导致大规模的死亡。

6.鳖红脖子病(又称大脖子病、俄托克病)

[病原] 目前有多种说法：一是嗜水气单胞菌(*Aeromonas hydrophila*)，二是甲鱼虹彩病病毒(*Soft shelled turtle iridovirus*，简称STIV)，三是细菌和弹状病毒(*Rhabdovirus*)共同引起的。

[症状] 该病主要症状是病鳖脖颈红肿，充血，伸缩困难。有的病鳖，周身水肿，腹部可见多个大小不一的红斑，并不断溃烂，口鼻出血，眼睛白浊，严重时失明。病鳖口腔、食管、胃、肠的黏膜呈明显的点状、斑块状、弥散性出血，肿脏肿大，呈土黄色或灰黄色，有针尖大小的坏死灶，脾肿大。病鳖对外界环境反应的敏感性降低，运行迟缓，或浮于水面，或伏于沙地、食台或荫凉处，或潜伏于泥沙中不动，大多在上岸晒背时死亡。

[流行与危害] 主要危害亲鳖及成鳖，死亡率可达20%～30%。长江流域的流行季节为3至6月，华北为7至8月，有时可持续到10月中旬，流行温度为18 ℃以上。机械损伤，温度突变，水质恶化，饲料变更等应激因素均可促使病原入侵，导致该病发生。

[诊断方法] 根据症状和流行情况进行初步诊断。

[防治方法]

预防措施：

①做好分级饲养，避免鳖互相咬受伤，受伤的鳖不要放入池中养殖。

②定期用2 mg/L漂白粉或0.5 mg/L强氯精全池遍洒消毒。

③每千克鳖用15～20万IU的庆大霉素或卡那霉素投喂，每天1次，连续3～6 d。

④人工注射鳖嗜水气单胞菌灭活疫苗或病鳖脏器土法疫苗，投喂30%左右的动物肝脏，增强鳖体免疫力。

治疗方法：

①选用抗菌药物(庆大霉素、卡那霉素、链霉素等)，给病鳖进行肌肉或后腿皮下注射，注射量为每千克鳖 20 万 IU，并置于隔离池中饲养。

②每千克鳖每次用 0.35 g 甲砜霉素粉拌饵投喂，每天 2～3 次，连续 3～5 d。

③用 0.8 mg/L 强氯精或 3～4 mg/L 漂白粉或 0.4 mg/L 二氧化氯溶液全池遍洒，连续 2 次，隔 1～2 天 1 次。

④每千克鳖用 200 mg 土霉素或金霉素或先锋霉素拌饵投喂，第 2～6 d 减半。

7.鳖穿孔病(又称洞穴病、空穴病)

[病原] 嗜水气单胞菌、普通变形杆菌、肺炎克雷伯氏菌(*Klebsiella pneumoniae*)、产碱菌(*Alcaligemes* spp.)等多种细菌。

[症状] 发病初期，病鳖背腹甲、裙边和四肢出现一些成片的白点或白斑，呈疮痂状，直径 0.2～1.0 cm，周围出血，揭出疮痂可见深的洞穴，严重者洞穴内有出血现象。未挑的疮痂，不久便自行脱落，在原疮痂处留下一个个小洞，洞口边缘发炎，轻压有血液流出，严重时可见内腔壁。肠充血，肝灰褐色，肺褐色，脾肿大变紫，胆汁墨绿。病鳖行动迟缓，食欲减退，长期不愈可由急性转为慢性，除有穿孔症状之外，裙边、四肢、颈部还出现溃烂，形成穿孔病与腐皮病并发。

[流行与危害] 对各年龄段的病鳖均有危害，尤其是对温室养殖的幼鳖危害最大，发病率可达 50%左右。室外养殖流行季节是 4 至 10 月，5 至 7 月是发病高峰季节；温室养殖主要发生于 10 至 12 月。疾病的流行温度为 25～30 ℃。养殖环境恶劣、饲养不良，导致细菌感染是疾病的诱因。

[诊断方法] 背、腹甲有疮痂并见洞穴者基本为此病。

[防治方法]

预防措施：

①饲养环境消毒。鳖池、底质用 100～200 mg/L 生石灰或 10～20 mg/L 漂白粉溶液消毒。养殖用水用 1 mg/L 强氯精或 2～4 mg/L 漂白粉溶液消毒。

②鳖体用 1%聚维酮碘浸洗 20～30 min 或 10 mg/L 高锰酸钾溶液浸洗 10～15 min。

③稚、幼鳖进温室时，避免受伤或养殖环境的急剧变化。

④稚、幼鳖饲养阶段，每月按 1.2%的比例投喂维生素 E，10 d 左右。

治疗方法：

①用 100 mg/L 四环素或土霉素溶液浸洗病鳖 40 min。

②洗净病鳖后，用煮沸的竹尖挑去体表的疮痂，随即用碘酒或盐水涂擦伤口，并涂抹金霉素软膏。

③每千克鳖每次用 0.35 g 甲砜霉素粉拌饵投喂，每天 2～3 次，连续 3～5 d。

④饲养池用 0.5 mg/L 二氧化氯或 1～1.2 mg/L 强氯精溶液泼洒 2 次，隔 2 天 1 次，7 d 后再用 50 mg/L 生石灰溶液泼洒 1 次。

8.鳖疖疮病

[病原] 点状气单胞菌点状亚种(*Aeromonas punctata subsp. punctata*)。

[症状] 初期病鳖颈部、背腹甲、裙边、四肢基部长有一个或数个黄豆大小的白色疥疮，

以后疥疮逐渐增大，向外突出，最终表皮破裂，有腥臭味的内容物。随病情发展，疥疮自溃，内容物散落，炎症延展，皮肤溃烂成洞穴，导致溃烂病与穿孔病并发。病鳖肺充血，肝脏暗黑或褐色，略肿大，质碎，胆囊肿大，脾溢血，肾充血或出血，肠略充血，体腔中有较多黏液。病鳖食欲减退或不摄食，消瘦，常静卧食台，头不能回，眼不能睁开，衰弱死亡。

[流行及危害] 鳖疖疮病是一种发病率高，传播速度快，致病作用甚强的传染性疾病，幼鳖到成鳖都会被感染，尤其对幼鳖的危害更大，体重为20 g以下的稚鳖发病率可达10%～50%，250 g以上的鳖死亡率可达30%～40%。流行季节为5至9月，5至7月为发病高峰期，流行温度是20～30 ℃。

[诊断方法] 根据症状及流行情况进行初步诊断，确诊需进行病原分离鉴定。

[防治方法]

预防措施：

①科学管理，合理密养，投喂新鲜、营养合理的饲料。

②室外搭建晒背台，室内营造一定的陆地休息场所。

③定期用50～60 mg/L生石灰溶液全池遍洒，定期加注新水或更换部分新水，保持良好水质。同时在饲料中添加1.5%～2%盐酸四环素或土霉素钙盐，连续3～5 d。

治疗方法：

①用庆大霉素按每千克鳖8～15万IU腹腔注射，病情严重者注射2～3次。

②用50 mg/L土霉素、四环素、链霉素等溶液在浅水浸洗12～24 h。

③每千克鳖用200 mg土霉素或复方新诺明拌饵投喂，连续5～7 d。同时用0.4 mg/L二氧化氯溶液全池遍洒，连续2次，隔1～2天1次。

④病鳖隔离，挤出病灶内含物，用0.1%～0.2%利凡诺溶液浸洗15～30 min。

6.3 水产动物真菌性疾病和寄生藻类疾病防治

水产动物由真菌感染而引起的疾病称为水产动物真菌性疾病。真菌不仅危害水产动物的幼体和成体，而且危害卵，成为水产养殖业的大害，有些种类是口岸检疫的对象。目前对真菌病尚无理想的治疗方法，主要是进行预防与早期治疗。

藻类中很多是水产动物的直接或间接饵料，有些是水产动物的敌害，个别种类还可寄生在机体上引起疾病，如卵甲藻病。

6.3.1 真菌概述

真菌是一类具有典型细胞核，不含叶绿素，不分根茎叶的低等真核生物。

1.真菌的形态结构

真菌比细菌大几倍至几十倍，在放大几百倍的光学显微镜下清楚可见。真菌按形态可分为单细胞型真菌和多细胞型真菌两大类。

(1)单细胞型真菌：又称酵母菌，细胞呈圆形或卵圆形，以出芽方式繁殖，芽生孢子成熟后与母体分离，形成新的个体。

(2)多细胞真菌：又称丝状菌或称霉菌，由菌丝和孢子组成。

①菌丝：菌丝是由孢子长出芽管并逐渐延长形成。菌丝又可长出许多分支并交织成团，形成菌丝体。

菌丝按形态可分为螺旋状、球拍状、结节状、鹿角状、梳状等，不同种类的真菌有不同形态的菌丝。

菌丝按功能可分为营养菌丝和气中菌丝。营养菌丝伸入培养基中吸取营养，以供生长；气中菌丝暴露于空气中，其中产生孢子的气中菌丝称为生殖菌丝。

菌丝按结构可分为无隔菌丝和有隔菌丝。无隔菌丝的整条菌丝为一个细胞，无横隔，含多个核，是一种多核细胞；有隔菌丝的菌丝内有横隔，把一条菌丝分隔成多个细胞。大部分致病性真菌为有隔菌丝。

②孢子：一条菌丝可长出多个孢子，适宜条件下孢子可发芽并发育成菌丝。孢子是真菌的繁殖器官，其抵抗力不强，加热 60～70 ℃短时间即可死亡。真菌孢子分无性孢子和有性孢子两类。病原性真菌大多数产生无性孢子，有性孢子绝大多数为非致病性真菌所具有。

2.真菌的繁殖

真菌依靠菌丝和孢子进行繁殖。真菌的繁殖方式有有性繁殖和无性繁殖两种，分别产生有性孢子和无性孢子。有性繁殖是指经过不同性细胞结合而产生新个体的过程。一般经过质配、核配和有丝分裂三个阶段。无性繁殖是指不经过两性细胞的结合，而是营养细胞分裂或营养菌丝的分化而形成两个新个体的过程，无性繁殖是真菌的主要繁殖方式。

3.真菌的致病性

不同的真菌可通过不同的方式致病。

(1)致病性真菌感染：主要是外源性感染，可引起皮肤、皮下及全身各器官、组织病变。

(2)条件致病性真菌感染：主要是内源性感染，这类真菌致病力不强，一般情况下不致病，只有在机体抵抗力下降或菌群失调时发生。

(3)真菌变态反应性疾病：真菌性变态反应有感染性变态反应和接触性变态反应两种类型。真菌孢子或菌丝污染空气环境，吸人或接触后，可引起荨麻疹、接触性皮炎等。

(4)真菌性中毒：引起中毒的可以是真菌本身，但主要是真菌生长后产生的真菌毒素。

(5)真菌毒素与肿瘤：现已证实真菌毒素与肿瘤有关。如黄曲霉毒素，小剂量即可致癌，以原发性肝癌多见。

4.水产动物真菌种类

危害水产动物的病原真菌主要是水霉、绵霉、细霉、鱼醉菌、链壶菌、海壶菌、毛霉丝囊霉菌以及镰刀菌等。它们都是水生菌，大都生长在动物和植物的尸体或残屑上，也有一些种类寄生在鱼体表面的伤口和鱼卵上。真菌性疾病的有些种类是口岸检疫对象。

6.3.2 鱼类真菌性疾病防治

1.肤霉病(又称水霉病或白毛病)

[病原] 肤霉病病原有 10 多种，以水霉属(*Saprolegnia*)和绵霉属(*Achlya*)最为常见。

水霉和绵霉的菌丝为管形无横隔的多核体。内菌丝分支多而纤细，可深入至损伤、坏死的皮肤及肌肉，具有吸收营养的功能。外菌丝较粗壮，分支较少，可长达3cm，伸出在体外，形成肉眼能见的灰白色棉絮状物。

水霉和绵霉的繁殖方式有无性生殖和有性生殖两种。

水霉属（图6-1）无性生殖时，外菌丝的梢端部分膨大，内充满许多核和浓稠的原生质，生成隔膜将它与其他部分隔开，形成多核的动孢子囊，其中的内容物逐渐形成无数微小的动孢子，成熟的动孢子包有一层薄膜，呈梨形，在尖端有2根鞭毛，它从动孢子囊游出，在水中自由游动几秒钟到几分钟，然后停止游动，附着在适当处，失去鞭毛，变为圆形，并分泌出一层孢壁和静止休息，成为"孢孢子"。孢孢子静休1 h左右，原生质从孢壁内钻出，成为肾脏形，在侧腰部生有2根鞭毛，再度游动于水中的第二游动孢子，这种在发育过程中出现两种不同形态的动孢子现象，称为"两游现象"。第二游动孢子游动持续时间较第一次长，最后又静止下来，分泌一层孢壁而形成第二孢孢子，这种孢孢子经过一段时期的休眠，即可萌发成菌丝体。当动孢子囊内的动孢子完全放出后，囊壁并不脱落，而在第一次孢子囊内长出新孢子囊，如此反复增生，这种现象称为"叠穿"。

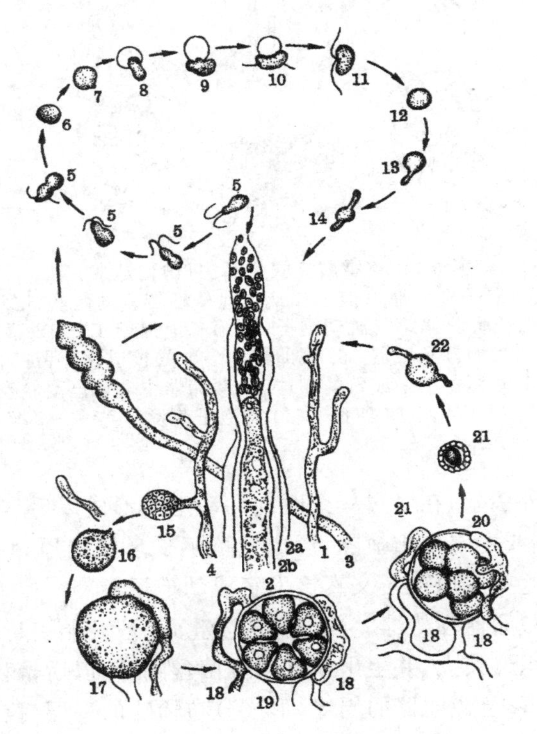

图6-1　水霉属模式生活史(仿倪达书)

1.外菌丝 2.动孢子囊 3.厚垣孢子及其菌丝 4.产生雌雄性器官的菌丝 5.第一游动孢子 6.第一孢孢子(静子) 7～10.第二游动孢子萌发 11.第二游动孢子 12.第二孢孢子 13～14.第二孢孢子萌发 15～16.未成熟的藏卵器和雄器 17.藏卵器中多数的核退化存留的核分布在周缘 18.成熟的雄器 19.藏卵器中未成熟的卵球 20.藏卵器中卵球已受精和卵孢子的形成 21.卵孢子 22.卵孢子萌发

绵霉属（图6-2）所产生的动孢子与水霉属不同。它的动孢子无鞭毛，不能游动，成群聚集在动孢子囊口，经一段时间静休后，才钻出孢壁进入水中，将空孢壁遗留于囊口附近，其动孢子都为肾形,侧腰两条鞭毛与水霉第二游动孢子一样。绵霉属第二次产生的动孢子囊的位置也与水霉属不同,位于第一次生长的孢子囊下面分生出侧枝,称侧生孢子囊。

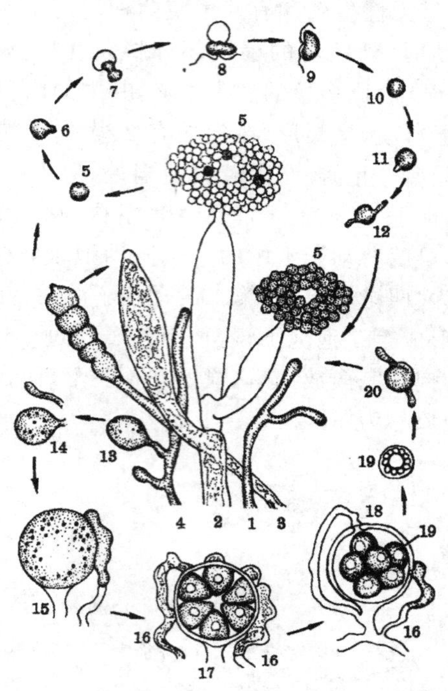

图 6-2　绵霉属模式生活史(仿倪达书)

1.外菌丝 2.动孢子囊 3.厚垣孢子 4.产生雌雄性器官的菌丝 5.第一孢孢子 6～8.第二游动孢子萌发 9.第二游动孢子 10.第二孢孢子 11～12.第二孢孢子萌发 13～14.未成熟的藏卵器和雄器 15.藏卵器中多数的核退化存留的核分布在周缘 16.成熟的雄器 17.藏卵器中未成熟的卵球 18.藏卵器中卵球已受精和卵孢子的形成 19.卵孢子 20.卵孢子萌发

水霉属和绵霉属的外菌丝,在经过一个时期的动孢子形成以后,或由于外界环境条件不甚适合时,会在菌丝梢端或中部生出横隔,形成抵抗不良环境的厚垣孢子,呈念珠状或分节状,当环境条件转好时,这些厚垣孢子又直接发育成动孢子囊。

有性生殖包括产生藏卵器和雄器。藏卵器的发生,一般开始由母菌丝生出短侧枝,接着其中之核和原生质逐渐积聚长大,并生出横壁与母菌丝隔开,以后聚积的核和原生质在中心部分退化,余核和原生质移至藏卵器的周缘,形成分布稀疏的一层,核同时分裂,其中一半分解消失,最后原生质按剩余核数割裂成卵球。

与藏卵器发生的同时,雄器也由同丝或异丝甚至异株的菌丝短侧枝上长出,逐渐卷曲,缠绕于藏卵器上,最后也生出横壁与雄枝隔开。雄器中核的分裂与藏卵器中核的分裂约在同时发生。雄核经过芽管移到卵球内与卵核结合而成卵孢子,并分泌双层卵壁严密地包围着,形成休眠孢子,卵孢子由藏卵器壁的分解而释出,并经 3～4 个月的休眠而后萌发成有短柄的动孢子囊或菌丝。

[症状] 患病初期无明显症状,随病情发展,菌丝一端深入宿主体内造成发炎、坏死;另一端露在体表外大量生长,形成肉眼可见灰白色棉毛状的絮状物。鱼体体表受到损伤容易

受霉菌感染，病鱼感染处受刺激分泌大量黏液，游泳失常，焦躁不安，直至肌肉腐烂，行动迟缓，食欲减退，瘦弱而死。

在鱼卵孵化过程中，也常发生此病。菌丝侵入卵膜，外菌丝穿出卵膜成辐射状，形成白色绒球状霉卵，严重时可造成鱼卵大批死亡。

[流行与危害] 对寄主也无严格的选择性，各种饲养鱼类，从卵到各年龄的鱼都可感染，在密养的越冬池内最易发生此病。流行于我国各淡水养鱼地区，一年四季都有此病出现。对温度适应范围很广，5～26 ℃均可生长繁殖，不同种类略有不同，有的种类甚至在水温30 ℃时还可以生长繁殖，水霉、绵霉属的繁殖适宜温度是13～18 ℃。鱼体受伤后极易被感染，肤霉对鱼体的感染为继发性的，对鱼卵的感染为原发性。

[诊断方法] 依症状可进行初步诊断，必要时可用镜检来确诊。

[防治方法]

预防措施：

(1)鱼体水霉病预防

①用200 mg/L生石灰或20 mg/L漂白粉溶液彻底清塘。

②合理放养，捕捞、运输和放养鱼苗时尽量避免鱼体受伤。

③亲鱼人工繁殖时受伤后可用1%磺胺软膏、5%碘酒或10%高锰酸钾溶液涂抹伤口处。

(2)鱼卵水霉病预防

①加强亲鱼培育，鱼类繁殖选择晴天进行，及时将死卵清除。

②鱼巢附卵不宜过多，棕榈皮片鱼巢可洗净后煮沸消毒，水草鱼巢可用漂白粉、食盐溶液消毒。

③采用淋水孵化，孵化设施与用具应用高锰酸钾或漂白粉消毒处理。

治疗方法：

①用3%～4%食盐水浸洗病鱼3～4 min。

②白仔鳗患病初期，将水温升高到25～26 ℃，多数可自愈。

③用1%食盐与0.04%苏打混合液浸洗病鱼20 min，每天1次，连续2～3 d。

④用8～10 mg/L食盐与小苏打合剂(1∶1)溶液全池遍洒。

⑤用0.3～0.5 mg/L水霉净溶液全池遍洒，每天1次，连续2～3次，每天换水三分之一。

⑥用0.45～0.75 mg/L聚维酮碘溶液全池遍洒，每2天1次，连续2～3次。

2.鳃霉病

[病原] 鳃霉属(*Branchiomyces* spp.)。寄生在草鱼鳃上的鳃霉，菌丝体比较粗直而少弯曲，通常是单枝延伸生长，菌丝体直径20～25 cm，孢子直径平均8 μm，略似Plehn(1921)所描述的血鳃霉(*Branchiomyces sanguinis*)。寄生在青鱼、鳙、鲮等鳃上的鳃霉，菌丝常弯曲成网状，较细而壁厚，分枝特别多，分枝沿着鳃小片血管或穿入软骨生长，纵横交错，充满鳃丝和鳃小片，菌丝直径6.6～21.6 μm，孢子直径平均6.6 μm，似Wundseh(1930)描述的穿移鳃霉(B.*demigrans*)。在我国发现的上述两种不同类型的鳃霉究竟属哪一种，暂未定名。

[症状] 初期无明显症状，当附着于鳃的孢子发育成为菌丝，菌丝向内不断伸展，一再分枝后，贯穿于组织中，破坏组织，堵塞血管，引起血液循环障碍，鳃瓣失去正常的鲜红色，呈粉

红色或苍白色，鳃小片肿大，充血，出血，随着病情的发展，鳃受到破坏，呼吸机能大受阻碍，往往是急性型的，可在短短 1～2 d 内急剧死亡，死亡率可达 60%以上。慢性型表现的症状不明显，有时表现为鳃的小部分坏死、鳃贫血呈苍白色、鳃瓣末端浮肿。

[流行与危害] 主要感染草、青、鳙、鲮、鲫、银鲴等鱼苗、鱼种和成鱼，其中鲮鱼苗最为敏感，死亡率可高达 90%以上，在广东、广西、湖北、江苏、浙江、上海、辽宁都有发现。尤以广东最严重，每年 5 至 10 月流行，尤以 5 至 7 月为甚。当水质恶化，特别是水中有机质含量高时，容易暴发此病，在几天内可引起病鱼大批死亡。本病为口岸鱼类第二类检疫对象。

[诊断方法] 根据症状进行初步诊断，镜检鳃丝发现有大量鳃霉菌丝即可作出诊断。

[防治方法] 目前尚无有效治疗方法，主要采取预防措施。

预防措施：

①严格执行检疫制度，加强饲养管理，适时加注新水，保持水质清洁，防治水质恶化。

②用生石灰或漂白粉清塘，勿用茶粕清塘。

③使用混合堆肥，不用大草肥水。

治疗方法：

①用 1 mg/L 漂白粉或 20 mg/L 生石灰溶液全池遍洒。

②对发病鱼池迅速加注新水，或将鱼转移到水质较瘦的或流动的池水中，病可停止，但要注意防止转塘而引起的病原体传播。

③在饲料中添加 0.05～0.5%制霉菌素，连续 5～7 d。

④用 0.45～0.75 mg/L 聚维酮碘溶液全池遍洒，每 2 天 1 次，连续 2～3 次。

3.虹鳟内脏真菌病

[病原] 异枝水霉(*Saprolegnia diclina*)，侵袭水霉(*Saprolegnia invaderis*)及蛙粪霉(*Bosidiobolus* sp.)。

[症状] 发病初期无明显症状。随着病情发展，病鱼表现迟钝，体色发黑，腹部膨大。解剖可发现腹腔内具真菌菌丝，内脏器官完全被真菌入侵，有时可见到真菌菌丝穿过腹腔壁向外生长。病原首先感染胃及肠道，于消化道内大量繁殖后，菌丝穿过肠壁入侵腹腔，并感染肝脏、脾脏、鳔等内脏器官。

[流行与危害] 危害虹鳟和其他鲑科鱼类的稚鱼，主要危害体长 3 cm 左右的稚鱼，体长 4.5 cm 以上的稚鱼几乎不发病。我国养殖虹鳟曾发现过本病，流行水温为 7～11 ℃，本病常与病毒病并发，死亡率达 100%，单独发病的死亡率一般为 15%～20%。

[诊断方法] 根据症状和流行情况进行初步诊断，镜检腹腔内真菌菌丝即可作出诊断。

[防治方法] 对此病至今尚无有效的治疗方法。预防措施同鳃霉病。发病后，常采取内服制霉菌素及中药大黄和升温的方法(将水温提高到 20 ℃以上)，以控制病情发展。

4.鱼醉菌病

[病原] 霍氏鱼醉菌(*Ichthyophonus hoferi*)。主要有两种形态，一般为球形合胞体，又叫多核球状体，直径从数 μm 至 200 μm，内部有许多的圆形核和颗粒状的原生质，最外面由寄生形成的结缔组织膜包围，形成白色胞囊；另一种是胞囊破裂后，合胞体伸出粗而短、有时有分枝的菌丝状体，细胞质移至丝状体的前端，形成许多球状的内生孢子。

[症状] 霍氏鱼醉菌可寄生在鱼的肝、肾、脾、心、胃、肠、幽门垂、生殖腺、神经系统、鳃、

骨骼肌、皮肤等处，寄生处均形成大小不同(1～4 mm)、密密麻麻的灰白色结节。疾病严重时，组织被病原体及增生的结缔组织所取代，当病灶大时，病灶中心发生坏死。

患病虹鳟稚鱼除体色发黑外，轻者几乎看不出外部症状，严重时肝脏、脾脏表面有小白点；成鱼一般表现为体色发黑，腹部膨胀，眼球突出，脊椎弯曲，大多内脏具白色结节。随寄生的部位不同，状态也有所不同。如侵袭神经系统时，则病鱼失去平衡，摇摇晃晃游动；侵袭肝脏，可引起肝脏肿大，比正常鱼的肝大1.5～2.5倍，肝脏颜色变淡；侵袭肾脏，则肾脏肿大，腹腔内积有腹水，腹部膨大；侵袭生殖腺，则病鱼会失去生殖能力；当皮肤上有大量寄生时，皮肤像砂纸样，很粗糙。

[流行与危害] 本病已发现于80余种海淡水鱼类中，稚鱼及成鱼均可感染。欧洲、美洲、日本均有流行，近年我国淡水养殖的鲮也患病。流行于春夏季节，发病水温为10～15 ℃。一般不会引起急性大批量死亡。鱼体摄食带病原的鱼或病鱼排入水中，带菌球状体被水蚤等媒介物摄食后，传染给健康鱼。

[诊断方法] 根据症状进行初步诊断，镜检发现大量霍氏鱼醉菌寄生时可确诊。

[防治方法] 目前尚无有效治疗方法，主要采取预防措施。

①加强检疫制度，不从疫区引进鱼饲养。

②检查饲料鱼是否含鱼醉菌，如果含有病原体，应煮熟后投喂。

③及时清除死鱼及病鱼。

④养殖设施与工具要严格消毒。

5.流行性溃疡综合征

[病原] 丝囊霉菌属(*Aphanomyces*)的种类。

[症状] 病鱼早期不吃食，鱼体发黑，体表、头、鳃盖和尾部可见红斑。后期出现较大的红色或灰色的浅部溃疡，并常伴有棕色的坏死，且有大块的损伤发生在躯干和背部，或者造成头盖骨软组织和硬组织的坏死，使活鱼的脑部暴露出来。

[流行及危害] 此病是淡水和半咸水鱼类季节性流行病，通过组织病理确诊已有50多种鱼受到该病的侵害，乌鳢对丝囊霉菌特别敏感，但罗非鱼、鲤、遮目鱼对这种病有抗性。大多发生在低温时期和大降雨之后，有很高的死亡率。

我国农业农村部将此病列为三类水生动物疫病。

[诊断方法] 根据症状进行初步诊断，确诊需借助病理组织学方法。

[防治方法] 以预防为主，主要措施是及时清除病死鱼，用生石灰消毒水体，改善水质。

6.3.3　虾蟹类真菌性疾病防治

1.对虾镰刀菌病

[病原] 镰刀菌(*Fusarium*)。菌体呈分枝状，有分隔。生殖方式是形成大分生孢子、小分生孢子和厚垣孢子。大分生孢子呈镰刀形，有1～7个横隔。小分生孢子椭圆形或圆形。厚垣孢子是在条件不良时产生，常出现在菌丝中间或大分生孢子一端，圆形或长圆形，有时4～5个连在一起，呈串珠状。大、小分生孢子是在条件适宜时均能发芽并发育成为新的菌丝体。镰刀菌的有性繁殖未发现。

[症状] 镰刀菌多寄生在头胸甲鳃区、附肢、体壁和眼球等处的组织内。被寄生处的组织有黑色素沉淀而呈黑色。危害对象不同,其症状也有所不同。寄生日本对虾的鳃部引起鳃组织坏死变黑。寄生中国对虾越冬亲虾的头胸甲、鳃区,引起甲壳坏死、变黑、碎裂、脱落,似被烧焦的形状。寄生中国对虾越冬亲虾的鳃区,有的鳃丝变黑,有的鳃丝不变黑。黑色素沉淀是对虾组织被真菌破坏后的保护性反应。

[流行与危害] 镰刀菌是虾、蟹类的一种危害很大的条件致病性真菌,各种海水对虾、龙虾和一些蟹类都可被感染。我国目前主要发生在人工越冬亲虾,感染率高达 70%,累积死亡率 90%(如美国加州对虾),对虾养殖期很少见。此病的感染主要是亲虾受伤后,分生孢子黏附在伤口上,发芽成为菌丝,菌丝钻穿到对虾组织内,引起疾病和死亡。

[诊断方法] 根据症状和流行情况可进行初步诊断,镜检发现有镰刀形的大分生孢子才能确诊。注意镰刀菌病与褐斑病、黑鳃病的区别。

[防治方法]

预防措施:

①虾池放养前用 6.2 mg/L 的二氯异氰尿酸钠溶液消毒,可有效地杀死池内分生孢子。

②亲虾进入越冬池前用 300 mL/L 福尔马林溶液浸洗 5 min,并严防虾体受伤。

③用经过消毒和过滤无镰刀菌污染的水源培育亲虾。

治疗方法:目前对虾组织内生长繁殖的菌丝和分生孢子尚无有效药物控制。发病初期,每立方米水体用 2 000 万单位的制霉菌素,可以抑制真菌的生长,降低死亡率。

2.对虾卵和幼体真菌病

[病原] 常见的病原有链壶菌属(*Lagenidium*)和离壶菌属(*Sirolpidium*)。链壶菌的菌丝有不规则的分枝,不分隔,有许多弯曲,直径 7.5～40 μm,菌丝吸收虾体营养,发育很快,当宿主中的营养物质被吸收殆尽之时,靠近宿主体表的菌丝就形成游动孢子囊的原基,有隔膜与菌丝的其他部分隔开,并生出一条排放管,排放管穿过宿主体表伸向体外,顶端形成一个球形的顶囊。游动孢子囊原基中的原生质通过排放管流到顶囊中,在顶囊中形成许多游动孢子,并在其中剧烈游动,最后冲破顶囊壁,进入水中。游动孢子肾脏形,从侧面凹陷处生出两条鞭毛,游动孢子在水中游动片刻后,即附着到对虾卵或幼体上,失去鞭毛,生出被膜,成为休眠孢子,休眠孢子经过短时间的休眠后,即向宿主体内萌发成为发芽管,管的末端变粗,伸长后即成为菌丝。

[症状] 受感染的卵和幼体透明度下降,发育停止。幼体活力减弱,不摄食,不变态,常下沉于水底。显微镜观察虾卵和幼体体内有大量的菌丝体,一般在发现菌体 24～48 h 内,寄生部位的组织严重受损,卵和幼体便大批死亡,并在已死的卵和幼体中很快长满了菌丝。

[流行及危害] 链壶菌和离壶菌的分布和宿主范围都很广,又可进行腐生生活,因此世界各地养殖的各种对虾、蟹类和其他甲壳类的卵和幼体上都可发现,最容易受害的是溞状幼体和糠虾幼体,受感染的卵和幼体不能存活,一般不感染成体。人工育苗期是发病高峰,对虾卵和幼体感染率 100%,死亡率 100%。其传播方式为通过成熟的菌丝体所产生的大量游动孢子排放到水中而感染新的个体。

[诊断方法] 镜检卵和患病幼体发现菌丝体就可以作出诊断。

[防治方法]

预防措施:

①严格执行检疫制度，选择健壮的亲虾并用60～100 mg/L制霉菌素海水溶液浸洗1～2 h。

②用100 mg/L漂白粉或50 mg/L高锰酸钾溶液消毒亲虾池、产卵池、孵化池和培育池。

③孵化虾苗所使用的海水先过滤，然后用紫外线灯灭菌消毒。

④产卵亲虾在产卵前，先用0.5～1 mg/L聚维酮碘溶液浸洗30 min。

⑤对发病的育苗池进行隔离，使用过的工具必须消毒以后才能再用于其他苗种池。

治疗方法：

①用0.01～0.1 mg/L氟乐灵溶液全池遍洒。注意：氟乐灵不溶于水，必须先溶于丙酮，然后加水稀释后再使用。

②用60 mg/L制霉菌素溶液全池遍洒。

6.3.4　寄生藻类疾病防治

1.卵甲藻病(又称卵涡鞭虫病、卵鞭虫病、打粉病)(图6-3)

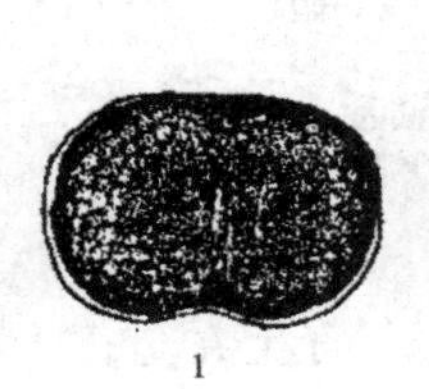

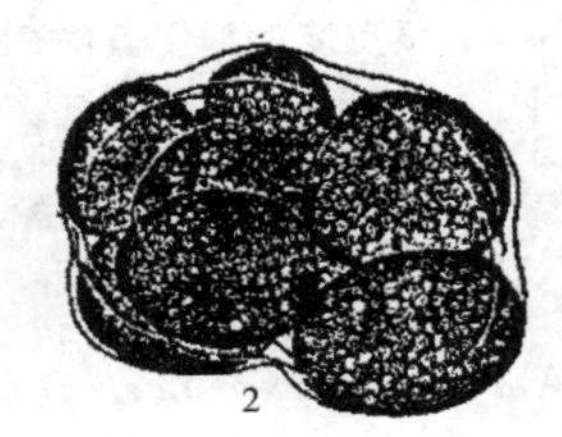

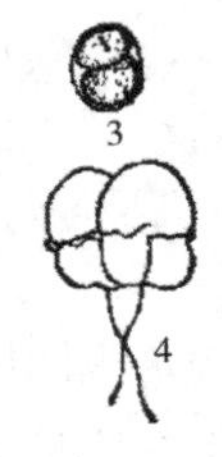

图6-3　嗜酸卵甲藻

(仿《中国淡水鱼类养殖学》第二版)

1.成熟的个体　2.正在进行第三次繁殖分裂

3.第七次分裂后的个体　4.两个自由游泳的游泳子

[病原] 嗜酸卵甲藻(*Oodinium acidophilum*)。寄生在鱼体上的是嗜酸卵甲藻的营养体，成熟个体呈肾形，虫体大小为(102～155)μm×(83～130)μm，体外有层透明、玻璃状的纤维壁，细胞核大呈圆形，体内充满淀粉粒、质体和色素体。纵分裂繁殖，分裂成128个子体，再分裂1次后形成游泳子，大小为(13～15)μm×(11～13)μm。横沟、纵沟不明显，各具一条鞭毛。游泳子在水中借鞭毛自由游动，当与鱼类接触时，就附于鱼的体表，然后失去鞭毛，营寄生生活，逐步成长为成熟个体。嗜酸卵甲藻喜生活在酸性水(pH 5.0～6.5)中。

[症状] 发病之初，病鱼在池中成群拥挤在一起，并分成小群在水面转圈式环游。病鱼的背鳍、尾鳍和背部出现白点，体表黏液增多。随着病情发展，白点迅速蔓延到全身，白点之间有充血斑点，以尾部尤为明显。病情后期，鱼体上白点堆积并联结成片，鱼身像包裹了一层米粉，故称打粉病。此时病鱼多呆滞于水面，游动迟缓，停止摄食，最终死亡。

[流行与危害] 鲤科鱼类均可感染，主要危害幼鱼，死亡率较高。江西、福建、广东等省较为流行，流行季节为春、秋季，发病水温为22～32 ℃。酸性水体(pH 5.0～6.5)、放养密度大，鱼池水浅而又投喂不足时最易患此病。

[诊断方法] 根据症状与养殖水体的 pH 值进行初步诊断，确诊要刮取白点进行镜检。但要注意卵甲藻病与小瓜虫病的区别：卵甲藻病白点之间有充血斑点，养殖水体的 pH 值为弱酸性或酸性。

[防治方法]

①将病鱼转入微碱性池中，发病鱼池用生石灰清塘，杀灭病原体，并使池水呈碱性。

②定期用生石灰化水后全池遍洒。

注意：不能用硫酸铜全池遍洒治疗此病，否则会造成大批病鱼死亡。

2.淀粉卵甲藻病（又称淀粉卵涡鞭虫病）（图 6-4）

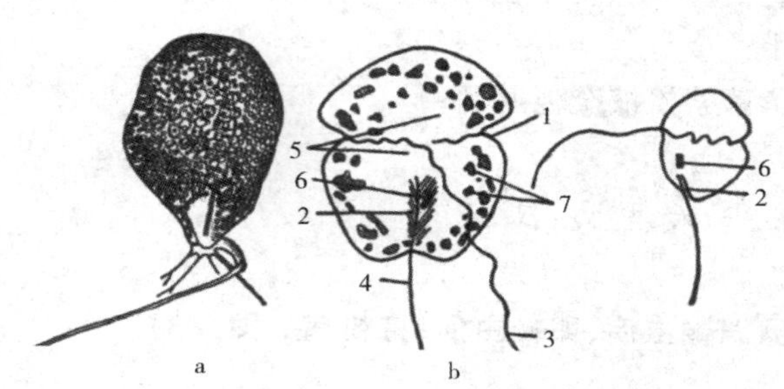

图 6-4 眼点淀粉卵甲藻（仿 Brown 等）

a.营养体 b.游泳子

1.横沟 2.纵沟 3.横鞭毛 4.纵鞭毛

5.藏核的透明腔 6.眼点 7.折光性颗粒

[病原] 眼点淀粉卵甲藻（*Amyloodinium ocellatum*）。寄生在鱼体上的是眼点淀粉卵甲藻的营养体。营养体呈梨形、卵形或球形，大小为 20～150 μm。一端形成具有假根状突起的附着器，用以附着在鱼体上。假根状突起处有一个长形的红色眼点、有一条口足管。虫体内有许多淀粉粒和食物粒，胞核在原生质中央。营养体成熟后或在病鱼死后，缩回假根状突起，离开鱼体，落入水中，分泌出一层纤维质形成胞囊。虫体在胞囊内进行多次分裂，在 1～3 d 天内可形成 256 个具有 2 根鞭毛的游泳子，游泳子大小为 9～15 μm，在水中作短时间的游泳，遇到新的寄主就寄生上去，脱去鞭毛，发育成营养体。

[症状] 主要寄生在鳃、皮肤和鳍上。病鱼体表及鳃丝有不规则小白点分布，无力浮游于水面，呼吸加快，鳃盖开闭不规则。病鱼体质瘦弱，体色发黑，鳃呈灰白色，呼吸困难，最终窒息或衰竭而死。

[流行与危害] 本虫对寄主无严格的专一性，许多海水鱼类或半咸水鱼类均会感染，水族箱、室内水泥池和池塘养殖的鲻、梭、海马、鲈、真鲷、黑鲷、大黄鱼和石斑鱼等常发生严重感染。流行季节 7 至 9 月，流行水温为 23～27 ℃，一般出现症状后 2～3 d 死亡率高达 100%。

[诊断方法] 根据症状进行初诊，确诊要刮取白点进行镜检。但要注意淀粉卵甲藻病与隐核虫病的区别：淀粉卵甲藻虫体比隐核虫小，且虫体不是在上皮组织内，而是在其表面。

[防治方法]

预防措施：用淡水浸洗苗种 5 min，发现病鱼死鱼应及时捞出进行无害化处理。

治疗方法：

①用淡水浸洗病鱼3～5 min,3～4 d再1次。

②用10～12 mg/L硫酸铜溶液浸洗病鱼,每天1次,连续3～4次。

③用0.8～1.0 mg/L硫酸铜溶液全池遍洒。

④先放干原池海水,再加入淡水浸泡1 h,而后再放干淡水用海水冲池底,最后加入新海水的同时用0.7 mg/L硫酸铜与硫酸亚铁合剂(5∶2)全池遍洒,每天1次,连续2次,此法具有较好的治疗效果。

本章小结

本章主要介绍水产动物病毒性疾病、细菌性疾病、真菌性疾病以及寄生藻类引起疾病防治技术。要求了解病毒的概念、基本特征、形态结构、繁殖、传播方式与感染类型;掌握水产动物常见病毒病的病原、症状、流行、诊断和防治方法;了解细菌的概念、形态结构、繁殖、致病性与感染;掌握水产动物常见细菌病的病原、症状、流行、诊断和防治方法;了解真菌的概念、形态结构、繁殖与致病性;掌握水产动物常见真菌病的病原、症状、流行、诊断和防治方法;掌握甲藻病的病原、症状、流行、诊断和防治方法。

思考题

1.名词解释:病毒、细菌、致病菌、条件致病菌

2.简述病毒基本特征。

3.病毒的基本结构如何?其核酸有哪些类型?其复制可分为几个阶段?

4.病毒传播方式有哪些?其感染类型有几种?

5.鱼类常见的病毒性疾病有哪些?其病原、症状、流行、诊断和防治怎样?

6.虾蟹类常见的病毒性疾病有哪些?其病原、症状、流行、诊断和防治怎样?

7.叙述草鱼出血病的病原、症状、流行、诊断和防治方法。

8.细菌的结构如何?其生长繁殖的条件是什么?其典型生长曲线可分为几个期?

9.细菌感染途径有哪些?其感染类型有几种?

10.鱼类常见的细菌性疾病有哪些?其病原、症状、流行、诊断和防治怎样?

11.如何区别细菌性肠炎病与肠炎型的草鱼出血病?

12.简述细菌性烂鳃病、肠炎病、赤皮病的病原、症状、流行、诊断和防治方法。

13.叙述细菌性败血病的病原、症状、流行、诊断和防治方法。

14.简述鳗鱼爱德华氏菌病的病原、症状、流行、诊断和防治方法。

15.虾蟹类常见的细菌性疾病有哪些?其病原、症状、流行、诊断和防治怎样?

16.对虾黑鳃病的病因有哪些?如何诊断与防治?

17.对虾红体病的病因有哪些?如何诊断与防治?

18.甲壳溃疡病的病因有哪些?有何症状?如何诊断与防治?

19.鲍脓疱病、蛙肠胃炎病、鳖红脖子病的病原分别是什么?有何症状?如何防治?

20.简述鳖出血性肠道坏死症的病原、症状、流行、诊断和防治方法。

21.多细胞真菌的形态结构如何？其繁殖方式有哪几种？
22.鱼类常见的真菌性疾病有哪些？
23.简述鱼体水霉病的病原、症状、流行、诊断和防治方法。
24.简述鱼类水霉病病原的生活史。
25.简述鳃霉病的病原、症状、流行、诊断和防治方法。
26.流行性溃疡综合征的病原是什么？
27.虾蟹类常见的真菌性疾病有哪些？
28.简述对虾镰刀菌病的病原、症状、流行、诊断和防治方法。
29.简述对虾卵和幼体真菌病的病原、症状、流行、诊断和防治方法。
30.简述打粉病和淀粉卵甲藻病的病原、症状、流行、诊断和防治方法。

第7章 水产动物寄生虫性疾病防治

水产动物由寄生虫引起的疾病称为水产动物寄生虫性疾病。按病原体的不同,可将其分为原虫病、蠕虫病、甲壳动物病三大类。

7.1 寄生虫学基础

7.1.1 寄生现象与寄生生活的起源

1.寄生现象

自然界中两种生物在一起生活的现象非常普遍,这种现象是生物在长期演化过程中逐渐形成的,称为共生。生物种间的共同生活方式一般可分为互利共生、片利共生和寄生三种类型。

(1)互利共生:两种生物生活在一起,双方互相依赖,都能受益称之为互利共生。互利共生通常是专性的,因为共生的任何一方大多不能独立生存。

(2)片利共生:两种生物生活在一起,其中一方从共同生活中获利,另一方不受益亦不受害,这种关系称片利共生或称共栖。

(3)寄生:两种生物在一起生活,其中一方受益,另一方受害,这种关系称寄生。寄生是营寄生生活的生物在其部分或全部生活过程中,必须生活于另一生物体表或体内,或以该生物的体液或组织为食物来源来维持其生存,并对该生物发生危害作用的生活方式。

2.寄生生活的起源

寄生生活的形成是同寄主与寄生虫在其种族进化过程中,长期互相影响分不开的。一般说来,寄生生活的起源可有下列两种方式:

(1)由共生方式到寄生

营共生生活的双方在其进化过程中,相互间的那种互不侵犯的关系可能发生变化,其中一方开始损坏另一方,此时共生就转变为寄生。如痢疾内变形虫的小型营养体在人的肠腔中生活就是一种片利共生现象,此时痢疾内变形虫的小型营养体并不对人发生损害作用,而它却可利用人肠腔中的残余食物作为营养。当人在某种因素影响下抵抗力下降时,此时痢疾内变形虫的小型营养体即可钻入黏膜下层,转变成致病的大型营养体,共生变成寄生。

(2)由自由生活经过兼性寄生到寄生

寄生虫的祖先可能是营自由生活的,在进化过程中由于偶然的机会,它们在另一种生物的体表或体内生活，并逐渐适应了那种新的环境，从那里取得它生活所需的各种条件，开始损害另一种生物而成为寄生生活。由这种方式形成的寄生生活，大体上都是通过偶然性的无数重复，即通过兼性寄生而逐渐演化为真正的寄生。

7.1.2 寄生虫的寄生方式与感染方式

1.寄生虫的寄生方式

寄生虫的寄生方式一般可分为以下几种类型：

(1)按寄生的性质分

①兼性寄生：亦称假寄生。寄生虫一般营自由生活，只有在特殊条件下才营寄生生活。如马蛭与小动物相处时营自由生活，但它和大动物相处时则营寄生生活。

②专性寄生：亦称真寄生。寄生虫必须依赖另一生物才能生存，从寄主体上取得营养，或以寄主为自己的生活环境。如专门寄生在鱼类血液中和水蛭体内的锥体虫。

(2)按寄生的部位分

①体外寄生：寄生于寄主体表、鳃或鳍等处的寄生虫均属体外寄生。如中华鳋寄生在鱼的鳃上。

②体内寄生：寄生于寄主肠道、血液、腹腔及其他内脏组织中的寄生虫均属体内寄生。如球虫寄生在肠道内。

(3)按寄生的阶段分

①暂时性寄生：寄生虫寄生于寄主的时间甚短，仅在获取食物时才寄生。如水蛭吸血时才寄生，吸饱后即离开寄主。

②经常性寄生：又可分为阶段性寄生和终生寄生两种。

阶段性寄生：寄生虫仅在发育的一定阶段营寄生生活，具有自由生活和寄生生活两个阶段。大中华鳋雌虫交配后，为繁殖而寄生，其他时间则自由生活。

终生性寄生：寄生虫一生全部寄生在寄主体内，没有自由生活阶段，一旦离开寄主就不能生存。如锥体虫终身寄生于寄主体内。

2.寄生虫的感染方式

寄生虫的感染方式主要有经口感染、经皮感染和经鳃感染三种。

(1)经口感染：各发育阶段的寄生虫随污染的食物等经口吞入而造成的感染。如球虫就是借这种方式侵入鱼体的。

(2)经皮感染：寄生虫通过与寄主接触，经寄主的皮肤、黏膜、鳍等，使寄主受到的感染。这种感染一般又可分为主动经皮感染和被动经皮感染两种。

①主动经皮感染：感染性幼虫主动地由皮肤或黏膜侵入寄主体内。如双穴吸虫的尾蚴主动钻入鱼的皮肤造成的感染。

②被动经皮感染：寄生虫通过媒介传播才能感染另一寄主。如锥体虫由蛭类传播才能到另一鱼体内。

(3)经鳃感染：寄生虫通过表皮很薄的鳃随血流入寄主体内而造成的感染。如双穴吸虫尾蚴常经鳃感染鱼体。

7.1.3 寄生虫的生活史

1.寄生虫的生活史

营寄生生活的动物称寄生虫，被寄生虫寄生而遭受损害的动物称为寄主（宿主）。如多子小瓜虫寄生在淡水鱼体上，淡水鱼为寄主，多子小瓜虫为寄生虫。寄生虫的整个生长、发育和繁殖过程称为寄生虫的生活史。

（1）寄生虫生活史类型

根据寄生虫在生活史中有无中间寄主，可将寄生虫的生活史分为直接发育型和间接发育型两种类型。

①直接发育型：寄生虫完成生活史不需要中间寄主。

②间接发育型：寄生虫完成生活史需要中间寄主。

（2）寄生虫完成生活史的条件

寄生虫完成生活史必须具备以下条件：

①适宜的寄主：适宜的甚至是特异性的寄主是寄生虫建立生活史的前提。

②具有感染性的阶段：寄生虫并不是所有的阶段都对寄主具有感染能力，虫体必须发育到感染性阶段，并获得与寄主接触的机会。

③适宜的感染途径：寄生虫均有特定的感染寄主的途径，进入寄主体内后要经过一定的移行路径到达其寄生部位，在此生长、发育和繁殖。

2.寄主的类型

不同种类的寄生虫，它们的生长发育不同，有的种类在它的生活史过程中，不需要更换寄主，有的则需要更换两个或两个以上的寄主才能完成。寄生虫不同发育阶段所寄生的寄主包括以下几种。

（1）中间寄主：寄生虫幼虫期或无性生殖时期所寄生的寄主为中间寄主。中间寄主可以是一个、两个或多个，分别称为第一中间寄主和第二中间寄主，以此类推。如双穴吸虫生活史中各发育阶段分别寄生在螺、鱼、鸟的体内。螺为第一中间寄主，鱼为第二中间寄主。

（2）终寄主：寄生虫成虫期或有性生殖时期所寄生的寄主称终寄主。如人是华支睾吸虫的终寄主，鸟是双穴吸虫的终寄主。

（3）保虫寄主：对寄生虫有原发性免疫力的寄主，其体内虽聚集着大量寄生虫，也并不造成疾病，帮助它们传递给终寄主。如鳃隐鞭虫以鲢、鳙鱼为越冬寄主，鲢、鳙鱼为鳃隐鞭虫的保虫寄主。

（4）转续寄主：某些寄生虫的幼虫侵入非正常寄主体内，虽能存活，但不能继续发育为成虫，长期保持幼虫状态，而对终寄主（正常寄主）有感染性。当此幼虫有机会再进入正常终寄主的体内时，仍可继续发育为成虫，这种非正常寄主称为转续寄主或延续寄主。

（5）超寄生寄主：许多寄生虫可以作为另外寄生虫的寄主，称为超寄生寄主。

3.寄生虫对寄生生活的适应性

为适应寄生生活，寄生虫在形态构造和生理功能上发生了一系列变化。一部分在寄生生活环境中不需要的器官逐渐退化，乃至消失，如感觉器官和运动器官多半退化与消失；而另一部分由于保持其种族生存和寄生生活得以继续的器官，如生殖器官和附着器官则相应地发达起来。

(1)形态构造的适应

①外形变化:体外寄生的种类,体形变扁、变短,体节也减少,如鲺。肠内寄生的种类,体形较长,有的身体分节,如绦虫。

②角质膜作用:在肠内寄生的寄生虫,体表上皮细胞分泌有角质膜,能抵抗体内化学物质(如消化液)的侵蚀。

③附着器官和生殖器官发达:如单殖吸虫的大小钩,复殖吸虫的吸盘,棘头虫的棘等附着器官,使虫体牢固地固着在鱼类的体内外,而不致脱落。如绦虫的成熟个体节片内主要是生殖器官。

④运动、消化、神经等器官消失或退化:绦虫无运动器官和消化管,吸收营养的方式是直接通过体壁渗透,直接被细胞吸收。体内寄生种类由于寄生环境比较稳定,则部分神经系统和感觉器官也退化了。

(2)生理功能的适应

①寄生虫有抵抗消化液的作用:肠道内的寄生虫分泌抗消化液的物质,并具有生长活跃的上皮细胞,保护自身的生存。

②体内寄生虫对厌氧环境的适应:许多消化道内的寄生虫能在低氧环境中以酵解的方式获取能量。

③寄生虫有各种特殊的向性:由于长期适应寄生生活结果,寄生虫对于寄主或寄主的某种组织、器官有特殊的向性,如双穴吸虫的尾蚴进入鱼体后,一定要在眼球内变成后囊蚴,而血居吸虫则寄生在鱼的循环系统中。但有些寄生虫则有广泛的适应性。

7.1.4　寄生虫、寄主和环境间相互关系

寄生虫、寄主和外界环境三者间的相互关系十分密切。寄生虫危害寄主,对寄主有损害作用,而寄主则对寄生虫的损害有反损害作用,它们相互间的作用取决于寄生虫的种类、发育阶段、寄生的数量和部位,同时也取决于寄主有机体的状况;而寄主的外界环境条件也直接或间接地影响着寄生虫和寄主以及它们间的相互关系。

1.寄生虫对寄主的作用

寄生虫对寄主的影响是阻碍寄主的生长和发育,严重时引起寄主的死亡。寄生虫对寄主的作用主要表现在以下几方面:

(1)夺取营养。寄生虫的营养来源完全依靠寄主,因而会对寄主造成或多或少的损害。损害的大小取决于虫体的大小和数量。如指环虫从鱼鳃上吸血,头槽绦虫在草鱼肠内吸收消化液,影响鱼的生长发育。

(2)机械性刺激。寄生虫对寄主的机械刺激和造成的伤害极为普遍。寄生虫的附着器官(如钩、棘、吸盘等),在附着时对寄主有机械刺激作用,破坏黏膜和表皮细胞等,导致细菌侵入,引起炎症或变性。如单殖吸虫的锚钩和小钩,复殖吸虫的吸盘等均对寄主鱼有刺激和损伤。

(3)压迫和阻塞。体内寄生虫对寄主内部器官造成压迫、挤压、使器官萎缩;大量寄生虫聚集或钻到狭窄的过道内时,还会使管腔阻塞,并能引起寄主组织的萎缩和坏死。压迫和阻塞发生在寄主的主要器官和一定部位时,会导致寄主的死亡。侧殖吸虫寄生在鱼苗或夏花

鱼种的肠道内时,因肠道狭小,可能造成机械性堵塞并损伤肠壁。舌形绦虫寄生在鲤科鱼类体腔内时,可使鱼的性腺发育停留在第二期。

(4)移行时的危害。有些寄生蠕虫在寄主体内移行时,从一个器官移至另一个器官,甚至穿过中枢系统,或随血液循环移行,会引起内部出血或继发性感染。如血居吸虫在寄主鱼体内排卵较多,卵可随血流到鳃部、肾脏等,破坏鳃、肾脏的功能。

(5)化学性刺激。寄生虫的代谢产物对寄主有刺激作用。有些寄生虫能分泌毒素,损害寄主。寄生蟹奴分泌的毒素进入蟹的血液内,会使蟹的性腺发育受到影响。鲺分泌的毒液进入鱼体内,对幼鱼的刺激性极大。

2.寄主对寄生虫的作用

寄生虫寄生在寄主身上,如果寄主抵抗力强,则没有典型症状出现,寄主受到的危害也可减少到最小的程度。寄主对寄生虫的作用表现在以下几个方面:

(1)体液反应。寄主受寄生虫的刺激会产生相应的抗体,形成免疫反应。但由寄生虫形成的免疫反应较由微生物引起的为弱。

(2)组织反应。受寄生虫的刺激,在寄生部位的寄主组织形成增生、胞囊等,会限制寄生虫的生长,削弱危害,有时也会使寄生虫脱落。如小瓜虫寄生在鱼类皮肤上,寄主皮肤受刺激,引起上皮细胞增生,将小瓜虫包裹,出现了"白泡"。

(3)寄主年龄对寄生虫的影响。寄主年龄不同,寄生虫的感染率也不同。某些寄生虫的感染率随寄主年龄增长而降低,如九江头槽绦虫寄生于草鱼时,草鱼年龄越小,感染率越高,因为草鱼在鱼种阶段以浮游生物(剑水蚤为九江头槽绦虫的中间寄主)为食,一龄以上则以草或商品饲料为主。一些体外寄生虫(如大眼匹里虫和对虾特汉虫)的感染率则随寄主年龄增长而增加。还有一些寄生虫的感染率与寄主年龄无关,它们多为无中间寄主的种类,如指环虫、车轮虫等。

(4)寄主食性对寄生虫的影响。寄主食性不同,寄生虫的种类也不同。草食性鱼类和凶猛鱼类分别以水生植物、水中动物(包括鱼类)为食。因此,后者有以鱼类为中间寄主的寄生虫的寄生,前者就没有。

(5)寄主健康状况对寄生虫的影响。寄主健康状况良好,抵抗力强,不易被寄生虫寄生,即使寄生,感染强度也不大,症状也较轻。反之,则强度大,症状也较严重。

3.外界环境对寄生虫和寄主的影响

外界环境直接影响寄生虫在寄主体外的发育阶段,其变化也影响寄主,并通过寄主间接影响其体内的寄生虫。环境条件适宜时,寄生虫生存时间长,繁殖快;反之,则短而慢。环境条件变化,在可适应的限度内可引起寄生虫形态、生理的变异,超过可能适应的限度则寄生虫死亡。

7.2 鱼类寄生虫病防治

7.2.1 原虫病

原生动物为单细胞真核动物,是动物界最原始的低等动物,整个身体由一个细胞构成,能在一个细胞内进行和完成生命活动的所有功能，包括摄食、代谢、呼吸、排泄、运动及生殖等。广泛分布于淡水、海水、土壤等生态环境中。绝大部分的原生动物是营自由生活的，但也有一小部分种类是营寄生生活的。寄生于鱼体上的原生动物，一般个体微小，须借助显微镜才能看见。其形态多样，有球形、卵形、叶片状或不规则等。结构主要包括表膜、胞质和胞核三部分。繁殖方式有无性繁殖和有性繁殖两大类，无性繁殖包括二分裂、裂殖生殖和出芽生殖，有性繁殖包括接合生殖与配子生殖。

原生动物种类较多，有些种类可以引起鱼类的严重疾病，造成巨大的经济损失，如粘孢子虫病、小瓜虫病和隐核虫病等。寄生于鱼体上的原生动物主要包括鞭毛虫、肉足虫、孢子虫、纤毛虫、吸管虫等。

1.由鞭毛虫引起的疾病

鞭毛虫以鞭毛作为行动胞器，有 1 根或 2 根鞭毛，从虫体凹陷处伸出。营寄生或自由生活，主要寄生在鱼类皮肤和鳃上，也可侵袭消化道、血液等，造成这些器官的病理变化，严重时会引起鱼类大量死亡。

(1)隐鞭虫病

［病原］我国危害较大的有鳃隐鞭虫(*Cryptobia branchialis*)和颤动隐鞭虫(*Cryptobia agitata*)，属波豆科，隐鞭虫属(图 7-1)。鳃隐鞭虫虫体狭长、扁平，呈柳叶状，前端宽圆，后端细削，大小为 8.7 μm×4.1 μm，从虫体前端毛基体上生出 2 条鞭毛，长度大致相等，1 条鞭毛向前叫前鞭毛，另 1 条鞭毛向后沿身体构成狭窄波动膜，游离于体外叫后鞭毛。胞核圆形，位于身体中部，动核圆形或椭圆形，位于身体前端。寄生时用鞭毛插入寄主的鳃部表皮组织内，使之固着在鳃上。离开寄主时，借前鞭毛和波动膜不断摆动，使身体缓慢前进。

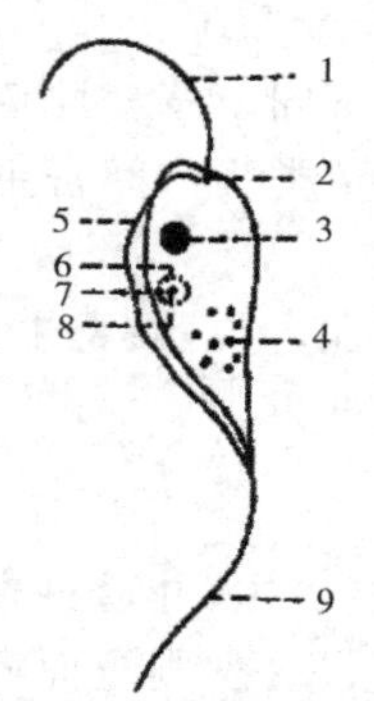

图 7-1(a)　**鳃隐鞭虫模式图(仿陈启鎏)**
1.前鞭毛 2.毛基体 3.动核 4.食物粒
5.波动膜 6.染色质粒 7.胞核
8.核内体 9.后鞭毛

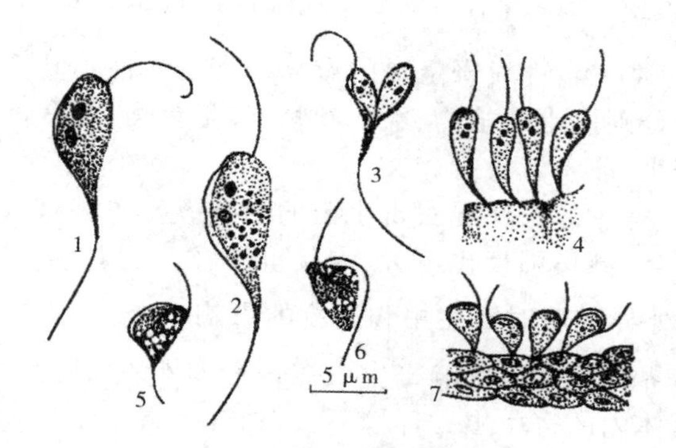

图 7-1(b)　**鳃隐鞭虫及颤动隐鞭虫(仿陈启鎏)**
1～4.鳃隐鞭虫 5～7.颤动隐鞭虫
1,2,5,6.示一般形态 3.示分裂中个体
4,7.寄生在鳃及皮肤上的情况

颤动隐鞭虫虫体略似三角形，大小为 6.7 μm×4.1 μm，毛基体在身体近前端边，波动膜不显著，前鞭毛和后鞭毛不相等。胞核圆形位于身体稍前方向，棒状动核位于胞核前方。寄生时用后鞭毛插入寄主的皮肤和鳃表皮组织内，常作挣扎状颤动，脱离寄主后，可短时在水中生活。水是该病的传播媒介，也可因接触病鱼而传播虫体。虫体以纵二分法繁殖，生活史只需要一个寄主。

[症状] 隐鞭虫寄生在海水鱼和淡水鱼类鳃、皮肤、血液和消化道。鳃隐鞭虫主要危害草鱼种，大量寄生时破坏鳃小片上皮细胞和产生凝血酶，使鳃组织发炎，阻碍血液正常循环，病鱼呼吸困难。颤动隐鞭虫主要侵袭皮肤，危害 3 cm 以下的幼鱼，严重感染破坏鳃和皮肤组织。影响幼鱼生长发育，因日渐消瘦致死。病鱼体色发黑，黏液增多。

[流行与危害] 鳃隐鞭虫在我国主要水产养殖区均有流行。发现于江浙、两广及华中一带，寄生于青鱼、草鱼、鲢、鳙、鲤、鲫、鳊、鲮等淡水经济鱼类及野杂鱼，寄主广泛，无选择性，但仅危害草鱼，是草鱼夏花阶段常见病之一。

[诊断方法] 根据症状及流行情况进行初步诊断，通过镜检可进一步诊断。

[防治方法]

预防措施：

①用生石灰或漂白粉彻底清塘。

②鱼种放养前用 5%食盐水浸洗 5 min，或用 8 mg/L 硫酸铜溶液浸洗 20～30 min，或用 10 mg/L 硫酸铜和硫酸亚铁合剂（5 ∶ 2）溶液浸洗 15～20 min。

③海水鱼也可用淡水浸洗 3～5 min。

治疗方法：

①治疗时用硫酸铜或硫酸铜和硫酸亚铁合剂（5 ∶ 2）全池遍洒，淡水鱼使用浓度为 0.7 mg/L；海水鱼使用浓度为 0.8～1.2 mg/L。

②每 667 m^2（水深 1 m）用 30 kg 苦楝树煮水全池遍洒。

(2)鱼波豆虫病

[病原] 飘游鱼波豆虫（*Costia necatrix*）（图 7-2）。虫体自由生活时呈卵圆形，背面凹陷。固定标本为背腹扁平的梨形，大小为（5～12）μm×（3～9）μm，口沟位于体侧，其前端有毛基体，由此长出 2 根鞭毛，后端游离为后鞭毛。胞核圆形或卵圆形，核膜四周有染色质粒，中央有 1 个核内体，它们之间有不太明显的非染色质丝。胞质内可见到伸缩泡 1 个。虫体用 2 根鞭毛固着在寄主的皮肤和鳃组织中，常呈挣扎状，上下左右摆动，脱离寄主可在水中自由生活 6～7 h。生活史中只有 1 个寄主，无中间寄主，直接传播转移寄主。如遇不到寄主可形成胞囊。繁殖为纵二分裂。

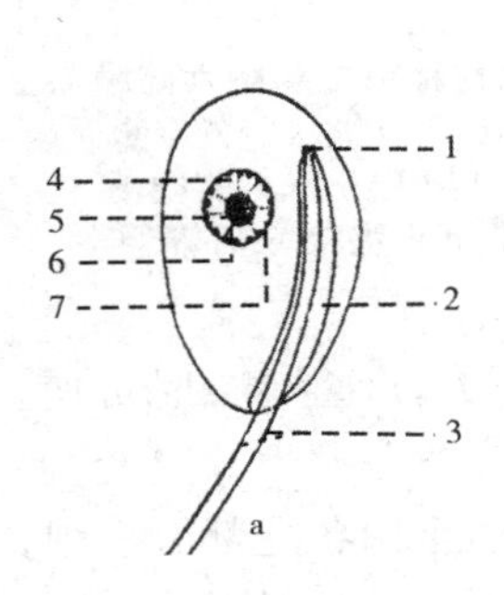

图 7-2(a) 飘游鱼波豆虫模式图(仿陈启鎏)
1.毛基体 2.口沟 3.后鞭毛 4.胞核
5.核内体 6.非染色质丝 7.染色质粒

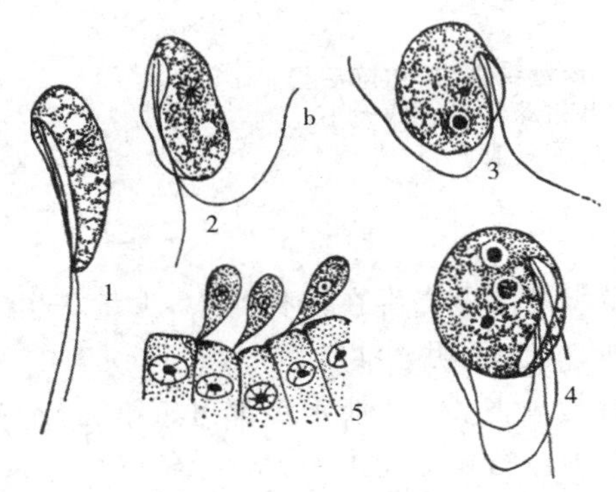

图 7-2(b) 飘游鱼波豆虫(仿陈启鎏)
1～4.示一般形态
5.附着在鳃组织上的虫体

[症状] 飘游鱼波豆虫寄生在鱼类鳃和皮肤上，大量寄生时，病鱼体表黏液增多，形成一层灰白色或淡蓝色的黏液层。运动失常，反应迟钝，食欲不振，呼吸困难，感染区充血、出血，鱼体消瘦，垂死前表现呆滞。2 龄以上鲤鱼感染时，有鳞下积水、竖鳞和皮肤充血现象。

[流行与危害] 全国各水产养殖区均流行。广泛寄生于各种淡水鱼，主要危害鱼苗、鱼种。适宜繁殖温度为 12～20 ℃。当过度密养、饲料不足、鱼体消瘦时，易引起苗种大批死亡。不论冷水性鱼类或温水性鱼类均可受害。发病后 3～4 d 出现死亡高峰，死亡率高。

[诊断方法] 根据症状及流行情况进行初步诊断，通过镜检可进一步诊断。

[防治方法] 同鳃隐鞭虫病。

(3)锥体虫病

[病原] 锥体虫(*Trypanosoma* spp.)，属锥体科，锥体虫属(图 7-3)。虫体为狭长的叶状，一端尖，另一端钝圆。从虫体后端毛基体长出 1 根鞭毛，沿着身体组成波动膜，至前端游离为前鞭毛。胞核卵圆形或椭圆形，一般位于身体的中部，核内有一明显的核内体，有的种类有 1～2 个动核，位于毛基体之后，动核卵圆形、圆形或椭圆形。生活史中包含两个寄主，一个是无脊椎动物，一个是脊椎动物。虫体通过中间寄主水蛭传播。繁殖方式是纵二分裂法。

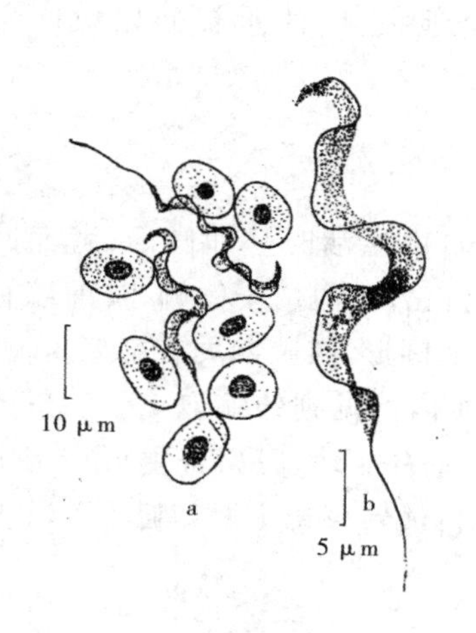

图 7-3 青鱼锥体虫(仿陈启鎏)
a.示锥体虫和青鱼红血球大小比例
b.示一般形态

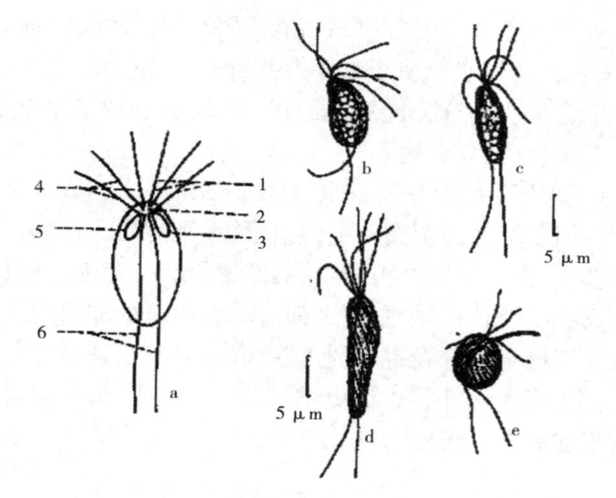

图 7-4 中华六前鞭毛虫和鲴六前鞭毛虫
a.模式图 b,c.中华六前鞭毛虫
d,e.鲴六前鞭毛虫 1,4.前鞭毛
2.毛基体 3,5.胞核 6.后鞭毛

[症状] 锥体虫寄生在鱼类血中，少量寄生对鱼类影响不大，严重感染时可使鱼类消瘦、虚弱、贫血，病鱼无明显症状。

[流行与危害] 一般淡水鱼都可感染，野杂鱼感染更普遍，全国各地都有发现，一年四季均可发病，但流行于 6 至 8 月。

[诊断方法] 镜检鱼类血液，看到血球之间有扭曲运动的虫体可以诊断。

[防治方法] 预防此病要从杀灭水蛭入手。

①用 200 mg/L 生石灰或 20 mg/L 漂白粉溶液彻底清塘

②可用 5%食盐浸洗鱼体，或用硫酸铜、敌百虫、倍硫磷杀灭水蛭，有一定的效果。

(4)六鞭毛虫病

[病原] 中华六前鞭毛虫(*Hexamita sinensis* Chen)和鲴六前鞭毛虫(*H. xenocyprini* Chen),属六前鞭毛虫科,六前鞭毛虫属(图 7-4)。中华六前鞭毛虫的营养体呈卵圆形或椭圆形,两侧对称,背腹稍扁平,前端钝圆,生有毛基体,从此处生出 4 对鞭毛,前端 3 对,游离,另 1 对向后延伸而为后鞭毛。后鞭毛沿虫体部分与胞质相连,称轴杆。基粒后有两个呈"八"字形排列的短棒状胞核,大小为(5～13.8)μm×(3～6.9)μm。鲴六前鞭毛虫为卵形或狭长形,大小为(6.6～20)μm×(3.5～8)μm,体表通常有倾斜排列粗纹。繁殖方式为纵二分裂法。

[症状] 六前鞭毛虫寄生在肠道内,也可寄生在胆囊、膀胱、肝、心脏、血液中,一般认为对寄主无害或起帮凶作用。当鱼患细菌性肠炎时,加上此虫大量寄生时,则可加重肠道炎症,促使病情恶化。

[流行与危害] 中华六鞭毛虫寄生于多种鱼肠道、肝、胆囊等多种器官中,尤其是 1～2 龄草鱼最多,鲢、鳙、鲮、鲤、鲫、青鱼等淡水鱼的肠道中也有发现。鲴六前鞭毛虫的寄主主要是银鲴、细鳞斜颌鲴和黄尾密鲴。全国各水产养殖区均有发现,一年四季均可见,以春、夏、秋之际最普遍。

[诊断方法] 根据症状及流行情况进行初步诊断,通过镜检可进一步诊断。

[防治方法] 用生石灰或漂白粉等清塘药物彻底清塘,消灭池中胞囊。

2.由肉足虫引起的疾病

肉足虫主要特征是具有伪足,以伪足为行动胞器。寄生在消化道内,造成这些器官溃疡或脓肿。国内仅发现寄生在草鱼肠内的内变形虫科的一种。

内变形虫病

[病原] 鲩内变形虫(*Entamoeba cteopharyngodoni*),属内变形虫科、内变形虫属(图 7-5)。营养期营养体呈灰色,运动活泼,不断伸出肥大的伪足,时而改变方向和体形。活体胞核为 1 个透明圆环,核膜周围有一层染色很深、大小一致,排列规则的染色质粒,中央有 1 个大的核内体,细胞内通常有许多小空泡。胞囊前期伪足消失,身体变圆。胞囊期一般为圆形,1～4 个胞核,1～6 条棒状的拟染色体,在胞囊的一侧有个形状不规则、轮廓不清楚的空泡,称为动物淀粉泡。内变形虫是专性寄生虫,生活史包括营养期、胞囊前期和胞囊期,只有 1 个寄主,靠胞囊进行传播,鱼吞食被成熟胞囊污染的食物而感染。

[症状] 鲩内变形虫以营养体的形式寄生于草鱼的直肠,还可侵入肝脏或其他器官。单纯感染内变形虫,数量不多,肠管溃疡和脓肿症状往往不明显,但常与六前鞭毛虫病、鲩肠袋虫病及细菌性肠炎病并发,病变始于黏膜表面,向周围发展形成脓肿。严重时肠黏膜遭到破坏,后肠形成溃疡、充血发炎、轻压腹部流出黄色黏液,与细菌性肠炎相似,但肛门不红肿。虫体聚在肛门附近的直肠内,分泌溶解酶溶解组织,靠伪足的机械作用穿入肠黏膜组织。

[流行与危害] 主要寄生于 2 龄以上草鱼,10 cm 左右的草鱼也会感染,常与细菌性肠炎一起暴发流行。北自黑龙江、南至长江和西江流域均有分布,尤以两广地区较流行。流行季节为 6—7 月。

[诊断方法] 根据症状及流行情况进行初步诊断,通过镜检可进一步诊断。

[防治方法] 用生石灰清塘可以预防。

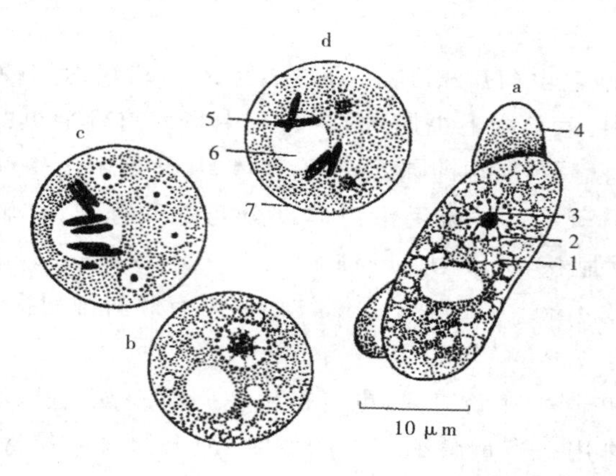

图 7-5　鲩内变形虫(仿陈启鎏)

a.营养子　b.胞囊前期　c,d.胞囊期

1.胞质 2.核膜和染色质粒 3.核内体 4.伪足

5.拟染色质粒 6.动物淀粉泡 7.胞囊膜

3.由孢子虫引起的疾病

孢子虫是原生动物中种类最多、分布最广的一类寄生虫。通常无运动胞器,均为寄生种类,寄生在鱼体上的已知种类,其生活史均在一个寄主体内完成,有无性的裂殖生殖和有性的配子生殖两种生殖方式。寄生在鱼类中的孢子虫主要有艾美虫、粘孢子虫、微孢子虫和单孢子虫四大类。其中以艾美虫与粘孢子虫对鱼的危害最大。

(1)艾美虫病(又称球虫病)

[病原] 艾美虫(*Eimeria* spp.),属艾美虫科、艾美虫属(图 7-6)。我国报道的已有 20 多种,常见种类有青鱼艾美虫、鲤艾美虫和草鱼艾美虫等。艾美虫的卵囊呈球形或椭圆形,外被一层厚的、坚硬的卵囊膜,内有 4 个孢子囊。孢子囊呈卵形,被有透明的孢子膜,膜内包裹着互相颠倒的长形稍弯曲的孢子体和 1 个孢子残余体,每个孢子体有 1 个胞核。卵囊膜内有卵囊残余体和 1～2 个极体。

生活史:艾美虫的生活史在一个寄主体内完成,不需要更换寄主,包括裂殖生殖、配子生殖和孢子生殖。成熟卵囊随寄主粪便排出体外,被另一寄主吞食后,就被感染,肠内孢子体从孢子内释放出来,侵入胆管或肠黏膜上皮细胞,发育成营养体,进行裂殖生殖,产生裂殖子,释放到肠腔,重新侵入其他细胞形成“自体感染”。经几次裂殖生殖后,开始有性生殖,一部分裂殖子发育成小配母细胞,胞核经几次分裂形成具有双鞭毛的小配子;另一部分裂殖子形成大配母细胞,每个大配母细胞发育成 1 个大配子。1 个大配子和 1 个小配子结合形成合子,合子产生一层薄膜将自己包围形成卵囊,此即配子生殖过程。卵囊的胞核经过两次分裂形成 4 个胞核,细胞质也相应分裂成 4 个原生质团,每个原生质团含有 1 个胞核,形成 4 个孢子母细胞,产生一薄膜,形成 4 个孢子。每个孢子的胞核再分裂 1 次,最后形成 2 个孢子体。未形成孢子或孢子体的原生质团,即成为卵囊残余体、孢子残余体,卵囊发育成熟。

[症状] 少量感染症状不明显,严重感染的病鱼,鳃瓣苍白贫血,肠管粗于正常的 2～3 倍,腹部膨大,体色发黑,失去食欲,游动缓慢而死亡。在前肠肠壁上,肉眼能见许多白色小结节病灶,引起肠壁发炎、充血、溃烂、穿孔。

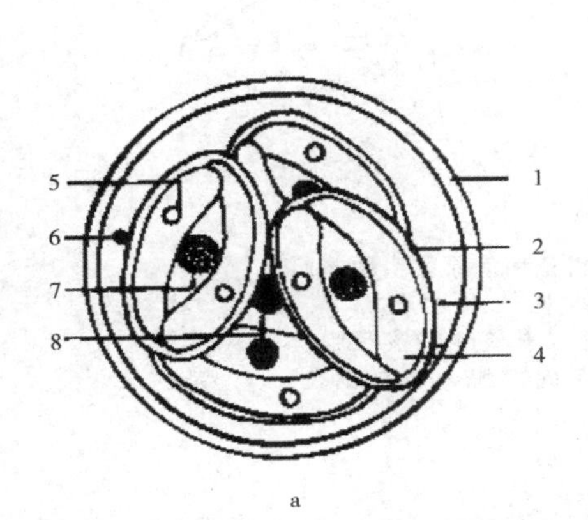

图7-6(a) 艾美球虫卵囊模式图(仿陈启鎏)

1.卵囊膜 2.孢子囊 3.孢子囊膜 4.孢子体 5.胞核 6.极体 7.孢子残余体 8.卵囊残余体

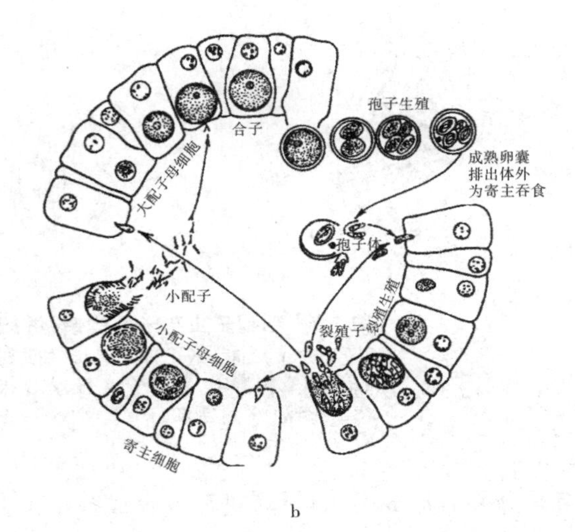

图7-6(b) 艾美球虫生活史图解

[流行与危害] 艾美虫寄生在多种淡水鱼和海水鱼的肠、幽门垂、肝脏、肾脏等处,国内外均有发生。其中危害较大的是寄生在1～2龄青鱼肠内的青鱼艾美虫,江浙一带感染率高达80%。对鲢、鳙、鲮的危害不大。流行季节为4至7月,特别是5至6月,水温在24～30℃时最流行。艾美虫通过卵囊直接传播。艾美虫对寄主有严格的选择性。

[诊断方法] 取病变组织做涂片或压片,镜检可看到卵囊及其中的孢子囊。

[防治方法]

预防措施:彻底清塘消毒,杀灭孢子能预防此病;利用艾美虫对寄主的选择性,可采取轮养的办法来预防。

治疗方法:

①每千克鱼用1 g硫黄粉,或每千克饲料用20 g硫黄粉拌饵投喂,每天1次,连用4 d。

②每50 kg鱼用4%碘液30 ml拌饵投喂,连用4 d。

(2)粘孢子虫病

粘孢子虫(图7-7)是鱼类最常见的寄生虫,寄生于海水、淡水鱼类几乎所有的器官中。其中不少种类可形成胞囊,产生不同程度的危害,引发鱼病,造成鱼类死亡。

粘孢子虫的孢子由1～7片壳片组成,它是由原生质转化而成为这种瓣状的几丁质孢壳。两壳相连处称缝线,两片膜瓣的形状与大小通常对称。缝线由于增厚或突起呈脊状结构称缝脊,有缝脊的一面称为缝面,又称侧面;无缝脊的一面称壳面,又称正面。缝线一般是直的,少数呈"S"弯曲。种类不同,而壳面显示不同的皱褶、条纹。孢子内有1～2个或4～7个不同数目、形状及排列方式的极囊,通常位于孢子的一端,此端称前端,相对的一端称后端;有的种类位于孢子的两端。极囊内有螺旋盘绕的极丝,前端有一个开孔,极丝从此孔伸出。在极囊之下或中间有孢质,内有嗜碘泡及两个胚核。

粘孢子虫的孢子进入鱼体组织后,成熟的孢子在寄主组织中进行裂殖,形成裂殖体,裂殖体在合适的部位开始生长,核不断分裂而大量增殖,形成1个多核体,多核体中一些胞核

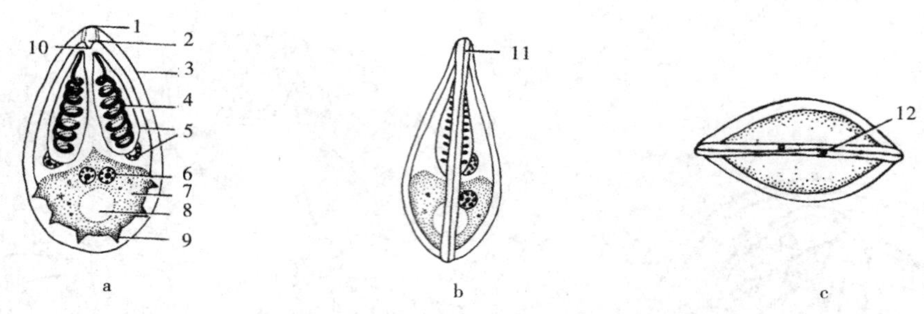

图 7-7 粘孢子虫孢子的构造(仿《湖北省鱼病病原区系图志》)
a.壳面观(正面观) b.缝面观(侧面观) c.顶面观
1.前端 2.极囊孔 3.孢子 4.极丝 5.极囊与极囊核 6.胚核 7.胞质
8.嗜碘泡 9.后褶皱 10.囊间突 11.缝线与缝脊 12 极丝的出孔

聚集并分裂后形成孢子母体,进而发育成孢子。

目前我国淡水鱼类危害较大及常见的粘孢子虫有:鲢碘泡虫、饼形碘泡虫、野鲤碘泡虫、鲫鱼碘泡虫、异形碘泡虫、多格里尾碘泡虫、鲢旋缝虫、脑粘体虫、时珍粘体虫、银鲫粘体虫、两极虫、鲢四极虫、单极虫等。海水鱼类危害较大的粘孢子虫有:弯曲两极虫、小碘泡虫、库道虫、角孢子虫、尾孢虫、肌肉单囊虫、金枪鱼六囊虫、安永七囊虫等。

碘泡虫病

[病原] 常见的有鲢碘泡虫(*Myxobolus drjagini*)和饼形碘泡虫(*Myxobolus artus*),属碘泡虫科、碘泡虫属(图 7-8)。

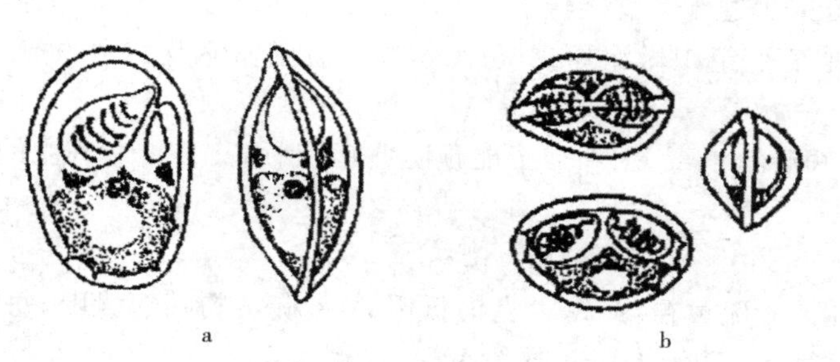

图 7-8 碘泡虫
a.鲢碘泡虫 b.饼形碘泡虫

鲢碘泡虫孢子为椭圆形或卵圆形,前宽后窄,壳面光滑或有 4～5 个“V”形的皱褶,囊间“V”形小块明显。孢子大小为 12.3 μm×9.0 μm,极囊 2 个,梨形,大小不等,通常大极囊倾斜地位于孢子前方。鲢碘泡虫一个生活史约 4 个月,6 至 9 月间为营养体阶段,吸取寄主大量养料进行大量增殖,是其破坏性最大的阶段。10 月以后逐步形成孢子,孢子成熟后散入水中感染其他鱼,或大量积聚在池塘淤泥中,传播蔓延。

饼形碘泡虫孢子为椭圆形或圆形,胞囊白色,大小为(42～89.2)μm×(31.5～73.5)μm,内有 2 个卵圆形极囊,大小相等,呈八字排列,孢子内有 1 个明显的嗜碘泡。饼形碘泡虫的发育过程是由营养体成长为成熟的孢子,营养体在肠道固有膜内不断增长,使固有膜破裂,成熟孢子流入肠腔,随寄主粪便排出,感染鱼体造成流行。

[症状] 鲢碘泡虫病又称鲢疯狂病。鲢碘泡虫主要寄生在鲢的神经系统和感觉器官中，形成大小不一，肉眼可见的白色胞囊。病鱼极度消瘦，头大尾小，体色暗淡，尾巴上翘，在水中狂游乱窜，打圈或钻入水中又反复跳出水面似疯狂状态，失去正常活动和摄食能力，终至死亡。解剖可见肝、脾萎缩，腹腔积水，肠内无物，肉味腥臭，丧失商品价值。饼形碘泡虫主要寄生在草鱼前肠绒毛固有膜内，病鱼体色发黑，腹部膨大，不摄食，严重时前肠粗大，形成大量的胞囊，肠壁糜烂成白色。镜检可见大量的成熟孢子。饼形碘泡虫若寄生于脊椎和脑部，病鱼出现弯体旋转游动等症状，寄生于肌肉，鱼体出现凹凸不平症状，剥去鱼皮，可见肌肉内大量白色胞囊而致肌肉形成似结节分段。

[流行与危害] 鲢碘泡虫主要危害1足龄鲢鱼，感染率高达100%，死亡率达80%。以冬春两季较为普遍，流行于华东、华中、东北等地的江、河、湖泊、水库、池塘中，特别是较大型水体更易流行。饼形碘泡虫主要感染体长2～9 cm的草鱼，大量感染时，造成病鱼暴发性大批死亡。体长10 cm以上的草鱼，其感染率和感染强度大幅度下降，一般不会导致严重危害，流行于4至8月，尤以5至6月为甚，以两广地区最严重。

[诊断方法] 根据症状及流行情况进行初步诊断，通过镜检可进一步诊断。

[防治方法] 目前尚无理想的治疗方法，主要是以预防为主。

预防措施：

①严格执行检疫制度，不引进病鱼，发现病死鱼及时捞出作无害化处理。

②清除过多淤泥，用生石灰彻底清塘，减少病原体。

③用0.3～0.7 mg/L的90%晶体敌百虫全池遍洒，有一定的预防作用。

治疗方法：肠道粘孢子虫病可采用以下方法。

①在每千克饲料中加1 g晶体敌百虫，或0.1～0.2 g盐酸左旋咪唑，拌匀后制成水中稳定性好的颗粒药饵投喂，连喂5～7 d，同时外泼晶体敌百虫。

②每千克鱼每次用2～2.5 g的0.2%利克珠利，或用0.4～0.5 g的0.5%利克珠利拌饵投喂，连用5～7 d。

③每千克鱼每次用40 mg盐酸氯苯胍拌饵投喂，每天1次，连续3～5 d，苗种药量减半。

粘体虫病

[病原] 我国大约发现60余种粘体虫，主要寄生于鲑鳟鱼类、鲢、鳙、鲤、鲫及乌鳢等鱼类的鳃、肠、胆、脾脏、肾、膀胱等器官。常见的有中华粘体虫（*Myxosoma sinensis*）、脑粘体虫（*Myxosoma cerebralis*）和时珍粘体虫（*Myxosoma sigini*），属粘体虫科、粘体虫属（图7-9）。粘体虫形态与碘泡虫相似，但无嗜碘泡。

[症状与流行情况] 中华粘体虫病又称肠道白点病，虫体主要寄生在2龄以上的鲤鱼肠内、外壁及其他内脏器官，影响鲤鱼发育，病鱼肠内可见乳白色芝麻状胞囊。脑粘体虫病又称昏眩病、黑尾病，主要危害虹鳟苗种，病鱼自肛门后变为黑色，出现类似于疯狂病的症状，脊椎弯曲，旋转，头颅变形。时珍粘体虫病又称鲢水臌病，虫体主要寄生在鲢鱼的腹腔中，腹部膨胀，体腔内有8～12个扁带状或多重分枝的扁带状胞囊，内脏萎缩，粘连成团，病鱼失去平衡，腹部朝天，病鱼煮后鱼肉化水无味，故称鲢水臌病。

[诊断方法] 根据症状及流行情况进行初步诊断，通过镜检可进一步诊断。

[防治方法] 同碘泡虫病。彻底清塘，减少病原体，以防此病。

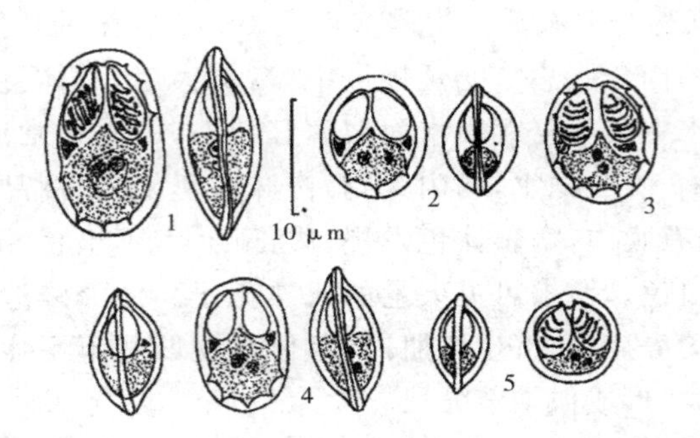

图 7-9　五种粘体虫(仿《湖北省鱼病病原区系图志》)
1.银鲦粘体虫 2.脑粘体虫 3.中华粘体虫 4.变异粘体虫 5.鲢粘体虫

单极虫病

[病原] 我国已发现40余种单极虫,常见种类有鲮单极虫(*Thelohanellus rohitae*)、鲫单极虫(*T.fuhrmanni*)、武汉单极虫、鳅单极虫(*T.misgurni*)和吉陶单极虫(*T.kiauei*),属碘泡虫科,单极虫尾(图 7-10)。鲮单极虫前端尖细,后端钝圆,缝脊直,孢子大小为(26.4～30)μm×(7.2～9.6)μm,孢子外常围着一层无色透明的鞘状胞膜,有1个大的极囊,棍棒状,约占孢子2/3～3/4。

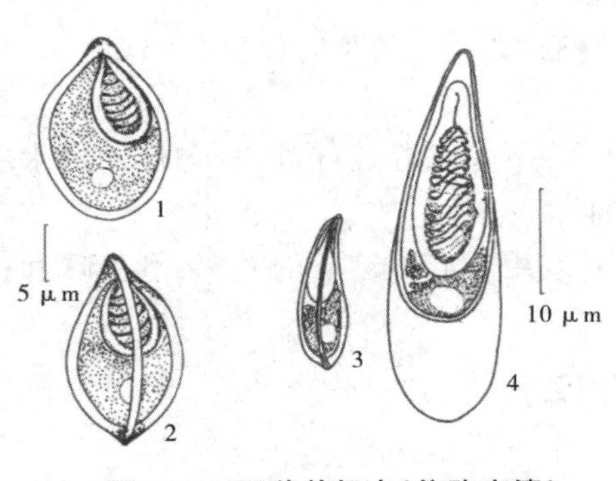

图 7-10　两种单极虫(仿陈启鎏)
1～2.中华单极虫 3～4.鲮单极虫
1.壳面观 2.缝面观

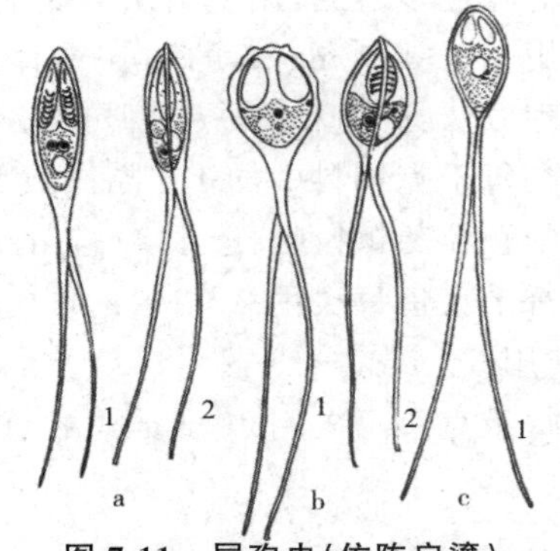

图 7-11　尾孢虫(仿陈启鎏)
a.中华尾孢虫 b.徐家汇尾孢虫 c.微山尾孢虫

[症状与流行情况] 寄生处形成肉眼可见的胞囊。鲮单极虫寄生于2龄以上鲤、鲫鱼鳞囊内以及鼻腔、肠、膀胱等处,流行于5至8月。鲫单极虫寄生于鲫鱼体表、鳃等处。武汉单极虫寄生在鲫鱼的皮下,病鱼体表凹凸不平。鳅单极虫寄生于鲮鱼尾鳍、鼻腔内。吉陶单极虫寄生于2龄鲤鱼肠道内,腹胀,白色胞囊堵塞肠管。

[诊断方法] 根据症状及流行情况进行初步诊断,通过镜检可进一步诊断。

[防治方法] 彻底清塘,减少病原感染机会。

尾孢虫病

[病原] 常见的种类有中华尾孢虫(*Henneguya sinensis*)、徐家汇尾孢虫(*Henneguya zikawiensis*)和微山尾孢虫(*Henneguya weishanensis*),属碘泡科,尾孢虫属(图 7-11)。尾

孢虫孢子圆形、卵形或纺锤形，极囊2个，壳面有花纹之类的结构，孢壳向后延伸成两条尾状，分叉或不分叉，其他构造与碘泡虫相似。中华尾孢虫的胞囊无一定形状，淡黄色，孢子长梨形，前端稍狭，后端稍宽，缝脊细而直，两个球棒状极囊大小相等，有嗜碘泡，大小为(26.4～43.2)μm×(4.0～8.7)μm。

[症状] 尾孢虫可寄生于海、淡水鱼类体上。中华尾孢虫寄生于乌鳢体表及全身各器官，鳍条间出现连片淡黄色胞囊，形状不规则，鱼体瘦弱发黑，大批死亡。微山尾孢虫主要寄生于鳜鱼鳃上，为瘤状或椭圆形白色胞囊，引起鳃充血、溃烂、严重时引起死亡。徐家汇尾孢虫主要寄生于鲫鱼鳃、肠道、心脏等处，胞囊白色，形状大小不一，造成鳃组织损伤。

[流行与危害] 主要危害乌鳢、鳜鱼、蟾胡子鲶的鱼苗、鱼种，严重时可引起大批死亡。全国各地均有发现，华南和长江流域四季可见，流行季节在5至7月。

[诊断方法] 根据症状及流行情况进行初步诊断，通过镜检可进一步诊断。

[防治方法] 同碘泡虫病。

球孢虫病

[病原] 寄生于我国淡水鱼类的球孢虫已有十余种。常见的种类有黑龙江球孢虫(*Sphaerospora amuerensis*)、鳃丝球孢虫(*Sphaerospora branchialis*)，属球孢虫科，球孢虫属(图7-12)。孢子虫壳面观、缝面观均为圆球形或卵球形，缝线平直，具2个极囊，位于孢子前端，壳面观只能见到1个极囊，壳上有条纹或在壳片的后端具膜状突。孢质里无嗜碘泡，有2个圆形的胚核。

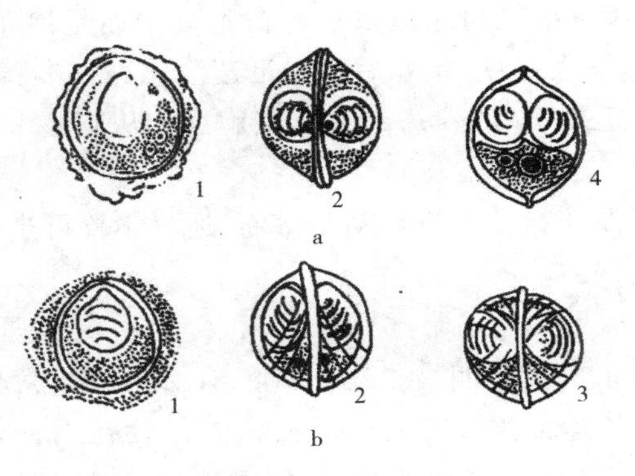

图7-12 球孢虫

a.黑龙江球孢虫 b.鳃丝球孢虫

1.壳面观 2.缝面观 3.顶面观 4.视切缝面观

[症状] 球孢虫寄生于鳃，在鳃组织内不形成胞囊，呈弥散状分布，充塞于鳃丝组织间，严重时影响寄主呼吸，使鱼窒息而死。黑龙江球孢虫主要寄生于草鱼、青鱼鳃丝，大量感染可在肝、肾中发现。鳃丝球孢虫主要寄生于鲤、鳙、金鱼鳃丝或体表，在金鱼体表形成白色点状胞囊，但在鳙鱼和鲤鱼的鳃丝上不形成胞囊。

[流行与危害] 主要侵袭鲤、草鱼、青鱼、鲶、泥鳅、鲴、斑鳜的鳃丝、膀胱及输尿管。全国各地均有发现。东北、湖北、四川、浙江等地均有病例发现。

[诊断方法] 根据症状及流行情况进行初步诊断，通过镜检可进一步诊断。

[防治方法] 彻底清塘杀灭池中孢子。

库道虫病

[病原] 库道虫(图 7-13)在海水鱼类中已发现有 31 种以上,常见的种类有鲻库道虫(*Kudoa bora*)、鲀库道虫(*Kudoa shiomilsui*),属四极科,库道虫属。其特征是孢子有 4 个极囊,集中于前端,有 4 片壳,与寄生在海、淡水鱼类胆囊中的四极虫很相似,但是库道虫的孢子从顶面看去四个极囊排列成星状或四方形,孢子壳的缝线模糊不清,组织寄生。

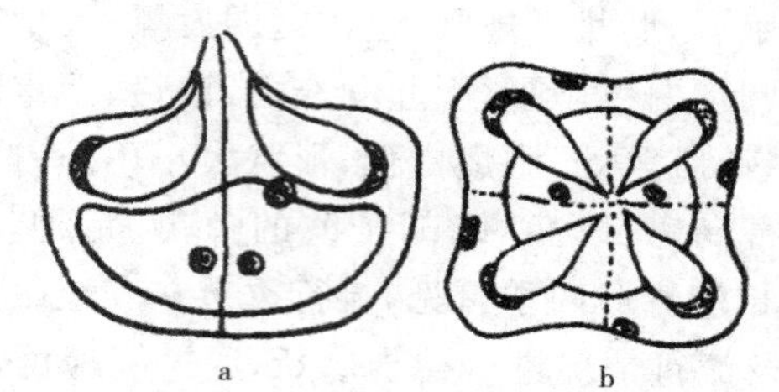

图 7-13　鲱库道虫孢子模式图(仿 Meglitsch)
a.侧面观 b.顶面观

[症状、流行情况与危害] 寄生部位随种而异,以寄生于肌肉中的种为最多。寄生在肌肉中的库道虫类,一般不至于致死鱼类,但在肌肉中有许多肉眼可见的胞囊,使食品价值降低,甚至不能食用。鲻库道虫(*Kudoa bora*)发现在我国台湾省南部养殖的鲻鱼、日本鲻、棱鲻体侧的肌肉中。在天然海产鱼类大西洋鲱、金枪鱼的肌肉中也发现了鲱库道虫,但在较大的鱼中没有发现。杖鱼肌肉中的杖鱼库道虫不包在胞囊中而是散布在寄主肌肉内,病情严重时病鱼肌肉变为乳白色,失去弹性,鱼死后肌肉迅速液化。日本养殖的红鳍东方鲀的围心腔和心脏腔中寄生的鲀库道虫(*Fugu rubripes*),其胞囊和从胞囊中放出的孢子能使寄主的鳃血管发生栓塞。

[诊断方法] 根据症状及流行情况进行初步诊断,通过镜检可进一步诊断。

[防治方法] 同碘泡虫病。

四极虫病

[病原] 寄生于我国淡水鱼类的四极虫已记载的有 20 余种,常见的种类有椭圆四极虫(*Choromyxum ellipticum*)、鲢四极虫(*Choromyxum hypophtalmichthys*),属四极虫科、四极虫属(图 7-14)。椭圆四极虫壳面观为椭圆形,前方稍尖、而后端钝圆,顶面观及反顶面观为圆形,壳面具有明显的条纹,呈"U"字形排列,前端有 4 个极囊,极囊大小相似,梨形,孢子大小为(6～11)μm×(5～8)μm,胞质中具 2 个圆胚核,无嗜碘泡,常在小草鱼胆囊中发现。

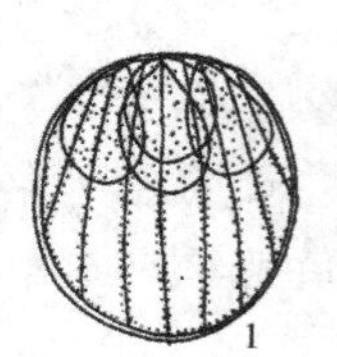

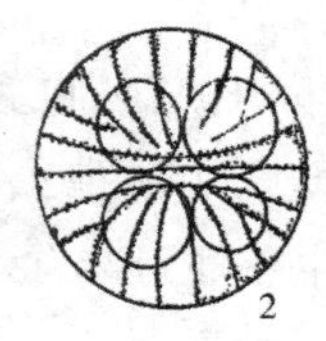

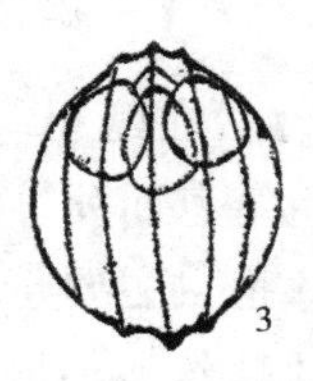

图 7-14　四极虫(仿牛鲁祺)
1.壳面观 2.缝面观 3.顶面观

[症状] 四极虫寄生于鱼类胆囊内、外壁或胆汁中，病鱼胆囊肿大，胆汁由绿色变为淡黄色或黄褐色。严重时病鱼体色变黑，消瘦，眼圈点状充血，眼球突出，鳍基部和腹部变成黄色，为“黄疸症”。肠内无食物，充满黄色黏稠物，肝呈浅黄色或苍白色。

[流行与危害] 四极虫寄生于草鱼、青鱼、赤眼鳟、鳊、鲢、鳙、胡子鲶、鳢、鲶等经济鱼类的胆囊。椭圆四极虫寄生于草鱼、青鱼。全国各养殖区均有发现，尤以浙江、江苏、广东等地的3～4 cm草鱼种常见。目前尚未有死亡报道。鲢四极虫在黑龙江流行于越冬后的鲢鱼种，并可造成大批死亡。

[诊断方法] 根据症状及流行情况进行初步诊断，通过镜检可进一步诊断。

[防治方法] 用生石灰彻底清塘，能杀灭池塘底部孢子。

两极虫病

[病原] 我国已报道的两极虫有70余种，常见的种类有多态两极虫(*Myxidium polymorphum*)、鲤两极虫(*Myxidium leiberkuehni*)，属两极虫科，两极虫属(图7-15)。两极虫内均有2个梨形或卵形的极囊，位于孢子相对两极，极丝细长，胞质里有2个明显的胞核。多态两极虫壳面观为长椭圆形，缝面观缝脊直，或略呈“S”形，壳面有6～8条条纹，孢子大小为(10～14)μm×(4～6)μm。

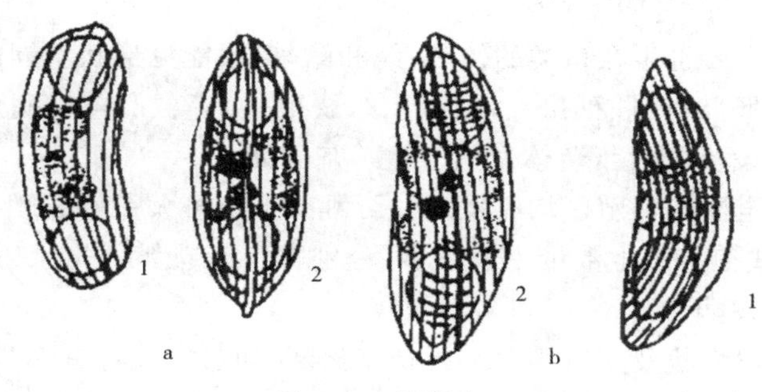

图7-15　两极虫
a.多态两极虫　b.鲤两极虫
1.壳面观 2.缝面观

[症状] 两极虫寄主种类多，常寄生于鱼类的肾、膀胱、胆囊、输尿管、肠、肝脏及鳃等器官，且常与四极虫同时寄生于一个寄主，症状不明显。鲤两极虫主要寄生于鲤鱼的肾、膀胱等器官。

[流行与危害] 两极虫寄主种类多，常寄生于鲮、鲤、鲫、草鱼、青鱼、鲢、鳙、鳗鲡、鲂以及其他鱼类体上，全国各养殖区均有发现，但危害不大。国外报道两极虫能引起鲑鱼的严重感染和死亡。海水鱼亦有蓝子鱼两极虫(*Myxidium siganum*)的记录，寄生于蓝子鱼胆囊；弯曲两极虫(*Myxidium incurvatum*)还广泛寄生于海水养殖品种鲽、海马、海龙等20余种鱼类胆囊中，当数量多时，成团的孢子可以阻塞胆管。

[防治方法] 尚待研究。

(3)由单孢子虫引起的疾病

单孢子虫以孢子形式寄生于软体动物、环节动物、节肢动物等无脊椎动物的细胞、组织、腔管等处，少数寄生于鱼类。我国仅有肤孢虫1属。

肤孢虫病

[病原] 常见的种类有鲈肤孢虫(*Dermocystidium percae*)、广东肤孢虫(*Dermocystidium kwangbungensis*)和野鲤肤孢虫(*Dermocystidium kai*),属肤孢虫属(图 7-16)。肤孢子虫一般呈圆形或近圆形,孢子较小,直径 4～14 μm,构造较简单,外包一层透明的膜,细胞质内有 1 个大而发亮的圆形折光体,位于偏中心处。在折光体和胞膜最宽处,有 1 个圆形胞核,有时还散布着少许颗粒状的胞质内含物。

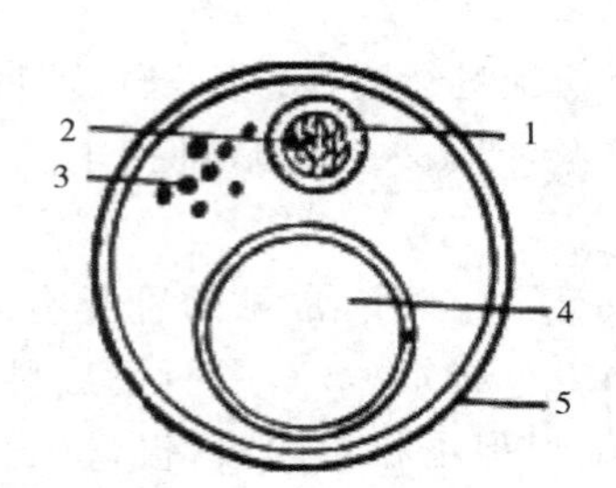

图 7-16　肤孢虫模式图(仿陈启鎏)

1.细胞核 2.核内体 3.胞质内含物 4.折光体 5.胞膜

[症状] 肤孢虫主要寄生在鱼类的体表、鳃和鳍,肉眼能见形状不同的白色胞囊,可呈线状(野鲤肤孢虫)、香肠状(鲈肤孢虫)、带状(广东肤孢虫)等。严重时病鱼全身可分布,数量多达百个,被寄生处发炎、溃烂,鱼体发黑、消瘦,甚至死亡。

[流行与危害] 全国各养殖区均有发现。野鲤肤孢虫可大量侵袭鲤、镜鲤、青鱼和草鱼。而鲈肤孢虫和广东肤孢虫寄生数量一般不多,分别寄生于花鲈、青鱼、鲢、鳙和斑鳢的鳃上。鱼种、成鱼均能感染发病。

[诊断方法] 根据症状及流行情况进行初步诊断,通过镜检可进一步诊断。

[防治方法]

①隔离病鱼,对发病鱼池彻底消毒,杀灭孢子。

②用 0.15 mg/L 浓度的 90%晶体敌百虫全池遍洒,每周 1 次,并辅以生石灰改良水质。

(4)由微孢子虫引起的疾病

微孢子虫目前已知有 800 余种,隶属于 70 个属。寄生于我国鱼类微孢子虫主要有格留虫属和匹里虫属的种类。

格留虫病

[病原] 赫氏格留虫(*Glugea hertwiyi*)、肠格留虫(*Glugea intestinalis*),属格留科,格留虫属(图 7-17)。肠格留虫一般圆形或卵形,大小为(5.3～6.3)μm×(3.1～4.0)μm,孢子膜较透明,极囊位于前端,椭圆形,液泡位于孢子后端,卵形,极丝有时可见,寄生于肠黏膜等组织中。赫氏格留虫孢子呈椭圆形或近似卵圆形,前端稍宽,大小为(2.6～3.5)μm×(1.1～2.0)μm,孢子膜薄面透明,有 1 个椭圆形极囊,位于前端 1/3 处,后端有 1 个不规则的圆形或椭圆形液泡。

[症状] 赫氏格留虫寄生于草鱼、鲢、鳙、鲤、鳊、鲫及斑鳢等鱼类的肾、肠、生殖腺、脂肪组织、鳃及皮肤。肠格留虫主要寄生于青鱼肠黏膜组织等处,肉眼能见乳白色的胞囊,大小 2～3 mm。感染严重引起性腺发育不良,生长缓慢。

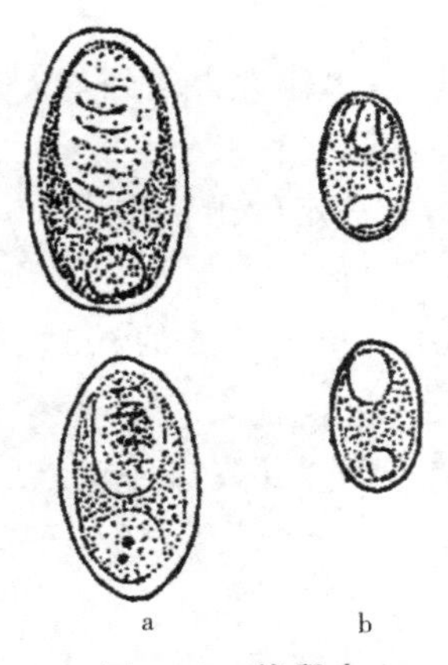

图 7-17 格留虫
(仿《湖北省鱼病病原区系图志》)
a.肠格留虫 b.赫氏格留虫

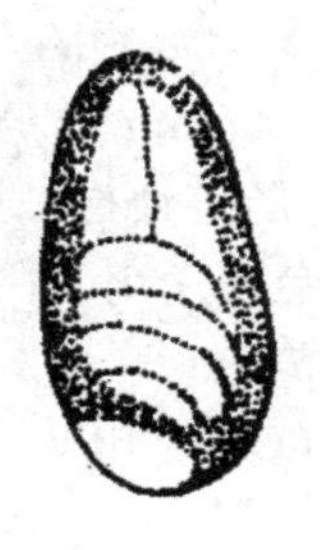

图 7-18 长丝匹里虫
(仿《湖北省鱼病病原区系图志》)

[流行与危害] 全国各地池塘、水库、湖泊均有发现。流行于夏秋两季,以孢子形式感染健康鱼,但我国未引起严重暴发鱼病,危害不大。国外有报道,因赫氏格留虫的寄生,引起寄主胡瓜鱼大量死亡。

[诊断方法] 根据症状及流行情况进行初步诊断,通过镜检可进一步诊断。

[防治方法] 同碘泡虫病。

匹里虫病

[病原] 长丝匹里虫(*Pleistophora longifilis*)、大眼鲷匹里虫(*Pleistophora priacanthicola*)、鳗匹里虫(*Pleistophora anguillarum Hoshina*),属匹里科,匹里虫属(图 7-18)。孢子卵形或梨形,大小为(8～11)μm×(4～5)μm,内有1个较大的极囊和1个球状核,并具有1根极丝和液泡。胞囊一般为球形,或不规则块状,乳白色或淡黄色,直径一般在0.5 mm以下。

[症状] 长丝匹里虫寄生在鱼类性腺上,发病初期病鱼卵巢表现不大透明,继而触摸有硬感,肝脏表现萎缩和贫血,但病鱼体表无症状。

大眼鲷匹里虫寄生鱼类的内脏与体腔,感染初期病鱼体表没有明显症状,严重时病鱼体质瘦弱,腹部膨大,解剖可见内脏及体腔中有大小不等的白色胞囊。

鳗匹里虫寄生在肌肉中形成许多胞囊。在全长10 cm左右的鳗鲡患病后,可见黄白色斑,体表凹凸不明显。大的鳗鲡患病时,则可看到躯干凹凸不平,凸出稍硬,凹处柔软。剖开鱼体可见凸处肌肉中寄生的匹里虫远比凹处为多。在加温的养鳗池内,白仔鳗就有患病的。严重感染时,病鱼消瘦,不摄食,游动缓慢,以致死亡。尤其是对幼鳗危害为大,即使不死,也不能育成有商品价值的食用鳗。

[流行与危害] 匹里虫寄生于海水鱼及淡水鱼的皮肤、内脏、肌肉、性腺和鳃等组织处,在我国海、淡水鱼均有记载,但危害不大,未见有流行病的报道。该病可能是经口及经皮肤感染。

[诊断方法] 根据症状及流行情况进行初步诊断,通过镜检可进一步诊断。

[防治方法] 尚待研究。

预防措施：

①严格执行检疫制度，不引进病鱼，发现病死鱼及时捞出作无害化处理。

②清除过多淤泥，用生石灰彻底清塘，减少病原体。

③用 0.3～0.7 mg/L 的 90%晶体敌百虫全池遍洒，有一定的预防作用。

治疗方法：肠道粘孢子虫病可采用以下方法。

①每千克鱼每次用 2～2.5 g 的 0.2%利克珠利，或用 0.4～0.5 g 的 0.5%利克珠利拌饵投喂，连用 5～7 d。

②每千克鱼每次用 40 mg 盐酸氯苯胍拌饵投喂，每天 1 次，连续 3～5 d，苗种药量减半。

4.由纤毛虫引起的疾病

以纤毛为运动胞器是纤毛虫类原生动物的主要特征。

纤毛虫通常有 1 个大核，卵圆形、肾形、马蹄形、棒形或念珠形等。小核较小，数目不等，多为圆形。纤毛虫无性生殖为横二分裂，有性生殖为接合生殖。纤毛虫的生活史有营养期和胞囊两个时期，靠胞囊传播或接触传播，生活史只需 1 个寄主。

(1)斜管虫病

［病原］鲤斜管虫(*Chilodonella cyprini*)，属斜管虫科，斜管虫属(图 7-19)。虫体腹面观卵圆形，后端稍凹入，侧面观背部隆起，腹面平坦。左面有 9 条纤毛线，右面有 7 条纤毛线，每条纤毛线上长着一律纤毛。背面左前端有 1 行特别粗的刚毛。腹面有 1 胞口，由 16～20 根刺杆作圆形围绕漏斗状的口管，呈喇叭状，末端弯曲处为胞咽所在，虫体其他处裸露无纤毛，大小为(40～60)μm×(25～47)μm，大核圆形或卵形，位于虫体后部，小核球形，位于大核之后。伸缩泡 2 个，左右两侧各 1 个。无性繁殖为横二分裂，有性繁殖为接合生殖。虫体借腹部的纤毛运动，沿着寄主鳃或皮肤缓慢地移动。生活史无中间寄主，传播靠直接接触或胞囊传播。环境不良时可形成胞囊。

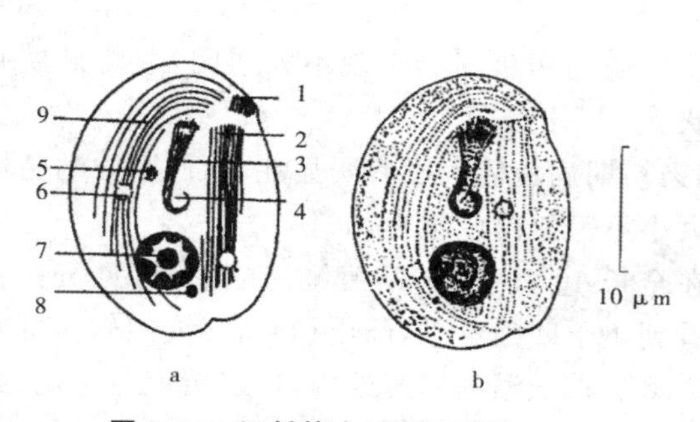

图 7-19　鲤斜管虫(仿陈启鎏)

a.模式图 b.染色标本

1.刚毛 2.左纤毛线 3.口管与刺杆

4.胞咽 5.食物粒 6.伸缩泡 7.大核

8.小核 9.右纤毛线

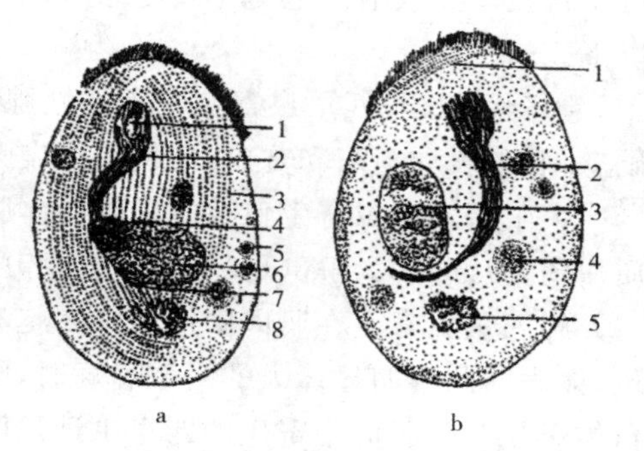

图 7-20　石斑瓣体虫(仿黄琪琰等)

a.腹面观：1.胞口 2.口管 3.纤毛线

4.小核 5.食物粒 6.大核 7.胞咽 8.瓣状体

b.背面观：1.纤毛线 2.口管 3.小核

4.食物粒 5.瓣状体

［症状］鲤斜管虫寄生于鱼的鳃和体表，少量寄生对鱼危害不大，大量寄生时可引起皮肤和鳃分泌大量黏液，体表形成苍白色或淡蓝色黏液层，破坏组织，影响鱼的呼吸功能。病

鱼食欲减退、消瘦。产卵亲鱼也会因大量寄生而影响生殖，甚至死亡。

[流行与危害] 可寄生于各种淡水鱼，主要危害鱼苗、鱼种。如果水温及其他条件合适，病原大量繁殖，2～3 d 内即造成大批死亡。每年秋末至春初，水温为 12～18 ℃时流行，全国各地均有分布，室内水族箱中的鱼类亦常发生此病。在珠江三角洲，是鳜鱼严重病害之一，有时甚至引起全池鱼死亡。

[诊断方法] 外表症状不特殊，病原较小，必须通过镜检方可确诊。

[防治方法]

预防措施：

①用生石灰彻底清塘，杀灭池中的病原体。

②用 8 mg/L 硫酸铜溶液或 2%食盐溶液浸洗鱼种 20 min。

③越冬前应将鱼体上的病原体杀灭，尽量缩短越冬期的停食时间，鱼开始时，要投喂营养丰富的饲料，同时，保持水质清新。

治疗方法：

①用 0.7 mg/L 硫酸铜和硫酸亚铁合剂(5∶2)全池遍洒。

②用 0.3～0.4 mg/L 硫酸铜和高锰酸钾合剂(5∶2)全池遍洒。

(2)瓣体虫病(又称白斑病)

[病原] 石斑瓣体虫(*Petalosoma epinephelis*)，属斜管虫科，瓣体虫属(图 7-20)。虫体侧面观，背部隆起，腹部平坦，前部较薄，后部较厚。腹面观为椭圆形或卵形，中部和前缘布满了纤毛，纤毛排成 32～36 条纵行的纤毛线。虫体大小为(65～80)μm×(29～53)μm，椭圆形大核 1 个，位于中后部，小核椭圆形或圆形，紧贴于大核前。大核后方有 1 瓣状体，为其明显特征。胞口圆形，位于腹面前端中间，与胞口相连的是由 12 根刺杆围成的漏斗状管口。

[症状] 病鱼体表、鳍及鳃充满黏液，常浮于水面，行动迟缓，呼吸困难，体表出现许多不规则的白斑，严重时，白斑扩大连成一片。死鱼的胸鳍向前方僵直，几乎贴于鳃盖上。

[流行与危害] 主要危害赤点石斑鱼、青石斑鱼和真鲷，流行于福建、广东、浙江沿海一带，多发生于夏秋季。此病蔓延快，可在短期内迅速蔓延，死亡率高，严重 3～4 d 内会全部死亡。尤其是在高密度养殖的池塘和网箱中较为常见，在网箱中与其他寄生虫病形成并发症，感染率达 90%，死亡率达 50%以上。

[诊断方法] 根据外表症状初诊，从白斑处取样镜检发现虫体方可确诊。

[防治方法]

①用 2 mg/L 硫酸铜海水浸洗 2 h，翌日重复 1 次。

②将病鱼放入淡水中浸洗 4 min，而后将病鱼移至消毒过的池塘或新网箱，隔 2～3 d 再洗 1 次。

(3)小瓜虫病

[病原] 多子小瓜虫(*Ichthyophthirius multifilliis*)，属凹口科，小瓜虫属(图 7-21)。生活史分成虫期、幼虫期和胞囊期。

成虫期：虫体球形或卵形，乳白色，大小为(0.3～0.8)mm×(0.35～0.5)mm，全身被均匀的纤毛，胞口形似人"右外耳"，位于前端腹面，口纤毛呈"6"字形，围口纤毛左旋入胞咽。大核 1 个，呈马蹄形或香肠形，小核球状，紧贴于大核之上，但不易见到。胞质内含有大量食物粒和伸缩泡。

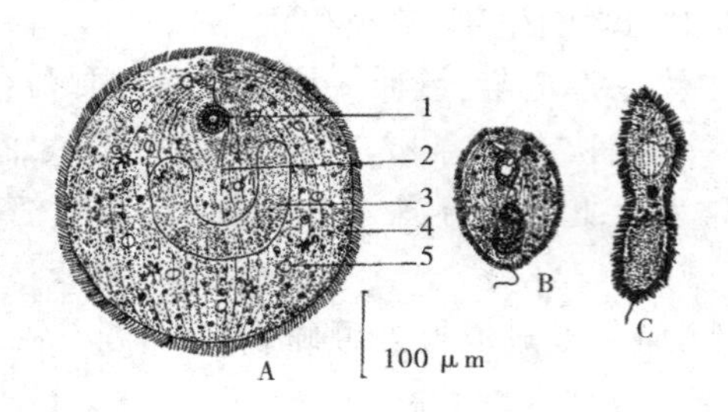

图 7-21 多子小瓜虫(仿倪达书)
A. 成虫 B,C.幼虫
1.胞口 2.纤毛线 3.大核 4.食物粒 5.伸缩泡

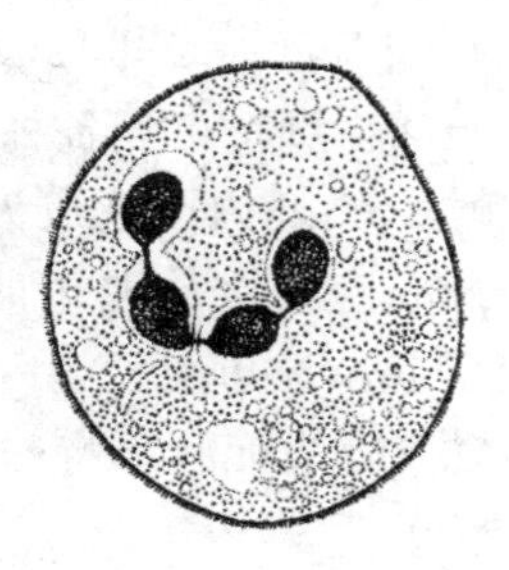

图 7-22 刺激隐核虫

幼虫期:虫体呈椭圆形或卵圆形,前端尖而后端钝圆,大小为(33～54)μm×(19～32)μm,前端有1个乳状突起,称之为钻孔器,稍后有1近似"耳"形的胞口。全身披有等长的纤毛,后端有1根长而粗的尾毛,长度为纤毛的3倍。大核椭圆形,小核球形。

胞囊期:成虫离开鱼体或越出囊泡,可作3～6 h的游泳,然后沉落在水底物体上,静止下来后,分泌一层透明胶质膜将虫体包住,即是胞囊。胞囊圆形或椭圆形,白色透明,大小为(0.329～0.98)mm×(0.276～0.722)mm。胞口消失,马蹄形大核变为圆形或卵形,小核可见。

生活史:胞囊内虫体不断转动,非常活跃,2～3 h后开始分裂,约9～10次连续等分裂后,产生300～500个纤毛幼虫,纤毛幼虫越出胞囊,感染鱼体,钻入鱼类体表上皮细胞层或鳃间组织,刺激周围的上皮细胞增生,从而形成小囊泡。在囊内发育成成虫,离开寄主成胞囊。

[症状] 在鱼的体表、鳍条、鳃上,肉眼可见白色小点状囊泡,表面覆盖一层白色黏液,严重时体表似覆盖一层白色薄膜。寄生处组织发炎、坏死、鳞片脱落、鳍条腐烂而开裂。鳃组织因虫体寄生,除组织发炎外,并有出血现象,鳃呈暗红。虫体侵入眼角膜,能引起发炎变瞎。病鱼游动缓慢,运动失调,因呼吸困难窒息而亡。

[流行与危害] 它是一种世界性流行病,全国各地均有流行,虫体对寄主无选择性,各种淡水鱼均可寄生,无明显的年龄差别,各龄鱼均可寄生,但主要危害鱼种。多子小瓜虫适宜的水温为15～25 ℃,pH 6.5～8,流行于初冬、春末。无中间寄主,靠胞囊及其幼虫传播。当过度密养,鱼体瘦弱时易得病,3～4 d后即可大批死亡。

WOAH将此病列为必须申报的疾病。我国农业农村部将此病列为三类水生动物疫病。

[诊断方法] 小瓜虫病、嗜酸卵甲藻病与孢子虫病体表均有小白点出现,不能仅凭肉眼观察到鱼体有许多小白点就诊断为小瓜虫病,必须通过镜检方可确诊。

(1)小瓜虫病、孢子虫病与嗜酸卵甲藻病的区别

病鱼体表白点间有充血红斑为嗜酸卵甲藻病,无此现象则为小瓜虫病或孢子虫病。

(2)小瓜虫病与孢子虫病的区别

病鱼体表白点(胞囊)的形状不规则,大小悬殊;死后2～3 h,病灶部位仍有白点存在;将白点放在玻片上排成三角形或方形,过一段时间后观察,形状不会改变,可初步诊断为孢

子虫病。

病鱼体表白点呈球形，大小一致；死后2～3 h，病灶部位白点不存在；将白点放在玻片上排成三角形或方形，过一段时间后观察形状发生改变；在光线充足的地方，用2根细针，小心将置于培养皿中病灶组织上的小白点外膜挑破，有球形小虫滚出，可初步诊断为小瓜虫病。

[防治方法]

预防措施：

①清除池底过多淤泥，水泥池壁要洗刷，并用生石灰、漂白粉或高锰酸钾溶液消毒，以杀灭池壁上的胞囊。

②加强饲养管理，合理密养，及时捞出病死鱼，保持良好水质。

治疗方法：

①用200～250 mg/L冰醋酸溶液浸洗病鱼15 min，或用0.3 mg/L冰醋酸溶液全池遍洒，每天1次，连续2～3 d。

②水族箱中的观赏鱼发病时，将水温提高至28 ℃，小瓜虫即可脱落，并可抑制其萌发。

③用盐度20～30的食盐水浸泡，对预防和治疗均有效。

④用0.8～1.2 mg/L辣椒粉和1.5～2.2 mg/L鲜生姜混合加水煮沸30 min，用药汁全池遍洒，每天1次，连续3～4 d。

⑤用0.02～0.03 mg/L的4.5%氯氰菊酯溶液全池遍洒，隔3～4 d再1次。

⑥每千克鱼用0.3～0.4 g青蒿末拌饵投喂，连续5～7 d。

(4)隐核虫病

[病原] 刺激隐核虫(*Cryptocryon irritans*)，属凹口虫科，隐核虫属(图7-22)。虫体呈卵圆形或球形。成熟个体直径0.4～0.5 mm，全身体表被均匀一致纤毛，胞口位于虫体前端。外部形态与淡水多子小瓜虫很相似，主要区别是隐核虫的大核呈卵圆形，4～8个，一般4个，相连呈念珠状，作“U”形排列。虫体透明度低，在生活的虫体中一般不易看清大核。生活史包括营养体和胞囊两个时期，与小瓜虫相似。纤毛幼虫具有感染性，虫体前端尖细，全身被纤毛，从胞囊越出后，在水中游泳，遇到寄主即钻入皮下组织，开始营寄生生活。生活史无中间寄主，靠胞囊传播。

[症状] 虫体寄生于鱼类的体表、鳃、眼角膜及口腔等处，病鱼体表可见针尖大小的白点，尤以头部与鳍条处最为明显，皮肤点状充血，体表分泌大量黏液，严重时形成一层混浊的白膜。鳃组织增生，并发生溃烂，瞎眼。病鱼食欲不振，活动失常，呼吸困难，窒息而亡。

[流行与危害] 主要侵袭水族馆及网箱养殖鱼类，为一种常见急性多发病。虫体对寄主无选择性，对鲆鲽类、河豚、大黄鱼、石斑鱼、真鲷、黑鲷、东方鲀、尖吻鲈等经济鱼类均可危害，20日龄以上的鱼苗最易感染此病，且传染速度快、死亡率高。常与瓣体虫同时寄生于同一寄主。5至7月水温25～30 ℃时最易流行。一般认为发病与放养密度大、水质差、有机质含量多、水流不畅关系密切。

我国农业农村部将此病列为二类水生动物疫病。

[诊断方法] 根据外表症状与流行情况进行初步诊断，从白点处取样镜检，发现圆形或卵圆形全身具有纤毛、缓慢旋转运动的虫体方可确诊。

[防治方法]

预防措施：

①鱼池彻底洗刷，用含氯消毒剂或高锰酸钾溶液消毒，以杀灭池壁上的胞囊。

②控制合理的放养密度，发病后及时隔离病鱼，并将病死鱼及时捞出。

③定期消毒养殖水体，加大水的交换量、保持水质清新。

④鲜活饵料投喂前用淡水浸泡饵料 5～10 min。

⑤每 1/15 公顷使用生姜 1 kg 和辣椒 1.5 kg，煮沸后全池泼洒预防。

治疗方法：

①用淡水浸洗病鱼 3～5 min，后移入 2～2.5 mg/L 阿的平或盐酸奎宁水体中养殖数天。

②用 0.3～0.4 mg/L 醋酸铜溶液全池遍洒，每天 1 次，连续 4～6 d。

③静水池用 1 mg/L 硫酸铜浸泡 4～8 d；流水池用 17～20 mg/L 硫酸铜浸泡，同时关闸停止水流，40～60 min 后开闸恢复流水，每天 1 次，连续 3～5 次。

④尽量降低水温至 20 ℃左右，10～15 d。

(5)车轮虫病

[病原] 车轮虫(*Trichodina*)和小车轮虫(*Trichodinella*)属中的一些种类(图 7-23)。已报道的车轮虫有 200 余种左右，寄生于我国淡水鱼类有 20 余种，寄生于海水鱼类有 70 余种。常见的种类有显著车轮虫(*T.nobilis*)、杜氏车轮虫(*T.domerguei*)、东方车轮虫(*T.orientalis*)、卵形车轮虫(*T.ovaliformis*)、微小车轮虫(*T.minuta*)、球形车轮虫(*T.bulbosa*)。车轮虫运动时如车轮一样转动。虫体侧面观如毡帽状，反口面观圆碟形，隆起的一面为前面，或称口面，凹入的一面为后面，或称反口面。口面上有向左或反时针方向旋绕的口沟，与胞口相连。小车轮虫口沟绕体 180～270，车轮虫口沟绕体 330～450，口沟两侧各着生 1 列纤毛，形成口带，直达前庭腔。胞口下接胞咽，伸缩胞在胞咽一侧。反口面有 1 列整齐的纤毛组成的后纤毛带，其上下各有 1 列较短的纤毛，称上缘纤毛和下缘纤毛。有的种类在下缘纤毛之后，还有一细致的透明膜，称之为缘膜。反口面最显著的结构是齿环和辐射线。齿环由齿体构成，齿体由齿钩、锥部、齿棘三部分组成。齿体数目、形状和各个齿体上载有的辐射线数，因种而异。小车轮虫无齿棘。虫体大核 1 个，马蹄形或香肠形。长形小核 1 个，位于大核的一端。虫体大小 20～40 μm。

车轮虫的繁殖方式为纵二分裂和接合生殖。车轮虫主要是与寄主接触传播，离开鱼体的车轮虫能在水中自由生活 1～2 d，不需中间寄主。

[症状]车轮虫寄生于鱼类的体表或鳃，还可在鼻腔、膀胱、输尿管出现。侵袭体表的车轮虫一般较大，寄生于鳃上的车轮虫一般较小。被感染的鱼分泌大量的黏液，成群沿池边狂游，不摄食，鱼体消瘦，俗称“跑马病”。病鱼体表有时出现一层白翳(水中较为明显)。

[流行与危害] 危害海、淡水鱼类的鱼苗、鱼种，尤以乌仔和夏花阶段死亡率高。全国各地均有发现，流行于 4 至 7 月，适宜水温 20～28 ℃，以直接接触而传播。鱼苗、鱼种放养密度大、池小、水浅、水质不良、营养不足，或连绵阴雨天等因素，均容易暴发车轮虫病。

[诊断方法] 从鳃或体表处取样镜检发现数量较多的虫体方可确诊。

[防治方法]

预防措施：

①用生石灰彻底清塘，合理施肥，掌握合理放养密度，及时分塘。

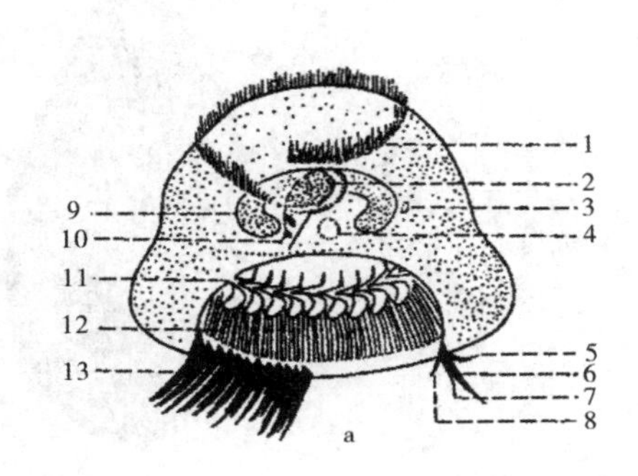

图 7-23　车轮虫(a)的主要结构
(仿《湖北省鱼病病原区系图志》)
1.口沟 2.胞口 3.小核 4.伸缩胞 5.上缘纤毛
6.后纤毛带 7.下缘纤毛 8.缘膜 9.大核
10.胞咽 11.齿环 12.辐射线 13.后纤毛带

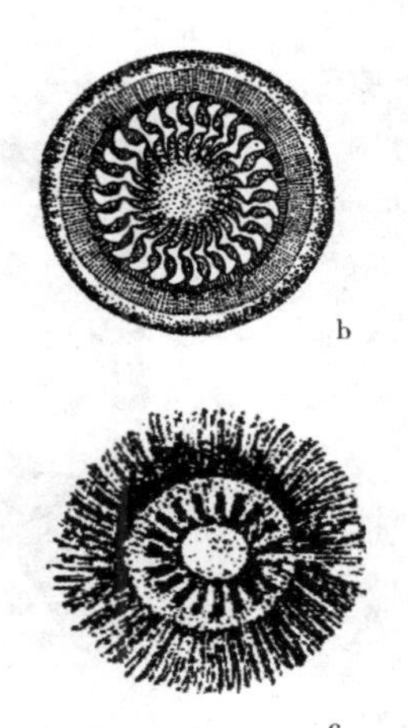

图 7-23　车轮虫(b)与小车轮虫(c)
(仿《湖北省鱼病病原区系图志》)

②用 8 mg/L 硫酸铜溶液浸洗鱼体 20～30 min。

③鱼种放养前用 10～20 mg/L 高锰酸钾浸浴 10～20 min。

④发病季节用 40～50 mg/L 苦楝树枝叶,水煎取汁全池泼洒,每 15 d 再 1 次。

治疗方法:

①治疗淡水养殖鱼类车轮虫病:用 2%盐水浸洗病鱼 2～10 min;或用 0.7 mg/L 硫酸铜和硫酸亚铁合剂(5∶2)全池遍洒;或用 200 mg/L 醋酸浸洗病鱼 30～50 min。

②治疗海水养殖鱼类车轮虫病:用淡水浸洗病鱼 2～10 min;或用 0.8～1.2 mg/L 硫酸铜和硫酸亚铁合剂(5∶2)全池遍洒。

注意:淡水白鲳、欧鳗对硫酸铜敏感,在病情严重或环境条件严重不适的情况下,应避免使用,否则易导致鱼体大量死亡。

(6)杯体虫病

[病原] 筒形杯体虫(*Apiosoma cylindriformis*)、卵形杯体虫(*Apiosoma oviformis*)、变形杯体虫(*Apiosoma anoebae*)、长形杯体虫(Apiosoma longiformis),属累枝科,杯体虫属(图 7-24)。虫体充分伸展时呈杯状或喇叭状,大小为(14～80)μm×(11～25)μm,前端粗,后端变狭。前端有 1 个圆盘形的口围盘。口围盘内有 1 个左旋的口沟,后端与前庭相接。前庭不接胞咽。口围盘四周排列着 3 圈纤毛,称之为口缘膜,中间 2 圈沿口沟螺旋式环绕,外面 1 圈一直下降到前庭,变为波动膜。前庭附近有 1 个伸缩泡。虫体后端有 1 个吸盘状附着器,可附着在寄主组织上。虫体表有细致横纹。在虫体内中部或后部,有 1 个圆形或三角形的大核,小核在大核之侧,一般细长棒状。

无性生殖为纵二分裂,有性生殖为接合生殖,小接合子附在大接合子口盘附近。虫体能在水中自由游动,遇到新的寄主即可寄生。

[症状] 虫体成丛固着在鱼类皮肤、鳍和鳃上,易感染鱼苗、鱼种,摄食水中微小生物,对

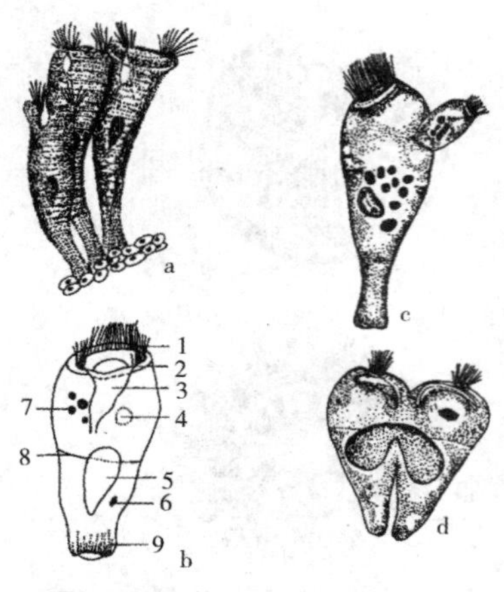

图 7-24　筒形杯体虫(仿陈启鎏)

a.活体 b.模式图 c.接合生殖 d.分裂生殖

1.口缘膜 2.口围盘 3.前腔与胞咽 4.伸缩泡 5.大核 6.小核 7.食物粒 8.纤毛带 9.附着器

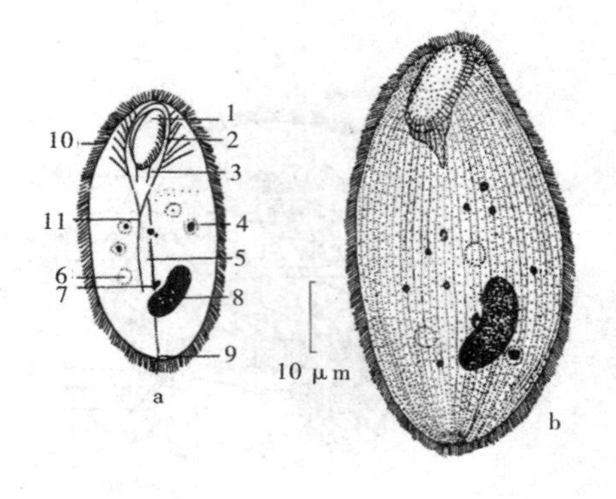

图 7-25　鲩肠袋虫(仿陈启鎏)

a.模式图 b.染色标本

1.胞口 2.口纤毛 3.胞咽 4.食物粒 5.纤毛线 6.伸缩泡 7.小核 8.大核 9.肛孔 10.周围纤纬 11.轴纤维

寄主组织产生压迫作用,妨碍寄主正常呼吸作用,使鱼体消瘦,游动缓慢,呼吸困难,严重时引起窒息死亡。

[流行与危害] 全国各地均有发现,一年四季可见,以夏秋最普遍,寄生于各种淡水鱼鳃和皮肤上,主要危害 3 cm 以下的幼鱼。大量寄生能导致鱼种死亡,但大批死亡并不多见。虫体的传播主要靠游动体,在一定环境下,虫体的口围盘和附着盘均宿入而呈茄子状,体表具有比平时更多的细密纤毛,然后离开寄主,在水中游泳,遇到合适的寄主即可寄生。

[防治方法] 同车轮虫病。

预防措施:

①用生石灰彻底清塘,合理施肥,掌握合理放养密度,及时分塘。

②用 8 mg/L 硫酸铜溶液浸洗鱼体 20～30 min。

③用 2%～3%食盐溶液浸洗鱼种 2～15 min。

治疗方法:用 0.7 mg/L 硫酸铜和硫酸亚铁合剂(5∶2)全池遍洒。

(7)肠袋虫病

[病原] 鲩肠袋虫(*Balantidium ctenopharyngodoni*),属肠袋虫科,肠袋虫属(图 7-25)。虫体卵形或纺锤形,除胞口外,体被均匀一致的纤毛,构成纵列的纤毛线,大小为(38～78) μm×(21～46)μm。前端腹面有 1 近似椭圆形的胞口,向内呈漏斗状,渐渐深入到胞咽,形成 1 个小袋状结构。末端有 1 个与外界相通的小孔,称之为胞肛。胞口左缘由纤毛延伸而形成 1 列粗而长的纤毛。肾形大核 1 个,位于虫体中部,小核球形,位于大核凹陷一侧。虫体中后部有 3 个伸缩泡,胞内有许多大小不一的食物颗粒。繁殖方式是横二分裂法或接合生殖。肠袋虫生活史包括营养体和胞囊两个时期。在环境不利的情况下,也可形成胞囊,胞囊圆形或椭圆形,随粪便排出,污染池水或食物而传播。

[症状] 鲩肠袋虫寄生于各龄草鱼后肠,尤其距肛门 6～10 cm 的直肠,中后肠也有寄生,前肠则无,以 2 龄以上草鱼较普遍。虫体聚居在肠黏膜间隙,不侵入黏膜组织,以寄主食

物残渣为营养，对组织没有明显的破坏作用，如单纯感染，即使感染率很高，对寄主危害也不大。但当寄主感染细菌性肠炎时，又大量寄生，则能促使病情加重。

[流行与危害] 全国各地均有流行，一年四季可见，尤以夏、秋两季为普遍，通过胞囊专门感染草鱼，不同年龄的草鱼均可被感染。

[诊断方法] 取肠黏液镜检发现虫体方可确诊。

[防治方法] 彻底清塘，杀灭胞囊，减少感染。

(8)半眉虫病

[病原] 巨口半眉虫(*Hemiophrys macrostoma*)、圆形半眉虫(*Hemiophrys disciformis*)，属叶饺科，半眉虫属(图7-26)。巨口半眉虫的背面观像梭子，侧面观像饺子，左侧面有1条裂缝状的口沟。大核2个，均为梨形，大小大致相等，位于虫体中后部，两个大核之间有1个小核，具8～15个伸缩泡，分布于虫体两侧，虫体内布满大小食物颗粒，虫体腹面裸露无纤毛，虫体背面生长着一律纤毛，大小为(38.5～73.9)μm×(27.7～38.5)μm。圆形半眉虫卵形或圆形，背面纤毛长短一律，以背面近右侧中点为中心，有规则地作同心圆状排列，虫体腹面裸露而无纤毛，虫体前端有1束弯向身体左侧的锥状纤毛束，2个大核位于虫体后部，形状和大不大致相等，呈椭圆形，小核球形，位于2个大核之间或附近，伸缩泡10～14个，不规则分布，有少许食物颗粒，大小为(41.6～49.3)μm×(32.3～3.1)μm。

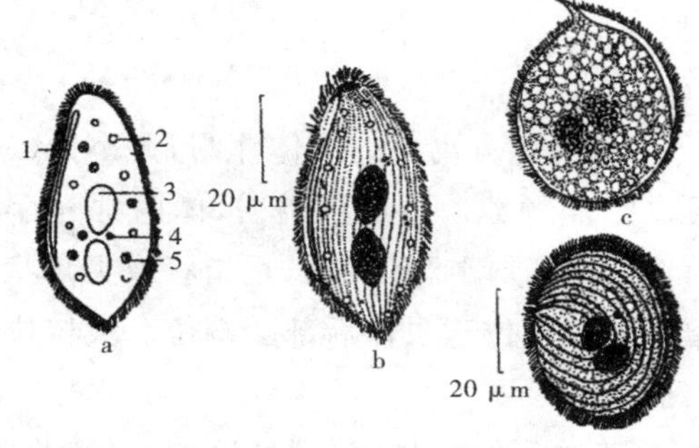

图7-26 两种半眉虫(仿陈启鎏)
a,b.巨口半眉虫 c.圆形半眉虫
1.口沟 2.伸缩泡 3.大核 4.小核 5.食物粒

图7-27 海马丽克虫(仿孟庆显)

半眉虫通常以胞囊形式寄生，胞囊是由寄生虫本身分泌的黏液将虫体包围起来，外形如1粒枇杷，一端黏附于鳃上皮或表皮组织上，虫体蜷缩在膜内，不断活泼转动。虫体离开寄主后，能在水中自由游动，运动方式作纵行或同心圆旋转运动，以此感染鱼体。半眉虫以横二分裂繁殖。

[症状] 半眉虫以胞囊的形式寄生于鱼鳃、皮肤。寄生数量多时，可使组织损伤。

[流行与危害] 半眉虫对寄主无严格选择性，广泛寄生于多种经济鱼类，以寄生于鲢、鳙、草鱼、青鱼、鲤、鲫等鱼种较普遍，各种年龄的鱼均可寄生，全国均有发现。

[诊断方法] 从胞囊处取样镜检发现虫体方可确诊。

[防治方法]

①彻底清塘，掌握合理的放养密度。

②用8 mg/L硫酸铜溶液浸洗鱼体30 min，或2%食盐水浸洗病鱼20 min。

③用 0.7 mg/L 硫酸铜和硫酸亚铁合剂(5∶2)全池遍洒。

(9)海马丽克虫病

[病原] 海马丽克虫(*Licnophora hippocampi*),属丽克虫科,丽克虫属(图 7-27)。虫体盘状,大小为(50～87)μm×(16～31)μm。从下至上大致可分为三个部分:基盘、颈状部和口盘。基盘呈倒圆盘状,起吸附作用,盘口具 1 圈纤毛,口周围有 1～2 圈波状皱褶。颈状部窄而短,原纤维系统形成 2 条主干,粗的 1 条上连口盘周围的基板,下伸入基盘内,细小的 1 条上连口盘内的许多支持纤维,下伸入基盘内,并向一边弯曲。口盘背腹扁平,下与颈状部相连,并垂直于基盘。胞口位于口盘下腹部,口缘纤毛带从胞口处以反时针方向围绕口盘边缘一圈。虫体内大核排成念珠状,7～19 粒,小核 1 个。

[症状] 主要附着于海马鳃丝上,密集于鳃丝表面,感染率高。当数量多时,影响寄主呼吸,导致窒息死亡。

[流行与危害]目前仅发现于人工养殖的海马,流行季节为 6 至 9 月,山东日照、江苏连云港曾发生过。

[诊断方法] 海马鳃丝处取样镜检发现虫体方可确诊。

[防治方法]

①用淡水浸洗海马 3～5 min,虫体可被彻底杀灭(海马能忍耐 15 min 以上)。

②用 1～1.2 mg/L 硫酸铜溶液全池遍洒。

(10)盾纤毛虫病(又称指状舟虫病)

[病原] 盾纤毛虫,属嗜污科、拟舟虫属。刚从组织分离出的虫体浑圆,大小为(50～75)μm×(20～50)μm。皮膜薄,无缺刻,前端可见结晶颗粒。内质不透明,体内常充斥有多个食物泡及内储颗粒。虫体的前半部分略向背侧弯曲,顶端喙状突起,呈指状或尖角状。体纤毛他 7～8 μm,后端有 1 根尾毛长 15 μm,单一伸缩泡位于虫体后部亚端位。大核位于身体的中央,小核 1 个,近于球形,通常不易观察到。

[症状] 病鱼体色发黑,体表及鳍基部溃烂、充血、发红;体表、鳃黏液增多,鳃苍白;病鱼多有黄色腹水,消化道内无食物,肠黏液淡黄色。鱼体不安,打转,游动失衡,溜边,有时鳃盖张开。

[流行与危害] 该病主要流行于沿海养殖场,尤其见于工厂化养殖的牙鲆、大菱鲆。多发生于 5～8 月,水温 15～20 ℃时为流行高峰期。盾纤毛虫是一种兼性寄生虫,当鱼体受伤或养殖中大量存在该虫时,便通过伤口侵入鱼体。

[诊断方法] 从患病鱼的病灶组织上取样镜检发现虫体可以确诊。

[防治方法]

预防措施:

①苗种培育期或工厂化养殖用水,先经过滤或严格消毒处理,避免虫体随水带入。

②及时清除死鱼和残饵,保持水体清洁。

治疗方法:

①用 10 mg/L 高锰酸钾溶液浸洗病鱼 7 min。

②水温提升至 20 ℃以上。

5.由吸管虫引起的疾病

吸管虫的主要特征是内出芽,幼虫期有纤毛,能运动。成虫期纤毛消失,长出吸管。身体固着在别的物体上。

毛管虫病

[病原] 中华毛管虫(*Trichophya sinensis*)、湖北毛管虫(*Trichophrya hupehensis*),属枝管科、毛管虫属(图7-28)。虫体形状不定,卵形或圆形。中华毛管虫前端有1束放射状吸管,湖北毛管虫前端有1～4束吸管。吸管中空,顶端膨大成球棒状,吸管的数目因个体差异而有所不同,中华毛管虫一般为8～12根。虫体内具大核1个,呈棒状或香肠状,内有核内体。小核1个,位于大核侧后方。具伸缩泡3～5个。

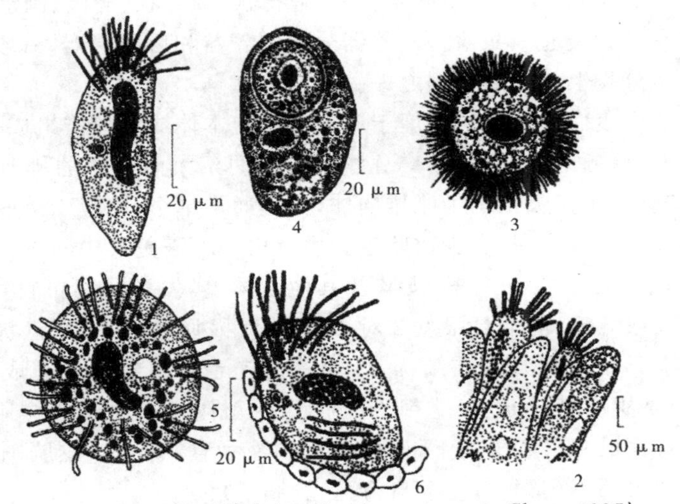

图7-28　两种毛管虫(Trichophrya simensis Chen, **1995**)

1.中华毛管虫成虫 2.示寄生状态 3.幼体 4.发育完成的胚体 5～6.湖北毛管虫

毛管虫行内出芽生殖。首先在母体前部细胞质形成半弧形的裂缝,以后裂缝逐渐发展成一圆形,包围着一团细胞质,形成2～3行纤毛,称之为胚芽。胚核发育时,小核进行有丝分裂。在胚芽形成过程中,大小核同时进行分裂,在大核的一边出现瘤状突起,核质则随之流向还在发育的胚芽。以后子核则完全分离,最后胚芽与母体脱离,成为自由活动的纤毛虫。其活动方式与车轮虫相似。纤毛虫正面观圆形,直径20～30 μm,侧面观碟形或毡帽形,周围长着2～3行纤毛,大小核各1个,并具有伸缩泡。纤毛幼虫与寄主接触,在适当的部位寄生,营固定生活。成虫期纤毛消失,长出吸管。毛管虫有时营接合生殖。

[症状] 寄生于鱼的鳃和皮肤上,破坏鳃上皮细胞,使鱼呼吸困难,浮在水面。病鱼体弱、消瘦,严重感染可引起死亡。

[流行与危害] 主要危害各种淡水鱼类的鱼苗、鱼种。全国各地均有发现,以长江流域较为流行。6至11月是其流行季节。传播靠纤毛幼虫直接接触。

[诊断方法] 鳃丝处取样镜检发现虫体方可确诊。

[防治方法] 同车轮虫病。

7.2.2 蠕虫病

1.由单殖吸虫引起的疾病

单殖吸虫属吸虫纲，单殖吸虫亚纲。目前已报道的单殖吸虫有 3 000 多种，绝大部分是外寄生虫。最典型的寄生部位为鱼类的鳃，其主要寄主为鱼类，通常以后固着器上的钩插入寄生部位，或破坏组织结构，或吮吸寄主营养，刺激寄主分泌大量黏液，引起细菌等病原微生物的入侵，造成组织发炎，病变。海水、淡水养殖鱼类均受害。

外部形态：单殖吸虫个体较小，体长在 0.15～20 mm 之间，个别达到 3 cm，淡水种类通常在 0.5 cm 以下。因种类不同，个体形状不一，呈指状、尖叶状、椭圆、圆形或圆柱形。体表通常无棘，但有时有乳状突起或皱褶。固着器分前固着器和后固着器，一般以后固着器作为主要固着器官，它是分类上的主要依据之一。

内部结构：皮层由表面的合胞层和埋于肌下的细胞本体或围核体组成。神经系统简单。感觉器官为眼点，但有些种类没有眼点。身体两侧有两条大而明显的排泄总管。消化系统包括口、咽、食道和肠。单殖吸虫均为雌雄同体，卵巢通常单个，精巢 1 个或数个。

生活史：单殖吸虫一般为卵生，少数胎生。生活史中不需更换中间寄主。受精卵自虫体排出后，飘浮于水面或附着在寄主鳃、皮肤及其他物体上，发育成幼虫自囊内越出，进入水体。幼虫体被 4～5 簇纤毛，前端具眼点 2 对，中部有咽及肠囊，后端有盘状结构。经一段时间发育，后固着器上开始出现几丁质结构，后固着器先于生殖器发育完成。幼虫具有趋光性，作直线运动，对寄主有特异选择，遇到合适的寄主就附着寄生。虫体附着之后，脱去纤毛，各系统相继发育而成。寄生于鳃上，以血液或黏液为食，寄生于皮肤则以表皮为食。如果在一定时间内，幼虫遇不到寄主，就会自行死亡(图 7-29)。

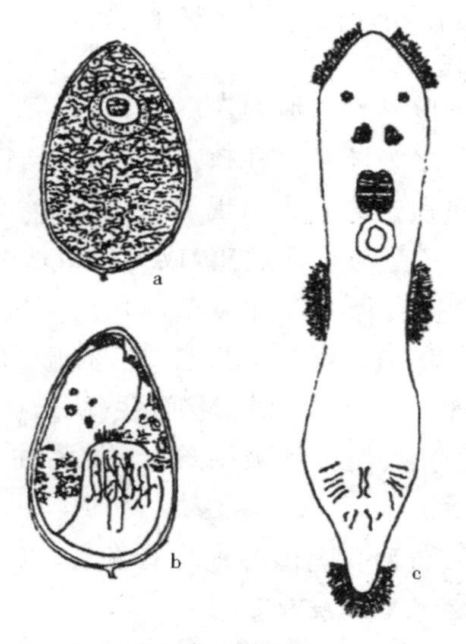

图 7-29 坏鳃指环虫生活史

a.卵 b.孵出前的虫卵 c.幼虫

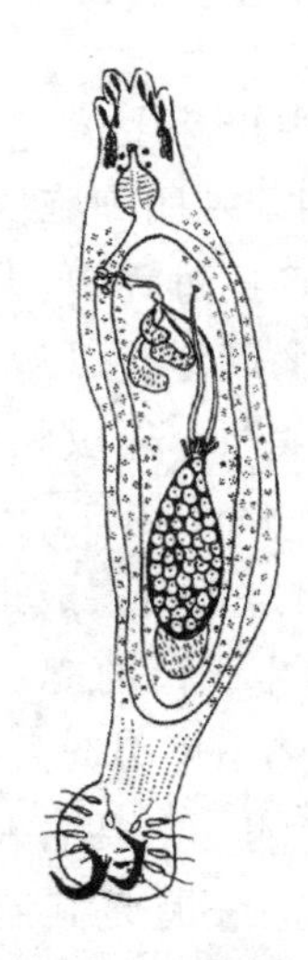

图 7-30 鳃片指环虫(仿伍惠生等)

(1)指环虫病

[病原] 指环虫(*Dactylogyrus* spp.),属指环虫科,指环虫属(图 7-30)。常见种类有鳃片指环虫(*D. lamellatus*)、鳙指环虫(*D. aristichthys*)、小鞘指环虫(*D. vaginulatus*)、坏鳃指环虫(*D. vastaor*)。鳃片指环虫寄生于草鱼鳃、皮肤和鳍。虫体扁平,大小为(0.192～0.529)mm×(0.07～0.136)mm。具眼点 4 个,头器 2 对,具咽,肠支在虫体末端相连成环。虫体后端有一圆盘状的后固着器,内有中央大钩 1 对,中央大钩具有 1 对三角形的附加片,背联结片长片状,腹联结片(辅助片)"T"形。边缘小钩 7 对,发育良好。精巢单个,在虫体中部稍后。卵巢 1 个,位于精巢之前。交接器结构复杂,由交接管和支持器组成。卵黄腺发达,位于虫体的两侧和肠管的周围。

指环虫卵呈卵圆形,个体大,数量少,一端具柄状极丝,柄末端膨大成小球状,在温暖季节不断产卵孵化。卵的发育与水温有密切关系,产卵速度和孵化速度随水温升高而加快,22～28 ℃是其适宜水温,水温 3 ℃时不发育。指环虫幼虫具纤毛 5 簇,4 个眼点和小钩。

指环虫生活史过程中无须中间宿主,虫卵在合适的温度下即孵出幼虫,幼虫在水中游泳遇到适当宿主时就附着上去,脱去纤毛,发育为成虫。从卵发育到成熟后第 1 次产卵,在水温 24～25 ℃条件下,约需 9d 时间。

[症状] 大量寄生时,病鱼鳃盖张开,难以闭合,鳃丝黏液增多,浮肿,苍白色,贫血,呼吸困难,游动缓慢而死亡。

[流行与危害] 指环虫病是一种多发常见病,可危害各种淡水鱼类,尤其是鲢、鳙及草鱼。流行于春末夏初,全国各养殖区均有发现,严重感染,可使鱼苗大批死亡。靠虫卵及幼虫传播。

我国农业农村部将此病列为三类水生动物疫病。

[诊断方法] 镜检鳃丝,当每片鳃上有 50 个以上虫体,或低倍镜下每个视野有 5～10 个虫体时,就可确诊为指环虫病。

[防治方法]

预防措施:

①用生石灰带水清塘,杀灭病原体。

②用浓度为 10 mg/L 的 90%晶体敌百虫与面碱合剂(1∶0.6)浸洗鱼种 15～30 min。

③用 20 mg/L 高锰酸钾溶液浸洗鱼种 15～30 min(水温 10～20 ℃)。

治疗方法:

①用浓度为 1～2 mg/L 的 2.5%粉剂敌百虫或 0.3 mg/L 的 90%晶体敌百虫全池遍洒。

②用浓度为 0.1～0.24 mg/L 的 90%晶体敌百虫与面碱合剂(1∶0.6)全池遍洒。

③10%甲苯咪唑溶液,常规鱼类 1～1.5 mg/L 全池遍洒;欧洲鳗、美洲鳗 2.5～5 mg/L 全池遍洒,病情严重第 2 d 再用 1 次。

④用 0.5%阿维菌素溶液 0.05 mg/L 全池泼洒,每天 1 次,连续 2 d。

⑤用 0.03～0.05 mg/L 的 20%精制马拉硫磷溶液全池遍洒。严重时,隔天再 1 次。

⑥每千克鱼用 0.04 g 伊维菌素拌饵投喂,每天 1 次,连续 3～5 d。

⑦每 1 kg 鱼用 0.2 g 阿苯达唑粉,或每 1 kg 饲料用 4 g 阿苯达唑粉,拌饲投喂,每天 1 次,连续 4～7 d。

(2)三代虫病

[病原] 三代虫(*Gyrodactylus* spp.)属三代虫科,三代虫属(图 7-31)。常见种类有鲢三代虫(*G. hypopthalmichysi*)、鲩三代虫(*G. ctenopharyngodontis*)、秀丽三代虫(*G. elegans*)。鲢三代虫寄生于鲢、鳙的鳃、皮肤、鳍及口腔,大小为(0.315~0.51)mm×(0.007~0.136)mm。无眼点,头器 1 对,后固着器具中央大钩 1 对,联结片 2 片。边缘小钩 8 对,排列成伞状。口位于虫体前端腹面,管状或漏斗状。咽由 16 个大细胞组成,呈葫芦状。食道短。肠支简单,伸向体后部前端。精巢位于虫体后中部。卵巢单个,新月形,位于精巢之后。交配囊呈卵圆形,由 1 根大而弯曲的大刺和 8 根刺组成。

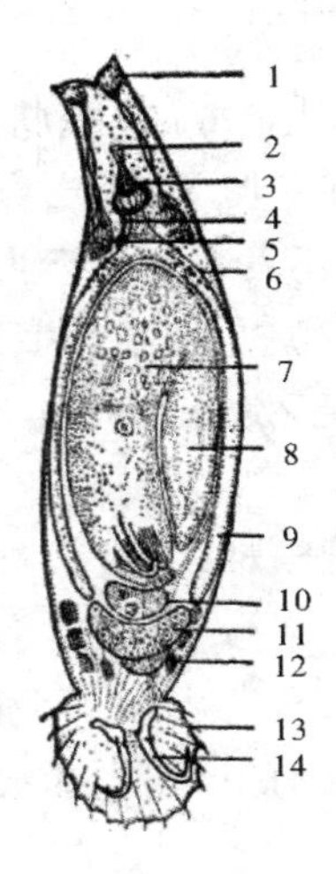

图 7-31　三代虫(仿 Yamaguti)
1.头器 2.口 3.咽 4.食道 5.交配囊 6.卵黄腺 7.孙代胚胎 8.子代胚胎 9.肠 10.卵 11.卵巢 12.精巢 13.边缘小钩 14.中央大钩

三代虫中部子宫内具胚体,胚体内有"胎儿",在子代胚胎中孕育着第二代胚胎,故称三代虫。有时甚至可见连续四代在一起,即当子代胚胎发育到后期,卵巢内又产生 1 个幼胚,位于大"胎儿"的后方,当大胎儿脱离母体后,该胚体就取代已产出的胎儿位置,发育为新的胎儿。从母体出来的胎儿已具有成虫的特征,不需中间寄主,在水中漂游,遇到合适寄主即可寄生。

指环虫与三代虫在形态结构、寄生部位和生活史上的区别如表 7-1 所示。

表 7-1　指环虫与三代虫的区别

寄生虫	头器	眼点	咽	肠	后固着盘	中央大钩	边缘小钩	寄生部位	生活史
指环虫	2 对	2 对	圆球	环状	圆盘	1 对 分背、腹叶	7 对 发育良好	鳃	卵生
三代虫	1 对	无	葫芦	分支	伞状	1 对 不分背、腹叶	8 对 特有形状	体表	胎生

[症状] 三代虫寄生于鱼类皮肤、鳃、鳍及口腔。大量寄生时,病鱼体表出现一层灰白色黏液,体色暗淡无光泽,鱼体瘦弱,食欲减退,呼吸困难,运动失常。

［流行与危害］三代虫寄生在多种淡水鱼及海水鱼的鳃及皮肤上，对鱼苗、鱼种危害较大。一般春末夏初水温 20 ℃时流行。全国各地均有发现，尤以长江流域和两广地区流行。

我国农业农村部将此病列为三类水生动物疫病。

［诊断方法］镜检鳃丝与体表黏液，当每片鳃上有 50 个以上虫体，或低倍镜下每个视野有 5～10 个虫体时，就可确诊为三代虫病。

［防治方法］同指环虫病。

(3)伪指环虫病

［病原］伪指环虫(*Pseudodactylogyrus* spp.)，属锚首科，伪指环虫属(图 7-32)。常见种类有鳗鲡伪指环虫(*P. anguillae*)、短钩伪指环虫(*P. bini*)。虫体个体较大，肉眼可见。具 1 个前列腺贮囊，7 对胚钩型边缘小钩，1 对中央大钩。中央大钩内突发达，后固着器无任何针状结构。

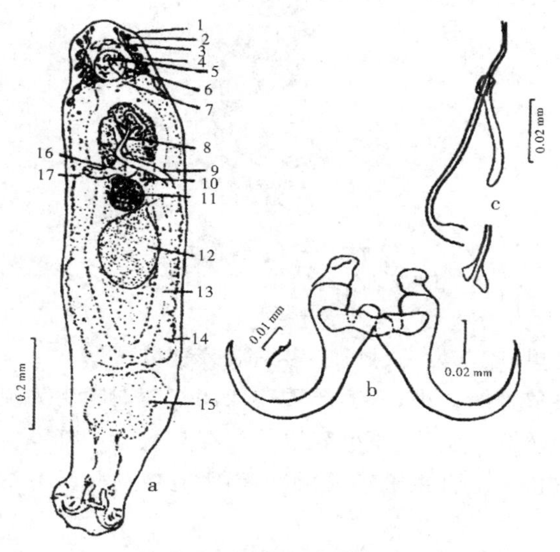

图 7-32　短钩伪指环虫(仿 ГусеВ)

a.整体 b.中央大钩 c.交接器

1.头器 2.头腺 3.神经节 4.眼点 5.口咽 6～7.食道 8.交配囊 9.输卵管 10.贮精囊 11.卵巢 12.精巢 13.肠 14.卵黄腺 15.前列腺囊 16.受精囊 17.阴道孔

［症状］虫体寄生于鳗鲡鳃弓弯曲部的鳃上，导致该处结构破坏，黏液增多。中央钩深扎于鳃丝，触及软骨，导致组织增生和出血。病鱼体色发黑，活动失常，幼苗死亡率高。

［流行与危害］此病为世界性鳗病，世界各地均有发现。我国流行于沿海养鳗地区，目前又成为欧鳗养殖中的一种严重疾病。

［防治方法］用 90%晶体敌百虫全池遍洒，使池水浓度为 0.3～0.5 mg/L(敌百虫对病鱼食欲有不良影响，使用时要注意)。

(4)锚首虫病

［病原］锚首虫属(*Ancyrocephalus*)的种类，属锚首虫科(图 7-33)。常见种类有河鲈锚首虫(*Ancyrocephalus mogurnda*)。锚首虫属的特征是后吸器与体前部区分明显。具有 2 对中央大钩及 2 根联结片和边缘小钩。3 对或更多对的头器。眼点存在或付缺。咽腺存在

于咽的两侧,咽后腺位于咽后。肠支末端一般不相连。精巢卵形至椭圆形,输精管不环绕肠支,贮精囊仅由输精管稍为膨大而成。前列腺贮囊通常2个,有时单一。具交接管,有或无支持器。生殖孔在肠叉之后。卵巢单一,卵圆至椭圆形,在精巢之前或与之重叠。阴道位于左边或右边,卵黄腺分布于肠支内外侧。河鲈锚首虫长约0.5~0.9 mm。

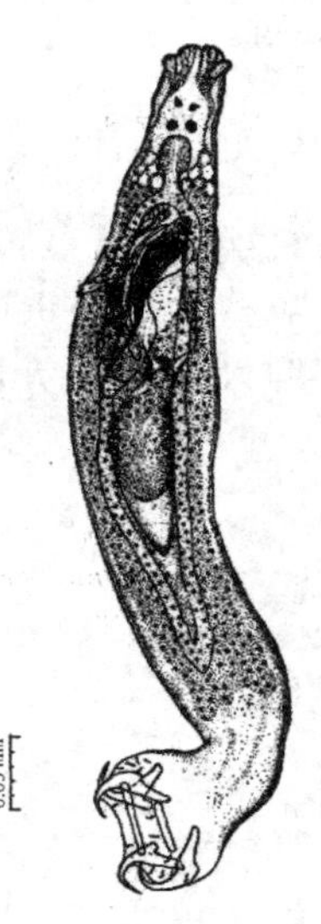

图 7-33　河鲈锚首虫
(仿《湖北省鱼病病原区系图志》)

[症状] 病鱼体色发黑,鳃部发白、肿胀、多黏液。食欲减退。

[流行及危害] 主要危害鳜鱼种,危害严重在珠江三角洲颇为为流行。

[诊断方法] 病鱼鳃丝取样制片,镜检病原的存在与数量可确诊。

[防治方法] 由于鳜鱼对敌百虫敏感,故目前尚无有效的防治方法。

(5)似鲶盘虫病

[病原] 似鲶盘虫(*Silurodiscoides* spp.),属锚首虫科,似鲶盘虫属(图7-34)。常见种类有破坏似鲶盘虫(*S. asoti*)、简鞘似鲶盘虫(*S. infundibulovagina*)、中刺似鲶盘虫(*S. mediacanthus*)、多形似鲶盘虫(*S.mutabilis*)等。似鲶盘虫头器及眼点各2对,中央大钩2对,背中央大钩长于腹中央大钩,并有1长片状的联结片及1对附加片。精巢单个,圆形输精管环绕肠支,具发达的贮精囊,并有前列腺贮囊。阴道单个。

[症状] 寄生于鲶科鱼类鳃上,主要危害苗种。大量寄生病鱼鳃丝肿胀发白,黏液增多,因呼吸困难窒息死亡。

[流行与危害] 全国各地均有发现,四季流行。

[防治方法] 用浓度为1~2 mg/L的2.5%粉剂敌百虫或0.3 mg/L的90%晶体敌百虫全池遍洒。

(6)双身虫病

[病原] 鲩华双身虫(*sinidiplozoon ctenopharyndoni*),属双身虫科,华双身虫属(图7-35)。成虫由两个虫体联合成"X"形,体不披棘,分为体前段与体后段两部分,体后段明显地分为三个部分,前部光滑无皱裂,中部扩成吸盘状,后端具有4对吸铗和1对中央大钩。

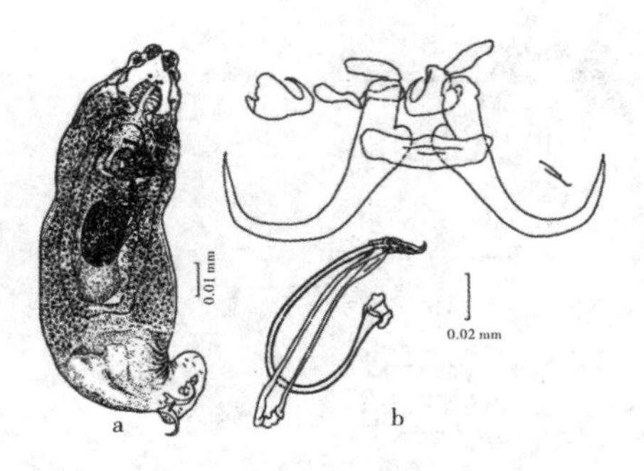

图 7-34　破坏似鲶盘虫
（仿《湖北省鱼病病原区系图志》）
a.整体了 b.后吸器与交接器

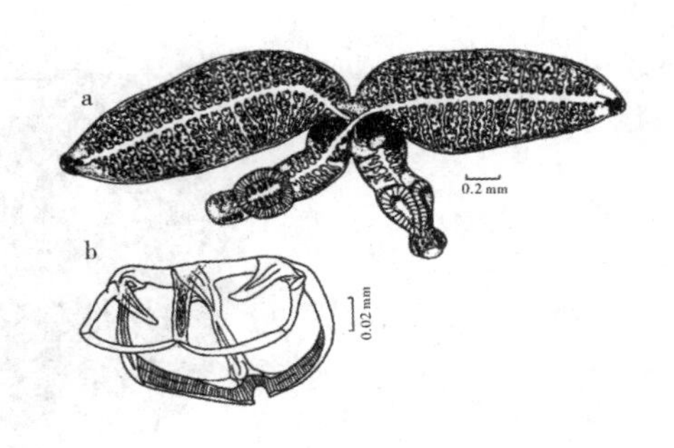

图 7-35　鲩华双身虫
（仿《湖北省鱼病病原区系图志》）
a.整体 b.吸器

精巢多个，子宫开口于体前段与体后段交界处。卵具盖，有极丝。双身虫大的活体呈乳白色，稍大的虫体常因吸饱寄主血液呈棕黑色。口位于虫体前端腹面，呈漏斗状，两侧有 1 对小的口腔吸盘，下接食道。雌雄同体。幼虫孵出后全身被纤毛，具 2 个眼点，2 个口吸盘，1 个咽和 1 条囊状的肠。虫体后端具 1 对吸铗和 1 对中央大钩。幼虫借纤毛在水中短时间漂游，遇到寄主就寄生于鳃上，然后脱去纤毛，眼点消失，身体变长，在腹面中间形成 1 个吸盘，在背面中间形成 1 个背突起，此时若两个幼虫相遇，一个幼虫用生殖吸盘吸住另一个幼虫的背突起，随着虫体的发育，两个幼虫变成不可分割的一个成虫。

[症状] 鲩华双身虫寄生于草鱼鳃上，虫体较大，常呈棕黑色，吸食鱼血，破坏鳃组织，分泌大量黏液，影响呼吸。

[流行与危害] 2～3 龄草鱼鳃间隔中常见，但感染强度低。流行于江苏、浙江、湖北及两广地区，流行于温暖季节。

[防治方法] 用浓度为 2 mg/L 的 2.5％敌百虫粉加浓度为 0.2 mg/L 的硫酸亚铁全池遍洒，治疗效果良好。

(7)本尼登虫病

[病原] 本尼登虫（*Benedenia* spp.），常见种类有鰤本尼登虫（*Benedenia seriolae*）（图 7-36）。虫体椭圆形，大小为（3.5～6.6）mm×（3.1～3.9）mm，前固着器为前端两侧的 2 个前吸盘，后固着器为身体后端的 1 个大的后吸盘，在后吸盘有边缘小钩 7 对，中央大钩 3 对（前、中、后）。口在前吸盘之后，口下连咽，从咽后分出两条树枝状的肠道，伸至身体的后端。口的前方有 2 对眼点，呈方形排列。精巢 2 个，卵巢 1 个，位于精巢前部，卵黄腺布满体内。

[症状] 病鱼体表黏液增多，呈不安状。因狂游或不断地向网片或其他物体上摩擦身体出现伤口，引发继发性感染。严重者停食、贫血，最后衰竭而死。

[流行与危害] 该病对我国福建、浙江一带的养殖大黄鱼和鰤鱼危害严重，经常引起大量死亡。流行季节 11 至 12 月至翌年月 1 至 3 月。引外，真鲷、黑鲷和石斑鱼也较易感染。

[诊断方法] 肉眼可见体表的虫体，取虫体镜检可确诊。

[防治方法]

①用淡水浸泡鱼体 15 min，同时淡水中加入 2～5 mg/L 抗菌药物（如氟苯尼考、恩诺沙星）预防细菌性感染。

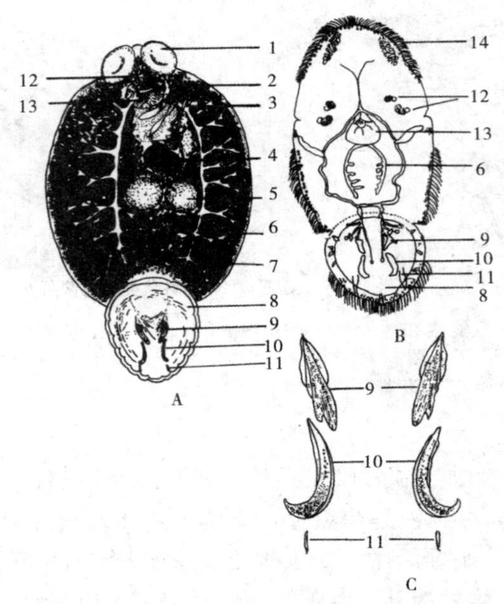

图 7-36　鰤本尼登虫(仿江草周三,1983)

A.成虫 B.纤毛幼虫 C.固着器的 3 对中央大钩

1.前吸盘 2.交配器 3.阴道 4.卵巢 5.精巢 6.肠 7.卵黄腺 8.固着器

9.前中央大钩 10.中央大钩 11.后中央大钩 12.眼点 13.咽喉 14.纤毛带

②每千克鱼用 0.2 g 阿苯达唑粉,拌饵投喂,每天 1 次,连续 5～7 d。

(8)鲀异沟虫病

[病原] 鲀异沟虫(*Heterobothrium tetrodonis*),属八铗虫科(图 7-37)。虫体舌状,背腹扁平,长 5～20 mm。身体后部延长、末端成为后固着器。后固着器上有构造相同的 4 对固着铗,对称地排列在两边,最后一对比前面的小。口在身体的前端,口后为咽和很短的食道,食道后是 2 条分支的肠管直延伸到后端。精巢位于身体的中部,数目约 30 个。卵巢叶片状,位于在精巢之前。子宫很大,占身体的 1/4,内中充满卵子。无阴道和受精囊。卵黄腺只在身体的主体部分,不伸入延长部。

[症状] 此病显著症状是病鱼鳃孔外常挂着链状黄绿色的梭形卵。病鱼体色变黑,游泳无力、不摄食。虫体幼小时寄生在鳃丝上,长大后则移居于鳃深处的肌肉部分,使寄生处的周围宿主组织隆起,黏液增多,鳃苍白呈贫血状。

[流行及危害] 鲀异沟虫主要寄生在鲀科鱼类的鳃上,此病每年春季开始,夏季和秋季流行,河北、山东、浙江、江苏是发病高发地区。此病很少在短期内大量死亡,只是长时间的每天有少量的死亡现象。

[诊断方法] 根据症状进行初步诊断,镜检鳃丝可确诊。

[防治方法]

预防措施:不用金属网箱养殖防止此病效果较好。养殖海水需交换良好。

治疗方法:

①同本尼登虫病

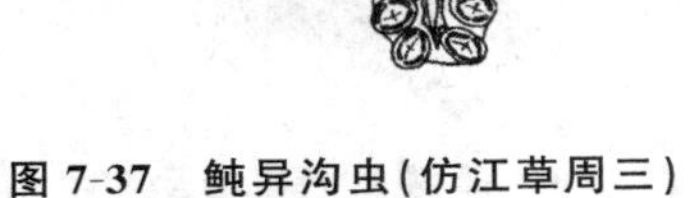

图 7-37　鲀异沟虫(仿江草周三)

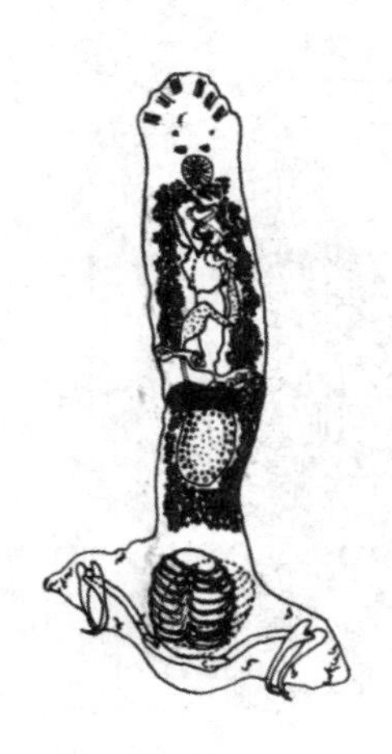

图 7-38　优美片盘虫(Bychowsky,1957)

②每千克鱼用 0.1 g 双硫二氯酚(别丁)拌饵投喂,连续 5 d。

(9)片盘虫病

[病原] 片盘虫属(*Lamellodiscus*)的种类,属鳞盘虫科(图 7-38)。虫体前端具 3 对头器,2 对眼点。背腹各有 1 个鳞盘,由许多同心圆排列的成对的几丁质构成,中央大钩 2 对,联结片 3 片。精巢大,位于体中部,贮精囊仅由输精管稍为膨大而成。前列腺单一。交接器由交接管和支持器构成。生殖孔在肠叉后方。卵巢延伸,位于肠支内侧,精巢之前。有几丁质的阴道。

[症状] 片盘虫寄生于真鲷、黑鲷、黄鳍鲷、石斑鱼等海水鱼鳃上,鳃丝受到后固着器的损伤,分泌大量黏液,影响呼吸。大量寄生时,病鱼体色变黑,身体瘦弱,严重者死亡。

[流行及危害] 片盘虫全部寄生于海产硬骨鱼类,大部分种类的宿主是鲷科鱼类。池塘养殖的石斑鱼、鲷经常发现有片盘虫寄生。发病水温 20～25 ℃,大量寄生时,使病鱼因缺氧致死。

[诊断方法] 病鱼鳃丝取样制片,镜检病原的存在与数量可确诊。

[防治方法]

预防措施:放养密度不宜太大,经常清除污泥。

治疗方法:用浓度为 0.3 mg/L 的 90%晶体敌百虫全池遍洒。

(10)异斧虫病

[病原] 异尾异斧虫(*Heteraxin heterocerca*),属异斧虫科(图 7-39)。虫体较细长,左右不对称,后端较宽。成虫全长 5～17 mm,沿身体后端有 2 列固定着铗。一列在身体后缘,较长,固着铗的数目较多,也较大,有 24～34 个,一般为 26～30 个;另一列较短,位于身体后端的侧缘,固着铗的数目较少,个体也较小,有 3～14 个,一般为 7～9 个,固着铗完全为同型的。身体前端腹面有口。口腔内有左右对称排列的 2 个口腔吸盘。口下为咽和分为 2 条主支及其有许多分支状的盲管。精巢位于身体后部左右肠支之间,卵巢 1 个,位于精巢之前,

呈倒 U 字形。

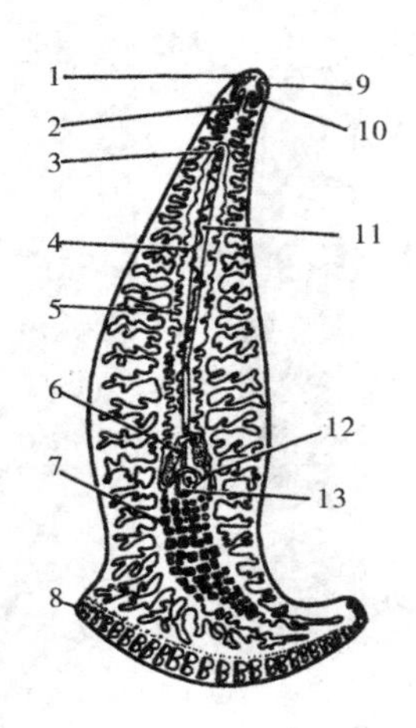

图 7-39　异尾异斧虫(仿江草周三)

1.口 2.咽 3.生殖孔 4.输精管 5.肠
6.卵巢 7.精巢 8.后固着器 9.头腺
10.前吸盘 11.子宫 12.殖肠管 13.卵模

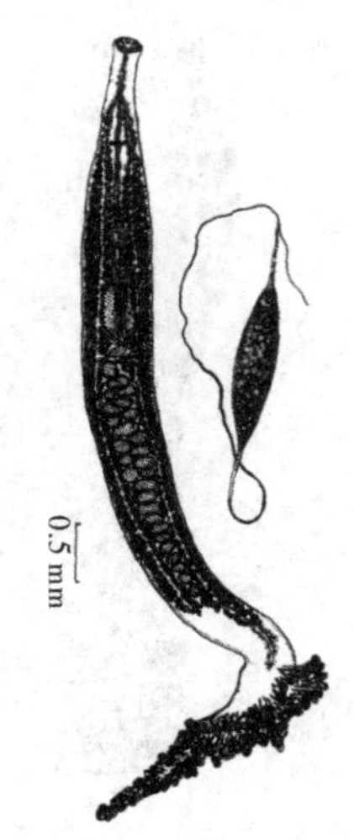

图 7-40　真鲷双阴道虫及其卵

(成虫仿 Yamaguti,1963;卵仿藤田等,1969)

[症状] 异尾异斧虫只寄生在鱼的鳃弓上,以宿主的血液为食,寄生数量多时,鳃收刺激和损伤,分泌大量黏液,鳃局部出血或变白。病鱼呈贫血现象,停止吃食,体色变黑,瘦弱,游泳无力。

[流行及危害] 此病在网箱和水族箱养殖的鰤鱼中较为常见,水温为 20～26 ℃时流行,不过在 10 至 11 月水温稍低时也可发现。

[诊断方法] 根据症状进行初步诊断,镜检病原及其数量可确诊。

[防治方法]

①用 6%～7%浓盐水浸洗病鱼 5～6 min,也可将食盐量加至 8%～9%,浸洗病鱼 3 min。

②用过氧化焦磷酸钠海水溶液浸洗 15～30 min,也有一定的效果。

(11)双阴道虫病

[病原] 真鲷双阴道虫(*Bivagina tai*),属于微杯虫科(图 7-40)。虫体扁平而细长,伸缩性很强。体长一般为 3～6 mm。身体前端有 2 个口腔吸盘和 3 个粘着腺。后端有较长的后固着器,其两边各有一列固着铗,每列 38～60 个。精巢 22～40 个,位于身体后半部左右两条肠之间。卵巢 1 个,在精巢之前。阴道孔 2 个。该寄生虫生在真鲷的鳃上,吸食鱼血。

[症状] 寄生数量多时,病鱼食欲减退、游泳缓慢,头部往往左右摇摆,鳃盖不能闭合而张开。严重感染者鳃瓣上有大量黏液,鳃苍白呈贫血现象。也有因细菌继发感染使鳃瓣腐烂。解剖鱼体,肝脏和肾脏也褪色。

[流行及危害] 真鲷双阴道虫主要危害池塘和网箱养殖的真鲷,尤其是当年鱼种受害最大,1 龄以上的鱼也可被寄生,但一般不形成流行病。发病高峰季节一般在每年的春季和秋季。广东、福建、山东均有发生,甚至水族箱中的真鲷亦可受害。

[诊断方法] 根据症状进行初步诊断,镜检病原及其数量可确诊。

[防治方法]

①同本尼登虫病。

②用6%浓盐水浸洗病鱼1.5 min,第二天重复1次。

③用过氧化焦磷酸钠海水溶液浸洗1 min(水温18~19 ℃)。

④水族箱中,可用17 mg/L硫酸铜溶液或18 mg/L漂白粉溶液浸洗病鱼40~60 min(水温19~24 ℃),每天1次,连续3~5次。

2.由复殖吸虫引起的疾病

复殖吸虫属吸虫纲,复殖吸虫亚纲。其种类繁多,分布广泛,全部营寄生生活。

外部形态:虫体小的可在0.5 mm以下,大的可达10 cm以上。一般为扁平叶状、卵形、舌形或肾形等,两侧对称或不对称。有的背部稍突出,有的体分前后两部分。体被小棘或光滑无棘。一般虫体有一个较小的口吸盘和一个较大的腹吸盘,但也有缺其中之一或全缺。通常以腹吸盘为界,将虫体分为前体和后体。

内部结构:复殖吸虫无体腔,体壁由皮层与肌肉构成皮肤肌肉囊。消化系统由口、咽、食道和肠组成。口一般位于口吸盘中央。口后为咽,有的种类有,有的种类缺。咽后为一很短的食道。食道后紧接着肠,肠一般为二支盲管,但也有单管的。肠后端亦有向排泄囊开口,或另具肛门直接向外开口。排泄系统由焰细胞、排泄小管、排泄管、排泄囊和排泄孔组成。神经系统呈梯形结构,咽的两侧各有一个神经节。绝大多数雌雄同体,极少数雌雄异体。卵巢通常单个,球形或卵圆形,精巢1个或数个。复殖吸虫自体或异体受精。

生活史(图7-41):复殖吸虫生活史复杂,经卵、毛蚴、胞蚴、雷蚴、尾蚴、囊蚴和成虫7个发育阶段。生活史中需要更换中间寄主。

卵:大多数为卵圆形,有盖或无盖。有的种类有很长的极丝或棘。

毛蚴:体被纤毛,前端有一锥状突起。体前部有眼点、神经和侧乳突,具口和肠囊及不发达的排泄系统。

胞蚴:圆球形或囊形,体表常有微绒毛,以渗透方式掠夺寄主营养。体内有焰细胞,具数目不等的胚团和胚细胞。胚团发育成子胞蚴或雷蚴。

雷蚴:圆筒形,具咽、原肠、2条各自开口的排泄管。有的前端具带状结构,其后为产孔。

尾蚴:通常分体部和尾部两部分。体部具体棘,1~2个吸盘、口、咽、食道、肠、排泄系统、神经和分泌腺,分泌物能溶解寄主组织而入侵寄主。有的尾蚴还具眼点。

囊蚴:一般具体棘、口吸盘、腹吸盘及排泄囊等。有消化道、神经节、分泌腺、排泄系统以及生殖系统。

成虫:生殖器官发育成熟,产卵,完成生活史。

复殖吸虫的发育因种类不同而有不同的类型,有的缺胞蚴或雷蚴阶段,有的具有两代的胞蚴或雷蚴;有的完成全部发育仅需一个中间寄主,有的需要2~4个的中间寄主才能完成其生活史。其繁殖力极强,成虫期行有性生殖,产生大量的卵,幼虫期行无性生殖,每个胞蚴可产许多雷蚴,每个雷蚴又可以产生许多尾蚴。

危害性:寄生部位不同,复殖吸虫对寄主的危害性也不一样。寄生于消化道的种类相对危害较小,寄生于循环系统、实质器官及眼等处的危害性较大,严重的可引起死亡。有些种类以人为终末寄主,则可危害人类,如华支睾吸虫。

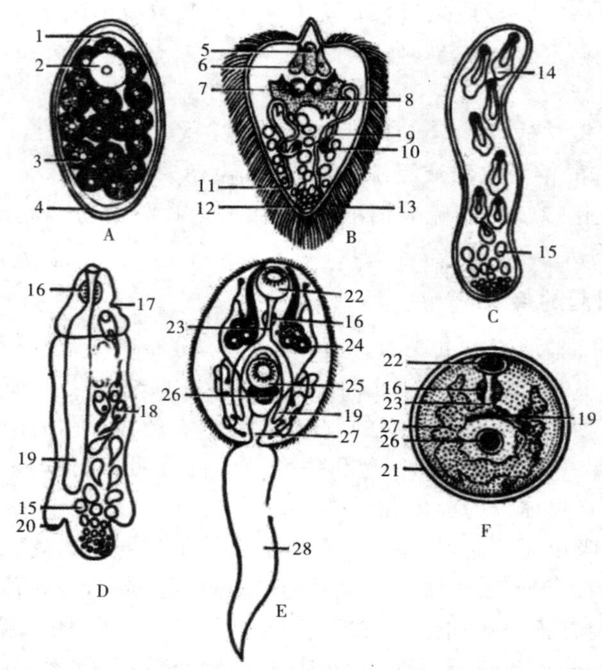

图 7-41　复殖吸虫生活史(仿《人体寄生虫学学图谱》)

A.卵 B.毛蚴 C.胞蚴 D.雷蚴 E.尾蚴 F.囊蚴

1.卵盖 2.受精卵 3.卵黄细胞 4.卵壳 5.肠囊 6.单细胞分泌腺 7.眼点 8.神经节 9.排泄管 10.焰细胞 11.排泄孔 12.胚细胞 13.纤毛 14.雷蚴 15.胚球 16.咽 17.产孔 18.尾蚴 19.肠 20.体突 21.囊壁 22.口吸盘 23.食道 24.头腺 25.腹吸盘 26.生殖原基 27.排泄囊 28.尾

(1)血居吸虫病

[病原] 血居吸虫(*Sanguinicola* spp.),属血居科,血居吸虫属(图 7-42、图 7-43)。常见种类有龙江血居吸虫(*S. lungensis*)、鲂血居吸虫(*S. megalobramae*)、大血居吸虫(*S. magnus*)、有棘血居吸虫(*S. armata*)等。龙江血居吸虫寄生于鲢、鳙和鲫鱼的鳃弓血管和动脉球中,分布于浙江、福建;鲂血居吸虫寄生于团头鲂,见于湖北;大血居吸虫寄生于青鱼、鲢、鳙、鲤鱼,见于太湖、上海;有棘血居吸虫寄生于青鱼、鲢、鳙、鲤鱼的血液循环系统中,发现于太湖。血居吸虫身体薄小,游动似蚂蟥状。无口吸盘和腹吸盘。龙江血居吸虫成虫扁平,梭形,前端细尖,大小为(0.268～0.844)mm×(0.142～0.244)mm,口在吻突的前端,不具咽,下接不很直的食道,在体 1/3 处突然膨大成 4 叶肠盲囊,精巢 8～16 对,位于卵巢前方,对称排列。卵巢对称排列,蝴蝶状。

生活史:无雷蚴、囊蚴阶段。卵在鱼鳃血管中孵化出毛蚴,钻出鳃落入水中。毛蚴椭圆形,具眼点,体表被纤毛 4 列,遇到椎实螺、扁卷螺等即钻入螺体内发育成胞蚴,无性繁殖产生许多叉尾有鳍型尾蚴。每个胞蚴内含 20 多个尾蚴,尾蚴从胞蚴产出,离开螺体,在水中遇到鱼类,即从体表侵入,并转移到循环系统中发育为成虫。

[症状] 症状有急性与慢性之分。血居吸虫寄生于血液中,当大量感染时,鳃血管因虫卵的聚集而堵塞,造成血管坏死而和破裂。鱼苗发病时,鳃盖张开,鳃丝肿胀,病鱼表现为打

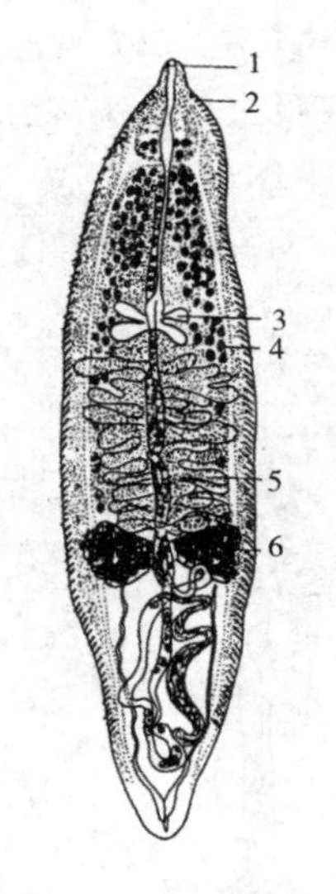

图 7-42　龙江血居吸虫
（仿唐仲璋等）
1.口 2.棘 3.肠
4.卵黄腺 5.精巢 6.卵巢

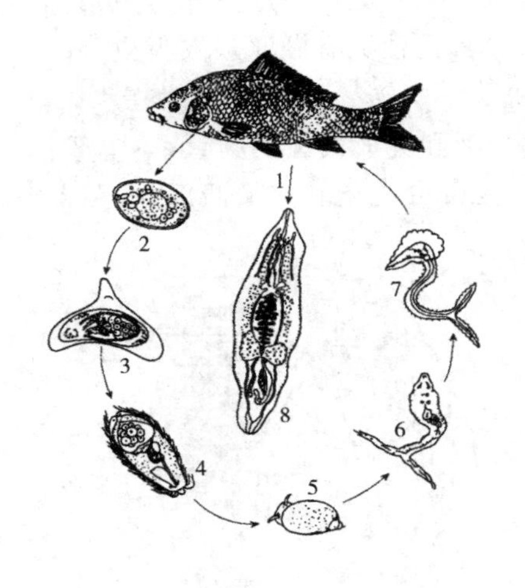

图 7-43　有棘血居吸虫生活史
（仿《鱼病防治手册》）
1.感染的鲤鱼 2.未成熟的卵 3.成熟的卵
4.毛蚴 5.椎实螺 6.在椎实螺体内发育的幼虫尾蚴
7.在水中游游泳的尾蚴 8.成虫

转、急游或呆滞等现象，很快死亡，此为急性症状。若虫卵过多地累积在肝、肾、心脏等器官，使其受损，表现出慢性症状，病鱼腹部膨大，内部充满腹水，肛门出现水泡，全身红肿，有时有竖鳞、眼突出等症状，最后衰竭而死。

［流行与危害］此病为世界性鱼病，可危害许多的海、淡水鱼类。血居吸虫对寄主具有严格的选择性，引起急性死亡的主要是鱼苗、鱼种。我国流行于春、夏两季，主要危害鲢、鳙和团头鲂的鱼苗、鱼种。团头鲂的“鳃肿病”只出现在夏花至 6 cm 左右的鱼种，1 龄以上未见报道。

［诊断方法］将病鱼的心脏或动脉球剪开，放入盛有生理盐水的培养皿仔细观察在无血居吸虫的成虫。镜检肾或鳃组织有无虫卵。同时了解鱼池中有无大量的中间寄主存在。

［防治方法］以预防措施为主，主要从切断寄生虫生活史着手。

预防措施：

①用生石灰或茶饼带水清塘，杀灭中间寄主椎实螺。

②进水时要过滤，以防中间寄主随水带入。

③用苦草扎成把，放入池中，诱捕椎实螺，第二天取出，置阳光中曝晒，连续数天，可清除大部分椎实螺。

④驱赶鸥鸟。

⑤根据血居吸虫对寄主有严格的选择性可采取轮养的方法。

⑥用 0.7 mg/L 硫酸铜溶液或 0.5 mg/L 的 90％晶体敌百虫溶液全池遍洒。

治疗方法：

①每万尾鱼用 90％晶体敌百虫 12～20 g 拌入 1.5 kg 饲料中投喂，每天 1 次，连续 5 d。

(2)双穴吸虫病（又称复口吸虫病、白内障病、瞎眼病）

［病原］双穴吸虫(*Diplostomulum* spp.)的囊蚴和尾蚴，属双穴科、双穴吸虫属(图7-44、图 7-45)。常见种类有湖北双穴吸虫(*D. hupehensis*)、倪氏双穴吸虫(*D. neidashui*)及匙形双穴吸虫(*D.spathaceum*)。尾蚴在水中静止时呈"丁"字形，分为体部和尾部。体前端为头器，其后为咽和分成两叉的肠管，体中部有 1 个腹吸盘，其后有 2 对钻腺细胞，体末端有 1 个排泄囊。尾部分尾干和尾叉两部分，在水中静止时尾干弯曲。

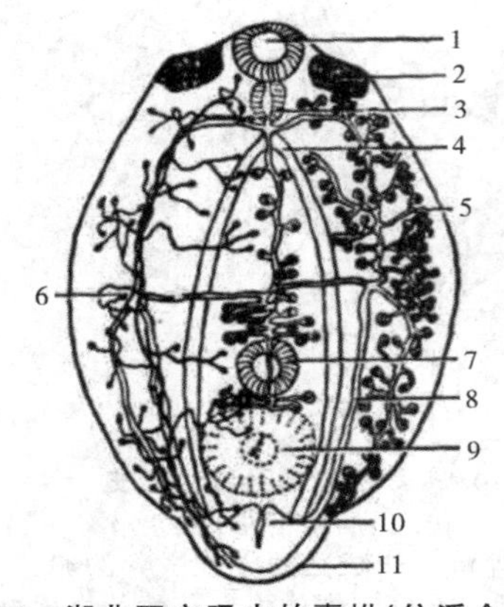

图 7-44　湖北双穴吸虫的囊蚴(仿潘金培)

1.口吸盘 2.侧器 3.咽 4.肠
5.石灰质体 6.焰细胞 7.腹吸盘 8.侧集管
9.黏附器 10.排泄囊 11.后体

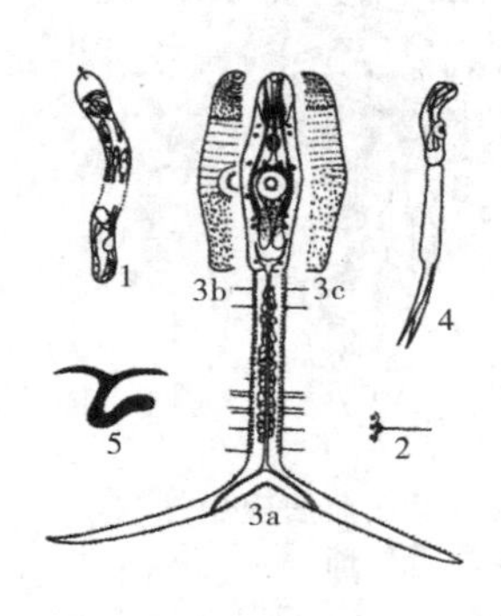

图 7-45　湖北双穴吸虫的胞蚴、尾蚴(仿潘金培)

1.胞蚴 2.尾蚴的尾毛
3a.尾蚴腹面观 3b.前体腹面一半
3c.前体背面一半 4.固定标本的侧面观 5.尾蚴

囊蚴呈瓜子形，分前体和后体两部分，透明、扁平，前端有 1 个口吸盘，两侧各有 1 个侧器。口吸盘下方为咽，肠支伸至体后端。虫体后半部有 1 个腹吸盘，大小与口吸盘相仿，其下为椭圆形粘器。排泄囊菱形，从囊的前端分出排泄管。体内分布着许多颗粒状和发亮的石灰体。

生活史：成虫寄生于鸥鸟肠内，虫卵随粪便进入水体，经过 3 星期左右的时间孵化出毛蚴。毛蚴在水中游泳，钻入第一中间寄主椎实螺体内，在其肝脏内或肠外壁发育成胞蚴。胞蚴包藏许多尾蚴和椭圆形胚团。成熟的尾蚴离开胞蚴移至螺的外套腔内，很快逸入水中，在水中呈规律性间歇运动，时浮时沉，集中于水层，当鱼类经过时，即迅速叮在鱼体上，脱去尾部，钻入鱼体。湖北尾蚴从肌肉钻入附近血管，逐渐移至心脏，上行至头部，再从视血管进入眼球。倪氏尾蚴从肌肉穿过脊髓，向头部移动入脑室，再沿视神经进入眼球。在水晶体内经过 1 个月左右的时间发育成囊蚴，鸥鸟吞食带虫的鱼后，囊蚴进入鸟的肠内发育为成虫(图 7-46)。

［症状］急性感染时，病鱼在水面跳跃游泳，上下挣扎，继而运动失调，在水中翻腾或旋转，有时头朝下，尾朝上，有时平卧水面，急速游动。病鱼头部脑区和眼眶周围明显充血，身体逐渐弯曲。病鱼从运动失调到死亡，仅数分钟到数十分钟。若病鱼出现弯体，则一般数天后死亡。慢性症状则无死亡现象，但眼球浑浊，呈乳白色，严重感染的病鱼呈瞎眼或水晶体脱落。

脑室及眼眶周围充血现象，是由于尾蚴在移动过程中所造成的机械损伤而形成的。尾蚴在脑血管内移行，引起脑室充血，从血管侵入眼球，使视血管特别扩大，引起视血管的破

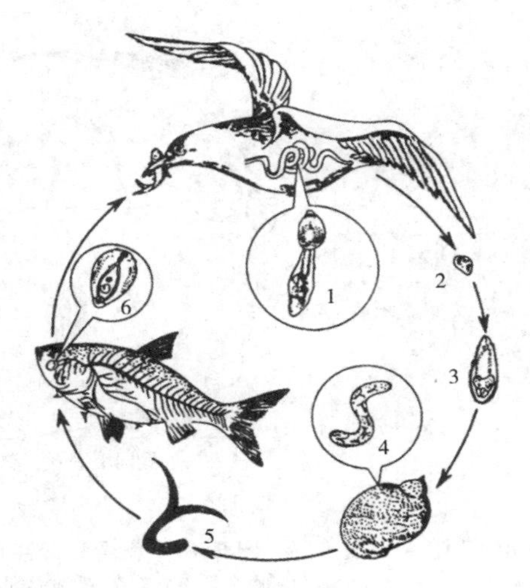

图 7-46　双穴吸虫的生活史
(仿《中国淡水鱼类养殖学》)
1.成虫 2.虫卵 3.毛蚴 4.胞蚴 5.尾蚴 6.囊蚴

坏,导致大量出血。病鱼出现弯体是由于倪氏尾蚴通过视神经移行至脑室过程中,对神经及脑组织造成的伤害所产生的后遗症,会使骨骼变形,肌肉收缩而导致外形上的改变。

[流行与危害] 双穴吸虫病是一种危害较大的世界性疾病,危害草鱼、青鱼、鲢、鳙、鲤、鲫、赤眼鳟、鳊、团头鲂、鲴、鲶、乌鳢、泥鳅、鳜鱼等多种经济鱼类,尤其是鲢、鳙、团头鲂、虹鳟的苗种受害较为严重,感染强度大,发病率高,死亡率高达60%以上。急性感染流行于5至8月,可造成鱼苗、鱼种大批死亡。慢性感染全年均可发生。东北、湖北、江苏、浙江、江西、福建、广东及四川等均有发生,尤其是在鸥鸟和椎实螺多地区为严重。

[诊断方法] 根据症状和有无大量中间寄主存在等情况可作出初步诊断,确诊需镜检水晶体,观察是否有大量双穴吸虫存在。

[防治方法]

①用生石灰或茶饼彻底清塘,杀灭中间寄主椎实螺。

②用水草诱捕螺蛳。

③驱赶鸥鸟,不让其飞近鱼池。

④用0.7 mg/L硫酸铜溶液全池遍洒,第二天重复1次,或用0.7 mg/L二氯化铜溶液全池遍洒,杀灭中间寄主。

(4)扁弯口吸虫病

[病原] 扁弯口吸虫(*Clinostomum complanatum*)的囊蚴,属弯口科,弯口吸虫属(图7-47、图7-48)。囊蚴体长4～6 mm,体宽2 mm左右。前端具1口吸盘,下为肌质咽和肠支,无食道。肠两盲支伸向体后端,并向侧旁分出许多侧枝。腹吸盘位于体前端中部,大于口吸盘。精巢1对,上下排列,两精巢之间为雌性生殖腺。

生活史:成虫寄生于鹭科鸟类的咽喉,斯氏萝卜螺和土蜗为第一中间寄主,鱼类为第二中间寄主。虫卵随鸟粪排入水中孵出毛蚴,钻入萝卜螺,在外套膜上发育为胞蚴,胞蚴发育为单一的母雷蚴。第二代子雷蚴在7～9 d出现,3 d后开始怀有能运动的第三代子雷蚴,继

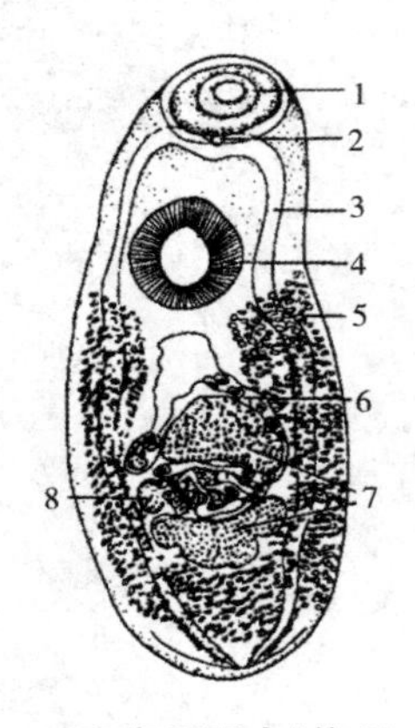

图 7-47　扁弯口吸虫(仿 Yamaguti)
1.口吸盘 2.咽 3.肠 4.腹吸盘
5.卵黄腺 6.子宫 7.精巢 8.卵巢

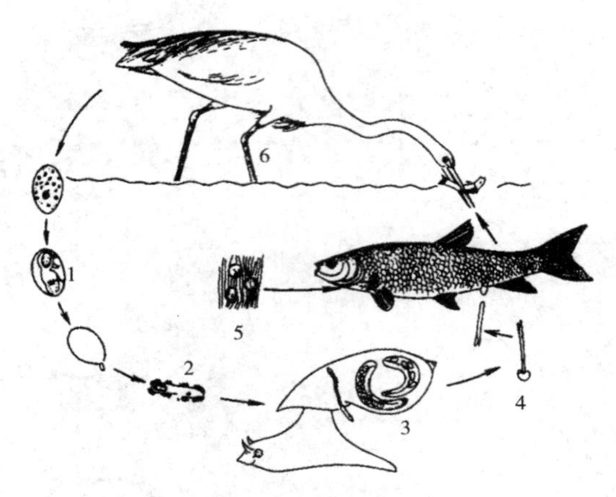

图 7-48　扁弯口吸虫的生活史(仿廖翔华)
1.卵 2.毛蚴 3.在螺体内形成胞蚴、雷蚴 4.尾蚴
5.在鱼体上形成囊蚴 6.在鸟体内发育为成虫

而发育成尾蚴。尾蚴从螺体逸出遇到鱼类,从皮肤钻入肌肉,发育为囊蚴,经 3 个月才成熟。鹭鸟吞食带虫的鱼,囊蚴从囊中逸出,从食道迂回至咽喉,4 d 后即可成熟排卵。

[症状] 囊蚴寄生于鱼类的肌肉,形成圆形囊体,橘黄色,直径 2.5 mm 左右。寄生部位以头部为主,躯干以尾柄密度最大,其次为腹鳍和臀鳍的浅层肌,体侧浅层肌上亦有少量分布。

[流行与危害] 危害草鱼、鲢、鳙、鲤、鲫等多种经济鱼类,尤其是鱼种,严重感染时可引起鱼种死亡。新疆、湖北、广东等地有分布。

[诊断方法] 根据症状和有无大量中间寄主存在等情况可作出初步诊断,确诊需镜检头部尾柄等处,观察是否有大量扁弯口吸虫存在。

[防治方法] 同血居吸虫病

(4)侧殖吸虫病(闭口病)

[病原] 日本侧殖吸虫(*Orientotrema japonica*),属光睾科、侧殖吸虫属(图 7-49)。虫体较小,卵圆形,扁平,似一粒小芝麻,大小为(0.616～0.678)mm×(0.349～0.401)mm。口吸盘圆形,位于亚前端,略小于腹吸盘,腹吸盘位于肠分叉下腹面。口下有椭圆形的咽。食道长,分叉于腹吸盘的前背面,肠末止于虫体近后端。精巢单个,位于体后端中轴线上,长椭圆形,两输精小管自前缘伸出,在进入阴茎囊前汇合成短小的输精管,进入阴茎囊后,即膨大成贮精囊。阴茎披小棘。生殖孔开口于体中线偏左。卵巢圆形或卵圆形,位于精巢的左后方。子宫环绕于肠分叉,与阴茎共同开口于生殖孔。卵黄腺分布于精巢前半部两肠支的外侧。排泄囊管状。

生活史:成熟的成虫在鱼肠道中排卵,随鱼的粪便落入水中,孵化出毛蚴,然后进入到铜锈环棱螺、田螺、纹沼螺等体内发育成雷蚴、尾蚴。尾蚴为无尾型,形似成虫。他们移行到螺蛳的触角上,为鱼类吞食后,在鱼肠中发育成熟,或又进入其他螺体中结囊成囊蚴,青鱼、鲤鱼等吞食螺后,囊蚴在鱼肠中发育为成虫。

[症状] 发病鱼苗体色变黑,游动无力,群集于鱼池下风处,闭口不食,俗称“闭口病”,可

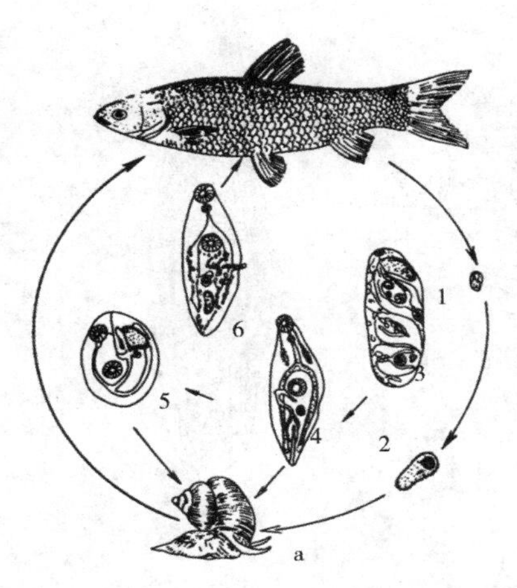

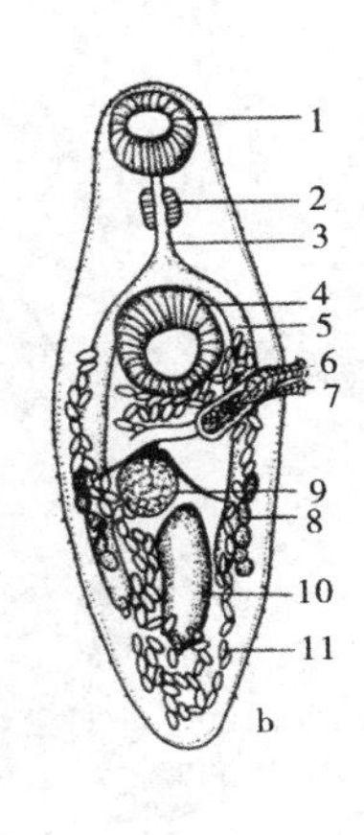

图 7-49　日本侧值吸虫

a.生活史(仿《中国淡水鱼类养殖学》) 1.卵 2.毛蚴 3.雷蚴 4.尾蚴 5.囊蚴 6.成虫
b.形态(仿王传俊等) 1.口吸盘 2.咽 3.食道 4.腹吸盘 5.肠 6.阴茎 7.子宫末端
8.卵黄腺 9.卵巢 10.精巢 11.卵

引起鱼种大量死亡。6～10 cm 的鱼种发病,除可见体消瘦外,外表无明显的症状。解剖病鱼,可见消化道被虫体充满堵塞,肠内无食物。

[流行与危害] 侧殖吸虫寄生于草鱼、青鱼、鲢、鳙、鲤、鲫等鱼类的肠道中,对鱼苗危害大,可引起大批死亡,但对鱼种及比鱼种大的鱼未发现致死现象。此病流行于 5 至 6 月,在全国各地均有发现,尤以长江中下游一带常见。

[诊断方法] 解剖内脏、肠道可见虫体。

[防治方法] 用生石灰或茶饼彻底清塘消灭螺蛳。用 0.3～0.7 mg/L 的 90%晶体敌百虫溶液全池遍洒。

(5)华支睾吸虫病

[病原] 华支睾吸虫(*Clonorchis sinenisis*)的囊蚴,属后睾科,枝睾吸虫属(图 7-50)。成虫背腹扁平,灰白色或乳黄色,活体肉红色,半透明,大小为(10～25)mm×(3～5)mm,口吸盘位于前端部,腹吸盘位于前端 1/3 处,略小于口吸盘。精巢 2 个,前后排列,呈珊瑚状分枝。卵巢 1 个,位于精巢前方,边缘花瓣状分叶。受精囊茄状,较大。子宫盘曲于卵巢和腹吸盘之间。口在口吸盘内,下接咽及较短的食道。肠管 2 支,末端为盲肠。排泄囊略呈弯曲的长方形,排泄孔开口于虫体末端。囊蚴椭圆形,淡黄色,具两层囊壁。幼虫常呈弯曲侧卧状,充满囊内。口、腹吸盘清晰可见,排泄囊大而明显。

生活史:成虫自体或异体受精。虫卵黄褐色,具卵盖。虫卵随寄主粪便排出,被豆螺、沼螺、涵螺吞食后,在螺体内孵出毛蚴,经胞蚴、雷蚴两个阶段的发育,繁殖为千百个尾蚴,尾蚴自螺体逸出,在水中自由游动,遇鱼类钻入肌肉发育成囊蚴。病鱼被猫、狗等生吃,幼虫在十二指肠内破囊而出,称为童虫。童虫多数移至胆总管、肝胆管内寄生,少数进入胰管内,1 个月后,童虫发育为成虫,开始排卵

[症状] 囊蚴寄生于鱼类的肌肉,少数寄生于皮肤、鳍及鳞片上,形成胞囊。被感染的鱼一般无明显的症状,但严重感染时,鱼体消瘦,外表能见到黑色的小圈,但不引起死亡。

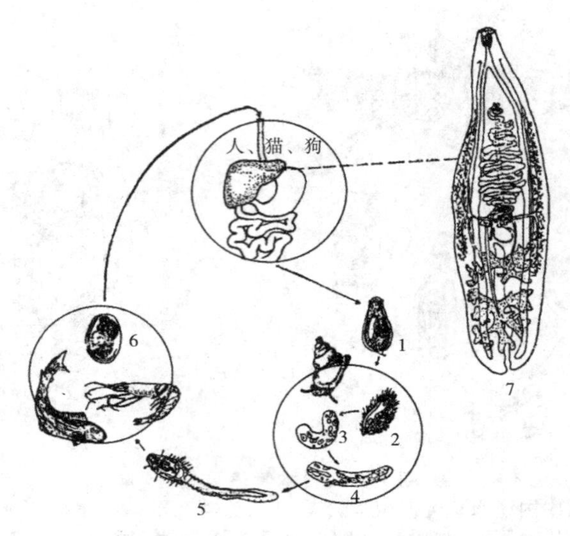

图 7-50　华支睾吸虫的生活史

1.卵 2.毛蚴 3.胞蚴 4.雷蚴 5.尾蚴 6.囊蚴 7.成虫

[流行与危害] 华支睾吸虫的第二中间寄主主要是鲤科鱼类,尤以青鱼、草鱼等经济鱼类最易感染。对有吃生鱼片习惯的地区,也易使人体感染,成虫在人体内可存活 30 年之久,严重危害人体健康。此病病原广泛分布于亚洲的日本,朝鲜、越南、菲律宾、印度和我国。

[防治方法]

①彻底清塘消灭螺类。

②加强人、畜粪便管理,使用发酵后的粪便或用四万分之一的硫酸铜处理,杀灭虫卵。

③人类禁食生或半生淡水鱼类。

3.由绦虫引起的疾病

绦虫隶属于扁形动物门,绦虫纲,全部营寄生生活。绦虫无体腔,循环系统和呼吸系统退化,不具消化系统。

外部形态:虫体通常背腹扁平,极少数圆筒形,由头节、颈部和节片构成,节片数目不等,前后相连成链状,长从 1 cm 至 30 m 不等。头节位于虫体最前端,其附着器官大致可分为吸盘、吸槽及突盘 3 类。颈部细长,一般细于头节,且不分节,节片由此向后芽生,因此不断生出新的节片。节片按生殖器官的成熟程度分为未成熟节片、成熟节片和充满卵粒的妊娠节片。一般近头节处的节片较年幼,节片数目很多。

内部构造:绦虫体壁包括皮层和皮下层两层。神经系统位于体前端。排泄系统由焰细胞、细管和排泄总管组成。生殖系统发达,大多数雌雄同体,一般每一节片内有 1～2 套生殖器官,可自体交配,也可异体交配。一般雄性部分先成熟,交配后雄性生殖器官萎缩,故末端节片只含充满卵的子宫。

生活史:绦虫的发育需要经过变态和更换中间寄主,各类绦虫具有不同的发育类型。

(1)许氏绦虫病

[病原] 许氏绦虫(*Khawia* spp.),属组带绦虫科,许氏绦虫属(图 7-51)。常见种类有中华许氏绦虫(*K. sinensis*)、鲤许氏绦虫(*K. cyprini*)、日本许氏绦虫(*K. japonensis*)。虫体

背腹扁平，不分节，体长约 29 mm，头部明显膨大，呈鸡冠状。颈细长，只有一套生殖器官。精巢数目众多，分布于头部至阴茎囊间的外髓部周围。无外贮精囊。阴茎囊开口于生殖腔，位于子宫阴道口前方。卵巢“H”型，位于身体的后部，后翼短于前翼。卵黄腺分布于卵巢和颈部之间。子宫盘曲于阴茎囊和卵巢之间，并围有一层伴细胞。

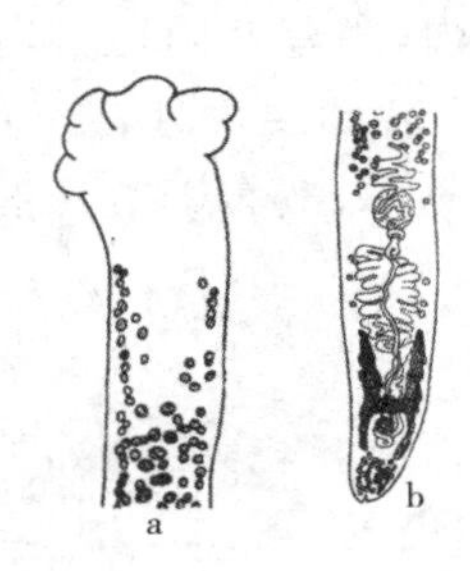

图 7-51　中华许氏绦虫
（仿《湖北省鱼病病原区系图志》）
a.身体前段 b.身体后段

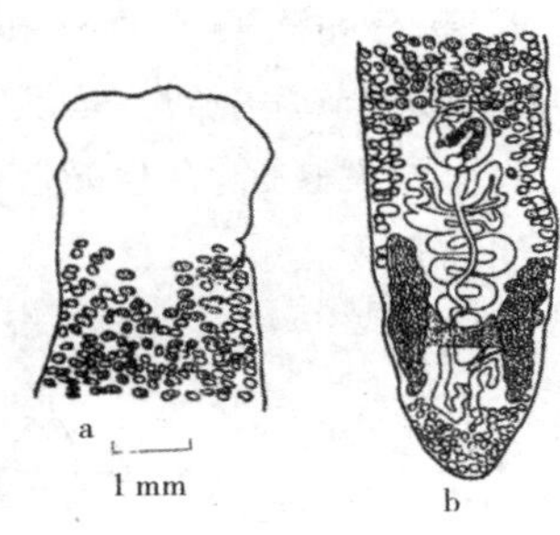

图 7-52　短颈鲤蠢
（仿《湖北省鱼病病原区系图志》）
a.虫体前段 b.虫体后段

中间寄主是颤蚓，原尾蚴在颤蚓体腔内发育，体呈圆筒形，长 1～5 mm，前面有一吸附的沟槽，后端有一带钩的尾部。当鱼吞食颤蚓而感染，原尾蚴在鱼体内发育为成虫。

[症状] 许氏绦虫寄生于鱼的肠道，当感染数量多时，鱼体日见消瘦，食欲不振，生长停滞，严重时堵塞肠道，引起肠道发炎和鱼体贫血。

[流行与危害] 许氏绦虫主要危害鲤、鲫鱼，尤以 2 龄以上的鲤鱼感染率较高，但未见大量寄生的报道。分布广，东欧、亚洲及我国的蒙古、湖北、江西、福建、上海、江苏等地。福建曾发生 2 龄鲤鱼被大量寄生而死亡的病例。

[防治方法] 彻底清塘，杀灭虫卵。每千克鱼用 20 g 加麻拉(Kamara)或 32 g 棘蕨粉(1 份根，3 份地下叶芽)拌饲料投喂。

[诊断方法] 肉眼可见肠壁上的许氏绦虫虫体。

(2)鲤蠢病

[病原] 鲤蠢(*Caryophyllaeus* spp.)的种类，属鲤蠢科，鲤蠢属(图 7-52)。常见种类有短颈鲤蠢(*C.brachycollis*)、宽头鲤蠢(*C. laticeps*)、微小鲤蠢(*C. minutus*)、小鲤蠢(*C. parvaus*)。虫体带状不分节，头部不扩大，前缘皱褶不明显。颈短，虫体乳白色。只有一套生殖器官。精巢椭圆形，前端与卵黄腺同一水平，向外延伸到阴茎囊的两侧；卵黄腺比精巢小，分布在髓部。卵巢呈“H”状，位于体后端附近的髓部，前后翼等长。中间寄主为颤蚓，原尾蚴在颤蚓体腔内发育，当鱼吞食感染有幼虫的颤蚓后而感染，发育至成虫。

[症状] 轻度感染无明显变化，严重感染时肠道堵塞，使鱼类贫血，肠道发炎，有时有死亡现象。

[流行与危害] 在我国很多地区有发现，主要寄生于鲫及 2 龄以上的鲤鱼。一般 4 至 8 月流行。

[诊断方法] 肉眼可见肠壁上的鲤蠢虫体。

[防治方法] 同许氏绦虫病。

(3)九江头槽绦虫病

[病原]九江头槽绦虫(*Bothriocephalus gowkongensis*),属头槽科,头槽绦虫属(图7-53)。虫体扁平,带状,由许多节片组成,虫体长20～230 mm。头节略呈心脏形或梨形,具1明显的顶盘和2个较深的沟槽,每个节片内均有1套雌雄生殖器官。精巢球形,每节片内含50～90个不等,分布于节片的两侧。阴茎弯曲于阴茎囊内,阴茎及阴道共同开口于生殖腔内。生殖腔开口于节片中线。卵巢双叶翼状,横列在节片后端中央处。子宫弯曲成"S"形状,开口于节片中央腹面,在生殖腔孔之前。卵黄腺比精巢小,散布于节片的两侧。梅氏腺位于卵巢的前侧。

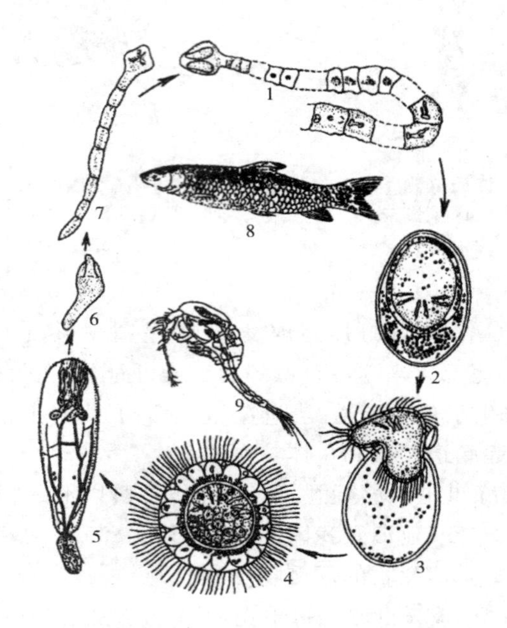

图7-53　九江头槽绦虫生活(仿《动物寄生虫学》)
1.成虫 2.虫卵 3.由虫卵内孵出的钩球蚴 4.钩球蚴
5.原尾蚴 6.裂头蚴 7.幼体 8.终寄主 9.中间寄主

生活史:经卵、钩球蚴、原尾蚴、裂头蚴及成虫5个阶段。卵在水中孵化出钩球蚴,钩球蚴圆形,后端有钩3对,外被纤毛。钩球蚴在水中可生活2 d。此段时间被广布剑水蚤或温剑水蚤吞食,穿过寄主消化道进入体腔,约经5 d发育为原尾蚴。带有原尾蚴的剑水蚤被草鱼吞食后,原尾蚴在鱼肠中发育为裂头蚴,夏天经11 d后开始长出节片,发育为成虫,达性成熟开始产卵。

[症状] 病鱼瘦弱,体表黑色素增加,离群独游,伴有恶性贫血现象,口常张开,食量剧减,俗称"干口病"。严重时病鱼前腹部膨胀,解剖可见前肠形成胃囊状扩张及白色带状虫体。

[流行与危害] 主要危害草鱼种,青鱼、团头鲂、鲢、鳙、鲮也可感染。能引起草鱼种大批死亡,死亡率可高达90%。草鱼在8 cm以下危害最严重,超过10 cm,感染率下降,2龄以上只偶尔发现少数头节和不成熟的个体。每年夏花育苗初期即开始感染,广东、广西、湖北、福建、贵州、东北及东欧均有发生。

［诊断方法］肉眼可见肠壁上白色带状的绦虫。

［防治方法］

预防措施：用生石灰或漂白粉彻底清塘，毒杀虫卵和剑水蚤。病鱼池中用过的工具消毒后才能使用。死鱼应远离池塘掩埋。

治疗方法：

①别丁按与饵料1∶400比例拌饵，以鱼体重量5%投喂，每天2次，连续5 d。

②每千克鱼每天用40 mg丙硫咪唑拌饵投喂，每天2次，连续3 d。

③用90%晶体敌百虫50 g与面粉500 g混合成药饵，连投3～6 d。

④每万尾鱼(体长9 cm)用250 g南瓜子粉与500 g米糠拌匀，连喂3 d，能毒杀绦虫。

⑤每千克饲料用1～2 g的2%吡喹酮预混剂拌饵投喂，每3～4 d用1次，连续3次。

⑥每千克饲料用4 g复方阿苯达唑粉拌饵投喂，连续3 d。

⑦每千克饲料用4 g的6%阿苯达唑粉拌饵投喂，连续4～7 d。

⑧每千克饲料用2 g川楝陈皮散拌饵投喂，连续3 d。

(4)舌状绦虫病

［病原］舌形绦虫(*Ligula* spp.)和双线绦虫(*Digramma* spp.)的裂头蚴，属裂头科，舌状绦虫属。成虫白色，扁带状，肉质肥厚，俗称“面条虫”。舌状绦虫的裂头蚴长度从数厘米到数米，白色带状，头节尖细，略呈三角形，身体无明显分节，背腹面各有1条凹陷的纵槽。在分节部位，每节节片有1套生殖器官。双线绦虫的裂头蚴前端尖，不分节但有类似节片的横纹，体长60～264 mm，在身体背腹面各有2条陷入的平行纵槽，约从前端15 mm处出现，直至体后末端。腹面还有1条中线，介于2条平行线之间。每节节片有2套生殖器官。

生活史：终末寄主是鸥鸟。虫卵随鸟粪排入水中，孵出钩球蚴，钩球蚴被剑水蚤吞食，在其体腔内发育成原尾蚴，鱼类吞食剑水蚤后，原尾蚴穿过肠壁，在体腔内发育成裂头蚴，鸟类吞食了含裂头蚴的鱼后，裂头蚴在鸟肠中发育为成虫。

［症状］病鱼腹部膨大，严重失去平衡，侧游上浮或腹部朝上。解剖时可见病鱼体腔中充满白色带状虫体(图7-54)。内脏因受挤压而变形，发育受阻，鱼体消瘦，无生殖能力。有时裂头蚴从鱼腹部钻出，直接造成幼鱼死亡。

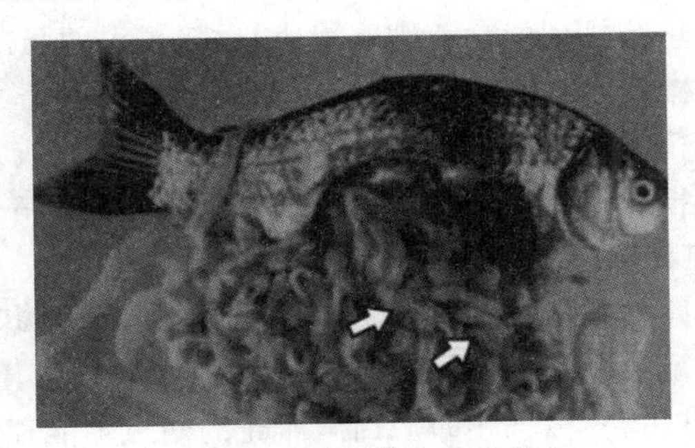

图7-54　患舌状绦虫病的鲫鱼

［流行与危害］鲫、鲢、鳙、鲤、鳊、草鱼、青鱼及其他野杂鱼都受其危害，且感染率随寄主年龄增长而有所增加。一般在夏季流行，我国大部分地区均有分布，各种水体均发生此病，但以大型水体严重。

［诊断方法］肉眼可见病鱼腹腔内充塞着白色带状的绦虫。

[防治方法] 大水面发病尚无有效治疗方法,较小水体发病以切断其生活史方法预防。

①用生石灰克漂白粉彻底清塘,杀灭中间寄主。

②驱赶鸥鸟,不让其飞近鱼池。

③每千克饲料用 0.05～0.1 g 的 2%吡喹酮预混剂拌饵投喂,每 3～4 d 用 1 次,连续 3 次。

4.由线虫引起的疾病

线虫属线形动物门,线虫纲。线虫种类繁多,分布广泛,有的种类营自由生活,有的种类营寄生生活。有些种类可造成鱼类发育不良,或影响其生殖,或引起严重疾病,还有一些种类可引起人类的严重疾病,给水产养殖业带来一定的经济损失。

外部形态:虫体细长,不分节,一般呈圆柱状,两端较中部为细,尾部特别尖细或弯曲。线虫因种类的不同,粗细大小变化很大。营自由生活的种类,个体一般较小,长度一般不超过 1 mm,较大的海产类也不超过 50 mm。营寄生生活的种类个体一般较大,但也有小者仅 0.5 mm。

内部结构:线虫体壁由角皮层、皮下层和纵肌层组成。由体壁肌围成的与消化道之间的空间为假体腔。消化系统包括口腔、食道、中肠、直肠及肛门等。排泄系统可分为腺型和管型,完全无绒毛或鞭毛,寄生的种类多管型,营自由生活的种类多腺型。线虫的废物可通过肠道排泄和体表直接扩散。神经系统主要集中在咽管区(食道区)和肛区。雄性生殖系统为由精巢、输精管、贮精囊和射精管构成的一条细而弯曲的管子。雌性生殖系统由卵巢、输卵管、受精囊、子宫、排卵管、阴道和阴门等组成。雌虫尾部大多尖直;雄虫尾部弯曲,有帮助交配的器官,如交合刺、引带和交接伞等。雌雄异体,雌雄几乎同形,但一般雌虫大于雄虫。

生活史:线虫的生殖方式大多数为卵生,少数为卵胎生或胎生。线虫的发育包括卵、幼虫及成虫。幼虫在发育过程中存在"蜕皮"现象,从幼虫发育到成虫要经过 4 次蜕皮。成虫存在性吸引的现象。有的仅一个中间寄主,有的有多个,有的无中间寄主。

(1)毛细线虫病

[病原] 毛细线虫(*Capillaria* spp.),属毛细科,毛细线虫属(图 7-55)。虫体细小如线状,无色,表皮薄而透明,光滑,头端尖细,向后逐渐变粗,尾端钝圆形。口端位,无唇和其他构造。食道细长,由许多单行排列的食道细胞组成,后接粗大的肠。肠前端稍膨大。肛门位于尾端的腹面。雌虫个体较大,长 6.2～7.6 mm,具有 1 套生殖器官。卵巢、输卵管和受精囊的界线不明显,子宫较粗大。成熟时,子宫中充满卵粒。发育成熟的卵,经阴道由阴门排出体外。雄虫个体较小,长 4～6 mm。生殖系统为 1 条长管,射精管与泄殖腔相连,尾部有 1 条细长的交合刺,交合刺包藏在鞘里。

生活史:毛细线虫为卵生,体内受精。卵柠檬状,两端有 1 瓶状的盖。成虫产卵于寄主肠道中,随粪便排入水中,沉入水底或附着在水草及碎屑上,经桑葚期、囊胚期、蝌蚪期发育为幼虫。幼虫通常不钻出卵壳,称含胚卵。钻出卵壳的幼虫不能存活。卵壳具有保护作用,在适宜条件下可存活 30 d 左右时间,冬季可在池底越冬。鱼因吞食含胚卵而感染。

[症状] 虫体头部钻入寄主肠壁黏膜层,破坏肠壁组织,而使肠道中其他致病菌侵入肠壁,引起发炎,并可致鱼死亡。少量寄生,一般幼鱼感染 1～3 条线虫,往往症状不明显。感染 4 条以上的虫体,鱼体消瘦,体色变黑,离群独游。长度 1.7～6.6 cm 的青鱼和草鱼,平均感染强度为 7～8 条,就能引起大量死亡。此病往往和烂鳃、肠炎、车轮虫等病以及九江头槽

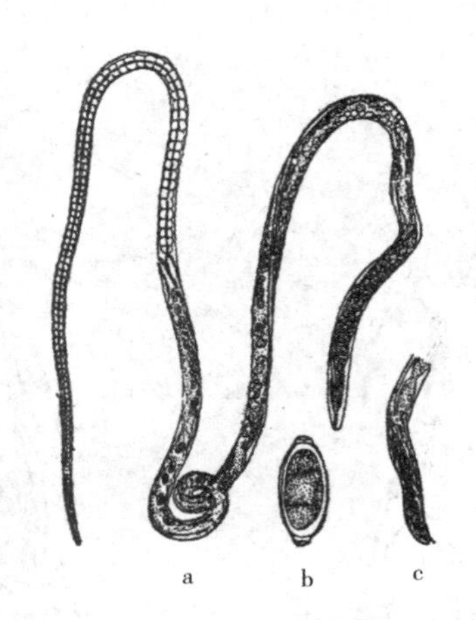

图7-55 毛细线虫
a.成熟的雌虫 b.卵 c.成熟的雄虫

绦虫病形成并发症。

[流行与危害]主要寄生于草鱼、青鱼、鲢、鳙及黄鳝等肠道中，能引起草鱼、青鱼夏花鱼种大量死亡。毛细线虫是广东鲮鱼“埋坎病”的病原之一。流行于广东、江苏、浙江、湖北、湖南等省。

[诊断方法]镜检肠内含物和黏液发现虫体方可确诊。

[防治方法]

①先使池底晒干，然后用漂白粉和石灰合剂彻底清塘。

②加强管理，保证充足的可口饲料，及时稀养，加快鱼种生长。

③每千克鱼每天用90%晶体敌百虫0.2～0.3 g拌饵投喂，连续6 d，可有效杀灭肠内线虫。

④每千克饲料用1～2 g的2%吡喹酮预混剂拌饵投喂，每3～4 d用1次，连续3次。

⑤每千克饲料用4 g复方阿苯达唑粉拌饵投喂，连续3 d。

⑥每千克饲料用2 g川楝陈皮散拌饵投喂，连续3 d。

(2)似嗜子宫线虫病(又称红线虫病)

[病原]似嗜子宫线虫(*Philometroides* spp.)的雌虫，属嗜子宫科、似嗜子宫线虫属(图7-56、图7-57)。常见种类有鲤似嗜子宫线虫(*P. cyprini*)和鲫似嗜子宫线虫(*P. carassii*)。鲤似嗜子宫线虫雌虫体色血红，成虫个体较大，体长10～13.5 cm，呈圆筒形，两端稍细，似粗棉线状。体表分布着许多透明的疣突。口位于食道前部肌肉球的前端，无唇片。食道较长。肠管细长，红棕色，近尾端处略细，无肛门。卵巢2个，分别位于虫体的两端，子宫占据体内大部分空间，子宫里充满着发育的卵或幼虫，无阴道和阴门。雄虫寄生于寄主鳔和腹腔内，体细如丝，体表光滑，透明无色，体长3.5～4.1 mm。尾端膨大，具2个半圆形尾叶，细长针状的交合刺，具引带，中部呈枪托状，包住交合刺。

生活史：胎生。成熟的雌虫钻破终末寄主的鳞囊，裸露部分浸泡在水中，因渗透压的作用，体壁胀裂，子宫中的幼虫落入水中。幼虫被萨氏中镖蚤等大型水蚤吞食后，幼体在中间寄主体腔中发育，雌雄虫在腹腔或鳔中成熟交配，雌虫移到鳞下发育成熟。鲤似嗜子宫线虫

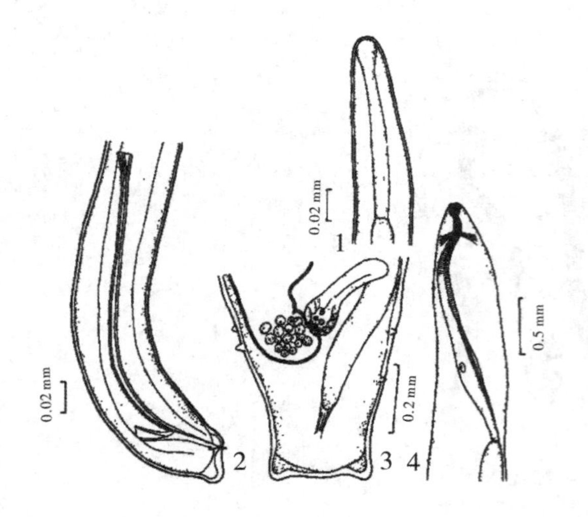

图 7-56　鲤似嗜子宫线虫
（仿《湖北省鱼病病原区系图志》）
1.雄虫头部 2.雄虫尾部 3.雌虫尾端 4.雌虫头部

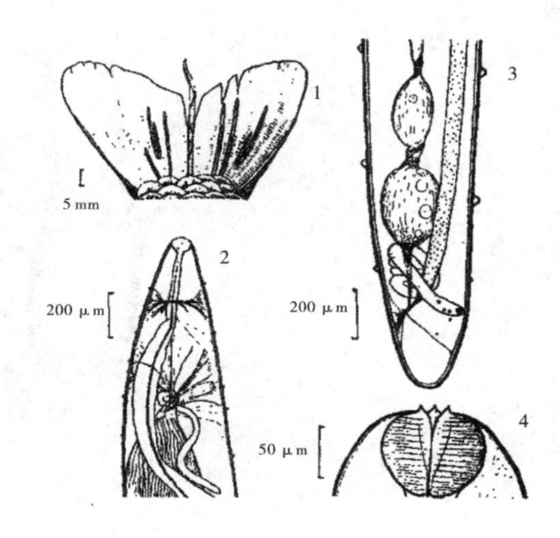

图 7-57　示患鲫似子宫线虫病的鲫鱼尾部及病原
（仿伍惠生）
1.病鱼尾部 2.雌虫前端 3.雌虫后端 4.雄虫口囊

雌虫盘曲在鲤鱼鳞片下的鳞囊内，鲫似嗜子宫线虫雌虫主要寄生于鲫鱼尾鳍鳍膜内，偶尔寄生于背鳍和臀鳍，比鲤似嗜子宫线虫小。

［症状］鲤似嗜子宫线虫的雌虫寄生于鳞片下，吸取鱼体营养发育长大，破坏皮下组织，使鳞囊胀大，鳞片松散，竖起，甚至导致鳞片脱落，肌肉发炎、溃疡，继发感染细菌和水霉，严重时造成死亡。虫体寄生处的鳞片呈现红紫色不规则的花纹，掀起鳞片即可看见盘曲的红色线虫（图 7-58）。鲫似嗜子宫线虫的雌虫寄生于鳍条之间，并与鳍条平行，引起鳍条充血、破裂、鳍基发炎，继发感染水霉（图 7-59）。

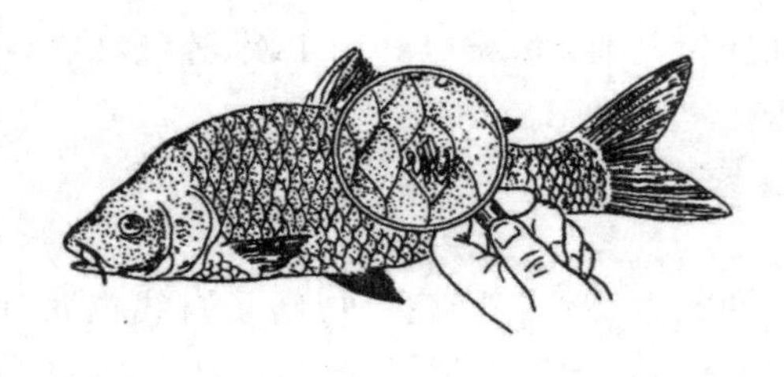

图 7-58　患似嗜子宫线虫病的鲤
（仿《中国淡水鱼类养殖学》）

图 7-59　患鲫嗜子宫线虫病的鲫鱼

［流行与危害］鲤似嗜子宫线虫雌虫主要危害 2 龄以上的鲤鱼，可导致产卵亲鱼停止产卵，甚至死亡。长江流域一般冬季虫体出现在鳞片下，但因虫体较小又不甚活动，所以不易被发现；到了春季，虫体加速生长，从而使鱼致病。鲫似嗜子宫线虫雌虫主要寄生于鲫鱼，金鱼也感染，其危害程度比鲤似嗜子宫线虫轻。全国各地均有此病流行。

［诊断方法］根据症状进行诊断。

［防治方法］

预防措施：不到疫区去购买鱼种。用生石灰彻底清塘，杀灭中间寄主和幼虫（切忌用茶饼清塘，茶饼不仅不能杀灭幼虫，还可延长水中幼虫的寿命）。

治疗方法：

①用2%～5%的食盐水洗浴10～20 min，效果显著。

②用碘酒或1%的高锰酸钾涂于患处。

③用海水（一半海水一半淡水）浸洗鱼体12 h，有显著效果。

④用浓度为0.2～0.5 mg/L的90%晶体敌百虫全池遍洒，杀灭中间寄主桡足类。

⑤每千克饲料用4 g复方阿苯达唑粉拌饵投喂，连续3天。

（3）鳗居线虫病

[病原] 鳗居线虫（*Anguillicola* spp.），属鳗居科，鳗居线虫属（图7-60）。常见种类有球状鳗居线虫（*A. globiceps*）、粗厚鳗居线虫（*A. crassa*）。成虫无色透明，圆筒形。头部圆球形，无乳突。口孔简单，无唇片。食道前端1/3处膨大成葱球状或花瓶状，后端2/3处呈圆筒状。肠粗大，有尾腺，无直肠和肛门。雄性生殖器官贮精囊较大，生殖孔开口于尾端腹面，生殖孔附近有尾腺6对，没有交合刺和引带。雌性阴门位于体后1/4处，开口于一圆锥体上，阴道极短，卵巢在子宫前后各1个，前面的卵巢从食道附近开始，后面的卵巢从体后部2/5处开始，向后延伸接近尾腺，然后再折回。

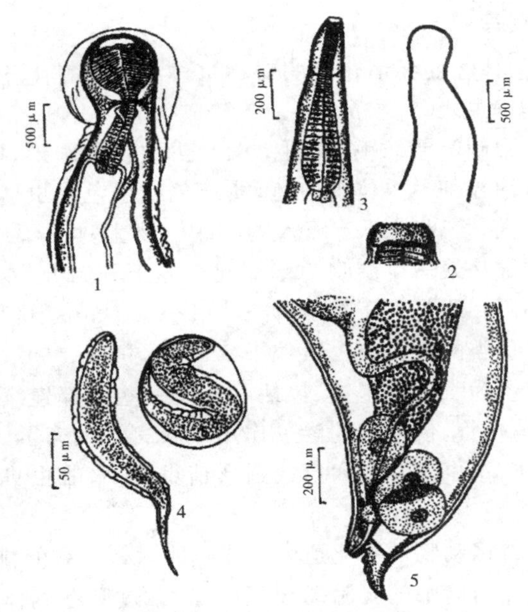

图7-60　鳗居线虫（仿伍惠生）

1.雌虫前端侧面 2.后期末感染幼虫口腔 3.后期感染幼虫前端
4.刚产出的幼虫 5.雌虫后期感染幼虫的生殖器官

生活史：胎生。卵在成虫子宫后段发育为幼虫，幼虫在卵中蜕皮1次，含有幼虫的卵从虫体产出，在鱼鳔中孵出，幼虫通过鳔管进入消化道，随寄主的粪便排入水中，在水底以尾尖附着在物体上，不断摆动，诱惑中间寄主吞食。幼虫可在水中生存7 d，幼虫被剑水蚤吞食后，便侵入肠壁进入体腔中发育，经数次蜕皮，形成第三期幼虫。含第三期幼虫的剑水蚤被寄主吞食后，幼虫穿过肠壁，经体腔附着于鳔表面，再侵入鳔管到鳔腔中寄生。大致1 d即可移行到鳔中。经第四期幼虫而发育为成虫。幼虫从侵入寄主到发育成熟大致需 1 年时间。

[症状] 虫体寄生于鳗鲡的鳔壁组织，并定居在鳔腔内。当大量寄生时引起鳔发炎增厚。鱼体的活动受到影响。鳗鱼苗被大量寄生，则停止摄食，瘦弱贫血，严重时死亡。因虫体量寄生，刺激鳔及气道，使之发炎出血。虫体充满鳔腔，使鳔扩大，压迫其他内脏及血管，病鱼后腹部膨大，腹部皮下瘀血，肛门扩大，呈深红色。甚至因虫体太多挤破鳔囊，虫体落入体腔，从肛门或尿道中爬出。

[流行与危害] 主要寄生于欧洲鳗和日本鳗的鳔中，特别对幼鳗危害较大，可造成死亡。本病全年均有发生，以 6 至 9 月较多，我国台湾、福建、江西、广东、浙江、江苏等省的养鳗场都有流行。本病感染率很高，浙江吴兴具天然水体鳗鱼的感染率为 61%，福建鳗苗的阳性率为 70%，闽南地区粗厚鳗居线虫的检出率为 56.3%，球状鳗居线虫为 39%。大量死亡的病例一般很少，福建曾有因此虫的寄生导致死鱼病例。

[诊断方法] 剖开鳔腔可见虫体。

[防治方法]

①每千克饲料用 2 g 川楝陈皮散拌饵投喂，连续 3 d。

②用 0.2～0.4 mg/L 的 90% 晶体敌百虫全池遍洒，杀灭中间寄主剑水蚤，切断其生活史，控制病原传播。

5.由棘头虫引起的疾病

棘头虫是一类具有假体腔而无消化道的对称虫体。成虫寄生于脊椎动物消化道中，无自由生活阶段，鱼类是其寄主之一。

外部形态：棘头虫通常圆筒或纺锤形(图 7-61)，少数呈卵圆形，而两侧对称，体不分节，常有环纹。前端较粗，后端较细。虫体乳白色、淡红色或橙色。虫体分为吻、颈和躯干三部分。吻位于最前端，能伸缩，全部或部分缩入吻鞘中。吻上具几丁质吻钩。吻的形状似筒形、球形或其他形状。颈部从最后 1 圈吻钩基部起至躯干开始处为止，通常很短，无刺。躯干较粗大，体表光滑或具刺。雌虫大于雄虫，体长 0.9～500 mm，最大可达 650 m，但大多数在 25 mm 以下。寄生于鱼类的棘头虫一般偏小。

内部结构：棘头虫体壁为 1 复合胞体，包括巨核及一些内部连续而相互联系的管道，并由此构成腔隙系统。无消化管，借体表的渗透作用吸收寄主的营养。排泄系统具有原肾焰细胞和原肾管。雌雄异体，雄虫通常具卵形或圆形精巢 2 个，雌虫具卵巢单个或 2 个，分裂成许多游离的卵巢球。

生活史：成虫寄生于脊椎动物的消化道内。成熟卵随寄主粪便排入水中，被中间寄主软体动物、甲壳类、昆虫吞食后，卵中的胚胎蚴破壳而出，钻过肠壁到体腔中，继续发育。经过棘头蚴、前棘头体和棘头体 3 个阶段。感染有幼虫的中间寄主被终末寄主吞食后，发育为成虫，完成其生活史。

(1)长棘吻虫病

[病原] 长棘吻虫(*Rhadinorhychus* spp.)，属长棘吻虫科，长棘吻虫属(图 7-62)。常见种类有崇明长棘吻虫(*R. chongmingesis*)、鲤长棘吻虫(*R. cyprini*)、细小长棘吻虫(*R. exilis*)。崇明长棘吻虫活体时呈乳白色，少数雌性老虫呈黄色。成熟的雌虫全长 13.32～38.4 mm，雄虫全长 12.42～26.54 mm。吻细长圆柱形，其上密布细毛及吻钩 14 纵行，每行有吻钩 29～32 个，螺旋排列。吻鞘细长。吻腺细长，2 根。雄虫有 2 个椭圆形的精巢，前后排

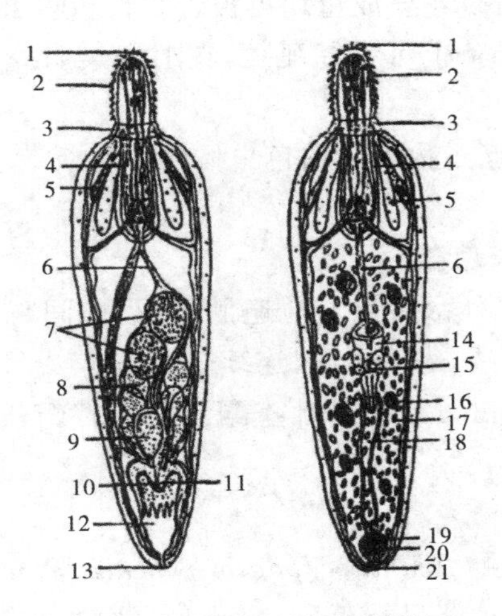

图 7-61　棘头虫的结构模式图

a.雄虫 b.雌虫

1.吻钩 2.吻 3.颈 4.吻鞘 5.吻腺 6.韧带 7.精巢 8.前列腺 9.西弗提氏囊 10.射精囊 11.阴茎 12.交接囊 13.生殖孔 14.子宫钟 15.子宫钟的腹孔 16.卵巢球 17.卵 18.子宫 19.外括约肌 20.内括约肌 21.生殖孔

列。黏液腺8个,梨形。雄虫后端有1钟罩状交合伞,可自由伸缩。鲤长棘吻虫雌虫全长9～28 mm,雄虫8.4～11.5 mm,吻钩12行,每行有吻钩20～22个。细小长棘吻虫吻钩12行,每行有吻钩32个。

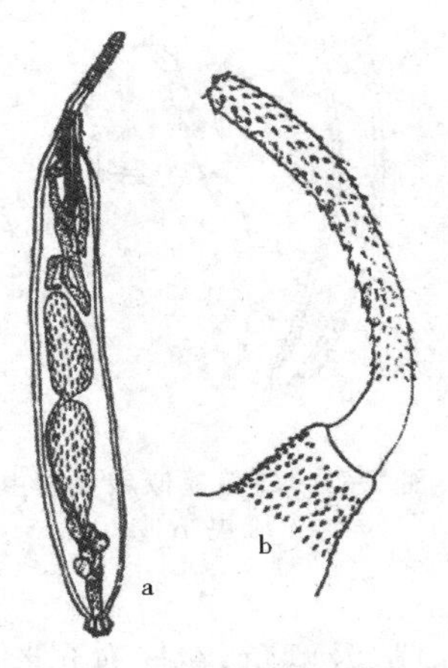

图 7-62　鲤长棘吻虫

a.雄虫 b.身体前部放大

生活史:崇明长棘吻虫的卵被模糊裸腹蚤吞食后,在22～28 ℃水温下,经8 d左右,发育为棘头体,中间寄主被终末寄主吞食后,棘头体发育为成虫。

[症状] 崇明长棘吻虫主要寄生于鲤、镜鲤肠的第一、第二弯前面肠壁上,甚至钻入体壁,引起体壁溃烂和穿孔,大量寄生时,肠壁被胀得很薄,肠内无食物,鱼不久死亡。鲤长棘吻虫通常寄生在2龄鲤鱼的前肠,少量感染一般不显示症状,大量寄生堵塞肠道,造成阻梗,有的能穿透肠壁,病鱼消瘦,丧失食欲、贫血,逐渐死亡。

[流行与危害] 鲤、镜鲤自夏花至成鱼均可被崇明长棘吻虫寄生,夏花寄生 3～5 条虫即可死亡,大量寄生时,2kg 重成鱼也可引起死亡,在上海崇明一带发现。鲤长棘吻虫主要危害 2 龄鲤鱼。

[诊断方法] 根据症状与肠道内的乳白色虫体作出诊断。

[防治方法]

①用石灰或漂白粉彻底清塘。

②用 0.3 mg/L 的 90%晶体敌百虫全池遍洒,杀灭中间寄主。同时按每 50 kg 鱼用晶体敌百虫 15～20 g,拌饵料投喂,每天 1 次,连续 3～6 d。

③每千克饲料用 0.05～0.1 g 的 2%吡喹酮预混剂拌饵投喂,每 3～4 d 用 1 次,连续 3 次。

(2)似棘头吻虫病

[病原] 乌苏里似棘头吻虫(*Acanthocephalorhynchoides ussuriense*),属四环科,似棘头吻虫属(图 7-63)。雄虫较短小,略呈香蕉形,前部向腹面弯曲,体长 0.7～1.27 mm,体表被有横行小棘。吻短小,吻鞘单层,吻钩 18 个,排成四圈,前三圈各 4 个,第四圈 6 个,吻腺长为吻鞘 2 倍以上,可达体中部。雌虫 0.9～2.3 mm,体细长,黄瓜形。生殖孔开口于末端腹面,子宫钟开口于腹面中后部。卵长椭圆形。

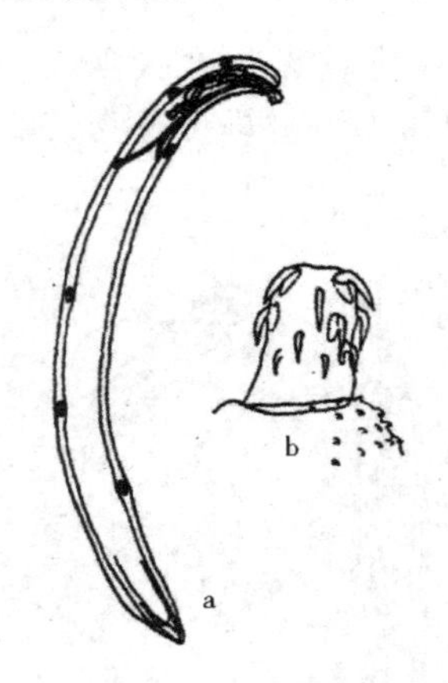

图 7-63 乌苏里似棘头吻虫

a.雌虫 b.吻

生活史:成虫寄生于草鱼、鲢、鳙、及鲤鱼,在气泡介形虫体腔中发育成棘头体,草鱼吞食感染介形虫,在肠道中发育为成虫。

[症状] 鱼体消瘦,发黑、离群。前腹部膨大呈球状,肠道轻度充血,食欲不振。将死病鱼在水中打转,头部连续蹿出水面,鱼体翻转,尾巴出现痉挛性颤动,随即下沉而死。

[流行与危害] 寄生于草鱼、鲢、鳙、鲤等鱼类。主要危害草鱼,均可造成病鱼在较短时间内死亡。北自乌苏里江,南自湖北、江西均有分布。

[诊断方法] 剖开肠道可见白色虫体。

[防治方法] 用 17.5 kg 麸皮混合 500 g 敌百虫投喂,第 3 d 即见效。同时用 0.7 mg/L 的 90%晶体敌百虫全池遍洒。

6.由环节动物引起的疾病

蛭属环节动物门，蛭纲。种类繁多，形态大小各异，一般长而扁平，体分节，表面有体环，伸缩自如，前端和末端各有1个吸盘，大多营暂时性寄生生活，吸取寄主血液或体液为营养。但对水产养殖业危害不大。

(1)中华颈蛭病

[病原] 中华颈蛭(*Trachelobdella sinensis*)，属鱼蛭科，湖蛭属(图7-64)。中华颈蛭又称中华气囊蛭，虫体椭圆形，背部稍隆起，大小为(3.4～5.5)cm×(0.8～2.2)cm。淡黄色或灰白色，环带区粉红色。颈部狭而短，躯干宽大。前端有1个前吸盘，口位于前吸盘内，眼2对，在前吸盘背面，成"八"字形排列，前1对显著，后1对很小。后吸盘较前吸盘大，其大小仅次于体宽。肛门开口在后吸盘的背侧。体侧有膜质圆形的皮肤囊11对，具呼吸功能，并能有节律地搏动。

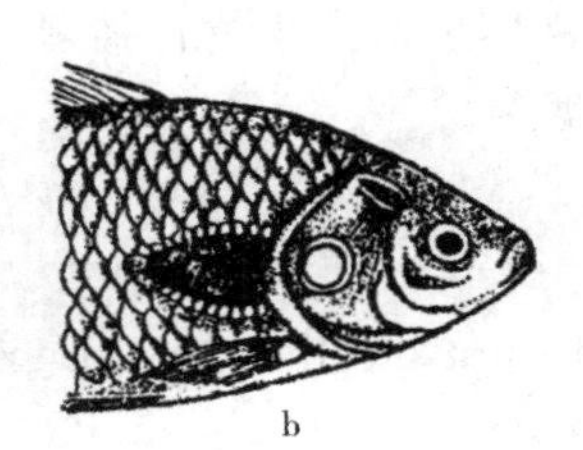

图7-64　中华颈蛭

a.中华颈蛭腹面观 b.中华颈蛭寄生在鲤鱼鳃盖内

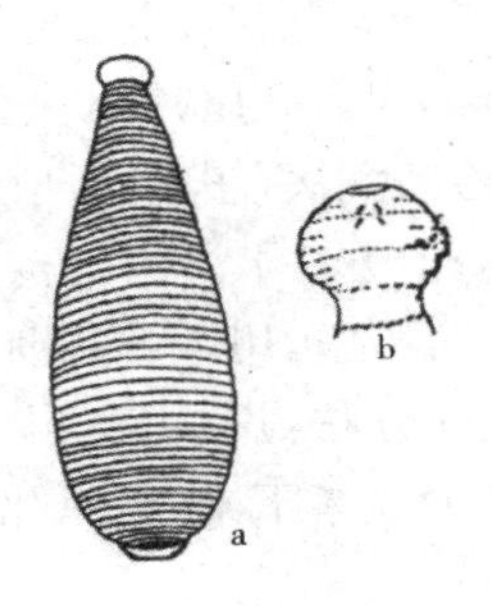

图7-65　边缘拟扁蛭

a.成虫整体图 b.成虫头端(背面观)

[症状] 寄生于鱼的鳃盖内表面及鳃上，吸吮血液，肉眼可见。被寄生部位可引起细菌等继发性感染，影响鱼类的生活，病鱼可因失血过多和呼吸困难而死亡。

[流行与危害] 主要危害鲤、鲫鱼，越大的个体感染率也越高。一般危害性不大。常在春季流行，分布广，我国南北方地区均有发现。

[诊断方法] 肉眼可见虫体寄生在鳃盖内表面。

[防治方法]

①用生石灰、茶饼清塘，杀灭之。

②用2.5%盐水浸洗病鱼30～60 min。

③对病鱼应拔除虫体，用火焚毁。

(2)拟扁蛭病

[病原] 边缘拟扁蛭(*Hemiclepsis marginata*)，属扁蛭科，扁蛭属(图7-65)。虫体扁平，梭形，大小为(15～20)mm×(2.5～8)mm。虫体边缘和前端为无色透明，其余部分淡黄色底带有橙色、红棕或绿色。体分72环，眼2对，精巢10对，雄性生殖孔位于第29～30环的环钩上，雌性生殖孔位于第31～32环的环钩上。有肛门。

[症状] 寄生于鱼的体表和鳍上，吸吮鱼血，破坏鱼体表皮，影响鱼的生长。

[流行与危害] 主要寄主是鲤、鲫、鲢鱼，在我国分布广泛，通常在江河、湖泊、池塘中的水草或其他物体上停留，伺机侵入鱼体。

［诊断方法］肉眼可见虫体寄生在体表和鳍的表面。

［防治方法］同中华颈蛭病。

(3)鱼蛭病

［病原］尺蠖鱼蛭(*Piscicols gemetrica*),属吻蛭目,鱼蛭科。虫体长圆筒形,后端扩大,背腹稍扁。体长 2～5 cm。体色常随寄主皮肤的颜色而变化,一般为褐绿色。身体前后端各有 1 个吸盘,后吸盘比前吸盘大一倍。前吸盘背面有 2 对黑色眼点,口位于前吸盘腹面。吻后通食素囊、胃和肠,肛门开口于后吸盘基部背面。雌雄同体,异体或自体受精,卵产于黄褐色的茧内,茧附着于水底物体上,从卵中孵出即为鱼蛭。

［症状］寄生在鱼的体表、鳃及口腔,少量寄生危害不大。大量寄生,因在鱼体爬行和吸血,鱼表现不安,常跳出水面。被破坏的体表呈现出血性溃疡,严重则坏死。鳃被侵袭时,鱼呼吸困难,病鱼消瘦,生长缓慢,严重贫血,以致死亡。

［流行与危害］主要寄生于鲤、鲫等底层鱼类,在我国及日本等常有发生。尺蠖鱼蛭常离开鱼体到另一尾鱼体营暂时性寄生生活,是锥体虫及微生物传播者,对渔业危害甚大。

［诊断方法］肉眼可见虫体寄生在体表和鳃上。

［防治方法］

预防措施:用生石灰彻底清塘。

治疗方法:用 2.5%盐水浸洗病鱼 30～60 min,或用 50 mg/L 二氧化铜浸洗病鱼 15 min,鱼蛭跌落下来,但未死亡,用机械方法消灭之。

7.2.3 甲壳动物病

甲壳动物属于节肢动物门,甲壳纲。其主要特征是身体分节,可分为头、胸、腹三部分。体外被有一层几丁质外壳、因此称为甲壳动物。一般体形较大,肉眼可以看见。头部有附肢 5～6 对,即触角 2 对,大颚 1 对,小颚 1～2 对和颚足 1 对。胸部附肢一般 6 对。腹部节数随目科而异。

甲壳动物种类多,绝大多数生活在水中,多数对人类有利,可供食用,或是鸡、鸭、鱼的饲料;但也有一部分是有害的,其中有不少种类寄生在鱼类、经济甲壳动物、软体动物等水产动物的体上,影响生长及性腺发育,严重时会引起大批死亡。鱼体上寄生的甲壳动物主要有桡足类、鳃尾类、等足类等。以下介绍有代表性的甲壳动物疾病。

1.由桡足类引起的疾病

(1)中华鳋病(鳃蛆病,翘尾巴病)

［病原］中华鳋(*Sinergasilus* spp.),属鳋科,中华鳋属(图 7-66)。常见种类有大中华鳋(*S. major*)、鲢中华鳋(*S. polycolpus*)。寄生在鱼类的鳃上,仅雌性成虫营寄生生活,雄虫终生营自由生活,雌性幼虫也营自由生活。大中华鳋较细长呈圆柱状,体长 2.54～3.30 mm。头部半卵形或近似三角形,头与胸节之间有长而显著的假节,第一至第四胸节宽度相等,第四胸节特别长大,第五胸节较小,生殖节特小。腹部细长,有二节明显的假节,第三腹节短小,后半部分成左右两支,最后端生有 1 对细长的尾叉。1 对卵囊细长,每囊含卵 4～7 行,卵小而多。鲢中华鳋圆筒形,乳白色,体长 1.83～2.57 mm。头部略呈钝菱形,头胸部间的假节小而短。胸部六节,前四节宽而短,而第四胸节最宽大,第五胸节小,只有前节宽的三

分之一，且常被前节所遮盖，生殖节小。腹部细长，卵囊粗大，含卵6～8纵行，卵小而多。

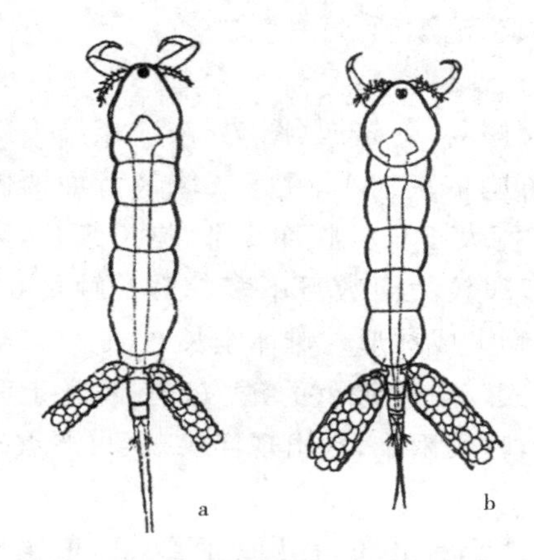

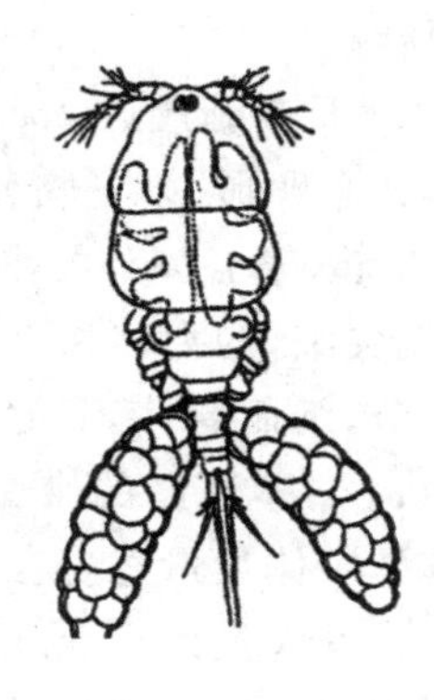

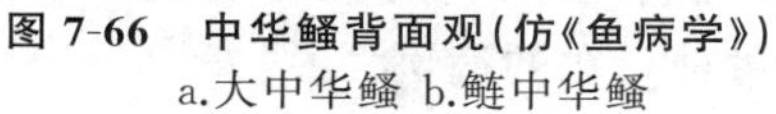

图 7-66　中华鳋背面观(仿《鱼病学》)
a.大中华鳋 b.鲢中华鳋

图 7-67　日本新鳋(仿《鱼病学》)

生活史：中华鳋的雌鳋未寄生到寄主体上以前，雌、雄鳋进行交配，雌鳋一生只交配1次，卵在子宫内受精，受精后的卵被黏液腺的分泌物包裹形成卵囊，然后1次同时经排卵孔排出体外。生殖季节很长，在江苏、浙江一带自4月中旬(水温平均在20 ℃左右)即开始产卵，一直到11月上旬。刚孵出的幼虫身体不分节，称无节幼体，经过4次蜕皮虫体逐渐长大，最后孕育出身体分节的幼虫，再蜕皮即成桡足幼体，并具剑水蚤的雏形，脱4次皮后变成第五桡足幼体，此时雌雄虫进行交配，交配后雌鳋寻找适合的寄主营寄生生活，寄生后还须脱皮1次，身体变长数倍。雄鳋在交配后终生营自由生活，直到死亡。

［症状］大中华鳋寄生在草鱼、青鱼、鲶鱼、赤眼鳟、鳡、餐条等鱼的鳃丝末端内侧。轻度感染时一般无明显的病症，揭开鳃盖，肉眼可见鳃丝末端挂着像白色蝇蛆一样的小虫，故有“鳃蛆病”之称。鲢中华鳋寄生于鲢、鳙鱼的鳃丝末端内侧和鲢鱼的鳃耙上，肉眼同样可见鳃丝末端及鳃耙上挂着像白色蝇蛆一样的小虫。严重感染时，鲢鱼呼吸困难，焦躁不安，打转狂游和尾鳍露出水面，故有“翘尾巴病”之称。

［流行与危害］主要危害养殖的草、青、鲢、鳙、鲤、鲫鱼，通常15 cm以上的大鱼种和1龄以上的成鱼危害较严重。5至9月为流行盛期，流行广，全国各地均有流行，以水库、湖泊、河流为水源的池塘更为严重，常与鲺病并发。

［诊断方法］肉眼可见鳃丝上挂着白色的小蛆即中华鳋病。

［防治方法］

预防措施：

①生石灰彻底清塘，杀灭虫卵、幼虫和带虫者。

②根据鳋对寄主的选择性，可采用轮养的方法进行预防。

③用浓度为0.25 mg/L的90％晶体敌百虫和硫酸亚铁合剂(5∶2)全池遍洒，每隔10～15 d遍洒1次。

治疗方法：

①用浓度为0.5 mg/L的90％晶体敌百虫溶液全池遍洒。

②用0.3～0.5 mg/L灭虫灵溶液全池遍洒。

③用 0.7 mg/L 硫酸铜和硫酸亚铁合剂(5∶2)全池遍洒。

④用 0.02～0.0 3mL/L 的 4.5%氯氰菊酯溶液,全池泼洒,每月 1 次。

(2)新鳋病

[病原] 日本新鳋(*Neoergasilus japonicus*),属鳋科,新鳋属(图 7-67)。雌鳋头部呈等腰三角形或半卵形,第一胸节宽大,其余 4 节胸节急剧依次缩小,在第二胸节背面两侧各有 1 个下垂突起,第五胸节特小,生殖节膨大,如坛状,宽大于长。腹部 3 节,尾叉细长,卵囊中间粗,两端尖细,约为体长 1/2～2/3,有卵 4～5 行,卵较大而数目不多。第一触角 6 节,第二触角 5 节,细而弱,末节为细长的爪,爪的末端略膨大成球形。雌体全长 0.61～0.73 mm。

[症状] 日本新鳋的雌虫寄生在草、青、鲢、鳙、鲤、鲫、鲶等鱼的鳍、鳃耙、鳃丝上和鼻腔内。尤其是虫体大量寄生在鳃组织时,鱼食欲减退,呼吸困难,常出现浮头现象,严重时可引起当年鱼种的大量死亡。

[流行与危害] 我国的东北、长江流域、广东等地都有分布,在湖北武汉、广东连州市曾因此病引起草鱼种的死亡,上海青浦区也曾发现青鱼种死亡的病例。

[防治方法] 同中华鳋病。

(3)锚头鳋病

[病原] 锚头鳋(*Lernaea* spp.),属锚头鳋科,锚头鳋属(图 7-68)。常见的危害较大的种类有多态锚头鳋(*L.polymorpha*)、草鱼锚头鳋(*L.ctenopharyngodonti*)和鲤锚头鳋(*L.cyprinacea*)。只有雌性成虫才营永久性寄生生活,无节幼体营自由生活,桡足幼体营暂时性寄生生活。

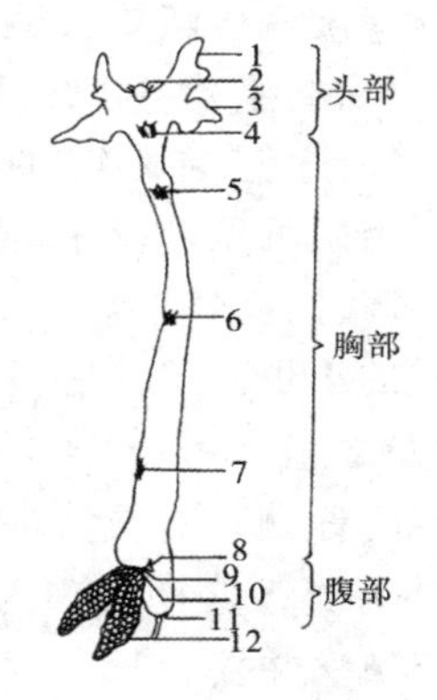

图 7-68 雌性锚头鳋虫体分部示意图(仿尹文英)

1.腹角 2.头叶 3.背角 4.第一游泳足 5.第二游泳足 6.第三游泳足 7.第四游泳足 8.第五游泳足 9.生殖节 10.排卵孔 11.尾叉 12.卵囊

锚头鳋体形细长,分为头、胸和腹三部分。雌雄个体差异显著:雄性个体剑水蚤形,自由生活;雌性个体"丁"形,寄生生活。雌虫开始营寄生生活时体节愈合成筒状,且扭转,头胸部长出头角(背角、腹角)。头胸部由头节和第一胸节融合而成,顶端中央有 1 个头叶,头叶中央有 1 个由 3 个小眼构成的中眼。在中眼复面着生 2 对触角和口器,口器由上、下唇及大、小颚、颚足组成。一般从第一游泳足之后到排卵孔之前为胸部。雌性成虫有 5 对游泳足(雄虫有 6 对,第 6 游泳足在生殖节上)。生殖节上常挂有 1 对卵囊。腹部很短,末端有 1 细长的尾叉和数根刚毛。多态锚头鳋体长6～12.4 mm，宽0.6～1.1 mm，寄生在鲢、鳙鱼的体表和口腔。草鱼锚头鳋体长6.6～12 mm，宽0.6～1.25 mm，寄生在草鱼体表。鲤锚头鳋全长6～12 mm，寄生在鲤、鲫、鲢、鳙、乌鳢、青鱼、淡水鲑等鱼的体表、鳍及眼上。

生活史：整个生活史过程要经过卵、无节幼体、桡足幼体和成虫期等阶段。锚头鳋产卵囊的频率，主要随水温而改变，当水温20～25 ℃时，一只多态锚头鳋在28 d内共产下卵囊10对，草鱼锚头鳋在水温21.1 ℃时，20～23 d产卵囊7对。从自产卵到孵化，温度不同所需时间也不同，虫卵孵化的最适水温是20～25 ℃，水温在12～33 ℃一般均可繁殖。如草鱼锚头鳋在水温18 ℃时，需4～5 d，而水温上升到20 ℃时，则只需3 d。多态锚头鳋在水温25 ℃时，约需2 d，而当水温升到26～27 ℃时，只需1～1.5 d，水温降到15 ℃时需5～6 d，约在7 ℃以下就停止孵化。卵孵出后为第一无节幼体，蜕4次皮后发育为第五无节幼体。第五无节幼体再蜕1次皮即成第一桡足幼体。从第一桡足幼体发育成第五桡足幼体，共蜕皮4次，每蜕皮1次，体节增加1节，附肢增加1对，或发育逐步完善。桡足幼体能在水中自由游动，并营暂时性寄生生活，一旦找不到寄主，数天后即死去。水温在7 ℃以下或高于33 ℃时，锚头鳋基本停止蜕皮，水温20～25 ℃是生命活动最旺盛时期。锚头鳋在第五桡足幼体时期进行交配，雌鳋一生只交配1次，受精后的第五桡足幼体就进入感染期，寻找合适的寄主营永久性寄生生活。当找到寄主的合适部位后，虫体几乎垂直倒立在鱼体上，这时肠的蠕动次数大大加快，口中吐出涎液进行肠外消化，溶解寄主表皮，钻入寄主组织，直到合适的取食深度为止，吸食营养发育为成虫。

寄生于鱼体的锚头鳋成虫可分为童虫、壮虫和老虫三种形态。“童虫”状如细毛，白色，无卵囊；“壮虫”身体透明，肠蠕动，生殖孔常挂1对绿色卵囊，用手拨动时虫可竖起；“老虫”身体混浊，变软，体表常着生许多累枝虫等，不久即死亡脱落。

锚头鳋寿命的长短与水温有密切关系，当水温25～37 ℃时，成虫的平均寿命20 d左右。春季锚头鳋的寿命要比夏季长，可在鱼体上活1～2个月，秋季感染的虫体能在鱼体上越冬，越冬虫寿命为5～7个月，次年3月当水温12 ℃时开始排卵，水温上升到33 ℃以上，锚头鳋的繁殖被抑制，而且成虫会大批死亡。

[症状] 病鱼通常呈烦躁不安、食欲减退、行动迟缓、身体瘦弱等常规病态。由于锚头鳋的头角及部分胸部插入鱼体肌肉、鳞下，身体大部分露在鱼体外部，且肉眼可见，犹如在鱼体上插入小针，故又称之为“针虫病”。当锚头鳋逐渐老化时，虫体上布满藻类和固着类原生动物，大量锚头鳋寄生时，鱼体犹如披着蓑衣，故又有“蓑衣病”之称。寄生处，周围组织充血发炎，尤以鲢、鳙、团头鲂为明显，影响鱼的商品价值。寄生于口腔时，可引起口腔不能关闭，因而不能摄食。小鱼种仅10多个虫寄生，即可能失去平衡，发育严重受滞，甚至引起弯曲畸形等现象。还可产生“蛀鳞”等病变。

[流行与危害] 对主要饲养鱼类各年龄鱼均可危害，尤以鱼种受害最大，可引起死亡，对2龄以上的鱼虽不引起大量死亡，但影响鱼体生长，繁殖及商品价值。春末、夏季和初秋水温12～33 ℃时流行，全国各地均有发生，尤以广东、广西、福建最为严重，感染率高，感染强度大，流行季节长，为当地主要鱼病之一。

[诊断方法] 在鱼体表或鳞片下肉眼可见针状虫体。

[防治方法]

预防措施：用生石灰带水彻底清塘。锚头鳋对寄主有一定选择性，可采用轮养方法预防该病。

治疗方法：

①用高锰酸钾浸洗病鱼。鲢、鳙鱼在水温10～20 ℃时用20 mg/L浓度，20～30 ℃时用12.5 mg/L浓度，30 ℃以上则用10 mg/L浓度，浸洗约1 h；草、鲤鱼水温在15～20 ℃时用20 mg/L浓度，水温在21～30 ℃时用10 mg/L浓度，浸洗1～2 h。可杀死幼虫和成虫。

②发病池用浓度为0.3～0.5 mg/L的90%的晶体敌百虫全池遍洒，每7～10 d遍洒1次，"童虫"阶段，至少需施药3次，"壮虫"阶段施药1～2次，"老虫"阶段可不施药，待虫体脱落后，即可获得免疫力。

③用0.015～0.03 mL的4.5%氯氰菊酯溶液，全池泼洒。

(4)鱼虱病

[病原] 鱼虱（*Caligus* spp.），属鱼虱科，鱼虱属（图7-69）。常见种类有东方鱼虱（*C. orientalis*），鰤鱼虱（*C. seriolae*）、刺鱼虱（*C. spinosus*）和宽尾鱼虱（*C. laticaudum*）等。鱼虱雌、雄体形相似，头部1～3节与胸部愈合，形成头胸部，背腹扁平，背甲呈盾形。雌体生殖节近于方形，1对卵囊呈带状，悬挂于两侧。腹部较短小，位于生殖节后，腹部末端有1对尾叉。东方鱼虱的雌体长2.2～4.5 mm，雄体长3.7～6.6 mm。卵囊带状，卵1列。卵孵化后，经无节幼体、桡足幼体发育为附着幼体。附着幼体蜕皮4次进入成体前期，再蜕皮1次后，雌雄鱼虱进行交配，即变为成虫，同时寻找适当的寄主营寄生生活。

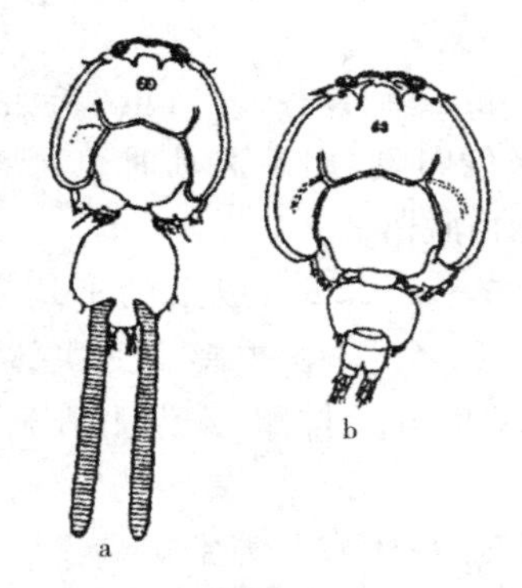

图7-69　东方鱼虱(仿Gussev)
a.雌虫 b.雄虫

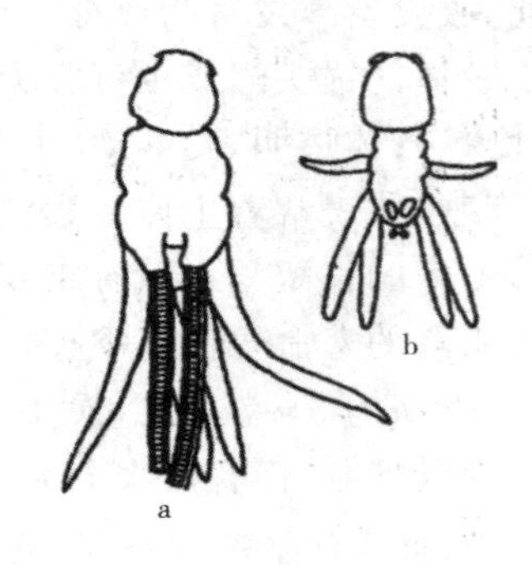

图7-70　人形鱼虱(仿宋大祥)
a.雌虫 b.雄虫

[症状] 东方鱼虱寄生于鱼的体表和鳍。被侵袭的鱼黏液增多，急躁不安，往往在水中游泳异常或跃出水面，随后食欲减退，身体逐渐衰弱。严重时体表充血，体色变黑，最终失去平衡而死。刺鱼虱寄生在鱼的鳃部和口腔。由于虫体的侵袭，鳃上黏液增多，呼吸困难。口腔壁充血发炎，如遇弧菌等继发性感染，则可引起溃烂。当寄生虫数量多时，体瘦、发黑，浮于水面，严重病鱼逐渐死亡。

[流行与危害] 鱼虱属种类较多，分布广，主要寄生于海水和咸淡水鱼类，养殖的鲻科、鮨科、鲷科、鲆科、鲽科、丽鱼科等中的许多种类受害尤为严重。如梭鱼和咸淡水养殖的罗非鱼其感染率为15%～100%，每尾鱼上的寄生数量，少者几个，多的几百个以上。流行季节为5至10月，以7至8月最为严重，发病最适水温为25～30 ℃。

[诊断方法] 鱼体上肉眼可见虫体。

［防治方法］

预防措施：养鱼前彻底清池，放养鱼种时如发现鱼虱，用浓度为2～5 mg/L的2.5%粉剂敌百虫药液浸洗20～30 min。

治疗方法：

①用淡水浸浴病鱼5～10 min。

②用浓度为0.2～0.5 mg/L的90%晶体敌百虫全池遍洒。但此法不能用于鱼虾蟹混养池，否则会造成虾蟹类中毒。

(5)人形鱼虱病

［病原］人形鱼虱(*Lernanthropus* spp.)，属花瓣鱼虱科，人形鱼虱属(图7-70)。常见种类有鲻人形鱼虱(*L. shishidoi*)和黑鲷人形鱼虱(*L. atrox*)。

人形鱼虱雌雄同形，但雄体小。鲻人形鱼虱雌虫体长4.3～4.9 mm，雄虫体长3.3 mm左右。人形鱼虱虫体头部与胸部第一节愈合成头胸甲。躯干部分前、后两部分，前部由第一、第二胸节组成。后部由第三、第四胸节、生殖节及腹部组成。腹部末端有尾叉1对。卵囊带状，悬挂于生殖节两侧。受精卵孵化和幼体发育同鱼虱。

［症状］人形鱼虱寄生于鳃丝上，少量寄生时无明显症状，大量寄生时由于其第二触角深深地插入鳃丝组织，并以口吸食血液，导致鳃褪色呈贫血状，病鱼呼吸困难。如果有病菌二次感染伤口，可引起寄生部位肿胀和发炎，如不及时治疗，将导致病鱼死亡。

［流行与危害］人形鱼虱对其寄主有明显的专一性，一个种通常只寄生于1～2种鱼上，例如，鲻人形鱼虱仅寄生于鲻鱼、梭鱼；黑鲷人形鱼虱仅寄生于黑鲷鱼。流行季节为5至10月，全国沿海均有分布。

［防治方法］利用其对寄主的专一性，池塘在养殖某一种类1～2年后，可以轮换养殖其他种类。其他方法参照鱼虱病。

(6)类柱颚虱病

［病原］长颈类柱颚虱(*Clavellodes macrotrachelus*)，属颚虱科，类柱颚虱属(图7-71)。长颈类柱颚虱为雌雄异形，雌体长1.8～2.2 mm，头胸部长2～3.5 mm；向背面弯曲，头部不膨大。成熟个体后端常挂1对卵囊，香肠形，每1卵囊内含2列卵。雄体小，体长0.41 mm，以附肢附着在雌体的头胸部上，1只雌虫上通常只附生1只雄虫。

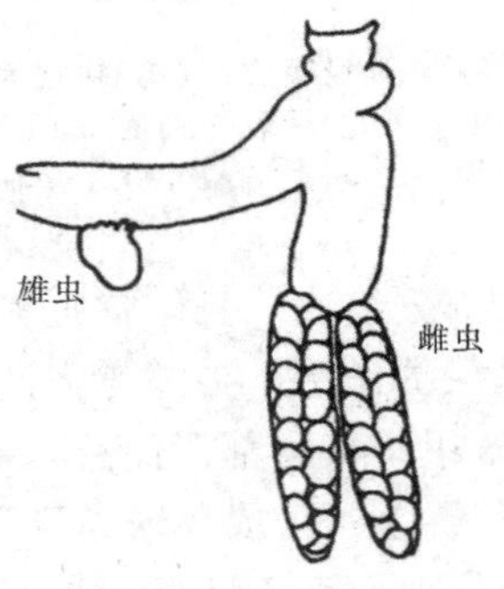

图7-71　长颈类柱颚虱
(仿宋大祥)

[症状] 长颈类柱颚虱寄生在黑鲷上，以其第一颚足末端牢固地吸附在寄主的鳃上，再用其口器随着活动自如的头胸部，摄食鳃上皮细胞和血细胞，使鳃丝严重受损而出现变形或呈贫血状；如有细菌继发性感染，则可引起鳃丝发炎、肿胀，溃烂甚至烂鳃，导致病鱼呼吸困难而死亡。

[流行与危害] 长颈类柱颚虱对寄主的选择性很强，仅寄生于黑鲷的鳃上，适宜的繁殖水温为 15～20 ℃，当水温 12 ℃以下或 23 ℃以上时其受精卵均不孵化，盐度低于 8.6 时，幼虫全部死亡。日本和我国天然海产或人工养殖的黑鲷均可被侵袭，在流行盛季，感染率高达 100%。

[诊断方法] 鱼体上肉眼可见虫体。

[防治方法] 利用其对寄主的专一性，池塘在养殖某一种类 1～2 年后，可以轮换养殖其他种类。室内工厂化养殖还可通过调节养殖水温（12 ℃以下或 23 ℃以上）或盐度（盐度 8.6 以下）来控制本病的流行。其他方法参照鱼虱病。

2.由鳃尾类引起的疾病

鲺病

[病原] 鲺属（*Argulus* spp.），属鲺科，鲺属（图 7-72）。常见种类有日本鲺（*A.japonicus*）、喻氏鲺（*A. yui*）、大鲺（*A. magor*）、椭圆尾鲺（*A. ellipticaudatus*）、鲻鲺（*A. mugili*）等。寄生在鱼的体表、口腔和鳃上。成虫、幼虫均营寄生生活。

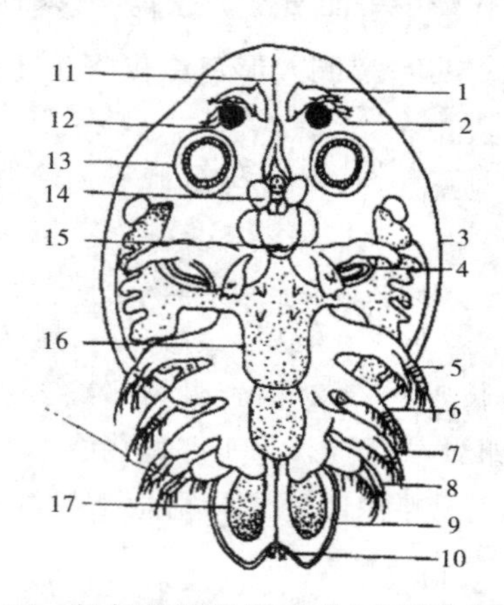

图 7-72　鲺复面观模式图（仿《中国动物图谱》）

1.第一触角 2.第二触角 3.背甲 4.颚足 5.第一胸足 6.第二胸足 7.第三胸足 8.第四胸足 9.腹部 10.尾叉 11.口刺 12.复眼 13.吸盘 14.单眼 15.口 16.肠 17.精巢

鲺类雌雄同形，由头、胸、腹三部分组成。身体背腹扁平，略呈椭圆形或圆形。生活时体透明或颜色与寄主的体色相近，具保护作用。头部与胸部第一节愈合成头胸部，其两侧向后延伸形成马蹄形或盾形的扁圆的背甲。头胸部背面有 1 对复眼和 1 个中眼。腹面有 5 对附肢，分别是第一触角、第二触角、大颚、小颚（成体时特化为 1 对吸盘）和颚足。还有 1 个口器，口器由上下唇和大颚组成。口器前面有 1 圆筒形的口管，口管内有 1 口前刺，口前刺能上下伸缩，左右摇摆，基部有 1 堆多颗粒的毒腺细胞，可分泌毒液。胸部第二至四节为自由胸节。有双肢形的游泳足 4 对。腹部不分节，为 1 对扁平长椭圆形叶片，前半部愈合，具呼吸功能。雄性的精巢和雌性的受精囊位于腹部。在腹部二叶之间有 1 对尾叉。

生活史：鲺喜在静水及黑暗的环境中产卵，每次产卵数十粒到数百粒，不形成卵囊，

卵直接产在水中的石块、木桩、水生植物、竹竿、螺贝等物体上，产出的卵具黏性且排列整齐，卵的排列方式因种而异。卵的孵化速度与水温密切相关，在一定范围内，水温高孵化快，反之则慢。在水温29～31℃时，卵经10～14 d即可孵出幼虫；水温在15.6～16.5℃时，需经过39～50 d才能孵出。卵孵化到后期，渐变为透明，可见其黑色眼点，最后幼虫在卵壳内剧烈扭动，终至破壳而出。刚孵出的幼鲺身体很小，约0.5 mm长，但体节和附肢数目与成虫相同，唯发育程度不同而已。幼鲺一经孵出，立即寻找寄主寄生，在平均水温23.3℃时，幼虫如在48 h内找不到寄主即死亡。幼鲺寄生到寄主体上后经5～6次蜕皮发育为成虫，小颚完全特化成吸盘，各种器官也趋于完善，并有繁殖后代的能力。鲺的寿命随水温高低而异，水温高时生长迅速，而寿命短，水温低时生长缓慢而寿命长。

[症状] 病鱼体表或鳃上肉眼可见"臭虫"样的虫体寄生。鱼体被鲺寄生后，常表现极度不安，在水中狂游或跳出水面，食欲也大大减低，日久鱼体逐渐消瘦。对幼鱼危害严重，仅少数几只寄生就可造成幼鱼的死亡。

鲺对寄主的危害主要表现为：①机械损伤。鲺以其尖锐的口刺不断地刺伤鱼体皮肤，带有锯齿的大颚撕破表皮，使血液外流，再用口管吸食，同时鲺腹面有许多倒刺，在鱼体上不断爬行时，会造成许多伤口。②毒液的刺激。鲺的口刺基部之内有一堆多颗粒的毒腺细胞，可分泌毒液，经输送细管送至口刺的前端，当其刺伤鱼体时，将毒液注入鱼体，这种毒液对幼鱼的刺激性极大。③引起继发性感染。由于鱼体上被鲺造成的许多伤口，容易被致病菌侵入，造成鱼体皮肤溃疡，或引起水霉菌滋生，从而加速鱼的死亡。

[流行与危害] 国内外都流行此病，鲺对寄主的年龄无严格的选择性，多种淡水鱼以及海水、咸淡水养殖的鲻鱼、梭鱼、鲈鱼、真鲷等时有发生，从稚鱼到成鱼均可发病，幼鱼受害较为严重，对1足龄以上的鱼主要是妨碍其生长，一般不致死。南方一年四季均可发生，江苏、浙江一带流行于4至10月，北方地区流行于6至8月。尤以两广、福建、海南为严重，常引起鱼种大量死亡。因为鲺可牢固地附着于寄主体上，又能随时离开寄主自由游动，因此可任意从一个寄主转移到另一个寄主体上，或随水流、工具等传至其他水域中去。

[诊断方法] 鱼体表或鳃上肉眼可见虫体。

[防治方法]

①生石灰带水清塘，可杀死水中鲺的成虫、幼虫和虫卵。

②用0.5 mg/L浓度的90%晶体敌百虫溶液全池遍洒。

③用1 mg/L灭虫灵溶液全池遍洒，每天1次，连用3 d。

④将肥水池的病鱼转入瘦水池，或将瘦水池的病鱼转入肥水池中养殖。

⑤鲻鱼和梭鱼的鲺病可用淡水浸洗15～30 min，可使鲺脱落。

3.由等足类引起的疾病

鱼怪病

[病原] 日本鱼怪(*Ichthyoxenus japonensis*)，属缩头水虱科，鱼怪属(图7-73)。鱼怪分头、胸、腹三部分。头部似凸形，背两侧有2只复眼。胸部由7节组成，宽大而背面隆起，腹面有胸足7对。腹部6节，较胸部狭小，前5节着生5对叶状腹肢，为呼吸器官。第六腹节称尾节，呈半圆形，其两侧各有1对双肢型尾肢。雌虫比雄虫大。雄鱼怪大小为(0.6～2)cm×(0.39～0.98)cm，一般左右对称。雌鱼怪大小为(1.4～2.95)cm×(0.75～1.8)cm，常扭向左或右。一般成对地寄生在鱼的胸鳍基部附近孔内形成寄生囊。

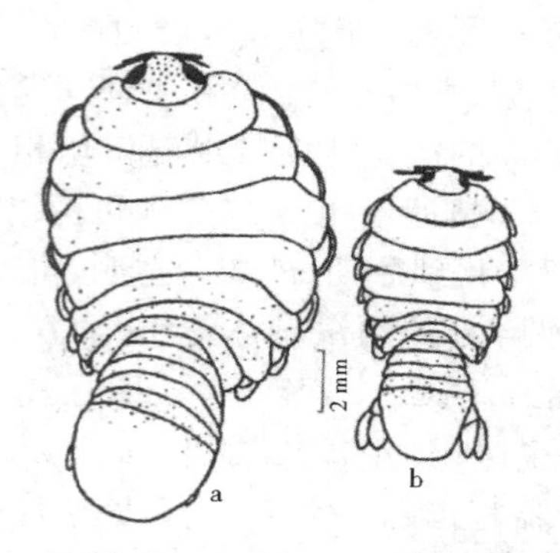

图 7-73 日本鱼怪(仿黄琪琰)
a.雌鱼怪 b.雄鱼怪

生活史:鱼怪在产卵前蜕皮 1 次,在胸部腹面形成 5 对抱卵片,抱卵片与胸壁形成孵育腔,雌鱼怪把受精卵排出至孵育腔内,受精卵在其中孵出并发育成为第一期幼虫,蜕 1 次皮后发育至第二期幼虫阶段,便离开母体,在水中自由游动,寻找寄主营寄生生活。第一期幼虫虫体为长椭圆形,左右对称,胸部分五节,体表黑色素分布密而深。第二期幼虫虫体比前期稍大,体表黑色素大而深,左右对称,胸部分六节。第三期幼虫更大,体表黑色素更大但少,左右对称,胸部分七节。母体在释放完全部幼虫后,再蜕 1 次皮,恢复为产卵前的形状。

[症状] 鱼怪成虫寄生在鱼的胸鳍基部附近围心腔后的体腔内形成寄生囊,囊内通常有一雌一雄鱼怪寄生,有 1 孔和外界相通。鱼怪幼虫寄生在鱼的体表和鳃上。病鱼身体瘦弱,生长缓慢,严重影响性腺发育,丧失生殖能力。若鱼苗被 1 只鱼怪幼虫寄生,鱼体就失去平衡,很快死亡。若 3~4 只鱼怪幼虫寄生在夏花鱼种的体表和鳃上,可引起鱼焦躁不安,表皮破损,体表充血,尤以胸鳍基部为甚,第二天即会死亡。

[流行与危害] 主要危害的对象是鲤鱼、鲫鱼、雅罗鱼、马口鱼等,此病全国各地都有发生,多见于河流、湖泊、水库等较大水体,对鱼类感染率达 70%。

[诊断方法] 胸鳍基部肉眼可见鱼怪虫体即可确诊。

[防治方法] 鱼怪成虫的生命力很强,加上它又是寄生于鱼体腔中的寄生囊内,因此,要在水中施药杀灭鱼怪成虫是很困难的。但鱼怪的第二期幼虫是其生活史中的薄弱环节,只要设法杀灭鱼怪的幼虫,就切断了传播途径,起到防治鱼怪的作用。

①网箱养鱼,在鱼怪释放幼虫的 6 至 9 月间,用 90% 的晶体敌百虫按每立方米水体含药 1.5 g 的药量挂袋,可杀死网箱内的鱼怪幼虫。

②如发现网箱养殖的鱼类感染鱼怪幼虫,可将鱼集中于网箱一角,箱底套塑料薄膜,在 15 ℃水温下用浓度 5 mg/L 的 90%晶体敌百虫溶液浸洗 20 min,可使幼虫脱落。

③鱼怪幼虫有强烈的趋光性,大部分分布在岸边的水面。因此,在沿岸 30 cm 宽的水域中泼洒浓度 0.5 mg/L 的 90%晶体敌百虫溶液,隔 3~4 d 再泼 1 次。

7.2.4 软体动物病

钩介幼虫病

钩介幼虫是淡水双壳类的幼虫。在鱼的体表及鳃上营暂时性的寄生生活,每年在鱼苗和夏花鱼种饲养期间，正是钩介幼虫离开母蚌悬浮于水中的季节，因此经常出现因其寄生而引起的鱼病。钩介幼虫对各种鱼类都能寄生，但主要危害草鱼、青鱼和鳙鱼。

［病原］背角无齿蚌（*Anodonta woodiana*）和杜氏珠蚌（*Unio douglasiae*）的钩介幼虫，属蚌科，无齿蚌属（图7-74）。钩介幼虫体长0.26～0.29 mm，高0.29～0.31 mm。体被两片几丁质壳，略呈杏仁状。每瓣鳃片的腹缘中央有1个乌喙状的钩，钩上排列着许多小齿，背缘有韧带相连。侧面观可见发达的闭壳肌和4对刚毛。在闭壳肌中间有1根细长的足丝。

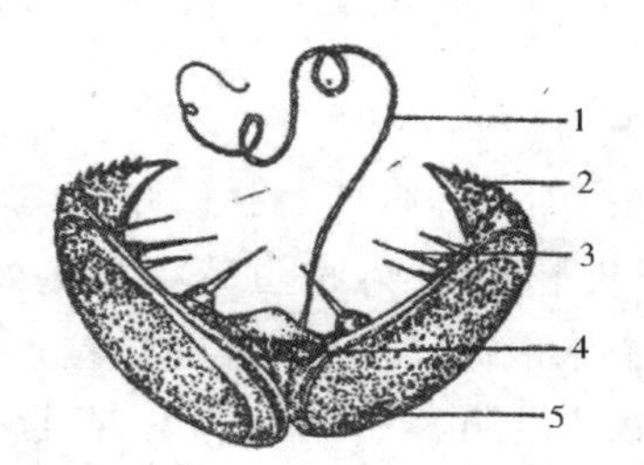

图7-74　钩介幼虫（仿黄琪琰）

1.足丝 2.钩 3.刚毛 4.闭壳肌 5.壳

生活史：蚌的受精和受精卵的发育是在母蚌的外鳃腔里进行。受精卵经囊胚期、原肠期才发育成钩介幼虫。成熟的钩介幼虫约在4至5月排出体外，借两片壳的开闭而在水中漂浮，遇到鱼类则用足丝和钩附着在鱼体上。钩介幼虫在鱼体寄生时间长短与水温高低有关。如三角帆蚌在水温18～19 ℃时，幼虫在鱼体上6～18 d。无齿蚌在水温16～18 ℃时，幼虫在鱼体上21 d，水温8～10 ℃时，则需80 d。在寄生期间吸取鱼体营养进行变态，发育为幼蚌，然后破囊而沉入水中，营底栖生活。

［症状］钩介幼虫用足丝黏附在鱼体上，用壳钩钩在鱼体的嘴、鳃、鳍及皮肤上。肉眼可见到病鱼鳃上的白色小点，解剖镜下可见到寄生的钩介幼虫。因钩介幼虫的寄生，鱼体组织受到刺激，引起周围组织增生，微血管阻塞，色素消退，逐渐将幼虫包在里面，形成乳白色或黄色胞囊。夏花鱼种往往因几个钩介幼虫钉在鱼的要害部位，如嘴角、口唇或口腔里，使鱼嘴不能张开，丧失摄食能力，以至饿死，渔民称之为“闭口病”。寄生在鳃丝上，则鳃充血，妨碍呼吸，可引起窒息死亡。病鱼头部往往出现红头白嘴症状，因而渔民也称之为“红头白嘴病”。

［流行与危害］钩介幼虫对寄主无特别的选择性，可感染多种鱼类，特别是草鱼、青鱼、鲤鱼、鳙鱼为普遍。在我国是鱼苗、鱼种中危害较大的病害之一，特别是适合蚌类生存繁衍的湖滨地区，钩介幼虫病常有发生，且引起大量死亡。流行季节在春末夏初。

［诊断方法］肉眼可见病鱼的皮肤、鳃、鳍上有许多小白点，即为虫体。

［防治方法］

①用生石灰或茶饼带水清塘，清除河蚌。

②在蚌类较多的湖滨地区，过滤鱼苗、鱼种池水源，以免钩介幼虫随水带入鱼池。

③用0.7 mg/L硫酸铜溶液全池遍洒，每隔3～5 d洒1次。

④发病初期可将病鱼移到没有蚌及钩介幼虫的池中。

7.3 虾蟹类寄生虫病防治

7.3.1 原虫病

1.微孢子虫病

寄生在对虾体上的微孢子虫有肝肠胞虫、对虾匹里虫、奈氏微粒子虫、对虾八孢虫和桃红对虾八孢虫等,除肝肠胞虫感染肝胰腺、八孢虫感染卵巢外,其他微孢子虫主要感染横纹肌。寄生在蟹体上的微孢子虫有米卡微粒子虫、蓝蟹微粒子虫、普尔微粒子虫等,它们主要寄生蟹的肌肉上。微孢子虫病在南北方养殖区均有发现,以广东、广西较为常见,其中危害性较大的是肝肠胞虫病。

肝肠胞虫病

[病原] 肝肠胞虫(*Enterocytozoon hepatopenaei*, EHP),EHP是一种严格细胞内寄生的微孢子虫。大小为0.7 μm×1.1 μm,形状呈卵圆形或梨形,EHP基本结构由胞壁、锚定盘、孢原质、5～6圈极丝、1个细胞核、极膜层、多个核糖体、1个后液泡等组成。胞壁由3层结构组成,从外到内分别是高电子密度的外壁(2 nm)、由蛋白质和几丁质组成的低电子密度的内壁(10 nm)和原生质膜。孢子内具有独特的侵染装置——极管(直径在0.1～0.2 μm),与孢子顶端的锚定盘相连接。

[症状] EHP不直接引起对虾死亡,轻度感染不影响对虾的生长发育,无明显的症状,中、高度感染影响对虾消化系统及免疫系统,出现“吃料差”,“生长慢”,肠道发炎、肝胰腺病变萎缩、“乳白虾”或“棉花虾”以及“白便”等症状,严重感染易引起其它继发感染导致偷死。

[流行与危害] EHP已在我国虾类主要养殖区广泛分布,不仅感染凡纳滨对虾,还感染斑节对虾、日本囊对虾、罗氏沼虾、南美蓝对虾等。泰国、印度、文莱、越南、委内瑞拉、印度尼西亚和马来西亚等国均有EHP检出。孢子在−20 ℃冷冻2 h以上,或分别浸泡在15 mg/L $KMnO_4$、40 mg/L的65%活性氯,K20%乙醇等溶液中15 min,孢子的极丝释放受抑制,无法形成芽体,从而失去增殖能力。EHP不仅可以通过摄食携带EHP的鲜活饵料、病死虾等进行传播,还可以通过含孢子虫的水体进行传播,在商品化冷冻桡足类、商品化卤虫卵、商品化卤虫幼体等中都可检出EHP。

我国农业农村部将此病列为三类水生动物疫病。

[诊断方法] 根据症状,并取病变部位镜检,若发现孢子或孢子母细胞可确诊。

[防治方法] 目前无有效药物进行治疗,因此,在养殖过程中的预防显得更为重要。

①商用饲料或饵料在投喂前先进行冷冻处理。

②用高锰酸钾、活性氯或乙醇消毒池塘。

③做好苗种检疫工作,确保所购苗种无病原携带。

④对投喂的活体饵料进行检疫、消毒。

⑤加强水质管理,及时清理病死虾、虾代谢废物和粪便。

⑥虾池放养前彻底清淤,并用含氯消毒剂或生石灰彻底消毒。

2.固着纤毛虫病

［病原］固着类纤毛虫病的病原种类很多，最常见的为聚缩虫（*Zoothamnium* spp.）、单缩虫（*Carchesium* spp.）、累枝虫（*Epistylis* spp.）、钟形虫（*Vorticella* spp.）等（图7-75）。它们都是群体生活，身体结构大体相同，呈倒钟罩形或高脚杯形，前端形成盘状的口围盘，边缘有纤毛，里面有1口沟，虫体内有1个大核和1个小核，还有1个伸缩泡和数个食物粒，以分枝或未分枝的柄作为固着器。聚缩虫伸缩时整个群体一致伸缩；单缩虫群体中各个体单独伸缩；累枝虫不能伸缩；钟虫不成群体，伸缩时柄呈弹簧状。

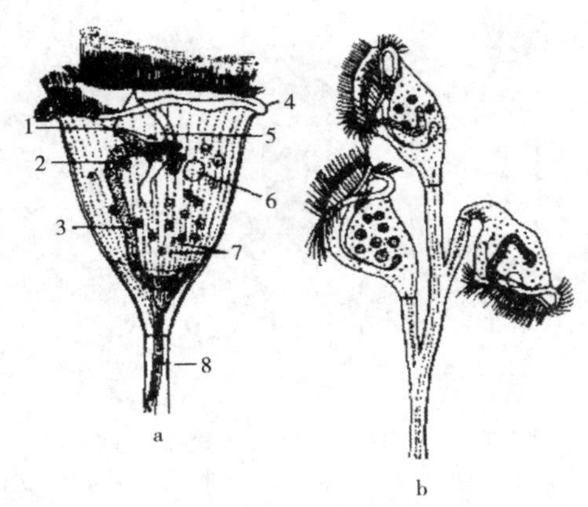

图7-75　固着类纤毛虫的基本构造

a.钟虫　b.单缩虫

1.前庭 2.小核 3.大核 4.口盘边缘

5.波动波 6.伸缩泡 7.原纤维 8.柄肌

［症状］少量感染无显著症状，严重感染时，患病幼体鳃、体表和附肢上有一层灰黑色绒毛状物，鳃丝变黑，影响行动、摄食、脱壳和呼吸等。

［流行与危害］固着纤毛虫病的分布是全球性的，危害海淡水养殖中的各种虾、蟹的卵、幼体、成体和鱼苗鱼种及蛙、鳖，尤其对虾、蟹幼体危害严重，我国沿海各地虾蟹养殖场和育苗场均有发生，育苗期的主要病原是钟形虫和聚缩虫，养成期间则主要是聚缩虫。育苗池从4至5月发病，养成池在7至9月高温季节盛行。水中有机质多，换水量少时最易发生。

［诊断方法］依外观症状初步诊断，镜检确诊。镜检时可见幼体体表、附肢或眼上附生着大量虫体。

［防治方法］

预防措施：

①彻底消毒，保持良好水质。

②育苗水经沙滤和网滤外，还用10～20 mg/L漂白粉处理1 d后再使用。

③附有纤毛虫的卤虫无节幼体用50～60 ℃的热水处理5 min后再投喂。

④投喂的饲料要营养丰富，数量适宜，尽量创造优良的环境条件，以加速对虾的生长发育，促使其及时脱皮。

治疗方法：

①越冬期虾蟹亲体患病治疗：0.75～1 mg/L硫酸锌全池泼洒，连续1～2次；或25 mg/L

福尔马林溶液浸洗病虾，24 h 后换水，隔 3 天 1 次，连续 2～3 次。

②养成期虾蟹患病治疗：10～15 mg/L 茶粕溶液全池遍洒促蜕皮，再大量换水。

③幼体期虾蟹患病治疗：改善饵料，加大换水量，调整好适宜水温促进蜕皮；用 100～200 mg/L 制霉菌素全池泼洒，1 天 1 次，连续 3～5 d。

3.吸管虫病

［病原］病原为多态壳吸管虫（*Acineta polymorpha*）和莲蓬虫（*Ephelota* sp.），分别属于壳吸管虫科（*Acinetidae*）和莲蓬科（*Ephelotidae*）（图 7-76、图 7-77）。

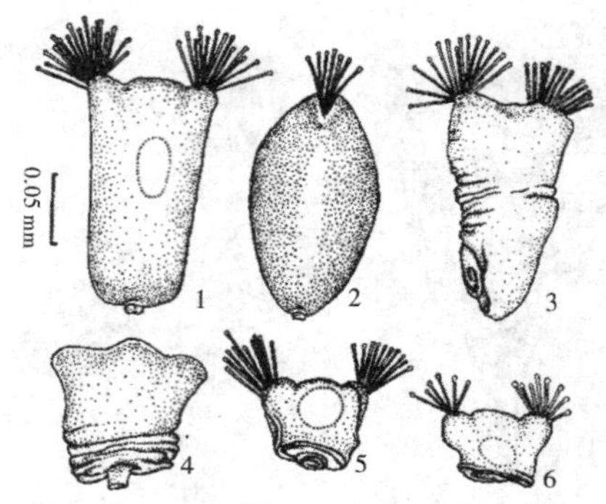

图 7-76　多态壳吸虫（孟庆显，1993）

1.充分伸展的虫体正面观 2.侧面观 3～6.收缩成各种形状的虫体

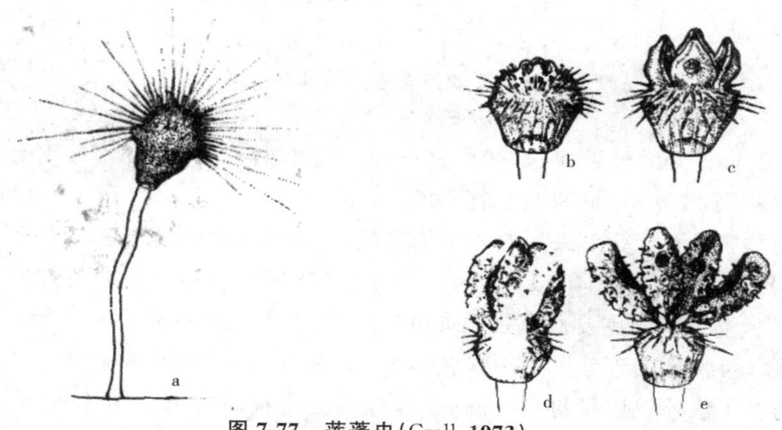

图 7-77　莲蓬虫（Crell，1973）

a.生活的虫体　b～e.外出芽生殖的过程，虫体顶端为形成的芽体

多态壳吸管虫体形变化较大，充分伸展的个体正面观呈倒钟罩形，两前侧角隆起，每个隆起上有 10～28 根吸管，末端膨大呈球形。虫体侧面观呈橄榄形，前后两端较尖，兜甲前端有裂缝。身体前部的形状比较固定，后部则变比较大，并收缩成许多横的褶皱。有些虫体变为花盆形、四角形、笔架形或身体后部向一侧弯曲等。虫体大小为（18.8～93.8）μm×（31.3～50.0）μm，最厚处的厚度为 21.9～31.6 μm。细胞质内有许多黄色颗粒，使整个虫体也呈淡黄色。细胞核呈椭圆形或心脏形。虫体后端有一很短的柄，但大多数虫体看不到柄。壳吸管虫的有性生殖为接合生殖，无性生殖则为内出芽。

莲蓬虫呈莲蓬状或球形，大小为（42.8～145.4）μm×（47.8～171）μm。细胞质内有许多黄色颗粒，其中少数颗粒呈橘红色。身体前部有放射状排列的触手20～50根，及2～6根吸管。触手充分伸展后末端尖锐，吸管则末端较膨大，虫体基部有一透明无色的长柄，长85.5～581.4 μm，直径一般上粗下细。柄的基部附着在宿主上。莲蓬虫的有性生殖为接合生殖，无性生殖为外出芽生殖。在虫体顶部形成5～9个芽体，芽体呈耳状，在突起的一面有许多纤毛。芽体形成后离开母体，随水流或爬行达到适宜宿主时，即固着上去，蜕掉纤毛，生出柄，成为一个新虫体。

[症状] 两种吸管虫都共栖在对虾体表和鳃上，少量虫体寄生时不显症状，在大量寄生时，由多态壳吸管虫引起的疾病，病虾体表和鳃呈淡黄色；由莲蓬虫引起的疾病，病虾体表和鳃呈铁锈色，影响对虾的呼吸和蜕皮，严重者引起死亡。

[流行及危害] 该病对宿主无严格选择性，可危害对虾的各个生活阶段，流行季节为夏季和秋季。

[诊断方法] 依外观症状进行初步诊断，取病变部位镜检可确诊。

[防治方法] 同固着类纤毛虫病。

4.拟阿脑虫病

[病原] 蟹栖拟阿脑虫(*Paranophrys carcini*)，属于嗜污科。虫体呈葵花子形，前端尖，后端钝圆。虫体大小平均为46.9 μm×14.0 μm，最宽在后1/3处。全身具11～12条纤毛线，略呈螺旋形排列，具均匀一致的纤毛。身体后端正中有1条较长的尾毛。体内后端靠近尾毛的基部有1个伸缩泡。身体前端腹面有1个与体形略相似的胞口，口内有3片小膜，口右边有1条口侧膜。大核椭圆形，位于身体中部；小核球形，位于大核左下方，或嵌入大核内。繁殖方法为二分裂和接合生殖。拟阿脑虫对环境的适应能力很强，但不耐高温，在水温0～25 ℃(最适水温为10 ℃)，盐度6～50，pH值5～11均可生长。

[症状] 受到感染的抱卵蟹，外观无明显症状，但体表及步足指节有少量破损，有的步足脱落，其体色由青色逐渐变为灰黄色。病蟹不栖息于隐蔽物内，匍匐池底或障碍物上。此外，摄食减少，反应迟钝，活动能力减弱，并且肢体无力，用手抓握之无挣扎感。

[流行及危害] 该病主要危害越冬亲虾，流行于12月至次年4月，江苏、山东沿海都有发生。亲虾发病迅速，死亡率高，可达95%以上。拟阿脑虫既可自由地生活在腐败有机质中，也可在适宜条件下营寄生生活。亲虾在越冬期内最容易受到碰撞或摩擦而造成创伤，这为拟阿脑虫的入侵打开方便之门。

[诊断方法] 取感染该病中后期亲虾的体液置于载破片上，体液呈乳白色，不凝固，血液及淋巴液聚集大量拟阿脑虫虫体方可确诊。

[防治方法]

预防措施：

①严防亲虾受伤。

②越冬池进水要严格过滤。亲虾移入越冬池前用淡水浸洗3～5 min，或用300 mg/L福尔马林溶液浸洗3 min。

③投喂的鲜活饵料用淡水浸泡5～10 min。

④每天清除池底污物，定期全池遍洒药物进行消毒。

治疗方法：疾病初期尚可治愈，但在疾病中后期，当寄生虫进入血淋巴液后就无有效治疗方法。用淡水浸洗病虾3～5 min，或用25～30 mg/L福尔马林溶液全池遍洒。

7.3.2 甲壳动物病

1.由蔓足类引起的疾病

蟹奴病

[病原] 蟹奴(*Sacculina* sp.),属蟹奴科,蟹奴属(图 7-78)。蟹奴在形态上为高度特化了的寄生甲壳类,成虫已完全失去了甲壳类的特征。雌雄同体,寄生在蟹腹部的下面及扇贝的鳃基部。虫体分两部分,一部分突出在寄主体外称蟹奴外体,包括柄部及孵育囊,囊内充满了雌雄两性生殖器官,外体即通常见到的脐间颗粒。另一部分为分枝状细管,称蟹奴内体,伸入寄主体内,蔓延到寄主体内的肌肉、神经系统和内脏等组织,形成直径 1 mm 左右的白线状分枝,吸收寄主体内的营养。

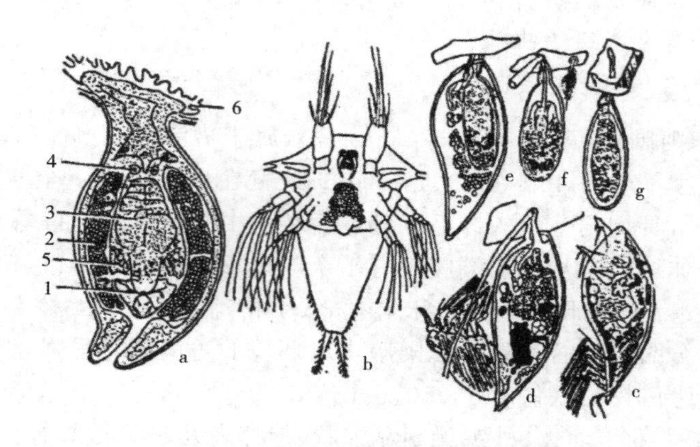

图 7-78 蟹奴(仿《动物学教程》)

a.成虫的纵切面:1.神经节 2.外套深处的卵块 3.卵巢 4.精巢 5.副生殖腺 6.根状突起
b.六肢幼体 c.金星幼体 d~g.用刚毛固着以后各发育阶段

[症状] 蟹奴附着在蟹腹部,使病蟹的脐略显臃肿,揭开脐盖,可看到多个乳白色或半透明的颗粒状虫体。蟹不能蜕壳,严重阻碍了蟹的生长发育,病蟹均失去生殖能力,一般不能长到商品规格。患病严重的蟹,肉味恶臭,不能食用。

[流行与危害] 蟹奴在世界上的分布很广,种类也多,能侵害许多种蟹类,有时感染率较高,日本养殖的扇贝也曾感染。我国的上海、安徽、湖北等地时有发生,且在滩涂养殖的河蟹发病率特别高。如将已感染蟹奴的蟹移至内陆淡水中饲养,则蟹奴不能繁殖幼体,从而不再感染。通常雌蟹的感染率较雄蟹高。流行季节为 7 至 10 月,以 9 月为发病高峰,10 月以后逐渐下降。

[诊断方法] 将蟹的腹部掀开即可能发现蟹奴。

[防治方法] 治疗方法尚无报道。预防措施主要有:

①从无蟹奴感染的地区引起蟹苗,或选择健康亲蟹进行人工繁殖。

②在淡水中饲养河蟹。因为将已感染蟹移至内陆淡水中饲养,蟹奴只能形成内体和外体,不能繁殖幼体,从而不再继续感染。

③检查蟹苗种时发现蟹奴可将它剔除。

2.由等足类引起的疾病

虾疣虫病

[病原] 虾疣虫(*Bopyrus* spp.),属鳃虫科(图7-79)。雌雄异体,雌虫略呈椭圆形,左右不对;雄虫通常比雌虫小很多倍,附着在雌虫的腹部。虫体分头、胸、腹三部分。头部小,略呈三角形,与胸部第一节的界线不明显,具无柄复眼1对。触肢2对,短小,单肢型。大颚简单,针刺状,构成吸吮式口器。第一二小颚退化,颚足宽扁成盖状,保护口器。胸部7节,宽大而隆起,每节都有1对胸足,单肢型、短小,由6节组成。腹部6节,前5节各有1对双肢型腹肢,是呼吸器官;第六腹节又称尾节,两侧各有1双肢型的尾肢。

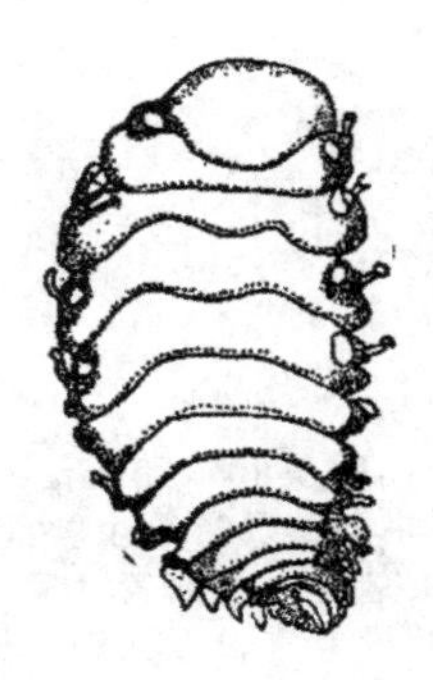

图7-79　虾疣虫(♀)(仿 Sindermann)

[症状、流行和危害] 虾疣虫寄生在虾、蟹的鳃腔中,被寄生处从外表可看到膨大的突起,形成所谓"疣",直径达1.5～2.4 cm,高0.5 cm,有时虾的两侧鳃腔中都有寄生。在广东、广西从天然海区捕捞的及池养的短沟对虾、日本对虾、新对虾、沼虾和鼓虾上都有寄生,尤其是短沟对虾及新对虾的感染率高。其危害主要有:(1)不断消耗寄主的营养,一只雌虫1天要吸血淋巴液8 mL,相当于虾体内血淋巴总量的25%,因此生长缓慢、消瘦。(2)压迫和损伤鳃组织,影响呼吸。(3)影响性腺发育,甚至完全萎缩,失去生殖能力。

[防治方法] 尚未作研究。

7.4　其他水产动物寄生虫病防治

7.4.1　由桡足类引起的疾病

贻贝蚤病

[病原] 东方贻贝蚤(*Mytilicola orientalis*)和肠贻贝蚤(*Mytilicola intestinalis*),属桡足亚纲(图7-80)。东方贻贝蚤虫体为橘红色,也有呈淡黄色或黄褐色。雄虫较小,最长的为3.55 mm。雌虫为雄虫的2～3倍,长6～11 mm。身体呈蠕虫状,各体节愈合在一起。身体横断面观,背面扁平,腹面略圆。胸部从背侧向左右两侧伸出5对突起。头部背面有单眼一只。第一触角在头前端,很短,分为4节,各节都有短刚毛。第二触角2节,第二节钩

状。大颚退化,很小,在上唇两侧的上方,具2根短刚毛。小颚退化消失。第一颚足单节,形状和位置与自由生活的桡足类相同,前端有棘状突起。雌虫的第二颚足完全消失。上唇三角形,下唇椭圆形。第一至第四对胸肢很短。尾叉多数具4根小刚毛,也有的没有或少于4根。

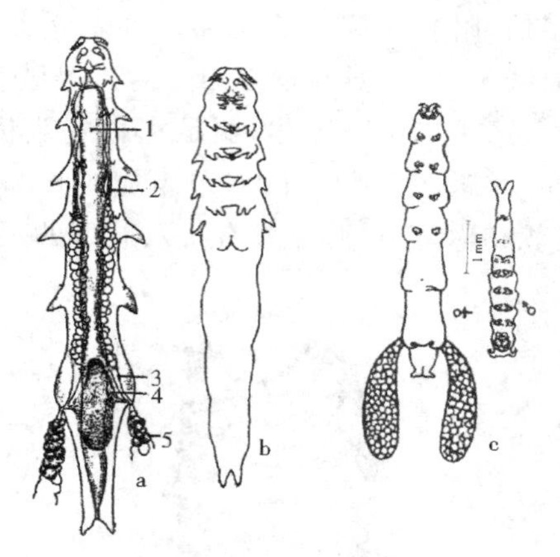

图7-80 贻贝蚤
a.东方贻贝蚤雌虫腹面观
1.消化管 2.卵巢 3.输卵管 4.受精囊 5.卵囊
b.东方贻贝蚤雄虫腹面观 c.肠贻贝蚤

肠贻贝蚤的形态构造与东方贻贝蚤很相似,但有以下区别:

(1)胸部的5对侧突不如东方贻贝蚤的发达;

(2)雄虫第一胸节也有侧突,东方贻贝蚤第一胸节无侧突;

(3)雄虫上唇圆形、边缘波状,东方贻贝蚤的上唇呈三角形、下缘有缺刻。

[症状]东方贻贝蚤寄生在牡蛎的消化道内。被寄生的牡蛎生长不良,肌肉消瘦,失去商品价值,发生散发性死亡。解剖牡蛎时,可发现消化道内寄生的微红色蠕状虫体。

寄生在贻贝消化道内的肠贻贝蚤,数量少时,对贻贝无明显影响。如果每个贻贝中有5～10个肠贻贝蚤时,贻贝明显变瘦,生长停滞,足丝、生殖腺等发育不良。

[流行与危害]东方贻贝蚤寄生在日本和美国的紫贻贝和厚壳贻贝。肠贻贝蚤在英、法、德等许多欧洲国家的贻贝中寄生。可引起贻贝种苗和成体的大量死亡。东方贻贝蚤对贻贝的致病性不显著。该虫在夏季繁殖快,许多幼虫侵入贻贝,引起大量死亡。在贻贝密度较稀及靠近水面的地方感染较轻,在潮流较弱的近岸处感染率较大。垂直分布情况,在6 m长的绳上,在强流处上下一样,在弱流处则越深处越多。在河口两边水流较快的地方少。

[防治方法]不从发病区购进苗种。将贻贝养殖架放在水流较快的地方,或在河口两边养殖,并要离开海底有一定距离。

7.4.2 由十足类引起的疾病

豆蟹病

[病原]豆蟹(*Pinnotheres*)属于豆蟹科,豆蟹属(图7-81)。成体的形态与自由生活的蟹子相差不大,仅体色变为白色或淡黄色,头胸甲薄而软,眼睛和螯退化。寄生在我国贝类

中的豆蟹主要有中华豆蟹(*P. sinensis*)、近缘豆蟹(*P. affinis*)和戈氏豆蟹(*P. gordanae*)。中华豆蟹寄生在褶牡蛎、杂色蛤子和其他双壳贝类的外套腔中。雌蟹头胸甲近于圆形,宽度为11.2 mm,长度为8.0 mm,表面光滑,稍隆起,前后侧角呈弧形,侧缘拱起,后缘中部凹入。额窄,向下弯曲。眼窝小,呈圆形,眼柄甚短。腹部很大。雄蟹头胸甲呈圆形,长3.4 mm,宽3.7 mm,较雌蟹的坚硬,额向前方突出,腹部窄长。近缘豆蟹头胸甲长12.7 mm,宽13.5 mm,寄生于密鳞牡蛎、凹线蛤蜊、厚壳贻贝、扇贝等的体内。戈氏豆蟹头胸甲长3.3 mm,宽3.5 mm,寄生于牡蛎、杂色蛤子、贻贝等体内。

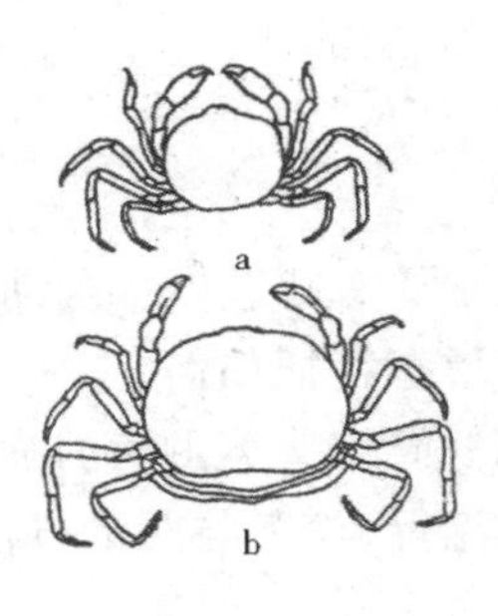

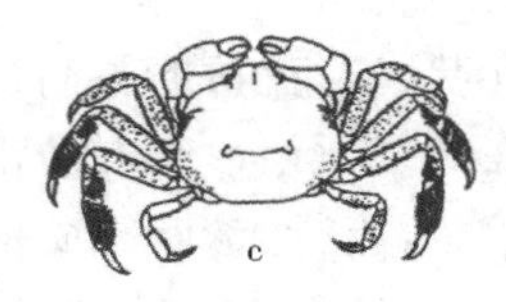

图7-81　豆蟹(仿《中国动物图谱》)
a.中华豆蟹(雄) b.中华豆蟹(雌) c.戈氏豆蟹

[症状] 豆蟹寄生在牡蛎、扇贝、贻贝、杂色蛤子等瓣鳃类的外套腔中,夺取寄主的食物,吸食寄主的营养,妨碍寄主摄食,伤害寄主的鳃、外套膜、性腺和消化腺,使寄主身体瘦弱,影响生长发育。豆蟹可使牡蛎雌性变为雄性,有时感染率高达90%,每个牡蛎中只要有4～6只豆蟹寄生,即可引起牡蛎死亡。

[流行与危害] 豆蟹孵出的幼体经发育、变态后潜入贻贝等贝类的外套腔内,近年来有日益严重的趋势。在我国主要分布于山东、辽宁等沿海地区,成为我国目前养殖的贻贝等贝类的主要病害。在日本、菲律宾、泰国、朝鲜等国家也有分布。豆蟹的繁殖感染期,在不同的海区略有差异,一般为6月下旬至10月下旬,7月下旬到9月上旬为盛期。

[诊断方法] 将贝壳掀开即可能发现豆蟹。

[防治方法] 以防为主,目前尚无有效的治疗方法。

①查明当地海区豆蟹的繁殖季节,当观察到出现幼蟹后,立即在贝类养殖架上悬挂敌百虫药袋,每袋装药50 g,挂袋数量视养殖密度和幼蟹的数量而定。

②蟹繁殖季节前,将第一年的成贝收获,使豆蟹没有繁殖机会,减少和降低其感染率。

本章小结

本章主要介绍寄生虫学基础知识,介绍鱼类、虾蟹类及其他水产动物常见寄生虫病防治方法。要求了解寄生生活的起源；掌握寄生概念、寄生虫的寄生方式和感染方式；熟悉寄生虫的生活史与寄主类型；了解寄生虫、寄主和环境间相互关系；掌握水产动物常见寄生虫病的病原形态特征、症状、流行情况、诊断和防治方法。

思考题

1.名词解释：寄生、寄生虫、寄主、中间寄主、终末寄主、保虫寄主
2.寄生虫的寄生方式主要有哪些类型？其感染方式主要有哪几种？
3.寄生虫与寄主及环境间相互关系怎样？
4.寄生虫如何适应寄生生活？
5.鱼类原虫病有哪几大类？
6.常见能引起鱼类疾病的鞭毛虫主要有哪些？如何防治？
7.鱼类孢子虫病有哪几大类？其形态特征如何？
8.艾美虫形态特征与生活史如何？简述艾美虫病的症状、流行与防治方法。
9.简述鲢碘泡虫病的病原、症状、流行、诊断与防治方法。
10.鱼类常见的纤毛虫病有哪些？
11.简述斜管虫病的病原特征、症状、流行、诊断与防治方法。
12.简述瓣体虫病的病原特征、症状、流行、诊断与防治方法。
13.简述小瓜虫病的病原特征、症状、流行、诊断与防治方法。
14.简述隐核虫病的病原特征、症状、流行、诊断与防治方法。
15.简述车轮虫病的病原特征、症状、流行、诊断与防治方法。
16.如何肉眼诊断小瓜虫病、嗜酸卵甲藻病与孢子虫病？
17.鱼类蠕虫病有哪几大类？
18.简述指环虫病的病原特征、症状、流行、诊断与防治方法。
19.指环虫与三代虫在形态结构、寄生部位和生活史上有何不同？
20.鱼类常见的单殖吸虫病有哪些？其病原、症状、流行、诊断和防治怎样？
21.养殖鱼类常见的复殖吸虫病有哪些？其病原、症状、流行、诊断和防治怎样？
22.养殖鱼类常见的绦虫病有哪些？其病原、症状、流行、诊断和防治怎样？
23.养殖鱼类常见的线虫病有哪些？其病原、症状、流行、诊断和防治怎样？
24.如何防治蛭病与钩介幼虫病？
25.养殖鱼类常见的甲壳动物病有哪些？其病原、症状、流行、诊断和防治怎样？
26.简述中华鳋病的病原特征、症状、流行、诊断与防治方法。
27.简述锚头鳋病的病原特征、症状、流行、诊断与防治方法。
28.简述鲺病的病原特征、症状、流行、诊断与防治方法。
29.虾蟹类常见的原虫病有哪些？其病原、症状、流行、诊断和防治怎样？
30.虾蟹类常见的甲壳动物病有哪些？其病原、症状、流行、诊断和防治怎样？
31.东方贻贝蚤与肠贻贝蚤的形态构造如何区别？其分别寄生于牡蛎和贻贝上何症状？
32.寄生在我国贝类中的豆蟹有哪几种？其症状、流行与防治方法如何？

第8章　非寄生性疾病防治

凡由机械损伤、物理、化学因素及非寄生性生物引起的疾病称为非寄生性疾病。上述这些病因中有的单独引起水产动物发病，有的由多个因素互相依赖、相互制约共同刺激水产动物有机体，当这些刺激达到一定强度时就引起水产动物发病，非寄生性疾病也能造成水产养殖业的巨大损失。

8.1　机械损伤

当水产动物受到严重损伤，即可引起大量死亡。有时虽损伤不厉害，但因损伤后继发微生物病或寄生虫病，也可引起水产动物大批死亡。

[病因与症状] 机械损伤的原因主要有以下几类：

(1)压伤：当压力长时间加在水产动物某一部分时，因这部分组织的血液流动受到阻碍，使组织萎缩、坏死。越冬的鲤鱼以胸鳍和腹鳍的基部作支点靠在池底，长期受体重压力的缘故，通常使该部分皮肤坏死，严重时肌肉也坏死。这种现象出现在消瘦的水产动物或生长在底质坚硬的池塘。

(2)碰伤和擦伤：在捕捞、运输和饲养过程中，常因使用的工具不合适，或操作不慎而给水产动物带来不同程度的损伤，除了碰掉鳞片，折断鳍条、附肢，擦伤皮肤、外骨骼、贝壳以外，还可以引起深处肌肉的创伤。

(3)强烈的振动：炸弹在水中爆炸时的振动，运输时强烈和长期的摆动，都会破坏水产动物神经系统的活动，使水产动物呈麻痹状态，失去正常的活动能力，仰卧或侧游在水面。如刺激不严重，则刺激解除后，水产动物仍可恢复正常的活动能力。一般大个体对振动的反应较幼小的个体为强，因此在运输时以运苗种为宜。

[诊断方法] 见到上述症状即可诊断。

[防治方法] 以预防为主。

①改进渔具和容器，尽量减少捕捞和搬运，在必要捕捞和运输时必须小心对待，并选择适当的时间。

②越冬池的底质不宜过硬，在越冬前应加强肥育。亲虾越冬池应衬以底网。

③及时用抗生素和消毒剂处理受伤个体。

8.2 由水质不良引起的疾病

8.2.1 感冒与冻伤

1.感冒

[病因] 水温急剧改变刺激机体神经末梢,引起机能混乱,器官活动失调,发生感冒。

[症状] 皮肤暗淡、失去光泽,严重时呈休克状态,侧卧于水面。

[防治方法]

(1)水产动物搬运时须注意温差,鱼苗温差应小于 2 ℃,鱼种、成鱼温差应小于 5 ℃。

(2)立即调节池水水温或将病鱼转移到适温水体中。

2.冻伤

[病因] 当水温降到一定程度,超过机体适应范围就会产生冻伤。

[症状] 皮肤坏死、脱落

[防治方法]

(1)越冬前应加强肥育饲养管理,增强机体抗寒能力。

(2)做好防寒工作,加深池水,提高水位,对不耐低温的种类在温度降低前移入室内。

8.2.2 泛池

水产动物因长时间缺氧而严重浮头引起大批窒息死亡的现象,称为泛池。

[病因] 种类不同、年龄不同、季节不同,水产动物对氧的要求都各不相同。当水中溶氧量较低时,会引起水产动物到水面呼吸,这叫浮头,当溶氧量低于其最低限度时,就会引起窒息死亡。通常水中溶氧低于 2 mg/L 时,四大家鱼开始浮头,低于 0.4～0.6 mg/L 时,四大家鱼就会窒息死亡。虾池溶氧应不低于 3 mg/L,同时与健康状况有关,如溶氧为 2.6～3 mg/L 时,健康虾不死,患聚缩虫病的虾就窒息而死。

因缺氧而窒息死亡的情况,一般在流动的水体中很少发生,主要发生在静止的水体中。主要有以下几种情况:

(1)北方的越冬池。水产动物较密集,水表面又结有一层厚冰,池水与空气隔绝,已溶解在水中的氧气因不断消耗而减少,这样容易引起窒息,且因池底缺氧,有机物分解产生有毒气体——沼气、硫化氢、氨等也不易从水中放出,这些有毒气体的毒害,加速了死亡。

(2)夏季,尤其在久打雷而不下雨的天气。因下雷雨前的气压很低,水中溶氧减少,引起水产动物窒息死亡。如仅下短暂的雷雨,池水的温度表层低,底层高,引起水对流,使池底的腐殖质翻起,加速分解,消耗大量氧气,水产动物大批死亡。

(3)夏季黎明前,尤其在水中腐殖质积集过多和藻类繁殖过多的池塘。一方面腐殖质分解时要消耗水中大量氧气,另一方面藻类在晚上进行呼吸作用也要消耗大量氧气。

(4)过量施放有机肥或池塘底泥较厚的池塘。因有机物分解要消耗大量的氧气。

[症状] 鱼类在水面或池边呼吸,长期缺氧的个体下唇突出。在高温季节、清晨或下雨前突然发生整池鱼类的毁灭性死亡。

[流行与危害] 无地域性,常发生于高温季节以及闷热无风、气压低时。

[诊断方法] 巡塘发现鱼浮出水面用口呼吸空气,说明池中溶氧量已不足。若太阳出来后鱼仍不下沉,说明池中严重缺氧。

[防治方法]

(1)冬季干塘时应除去塘底过多淤泥。

(2)施肥应施发酵过的有机肥,且应根据气候,水质等情况掌握施肥量,不使水质过肥,同时在夏季一般以施无机肥为好。

(3)放养密度及搭配比例应合理。投饲应掌握"四定"原则,残饲应及时捞除。

(4)越冬池水面结有一层厚冰时,可在冰上打几个洞。

(5)闷热夏天应减少投饲量,并加注清水,中午开动增氧机,必要时晚上也开动增氧机,加强巡塘工作。

(6)在没有增氧机及无法加水的地方,可施增氧剂。

8.2.3 气泡病

[病因] 水中某种气体过饱和。引起水中某种气体过饱和的原因很多,常见的有:

(1)溶解氧过饱和。水中浮游植物过多,在强烈阳光照射的中午,水温高,藻类进行光合作用旺盛,可引起水中溶解氧过饱和。

(2)甲烷、硫化氢过多。池塘中施放过多未经发酵的肥料,肥料在池底不断分解,消耗大量氧气,在缺氧情况下,分解放出很多细小的甲烷、硫化氢气泡,鱼苗误将小气泡当浮游生物而吞入,引起气泡病,此危害比氧过饱和为大。

(3)地下水含氮过饱和,或地下有沼气。

(4)在运输途中人工送气过多,或抽水机的进水管有破损时吸入了空气,或水流经过拦水坝成为瀑布,落入深水潭中,将空气卷入,均可使水中气体过饱和。

(5)当水温升高时,水中原有溶解气体就变成过饱和而引起气泡病。如1973年4月9日,美国马萨诸塞的一个发电厂排出废水,使下游的水温升高,引起气体过饱和,大量鲱鱼患气泡病而死亡。在工厂的排放水中,有时本身也有气体的过饱和,即当水源溶解气体饱和或接近饱和时,经过工厂的冷却系统后,再升温就变为饱和或过饱和。

[症状] 病鱼体表或体内出现大小不等和数目不定的气泡,浮于水面或身体失衡,随气泡的增大及体力的消耗,不久即死。循环系统内的气泡可引起栓塞,病鱼很快死亡。

[流行与危害] 天然水域少见,在藻类较多的养殖水域易发生,主要危害幼体。越幼小的个体越敏感,如不及时抢救,可引起幼苗大批死亡,甚至全部死光。较大的个体亦有患气泡病,较少见。

[诊断方法] 解剖及用显微镜检查,可见血管内有大量气泡,引起栓塞而死。

[防治方法]

预防措施:主要防止水中气体过饱和。

(1)注意水源，不用含有气泡的水(有气泡时必须经过充分曝气)，池中腐殖质不应过多，不用未经发酵的肥料。

(2)平时掌握投饲量，注意水质，不使浮游植物繁殖过多。

(3)水温相差不要太大，进水管要及时维修，北方冰封期，在冰上应打一些洞等。

治疗方法：

(1)立即加注清水，同时排除部分池水。

(2)将病鱼移入清水中，病情轻的能逐步恢复正常。

8.2.4 畸形病

[病因] 引起畸形的原因主要有：

(1)水中含有重金属盐类。

(2)缺乏某种营养物质(如钙和维生素等)。

(3)胚胎发育时受外界环境影响。

(4)神经系统与骨骼系统受寄生虫侵袭。

(5)鱼苗阶段受机械损伤。

[症状] 病鱼身体发生"S"形弯曲，有时身体弯成 2～3 个弯曲，鳃盖凹陷或嘴部上下颚和鳍条等出现畸形，严重时引起病鱼死亡(图 8-1)。

图 8-1 弯曲畸形的鱼体

[流行与危害] 淡、海水鱼类及名优养殖品种均出现此病，主要发生于胚胎期和仔鱼期。

[诊断方法] 从外观症状就可确诊，但应寻找发病的具体原因。

[防治方法]

预防措施：

(1)新开辟鱼池，最好先放养 1～2 年成鱼以后再放养鱼苗、鱼种。

(2)平时加强饲养管理，多投喂些含钙多、营养丰富的饲料。

(3)鱼卵孵化过程注意水温、水质、溶解氧等变化，谨慎操作。

治疗方法：

①寄生虫引起的畸形，可按防治寄生虫的方法处理。

②重金属离子过量引起的畸形，可用 5～10 mg/L 乙二胺四乙酸二钠(EDDA-2Na)全池泼洒。

8.2.5 厚壳病

[病因] 引起厚壳的原因主要有:水体长期盐度过高,或营养物质缺乏。

[症状] 对虾摄食不正常,生长停顿,不蜕皮或蜕皮不遂。

[危害性] 影响对虾正常生长,有时还可导致其他疾病的发生。

[诊断方法] 用手触摸对虾,有特别厚实的感觉,结合咨询对虾摄食、生长及蜕皮等情况而作出判断。

[防治方法]

(1)换水或添加淡水,同时在饵料中添加脱壳素等物质。

(2)定期使用 10~15 mg/L 茶粕溶液全池遍洒促脱壳,换水,并在饵料中添加维生素 B 和维生素 C 等物质。

8.3 饥饿与营养不良引起的疾病

8.3.1 饥饿

水产养殖动物因食物不足而表现出来的病症主要有以下几种:

1.跑马病

[病因] 主要是池中缺乏适口饲料(尤其是草鱼、青鱼的适口饲料)而造成的,有时池塘漏水也会引起跑马病。

[症状] 病鱼围绕池边成群狂游,驱赶也不散,呈跑马状,故叫"跑马病"。由于大量消耗体力,使鱼消瘦、衰竭而死。

[流行与危害] 此病常发生在草、青鱼鱼苗饲养阶段,鲢、鳙发生跑马病的情况较少见。

[诊断方法] 根据症状并分析饵料原因后可诊断。

[防治方法]

预防措施:鱼苗放养密度不宜过高,鱼池不能漏水,鱼苗放养 10 d 后,应投喂一些豆渣、微胶囊饲料或其他草鱼、青鱼的适口饲料。

治疗方法:用芦席从池边隔断鱼苗群游的路线,并投喂豆渣、豆饼浆、米糠或蚕蛹粉等鱼苗喜吃的饲料,不久即可制止。

2.萎瘪病

[病因] 鱼长期饥饿所造成的。

[症状] 病鱼体色发黑、消瘦、背似刀刃,鱼体两侧肋骨可数,头大体小,病鱼往往在池边缓慢游动,这时鱼已无力摄食,不久即死。

[诊断方法] 需先查找病原,分析养殖品种搭配比例以及水体饵料数量后诊断。

[流行与危害] 萎瘪病的发生与放养过密、缺乏饲料有关,常发生于越冬池。

[防治方法]

(1)掌握放养密度,加强饲养管理,投放足够的饲料。

(2)越冬前要使鱼吃饱长好,尽量缩短越冬期停止投喂的时间。

3.软壳病

[病因] 有以下几种可能:

(1)长期投饵不足或饲料的营养不全或投喂腐败变质的饲料。

(2)换水量不足或长期不换水。

(3)水体中含有有机锡或有机磷杀虫剂。

(4)水体 pH 过高和有机质含量下降。

[症状] 甲壳薄而软,壳与肉似乎分离,对虾个体偏小,活力低下。

[流行与危害] 国内外均有发生,有时可造成严重损失。发病严重者大都是主要喂配合饲料,很少喂鲜活饲料。

[诊断方法] 用手触摸病虾,感觉虾壳薄而软。镜检对虾各器官,未发现其他病原和症状。再按上述各种病因仔细核查。

[防治方法]

(1)加大换水量,改善水质。

(2)多投放鲜饵,如投放贝肉等,在饵料中适量添加钙粉等。

8.3.2 营养不良病

在高度密养的情况下,天然饲料远远不能满足水产动物的需要,水产动物的生存与生长主要依靠人工配合饲料,所以人工配合饲料必须效率高,营养全面,才能使水产动物健康、迅速生长。某种营养成分缺乏、过多或营养不平,不仅不利于水产动物的生长,严重时还能引起营养性疾病,甚至死亡。

1.由蛋白质不足、过多或各种氨基酸不平衡引起的疾病

不同种类、不同年龄、不同环境条件下,水产动物对饲料蛋白质的利用不同。鲤鱼在缺乏氨基酸时,会引起体质恶化,平衡失调,脊柱弯曲,并严重影响肝胰脏组织。饲料中不含蛋白质时,鳗鱼体重明显下降;饲料中含蛋白质含量为 8.9%时,出现轻微减重;超过 13.4%时,鱼体增重;超过 44.5%时,鱼的生长和蛋白积累几乎不变,并在一定程度上有阻碍作用。可见,饲料中蛋白质含量并非越多越好,饲料中蛋白质含量过多,或饲料中各种氨基酸含量不平衡,不但不经济,而且在一定程度上是有害的。

2.由碳水化合物不足或过多引起的疾病

品种不同,水产动物对碳水化合物的利用情况和需要量不同。如鳟鱼饲料中粗纤维的含量以 5%~6%为最好,其他碳水化合物最高限度为 30%。饲料中碳水化合物的含量过高,将引起内脏脂肪积累,妨碍正常的机能,引起肝脏肿大,色泽变淡,死亡率增加。如果在饲料中添加适量维生素,碳水化合物含量高达 50%,虹鳟的肝脏也无异常。

3.由脂肪不足或变质所引起的疾病

鳟鱼饲料中脂肪的最适量为饲料的 5%左右,虹鳟饲料中缺乏必需脂肪酸,则生长不良，发生烂鳍病。饲料中脂肪添加过量，容易引发脂肪肝病。水产动物饲料中的脂肪应是低熔点的，在低温下容易消化。氧化脂肪产生的醛、酮、酸有毒，鲤鱼摄食了脂肪变质的饲料，一个月后患背瘦病，虹鳟摄食后引起肝发黄、贫血。一般原料成分中的脂肪必须事先抽提，用时再加入。为了防止氧化脂肪的毒性，在饲料中需加入足够量的维生素E。

4.由矿物质缺乏引起的疾病

水产动物能吸收溶解在水中的矿物质，但仅靠水中吸收的一些矿物质是远不能满足需要，因此饲料中必须含有足够的矿物质。一般水中含钙量较高，故饲料中不加钙，对生长影响不大；而磷在饲料中含量应稍高于0.4%，否则生长缓慢。鲤鱼缺乏磷，可引起脊椎弯曲症。虹鳟和红点鲑缺乏碘化钾，可引起典型的甲状腺瘤。虹鳟缺乏锌，生长缓慢，死亡率增加，鳍和皮肤发生糜烂，眼睛发生白内障。

5.由维生素缺乏引起的疾病

维生素在动物体内不能合成，必须从食物中获得。维生素可分为脂溶性维生素和水溶性维生素两类。脂溶性维生素可储存于体内，代谢甚慢，因此可因摄入量较大而发生蓄积性维生素过多症，而代谢较快的水溶性维生素类则未见报道过有这种情况。一种好的饲料应含有维生素A、D、E、K、B_1、B_2、B_6、B_{12}、H、C、烟酸、叶酸、泛酸、胆碱、肌醇等。水产动物对维生素缺乏的反应较小的温血动物为慢，能较长时间在饲料中完全没有维生素的情况下生存。

8.4　中毒

8.4.1　藻类中毒

1.微囊藻中毒

[病因] 微囊藻(*Microcystic* spp.)，主要种类有铜绿微囊藻(*M. areuginesa*)及水花微囊藻(*M. flosaguae*)(图8-2)。其大量繁殖时，水面会形成一层绿色水花，江、浙一带群众称之为"湖靛"，福建称之为"铜绿水"。藻体死后，蛋白质分解产生羟胺、硫化氢等有毒物质，不仅能毒死水产动物，就是牛、羊饮了这种水，也能被毒死。微囊藻喜欢生长在温度较高(最适温度为28.8～30.5 ℃)、碱性较高(pH值8～9.5)及富营养化水中。

[症状] 蓝藻大量繁殖时，晚上产生过多的二氧化碳，消耗大量氧气。白天光合作用时，pH值升到10左右，此时在鱼体硫胺酶的作用下，维生素B_1迅速发酵分解，使鱼缺乏维生素B_1，导致中枢神经和末梢神经系统失灵，兴奋性增加，急剧活动，痉挛，身体失去平衡。

[流行与危害] 微囊藻中毒多发生在连续晴天，藻类大量繁殖后，突然阴天发生藻类大量死亡，或大量使用灭藻剂后使藻类大量死亡，水中氧气含量低时。

[诊断方法] 依急剧活动，痉挛，身体失去平衡等症状进行诊断。

[防治方法]

预防措施：彻底清塘消毒。掌握投饲量，定期加注清水，调节好水的pH值，可控制微囊藻的繁殖。

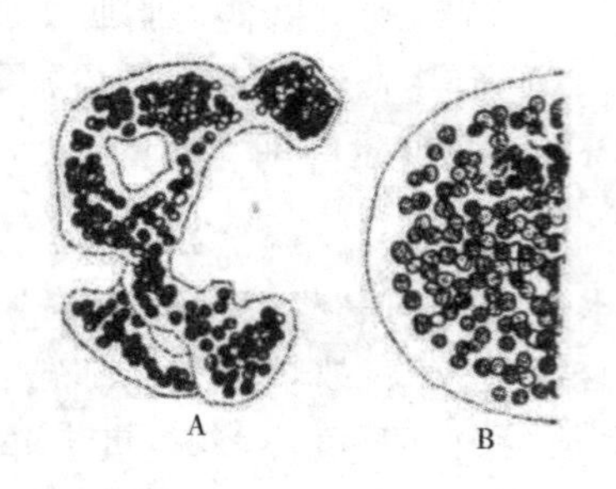

图 8-2　微囊藻
A.微囊藻群体 B.群体的放大

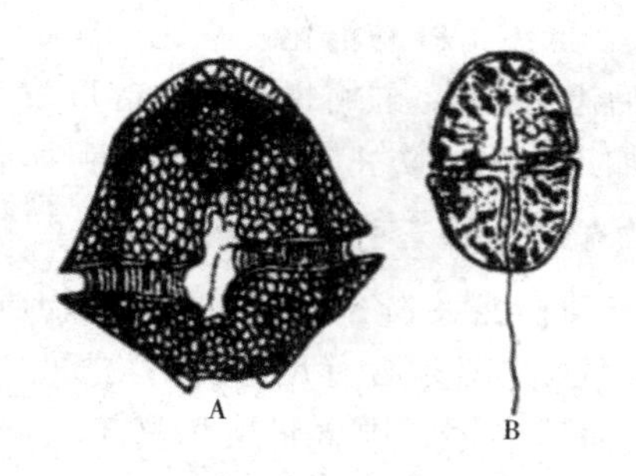

图 8-3　甲藻
A.多甲藻腹面观 B.裸甲藻腹面观

治疗方法：

(1)当微囊藻大量繁殖时，可用 0.7 mg/L 硫酸铜或硫酸铜、硫酸亚铁合剂(5∶2)溶液全池遍撒，撒药后开动增氧机，或在第二天清晨酌情加注清水，以防鱼浮头。

(2)在清晨藻体上浮积聚时，撒生石灰粉，连续 2～3 次，可基本杀死。

2.甲藻中毒

[病因及症状] 主要由多甲藻(*Peridinium* spp.)和裸甲藻(*Gymnodinium* spp.)引起(图 8-3)。

池中甲藻大量繁殖时，池水在阳光照射下，反映出红棕色，称“红水”。甲藻死亡后产生的甲藻素，使鱼类中毒。甲藻喜欢生长在含有机质多、硬度较大、微碱性的水中，以温暖季节较多。甲藻对环境改变很敏感，水温、pH 的突然变化，会引起其大量死亡。

[防治方法]

(1)甲藻大量繁殖时，可及时换水，使池水的温度和水质突然改变，抑制其繁殖。

(2)用 0.7 mg/L 硫酸铜溶液全池遍洒，可有效地杀灭甲藻。

3.三毛金藻中毒

[病因] 由于水中三毛金藻(*prymnesium* spp.)(图 8-4)大量繁殖，产生大量鱼毒素、细胞色素、溶血毒素、神经毒素等，引起鱼类及用鳃呼吸的动物中毒死亡。三毛金藻生长的盐度为 0.6～7.0，在低盐度中较高盐度中为快，水温 −2 ℃时仍可生长并产生危害，30 ℃以上生长不稳定，但在高盐度(盐度为 30)中高温生长仍稳定，pH 值 6.5 能长期存活。

[症状] 中毒初期，鱼急躁不安，呼吸加快，游动急促，方向不定。不久鱼开始向鱼池的背风浅水角落集中，少数鱼静止，排列无规则，受惊即游向深水处，不久返回，鱼体黏液增加，胸鳍基部充血明显，逐渐各鳍基部都充血，鱼体后部颜色变淡，反应更迟钝，呼吸渐慢。随着中毒时间延长，自胸鳍以下的鱼体麻痹、僵直，只有胸鳍尚能摆动，但不能前进，鳃盖、眼眶周围、下颌、体表充血，红斑大小不一，有的连成片，鱼布满池的四角及浅水处，一般头朝岸边，排列整齐，在水面下静止不动，但不浮头，受到惊扰也毫无反应，濒死前出现间歇性挣扎呼吸，不久即失去平衡而死，但也有的鱼死后仍保持自然状态。整个中毒过程，鱼不浮头、不到水面吞取空气，而是在平静的麻痹和呼吸困难下死去。

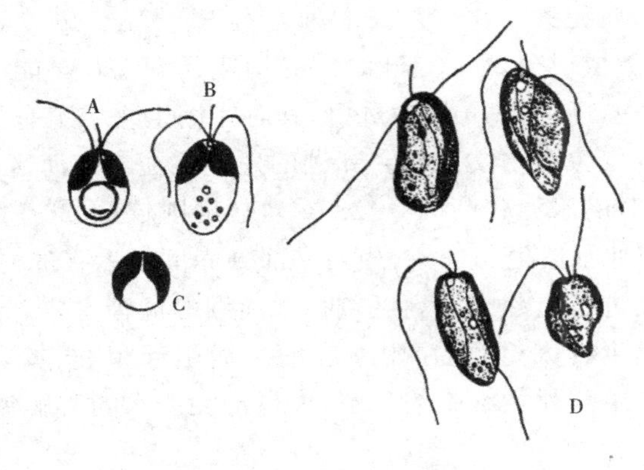

图 8-4　三毛金藻

A,B.小三毛金藻细胞 C.三毛金藻不定群体期 D.舞三毛金藻

[流行与危害] 流行于盐碱地的池塘、水库等半咸水水域,危害鲢、鳙、鳊、草、梭、鲤、鲫、鳗、鳅等多种鱼类及用鳃呼吸的水生动物,自夏花及亲鱼均可受害。一年四季都有发生,主要发生于春、秋、冬季。发病池的池水呈棕褐色,透明度大于 50 cm,溶氧丰富(8～12 mg/L),营养盐贫乏,总氨含量小于 0.25 mg/L,总硬度、碱度高,其他水质条件均适合三毛金藻的繁衍。

[诊断方法] 根据水体颜色、鱼体活动、痉挛等症状可作出判断。

[防治方法]

(1)定期施放尿素、氨水、氮磷复合肥等氨盐类化肥,使总氨稳定在 0.25～1 mg/L。

(2)在 pH 值 8,水温 20 ℃的盐碱地发病鱼池初期,用浓度为 20 mg/L 含氨 20%的硫酸铵或氯化铵或碳酸氢铵等铵盐类药物,或 12 mg/L 尿素溶液全池遍洒,使水中离子氨浓度达 0.06～0.10 mg/L,可使三毛金藻膨胀解体,直至全部死亡。铵盐类药物杀灭效果比尿素为快,故效果更好。但鲻、梭鱼的鱼苗池不能用此方法。

(3)发病初期,全池遍洒 0.3%黏土泥浆水吸附毒素,在 12～24 h 内,中毒鱼类可恢复正常,不污染水体,但三毛金藻不被杀死。

4.赤潮

赤潮是海洋中某些微小的浮游生物在一定条件下暴发性增殖和聚集,而引起海水变色的一种有害的生态异常现象。能形成赤潮的生物称为赤潮生物。在我国沿海发生赤潮的赤潮生物有 30 多种,主要是甲藻类(15 种),其次是硅藻类(7 种)和蓝藻类(4 种)。通常水体颜色因赤潮生物的数量、种类而呈红、黄、绿和褐色等。

[病因] 赤潮发生的原因:

(1)海区富营养化。富营养化是引发赤潮的物质基础。1983 年邹景忠根据我国颁布的渔业水质标准和海水水质标准,同时参考国外文献,提出无机氮 0.2～0.3 mg/L,无机磷 0.045 mg/L,叶绿素 a 1～10 mg/m^3,初级生产力 1～10 mgC/(L·h)作为富营养化的阈值。

(2)具有促进赤潮生物生长的有机物。主要种类有维生素 B_1、B_{12}、和维生素 H,此外还包括 DNA、嘌呤、嘧啶、植物激素等有机物质。

(3)具有某些微量金属元素。比较重要的种类有 Fe、Mn、Mg、Cu、Mo、Co 等。Fe 是藻类细胞色素和许多酶的组成成分,Mg 是叶绿素的构成元素,Co 对能够合成维生素 B_{12} 的蓝藻有增殖促进作用。其中,Fe 和 Mn 最为重要,其对赤潮生物增殖有强烈的刺激作用。

(4)具备特定海域的气象和水文条件。赤潮的发生往往与该海区的温、盐变化状况有密切关系。多数赤潮发生时的水温较高(23～28 ℃),盐度则较低(23～28)。

[危害性] 赤潮是一种自然生态现象,相当一部分赤潮是无害的,然而,近年来赤潮频繁发生和规模不断扩大,其危害引起人们高度重视。赤潮的危害主要有:

(1)窒息死亡。赤潮生物大量繁殖,附着在鳃上而引起鱼类、贝类呼吸困难甚至死亡。同时,赤潮生物在生长繁殖和死亡细胞的分解,大量消耗海水的溶解氧,使海水严重缺氧,海洋动物因缺氧而窒息死亡。

(2)中毒死亡。有些赤潮生物体内及其代谢产物含生物毒素,引起海洋动物中毒或死亡。

(3)环境恶化引起死亡。赤潮发生时海水的理化指标常常超出鱼、虾、贝类的忍受限度,从而引起死亡。

[防治方法] 目前尚无在大水面应用的比较理想的治理方法,因此,对于赤潮现象必须坚持“以防为主”的对策。

预防措施:

(1)重视海域的环境保护工作,控制富营养化物质入海的负荷量,严防污染及富营养化。除了控制污染物质入海总量以外,还应在入海之前先进行污水处理(主要是降低 BOD 和 COD 值),按国家规定的排放标准处理后方可排入海中。

(2)控制海区自身污染。主要途径:一是规划养殖面积的合理布局,避免出现局部过度养殖的局面。二是通过建立生态养殖系统来减轻养殖水体自身污染。

(3)改善富营养化的水体和底质。对富营养化海区可利用不同生物的吸收、摄食、固定、净化、分解等功能,加速各种营养物质的利用与循环来达到生物净化的目的。如养殖海带、裙带菜、紫菜、江离等大型海藻,既可净化水体,又有较高的经济效益。

(4)加强对赤潮发生的预报。每年 5 至 9 月份是赤潮易发季节,加强对气象、水文、理化指标和生物指标的监测与综合分析,及时对赤潮发生的可能性进行预测。

应急措施:

(1)发生赤潮时,不进行排灌水。育苗用水最好用沙滤池滤水或沉淀池的水。

(2)发生赤潮时,养殖海域泼洒硫酸铜杀死害藻,或泼洒黏土、沸石粉等吸附有害物质。

(3)在养殖区周围海底铺设通气管,向上施放大量的气泡,形成一道上下垂直的环流屏障,把赤潮与养殖区隔离开来,达到防御的目的。

(4)发生赤潮时,迅速将养殖网箱转移到未发生赤潮的安全水域。

(5)用塑料薄膜将养殖网箱围起来,防止赤潮生物密水团进入养殖网箱,或网箱下沉到安全水层,但要注意底层的溶解氧较低,可在特定水域注氧。

8.4.2 化学物质中毒

随着工业、农业生产的发展,人口的增加,向养殖水域排放的污水量也日渐增多。污水中含有各种毒物，如不经过处理，必然会引起水产动物中毒、畸形甚至死亡。可见，水体中有害有毒的物质主要来源有两个途径：一是水体内部循环失调所生成并积累的毒物；二是外来物质的侵入，如滥用药物、工业废水、污水。

1.氨中毒

[症状与危害] 水产动物呼吸急促、乱游乱窜、时而浮起、时而下沉、时而跳跃挣扎、游动迟缓、麻痹乏力，体暗、鳃发黑、黏液增多，最后活力丧失，慢慢沉入水底而死亡。氨中毒没有季节、昼夜和天气好坏之分，多见于育苗池、温室、成鱼池、密养池。

[解救措施]

(1)及时加注新水，稀释并降低水中氨氮的浓度，防止中毒加深。

(2)改善水中溶氧状况可促进氨的硝化，使氨转化为硝酸态氮和亚硝酸态氮。

(3)每667 m^3 水体用17 kg食盐遍洒，以阻止氨氮及硝酸态氮继续侵入淡水鱼血液。

(4)用25～50 mg/L沸石粉、麦饭石粉或活性炭遍洒，吸附池底有害气体及有毒物质。

(5)中毒得以缓解后，应对水体加施消毒剂进行杀菌，以防止病菌感染。

(6)施用光合细菌等微生态制剂，降低底质和水质的氨氮量。

2.亚硝酸盐中毒

[症状与危害] 鱼类亚硝酸盐中毒表现为鳃丝充血、肿胀、黏液增多，呈褐色或暗红色，食欲减退，甚至厌食。浮于水面呈缺氧状，内脏往往表现为肝、胆囊肿大。虾类亚硝酸盐中毒主要表现为多数病虾在池塘表面缓慢游动或紧靠浅水岸边，呈现空胃，触动时反应迟钝，尾部、足部和触须略微发红。刚蜕壳的软虾较容易中毒，蜕壳高峰期常出现急性死亡现象。亚硝酸盐中毒的高峰期一般在午后水温升高时或天气突然转暖、大暴雨过后1～2 h更易发生，严重时发生暴发性死亡。

[解救方法]

(1)排换池水，最好是底层排水、排污，上层加注清水。

(2)加强增氧措施，促进亚硝酸盐向硝酸盐的转化，从而降低水体中亚硝酸盐的含量。

(3)使用光合细菌等微生态制剂，降低底质和水质的亚硝酸盐量。

(4)用25 mg/L食盐全池泼洒。

(5)在饲料中添加维生素C。由于维生素C能将高铁血红蛋白还原成铁血红蛋白，因此能在短期内快速解毒。

3.硫化氢中毒

[症状] 鱼鳃呈紫红色，鳃盖和胸鳍张开，鱼体失去光泽，骚动不安，浮于水表层。水中溶解氧，特别是底层溶解氧特别低。严重时可在下风处可以闻到臭鸡蛋味。

解救措施：

(1)及时换水，降低水体中硫化物的含量。

(2)彻底清塘，清除过多含有大量有机质的淤泥。

(3)加强增氧措施，防止硫化物和硫化氢的形成。

(4)杀灭底部厌氧细菌。

(5)避免含有大量硫酸盐的水进入养殖水体。

(6)使用微生态制剂改善水质，降解水体中的硫化物含量。

4.农药中毒

[农药种类] 我国农药品种主要有有机氯、有机磷、有机汞、有机砷、有机硫和其他无机农药等。施放于农田的农药,往往随地面水流入养殖水体,引起水产动物中毒、畸形和死亡。

[症状与危害]

(1)有机氯农药:如六六六,DDT,对水产动物的直接毒害作用没有有机磷农药明显,但其化学性质比有机磷农药稳定,可在各种生物体内积蓄,且有致癌作用,往往造成严重隐患,因此应予以高度的重视。鱼鳃很容易吸收水中的DDT,而在各种组织中积蓄,5 mg/L浓度的DDT残留量能使淡水的鱼苗、鱼种完全不能发育。DDT可引起湖鳟鱼种的食道及鳔被空气膨胀;引起银大麻哈鱼肾变性,食道黏膜下层液泡化,上皮变性,肾上腺皮质坏死。六六六、五氯酚钠可使草、青、鲢、鳙鱼的亲鱼丧失生殖能力。

(2)有机磷农药:鱼类对有机磷农药比对有机氯农药更为敏感,毒害作用更明显。有机磷农药中毒途径主要是通过鱼的呼吸、皮肤接触、吞食受污染饲料等。有机磷农药中毒症状是鱼类表现为麻痹,行动缓慢,体色变黑,骨骼畸形和死亡;此外有机磷还会破坏鱼类的神经系统与生殖机能。有机磷农药引起鱼类骨骼畸形和死亡的原因是鱼脑中的胆碱酯酶活力被有机磷所抑制,若胆碱酯酶活力被抑制70%以上时,鱼就难以生存。

不同有机磷农药对鱼类的毒性不同,对鲢、鲤鱼的毒性顺序是:对硫磷＞杀螟松＞甲基对硫磷＞敌敌畏＞马拉硫磷＞敌百虫＞乐果。马拉硫磷浓度为1.62 mg/L时鱼体第8 d呈弯曲状,阵发性上窜下游,转为昏厥、假死,刺激后急剧螺旋式游动。对硫磷对鱼更为敏感,其浓度为0.094 mg/L时鲤鱼3 d后出现弯体,散群,不活泼,游动缓慢;此外还破坏鱼类的生殖机能。敌百虫浓度为0.9 mg/L时对鱼类胚胎与幼鱼有致畸作用。鱼类大小不同对有机磷农药敏感性也不同。对虾对有机磷农药更为敏感。

(3)有机汞农药:破坏机体神经系统正常生理机能,抑制神经能量的传递和封锁离子的运动。

(4)有机硫农药:代森铵、代森锌、福美砷、敌诱钠等有机硫农药进入动物体内后,主要损害神经系统,先发生兴奋,以后转入抑制。

[防治方法] 建立健全农药法规标准。加强农药管理,建立农药注册制度。禁止和限制某些农药的使用范围。

5.重金属盐类中毒

[种类] 重金属对水产动物的毒性一般以汞最大,银、铜、镉、铅、锌次之,锡、铝、镍、铁、钡、锰等毒性依次降低。

[症状与危害] 重金属离子汞能在鱼体内蓄积,浓缩倍数可达千倍以上,肌肉、肝、肾中含量较高,脾、鳃、性腺、脂肪等器官含量较低。如鱼在含汞0.002 4 mg/L的水中23 d后,肌肉内含汞达3.38 mg/kg,鱼体内汞的蓄积随鱼的年龄和体重的增加而增加。汞对生物的影响,不仅取决于浓度,且与汞的化学状态及生物本身特性有关。重金属离子铅、锌、银、镍、镉等均可与鳃的分泌物结合起来,填塞鳃丝间隙,使呼吸困难。锰、铜可引起鱼类红细胞和白细胞减少。一般在土壤中重金属盐类的含量不多,新开鱼池养鱼没有不良影响;但有些地方重金属盐类的含量较高,新挖鱼池饲养鱼种常患弯体病,病鱼游动不自如、生长缓慢、鱼体瘦弱,严重时可引起死亡。

重金属对水产动物的毒害有内毒和外毒两方面。内毒为重金属通过鳃及体表进入体内，与体内主要酶类的必要基(—HS)中的硫结合成难溶的硫醇盐类，抑制了酶的活性，妨碍机体的代谢作用，引起死亡。同时硫醇盐本身也有一定毒性。在鳃部存在的呼吸酶类，如琥珀酸脱氢酶，可能也直接与致毒有关。外毒为重金属与鳃、体表的黏液结合成蛋白的复合物，覆盖整个鳃和体表，并充塞鳃瓣间隙里，使鳃丝的正常活动发生困难，鱼窒息而死。

[防治方法]

(1)加强监测工作，严禁未经处理的污水及超过国家规定排放标准的水排入水体。

(2)进行综合治理，主要有物理方法(包括沉淀法、过滤法、曝气法、稀释法、吸附等法)、化学方法和生物学方法三种。

6.酚中毒

[症状与危害] 酚类物质能引起鱼鳃发炎致死，使循环系统发生混乱，酚对神经系统也有影响。酚中毒表现可分四个阶段：

(1)潜伏期：鱼开始不安，尾柄颤动。

(2)兴奋期：鱼全身出现强力颤动，呼吸不规则，并出现痉挛及阵发性冲撞。

(3)抑制期：鱼失去平衡，或仰游，或滚动。

(4)致死期：鱼进入麻痹昏迷状态，侧身躺在水底，呼吸微弱，以致死亡。

不经处理的高浓度含酚废水进入养殖水体后，可引起养殖鱼类大批死亡。鱼类致死主要原因是养殖水体被含酚废水污染，废水中有机物消耗大量溶解氧，当水中溶解氧降至2 mg/L以下和酚含量达5 mg/L时，可致大批鱼类缺氧和中毒死亡。酚在体内能产生积累作用，使鱼肉产生异味(煤油味)，以致不能食用。

[防治方法]

预防措施：水产养殖场应具备水域环保意识，经常关注上游企业排污情况。环保部门、渔业水质监测站要严密监控上游水质变化，加强水域的监测工作，及时准确传递污水下泄信息，有效防止养殖场鱼类污染中毒。

治疗方法：发生含酚废水鱼类中毒，应立即切断污染水源，大量更换新水，以缓解中毒症状。中毒初期可用鱼体重0.3‰～0.5‰过氧化钙全池泼洒，短期内直接有效增加水中溶解氧，防止酚毒性增大。

在自然界，水体的污染很少是单一成分的，一般都是综合性的，两种或多种污染物混合在一起，对水产动物的影响更大，死亡率更高。

8.4.3 食物中毒

1.绿肝病

[病因] 原因有两种：一种是饲料中毒；另一种是孢子虫寄生堵塞了胆管。

[症状] 由饲料中毒引起的绿肝病的病鱼肝脏有绿色斑纹，胆汁呈暗绿色甚至黑色，变稠。严重时肝脏变绿色的部分又变为黑色，并且局部发生脂肪肝或坏死。

[诊断方法] 解剖病鱼，观察肝和胆汁的变化。

[流行与危害] 主要发生与真鲷和鰤鱼的幼鱼(体长2.5 cm以下)，鰤鱼发病季节为夏

季至秋初，真鲷多发生低水温期，大批死亡较少见。

［防治方法］

预防措施：投喂新鲜饵料预防。

治疗方法：投喂鲜饵，减少投喂量，并在饲料中添加多维、葡萄糖醛酸内脂等药物。

2.中毒性鳃病

［病因］饲料鱼腐败分解后产生的毒素使养殖鱼类中毒。

［症状］体表发红，鳃变深红色，鳃瓣变软、坏死，甚至脱落。

［诊断方法］咨询投饵情况，结合病症诊断。

［流行与危害］主要发生于2龄的鰤鱼，多发生在夏、秋高温季节，危害大。

［防治方法］不喂变质饲料鱼。停食1～5 d再投少量鲜鱼，并加葡萄糖醛酸内脂和多维。

3.黄脂病

［病因］吃了投喂脂肪变质的饲料。

［症状］病鱼体内的脂肪组织变黄，呈黄褐或黄红色，内脏和腹膜粘连。

［流行与危害］大龄真鲷易发此病，无明显季节性，生病后不易恢复。

［诊断方法］食欲不振，脂肪变色，内脏粘连。

［防治方法］预防措施主要是投喂新鲜的并且含脂肪较少的饲料鱼，尚无治疗方法。

4.抗菌素或其他化学治疗剂中毒

如果将抗菌素或其他化学治疗剂在饲料中长期投喂，易使鱼发生中毒的病理变化。如磺胺类药物可使肾管坏死。有些抗生素长期使用后使血液生成减少等。

5.营养性白内障

长期以动物内脏投喂鲑科鱼类，可引起白内障，可能是维生素 B_2 缺乏或缺锌；饲料中若含硫代乙酰胺等致癌物质时也可引起白内障。

本章小结

本章主要介绍机械损伤、水质不良、饥饿与营养不良、中毒等引起的非寄生性疾病。要求了解机械损伤、感冒与冻伤的原因与防治方法；掌握泛池、气泡病、畸形病、厚壳病的病因、症状与防治方法；掌握跑马病、萎瘪病、软壳病的原因、症状与防治方法；了解营养不良病的原因与防治方法；了解藻类中毒的原因与防治方法；掌握氨、亚硝酸盐、硫化氢、农药、重金属盐类和酚等化学物质中毒的症状与解救方法。

思考题

1.名词解释：泛池、赤潮

2.防止机械损伤的方法有哪些？

3.水质不良引起的疾病有哪些？

4.泛池的原因有哪些？有何症状？如何防治？
5.气泡病怎样引起？有何症状？如何防治？
6.畸形病怎样引起？有何症状？如何防治？
7.厚壳病怎样引起？有何症状？如何防治？
8.饥饿引起的疾病有哪些？有何症状？如何防治？
9.藻类中毒引起的疾病有哪些？有何症状？如何防治？
10.简述赤潮产生的原因、危害与防治方法
11.简述水产动物中毒的原因。
12.化学物质中毒引起的疾病有哪些？
13.简述氨中毒的症状与解救方法。
14.简述亚硝酸盐中毒的症状与解救方法。
15.简述硫化氢中毒的症状与解救方法。
16.简述鱼类酚中毒的症状。
17.食物中毒引起的疾病有哪些？如何防治？

第 9 章　敌害生物

水产动物的敌害种类较多，它们不但残害或捕食水产动物苗种，还与水产动物争夺天然饵料和商品饲料，消耗水中养料，影响浮游生物的生长繁殖，对水产养殖业有不同程度的影响。水产动物的敌害主要有藻类、水生昆虫及其他敌害生物。

9.1　藻类

9.1.1　青泥苔

［危害］鱼苗和早期夏花鱼种游入青泥苔，往往被乱丝缠住游不出来而造成死亡。鱼池中如有大量的青泥苔，不仅直接危害鱼苗和早期夏花鱼种，也消耗池中养料，使池水变瘦，鱼苗所需饵料生物不能大量繁殖，影响鱼苗的生长。青泥苔包括星藻科中的水绵（*Spirogyra*）、双星藻（*Zygnema*）和转板藻（*Mougeotia*）三属的一些种类（图 9-1）。春季随水温逐渐上升，青泥苔在池中浅水部分开始萌发，长成一缕缕绿色的细丝，矗立在水中。衰老时丝体断离池底，浮在水面，形成一团团乱丝。

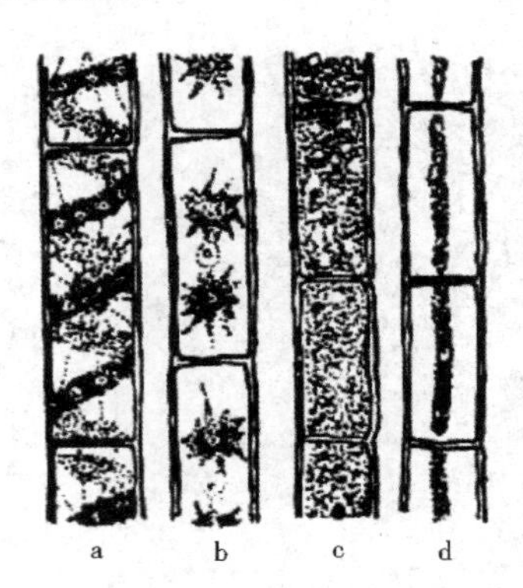

图 9-1　青泥苔

a.水绵 b.双星藻 c.转板藻 d.转板藻侧面观

［防除方法］

（1）用生石灰清塘，可以杀灭青泥苔。

（2）放养前，每 667 m^2 水面用 50 kg 草木灰撒在青泥苔上，使它得不到阳光而死亡。

（3）用 0.7 mg/L 硫酸铜溶液全池遍洒，可有效地杀灭养殖池中的青泥苔。

9.1.2　水网藻

[危害] 水网藻与青泥苔的危害方式基本一样，且比青泥苔更严重。水网藻(*Hydrodictyon reticulatum*)是一种绿藻，隶属于水网藻科(图 9-2)。藻体是由很多长圆筒形细胞，相互连接构成的网状体，每一"网孔"由 5 或 6 个细胞联结而成，由于集结的藻体像渔网。鱼池中水网藻数量多的时候，像张在水中的许多罗网，鱼苗误入罗网后，往往游不出来而死亡。水网藻在我国分布很广，它喜生长在浅水沟和池塘里，尤其是含有机质丰富的肥水中，繁殖很快，用茶饼清塘的鱼池，能促使它大量繁殖。

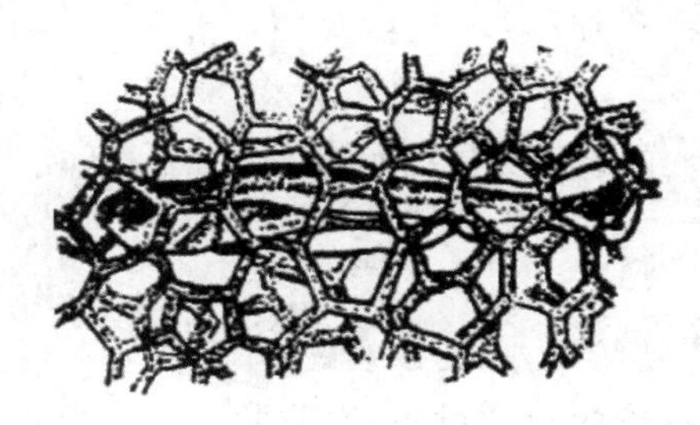

图 9-2　水网藻

[防除方法] 与防除青泥苔的方法相同。

9.2　水生昆虫

9.2.1　水蜈蚣

[危害] 水蜈蚣捕食鱼苗、鱼种。

水蜈蚣又称水夹子，是江苏、浙江、湖北等地渔农对龙虱科的龙虱(*Cybister chinensis*)、灰龙虱(*Eretes sticticus*)、缟龙虱(*Hydaticus*)等水生昆虫幼虫的总称(图 9-3)。龙虱科的成虫和幼虫均为肉食性。龙虱的体形呈椭圆形，长约 4 cm，宽约 2 cm，除触角、足、前胸两侧和鞘的边缘为黄褐色外，其余都是黑褐色。头部有复眼一对，圆形，黑色，触角丝状，11 节，鞘翅有纵列黑点 3 条，雌的比雄的明显。后足基节和腿节粗大，胫节短而粗，跗节 5 节，侧扁，密生长毛。白天潜伏池边，捕食苗种，夜间常飞入空中，转落他池。灰龙虱比龙虱小，长约 1.4 cm。水蜈蚣(龙虱幼虫)的体形为长圆柱形，具有一对钳形大颚，很像蜈蚣的毒螯，因而得名。头部略圆，两侧各具有黑色单眼 6 个，触角 4 节，躯干 11 节，前 3 节为胸节，各具足 1 对，后 8 节为腹节，末端具有尾毛 2 条。成长的幼体约 3 cm 长，常倒悬，使尾端露出水面，进行呼吸。水蜈蚣用大颚夹住鱼苗，吸食其体液，遇到同类也互相蚕食，极凶猛。一只水蜈蚣一夜之间可夹死鱼苗 16 尾之多，对鱼苗危害很大，3 cm 以上的夏花，受害较轻。

[防除方法]

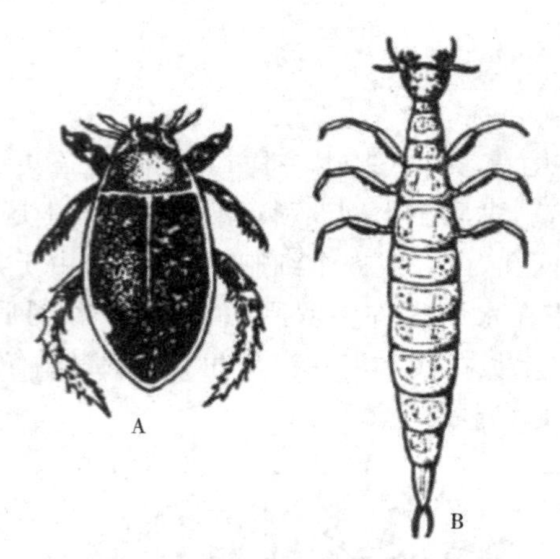

图 9-3　龙虱及其幼虫(仿《鱼病学》)
A.龙虱 B.幼虫

(1)放苗种前用生石灰干塘清塘,杀死水蜈蚣。

(2)注入新水时,入水口要安装过滤设施,以防龙虱和水蜈蚣进入鱼池。

(3)用浓度为 0.3～0.5 mg/L 的 90%晶体敌百虫溶液全池遍洒,可杀死水蜈蚣。

9.2.2　其他水生昆虫

1.红娘华(又称小蝎子)

红娘华(*Laccotrephes japonensis*)属蝎蝽科(图 9-4A)。体长约 3.5 cm,黄褐色,头小,复眼一对,突出。前翅大部为革质,后翅膜质。前足镰状,腿节膨大,基部有一棘状革起,跗节一节,适于捕捉。其余两对足细长。尾端有条约与体长相等的针状呼吸管,体常倒悬,使呼吸管露出水面,进行呼吸。红娘华在我国分布很广,捕食危害鱼苗。

2.水斧虫(又称中华水斧,螳蝽,水螳螂)

水斧虫(*Ranatra chinensis*)属蝎蝽科(图 9-4B)。体长约 4 cm,细而长,暗黄褐色,头小,复眼突出,黑色有光。前足黄色,镰形,基节很长,腿节略膨大,跗节小。其余两对足细长,尾端有一对和身体等长的呼吸管。夜间常飞至陆上或转落他池,分布很广,捕食鱼苗。

3.田鳖(又称河伯虫)

田鳖(*Kirkaldyia deyrollei*)属负子蝽科(图 9-4C)。体形为扁椭圆形,长约 6.5 cm,色暗褐,头小,呈三角形,触角短,4 节,复眼大,绿褐色,前足腿节粗大,跗节一节很短,末端有一个强大的爪,中足和后足各有两个长爪。前足适于捕捉,中足、后足扁平,适于游泳。腹部,末端有个短而能自由伸缩的呼吸附属器。常捕食鱼苗、小鱼和其他水生昆虫,在我国分布较广。

4.水虿

水虿是蜻蜓目昆虫的幼虫,生活在水底,在水中生活的时间长短不一,少者一年,多者 7

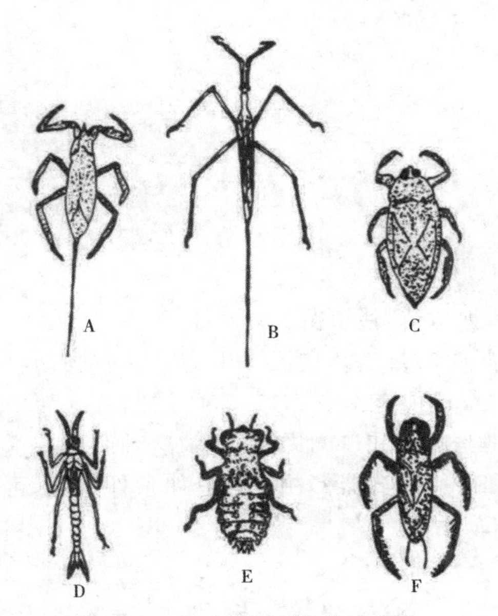

图 9-4　水生昆虫(仿《鱼病学》)
A.红娘华 B.水斧虫 C.田鳖 D.水蚕(束翅亚目) E.水蚕(差翅亚目) F.松藻虫

～8年,才能羽化为成虫。一般分两类,一类属于差翅亚目(*Anisoptera*)和兼翅亚目的幼虫(图 9-4E),虫体粗短,能捕食鱼苗和其他小动物,对鱼苗危害较大。另一类属于束翅亚目(*Zygoptera*)的幼虫(图 9-4D),虫体细长,这类幼虫通常不捕食鱼苗。

5.桂花蝉

桂花蝉(*Lethocerus indicus*)属负子蝽科,体形类似田鳖而较大,体长约 7.4 cm,前足腿节特别粗大,捕食鱼苗、小鱼和其他小动物,分布于我国南部各地。

6.松藻虫(又称仰游虫)

松藻虫(*Notonecta triguttata*)隶属仰游蝽科(图 9-4F)。体长约 1.3 cm,色暗黄,有黑斑。头短,复眼大,暗褐色,前胸部能运动,前翅基部革质,其余为膜质,后翅膜质。中足腿节末端近内侧具棘齿,后足长大,胫节、跗节扁平,有缘毛。腹面密生长毛,毛隙含有空气,供呼吸之用。常仰腹游泳,捕食鱼苗。

[防除方法]

(1)用生石灰彻底清塘,一般能杀死水生昆虫。

(2)用浓度为 0.3～0.5 mg/L 的 90%晶体敌百虫溶液全池遍洒,能有效地杀灭水蚤。但有许多昆虫会飞翔,清塘后要防止昆虫进入鱼池,有一定困难。

(3)在拉网锻炼鱼苗时,泼入少许煤油,使水生昆虫触到煤油而死亡。

9.3 其他敌害

9.3.1 水螅

[危害] 水螅用触手捕捉鱼苗,使鱼苗致死。

水螅(*Hydra* spp.)(图 9-5)是生活在淡水中的一种腔肠动物。虫体细筒形,一端附着在基物上,另一端隆起如丘,丘顶有一孔为口,口的周围有细而中空的触手,一般 5～6 条。身体上有许多刺细胞,特别是触手和口的周围较多,这种刺细胞受刺激时,会突然射出刺丝并排出毒液,是水螅攻击和防御的武器。在池塘里如条件适宜,可大量繁殖,水螅也以小型甲壳类、昆虫幼虫、蠕虫等为食。

图 9-5 水螅捕食草鱼苗的情形
(仿《鱼病学》)

[防除方法]

(1)将池中水草、树枝、石头等基物清除,使水螅没有栖息场所,可以减少其危害。

(2)用 0.7 mg/L 硫酸铜溶液全池遍洒,可杀灭水螅。

9.3.2 螺蚌类

螺类和蚌类均属软体动物(图 9-6),生活于淡水、海水中螺蚌类,有些种类是水产经济养殖对象,如三角帆蚌、合浦珠母贝等;有些种类可作为青鱼、鲤鱼等水产养殖动物的天然饵料;但有些种类大量繁殖时也会对水产动物的养殖带来不利的影响。

[危害]

(1)抢食鱼苗种的天然饵料和商品饲料。螺类喜食豆浆和豆饼的碎粒,这是与幼鱼争夺食料的显著例子。蚌类以浮游生物为食料,流经蚌类入水孔中的水中生物都被消化利用,据粗略统计,每天流经一个蚌的水可达 40 升之多。因此,螺、蚌类大量繁殖时,使池水很快变

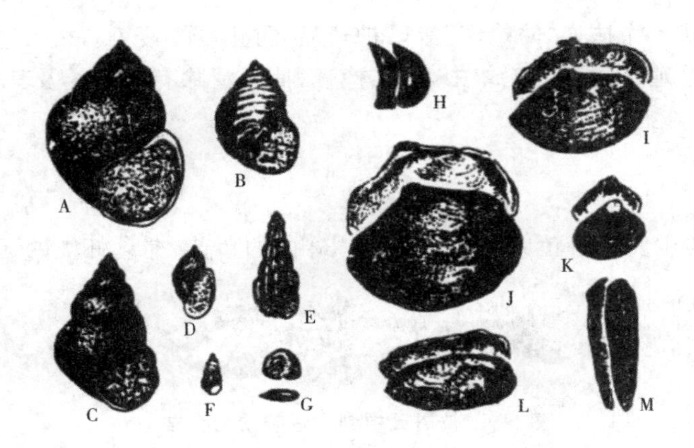

图 9-6　池塘和湖泊中常见的螺蚌类(仿《鱼病学》)
A.田螺 B.旋纹螺 C.湖螺 D.耳状萝卜螺 E.乌螺 F.钉螺 G.扁螺
H.淡水壳菜 I.湖蚌 J.圆蚌 K.黄蚬 L.杜氏蚌 M.长蚌

瘦,浮游生物数量大大下降。同时,由于螺、蚌消耗水中溶氧,影响鱼苗种的生长。

(2)病原体的携带者。螺蚌类是复殖吸虫的中间寄主,如椎实螺是血居吸虫和双穴吸虫的中间寄主,湖螺是侧殖吸虫的中间寄主,淡水壳菜是鳊盾腹吸虫和福州道佛吸虫的中间寄主。黄蚬体上常有很多车轮虫寄生,这些车轮虫可能感染鱼类,而黄蚬就成为鱼类车轮虫病的传播者。

(3)捕食养殖贝类。主要指海产种类。蛎敌荔枝螺(*Purpura gradata*)(图 9-7)分泌酸液使贻贝穿孔,麻痹贻贝使其开壳后食其内脏团,并喜食牡蛎的幼贝。玉螺(*Natica*)(图 9-8)以其外套膜将捕食的贝类包围起来,然后由穿孔腺分泌液体溶解贝壳,再将吻伸入贝壳内,食其肉,玉螺喜食蛏、杂色蛤仔、牡蛎、泥蚶等,造成严重损失。章鱼(*Octopus*)通常于夜间在海涂上觅食,用腕的尖端试探海涂上的洞穴,若遇到珍珠贝、扇贝、蛤仔、缢蛏、鲍等便用腕捉住,拉开双壳,吞食其肉,造成危害。

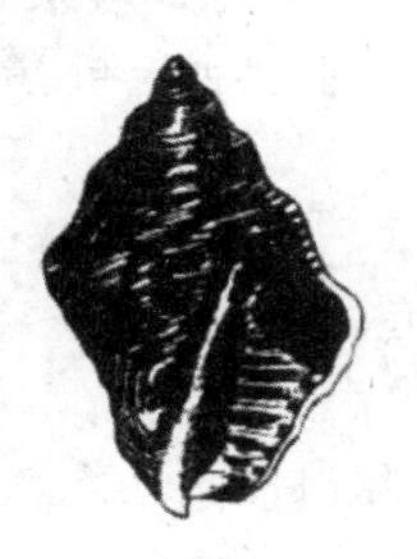

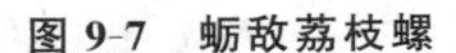

图 9-7　蛎敌荔枝螺

图 9-8　斑玉螺

[防除方法]

(1)养殖池要彻底清池消毒,杀灭池中的螺蚌类。

(2)施用发酵的粪肥,使寄生虫卵被杀灭于发酵过程中。

(3)在血吸虫病流行区或进行经常性的鱼池饲养管理工作的人员,下水作业时,应穿橡皮防水裤，或在皮肤上涂抹如"防蚴宁"等防护药品，防止尾蚴侵染。

(4)海水贝类养殖日常管理工作中，加强检查，捕捉清除有害螺类及其他敌害生物。

9.3.3 桡足类

［危害］桡足类主要残害鱼卵和孵化后4～5d内的鱼苗、捕食虾类的无节幼体(图9-9)。

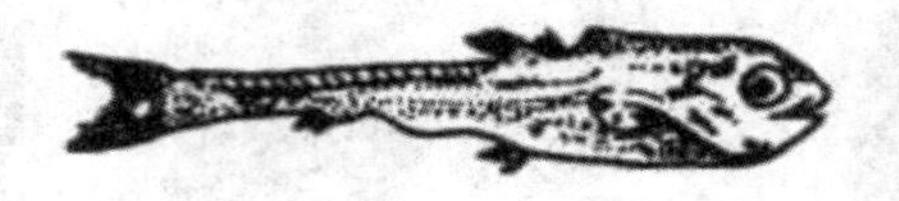

图9-9 被屠氏中剑水蚤咬伤的鱼苗

浮游桡足类种类繁多，是鱼、虾类的良好饵料。但有些种类会危害鱼苗和虾类的无节幼体。淡水中常见的桡足类有屠氏中剑水蚤[*Mesocyclops* (Thermocyclops) *dybowskiilande*]、丘邻剑水蚤(*Cyclops vicinus Uljanin*)、长刺温剑水蚤(*Thermocyclops oithonoides*)和萨氏中镖水蚤(*Sinodiaptomus sarsi*)；海水中常见的桡足类有捷氏歪水蚤(*Tortanus derjugini*)、双刺唇角水蚤(*Labidocera bipinata*)和左突唇角水蚤(*Labidocera sinilobata*)等。

［防除方法］

(1)加强育苗池进水时的过滤，必须用孔径小于85 μm的筛绢做滤水网，才能将这些水蚤的卵子及幼虫滤住。

(2)作为"发塘"的鱼池，一定要用生石灰等药物进行彻底清池。

9.3.4 鱼类

［危害］凶猛鱼类在养殖水体中大量吞食鱼类的鱼苗和幼鱼、虾类的幼体和幼虾、贝类的幼体和成贝。还与鱼类、对虾、贝类争夺饵料与氧气。常见的淡水凶猛鱼类有鳡鱼、尖头鳡、鳜鱼、乌鳢、鲶鱼、黄颡鱼等，海水凶猛鱼类有鲈鱼、鲷类、弹涂鱼、刺鰕虎鱼、马鲅鱼、黄姑鱼、鳐鱼、狼牙鰕虎鱼、蛇鳗、须鳗、豆齿鳗等。

［防除方法］

(1)放养前用生石灰等药物彻底清塘，杀灭野杂鱼，进水时用2～3层拦网拦滤，拦网的网目一般为40～60目。

(2)在鱼种饲养阶段，可结合拉网锻炼鱼种时，清除肉食性鱼类。

(3)在湖泊、河道中进行精养时，可采用特殊渔具清除害鱼。

(4)已放养虾类的虾池中如果发现鱼类，可用15～20 mg/L茶饼毒杀，先用水浸泡12 h，然后全池泼洒，泼后注意开增氧机增氧。

(5)按每667 m^2 蛤埕上撒茶饼5 kg(捣碎在涨潮前遍洒)均可杀除蛇鳗、须鳗、豆齿鳗等食贝鱼类。

9.3.5 蛙类

[危害] 蛙类的成体能捕食鱼苗,蝌蚪幼体消耗水中溶氧,抢食饵料,吞食鱼苗,并可成为某些疾病病原的携带者和传播媒介。

蛙类属蛙科,一些蛙类的成体和蝌蚪对养鱼养虾业有一定的危害。常见的种类有黑斑蛙、虎纹蛙、金线蛙、泽蛙等。

[防除方法]

(1)放养鱼、虾苗前,用生石灰等药物彻底清塘,杀灭蛙卵及蝌蚪。

(2)在蛙类繁殖季节,早晨将漂浮于水面的蛙卵团块及时用捞海捞除。

(3)拉网锻炼鱼苗种时,将蝌蚪捞除。

(4)已放养虾苗的池塘,如发现有大量蝌蚪,可用茶饼水全池遍洒,使池水浓度达到15～20 mg/L,但泼完后要注意增氧。

9.3.6 鸟类

[危害] 鸟类猎食鱼类、虾类和双壳贝类等,有些鸟类还是某些鱼类寄生虫的终寄主,可传播病原体,造成疾病的流行。常在水滨生活,对鱼、虾、贝类危害较大的鸟类有鸬鹚(*Phalacrocorax carbo sinensis*)、苍鹭(*Ardea cinerea retirostris*)、池鹭(*Ardeola bacchus*)、鹗(*Pandion halixetus*)、红嘴鸥(*Larus ridibundus*)、翠鸟(*Alceso atthis*)、燕鸥(*Sterna hirundo*)、蛎鹬(*Haematopus*)、绿头鸭(*Anas*)等。

[防除方法] 可用草人恫吓。

除上述敌害外,尚有水蛇(*Enhydris chinensis*)和水獭(*Lutra lutra*)。水蛇属有鳞目,游蛇科,水蛇大部分时间生活于水中,在湖泊、水库、江河、塘堰、水沟等水体中及其附近都可找到,主要捕食鱼类和两栖类,鱼池中的幼鱼常受它的侵害,但因数量不多,危害程度较轻。水獭又名水狗、獭,属哺乳类食肉动物,为半水栖兽类,常昼伏夜出,听觉、视觉、嗅觉都敏锐,主要以鱼为食,对塘堰养鱼危害较大。由于水獭是珍贵的毛皮兽,经济价值相当高,故应合理地进行猎捕,不应任意捕杀。

本章小结

本章主要介绍藻类、水生昆虫、水螅、螺蚌类、桡足类、鱼类、蛙类、鸟类等敌害生物对水产动物的危害。要求了解各种敌害生物对水产动物的危害情况;掌握防除各种敌害生物的方法。

思考题

水产动物常见的危害较大的敌害生物有哪些?其危害性如何?怎样防除?

第10章　水生动物无害化处理与疫情报告

10.1　水生动物无害化处理

无害化处理是水生动物防疫工作的一项重要内容，若处置不当，就有可能留下疫源隐患，对公共环境和卫生安全造成潜在威胁。

10.1.1　水生动物无害化处理的意义

1.病死水生动物和病害水生动物产品的含义

病死水生动物是指染疫死亡、因病死亡、死因不明或者经检验检疫可能危害人体或者动物健康的死亡水生动物。

病害水生动物产品是指来源于病死水生动物的产品，或者经检验检疫可能危害人体或者动物健康的水生动物产品。

2.水生动物无害化处理的含义

水生动物无害化处理是指用用物理、化学等方法处理病死水生动物、病害水生动物产品，消灭其所携带的病原体，消除疫病扩散危害的过程。

通过规范水生动物无害化处理操作技术，以达到彻底消灭病原、切断传播途径、阻止病原扩散，保障动物产品质量安全的目的。

3.水生动物无害化处理的意义

病死水生动物、病害水生动物产品无害化处理技术的研究与开发，是一项系统工程。对病死水生动物和病害水生动物产品进行无害化处理是动物防疫法律法规的要求，事关水产养殖业生产安全、动物源性食品安全、公共卫生安全和生态环境安全。

水生动物无害化处理的意义在于：

一是彻底消灭病原生物，达到预防、控制和扑灭水生动物疫病的目的。

二是改变随意丢弃，挖坑掩埋等粗放处理方式，防止病原生物和有害物质污染空气、水源、土壤和场所等。

三是进一步提高水产品质量安全，保障人体健康。如果对已死亡、携带病原菌的水生动物处理不当，就会对公共环境和公共卫生安全构成严重威胁。

四是提高废物利用率。病死水生动物、病害水生动物产品经过无害化处理，可加工成饲料、工业油、肥料或其它制品等。

10.1.2　水生动物无害化处理的要求

从事水生动物饲养、水生动物和水生动物产品防疫有关的活动应当符合农业农村部2022年第8号公布实施的《动物防疫条件审查办法》规定。

1.水生动物饲养场无害化处理场所的要求

水生动物饲养场无害化处理场所应当符合下列条件：

(1)场所的位置与居民生活区、生活饮用水水源地、学校、医院等公共场所之间保持必要的距离；

(2)场区周围建有围墙等隔离设施；场区出入口处设置运输车辆消毒通道或者消毒池，并单独设置人员消毒通道；生产区和生活区分开；具有相对独立的动物隔离舍；

(3)配有水生动物防疫技术人员；

(4)配备与其生产经营规模相适应的污水、污物处理设施，清洗消毒设施设备；

(5)建立隔离消毒、购销台账、日常巡查等动物防疫制度。

(6)设置配备疫苗冷藏冷冻设备、消毒和诊疗等防疫设备的兽医室。

(7)配备符合国家规定的病死水生动物和病害水生动物产品无害化处理设施设备或者冷藏冷冻等暂存设施设备；

(8)建立免疫、用药、检疫申报、疫情报告、无害化处理、畜禽标识及养殖档案管理等水生动物防疫制度；

(9)孵化间与养殖区之间应当设置隔离设施，并配备种蛋熏蒸消毒设施，孵化间的流程应当单向，不得交叉或者回流。

2.水生动物和水生动物产品无害化处理场所的要求

水生动物和水生动物产品无害化处理场所除了应当符合上述水生动物饲养场无害化处理场所规定的(1)～(5)条件外，应当符合下列条件：

(1)无害化处理区内设置无害化处理间、冷库；

(2)配备与其处理规模相适应的病死动物和病害动物产品的无害化处理设施设备，符合农业农村部规定条件的专用运输车辆，以及相关病原检测设备，或者委托有资质的单位开展检测；

(3)建立病死动物和病害动物产品入场登记、无害化处理记录、病原检测、处理产物流向登记、人员防护等动物防疫制度。

10.1.3　水生动物无害化处理的方法

1.出现下列情况需进行无害化处理

(1)水源污染。水产养殖区水源受到含有有毒、有害物质的污染；

(2)投入品污染。水产养殖过程中使用了含有毒、有害物质的饲料、肥料和禁用药品等。

(3)病害导致死亡。水产养殖过程中发生水生动物疾病导致大量死亡。

(4)自然灾害导致大量死亡。高温、冰冻、地震等自然灾害引起水生动物的大量死亡。

2.水生动物无害化处理方法

水生动物无害化处理具体可参见水产行业标准《病死水生动物及病害水生动物产品无害化处理规程》(SC/T 7015-2022)。该规范文件适用于国家规定的病死水生动物、病害水生动物产品、依法扑杀的染疫水生动物,及其他需要进行无害化处理的水生动物及其产品。

水生动物无害化处理方法主要有收集、高温法、深埋法、焚烧法、化尸池法、化学处理法、水体消毒与工具消毒等。

(1)收集

收集病死水生动物、病害水生动物产品、依法扑杀的染疫水生动物等无害化处理对象并称重,然后运送到远离水源、河流、养殖区和居住区的地点进行集中处理。

注意事项:水体和底泥中的病死水生动物应及时捞清,以防经浸泡和太阳照射,滋生传染性病菌,污染空气和水源。

(2)高温法

高温法是在常压或加压条件下,利用高温处理病死水生动物、病害水生动物产品使其变性的方法。少量病死水生动物、病害水生动物产品,采用高温法杀死病菌,控制传染源。

处理方法:先对处理对象进行破碎等预处理,处理物或破碎物体积(长×宽×高)≤125 cm^3(5 cm×5 cm×5 cm),将待处理对象或破碎产物放入普通锅内煮沸 1h(从水沸腾时算起),或将待处理对象或破碎产物放入密闭高压锅内,在 112 kPa 压力下蒸煮 30 min。

注意事项:盛放待处理水生动物的器具应进行消毒处理;产生的废水应经污水处理系统处理,达到 GB8978 的要求。

(3)深埋法

深埋法是按照相关规定,将病死水生动物、病害水生动物产品投入深坑中并用生石灰等消毒,用土层覆盖,使其发酵或分解的方法。对自然灾害或疫情暴发等原因产生的大量病死水生动物、病害水生动物产品,采用普通的深埋处理即可。掩埋地应符合国家规定的动物防疫条件,远离居民生活区、生活饮用水水源地、学校、医院等公共场所,应与水生动物养殖场所、饮用水源地、河流等地区有效隔离。

处理方法:先挖一深埋坑,坑底应高出地下水位 1.5 m 以上,以防渗漏;坑底铺垫 2~5 cm 厚生石灰或漂白粉等消毒药;将处理对象分层放入,每层 15~20 cm;每层加生石灰或漂白粉等消毒药覆盖,消毒药重量应大于待处理物重量;坑顶部最上层距离地表 1.0 m 以上,用土填埋;立即用消毒药对深埋场所进行彻底消毒。

注意事项:深埋坑体容积以处理水生动物尸体及其产品数量确定;深埋覆土不要太实,以免尸腐产气造成气泡冒出和液体渗漏;深埋后,在深埋处设置醒目的警示标识;每周消毒 1 次,连续消毒 3 周以上。

(4)焚烧法

焚烧法是在焚烧容器内,将病死水生动物、病害水生动物产品在高温(≥850 ℃)条件下热解,使其生成无机物的方法。对自然灾害或疫情暴发等原因产生的大量病死水生动物、病害水生动物产品,可采用焚烧法进行彻底销毁,以免水生动物对环境产生严重污染。

处理方法:用焚尸炉焚烧或浇注汽油焚烧,烧毁炭化处理后还要进行掩埋工作。

(5)化尸池法

焚烧法是采用顶部设置投放口的水泥池等密封容器,将病死水生动物、病害水生动物产品投人,应用发酵、消毒等处理使其分解的方法。对自然灾害或疫情暴发等原因产生的大量病死水生动物、病害水生动物产品,也可采用化尸池法进行无害化处理。

处理方法:将待处理对象逐一从投放口投入化尸池,有塑料袋等外包装物的,应先去除包装物后投放,投放完毕后,关紧投放口门并上锁。

(6)化学处理法

在密闭的容器内,将病死水生动物、病害水生动物产品用甲酸或氢氧化钠(氢氧化钾)在一定条件下进行分解的方法。对自然灾害或疫情暴发等原因产生的大量病死水生动物、病害水生动物产品,也可采用化尸池法进行无害化处理。

(7)水体消毒

发生水生动物大量死亡的养殖水体排放时必须进行消毒处理,达到国家废水排放标准后,方可向自然水域排放。

消毒方法:用 20 mg/L 漂白粉溶液全池遍洒。

(8)工具消毒

在打捞、运输、装卸等无害化处理环节要避免撒漏,并对所用工具进行消毒。工作人员用过的手套、衣物及胶鞋均应严格消毒。

消毒方法:运输工具用 500 mg/L 的漂白粉溶液喷洒消毒;捕捞工具及包装用有效氯含量≥200 mg/L 的消毒剂进行浸泡;靴子和鞋底用有效浓度为 200～250 mg/L 的聚维酮碘浸泡消毒或用有效氯为 200 mg/L 的氯制剂浸泡 25 min 消毒;手清洁后直接喷洒 70%酒精溶液消毒,或在佩戴无菌乳胶手套后再喷洒 70%酒精溶液消毒。

10.1.4　水生动物无害化处理操作程序

1.感染水生动物(病体)的无害化处理操作程序

带上桶、捞网等工具→发现水生动物病体→用捞网捞起→进行目检→放入桶中(塑料桶或白瓷桶)→进行实验室诊断→

- 有保留价值的→用玻璃容器放固定液保存→放入标本柜中→备用。
- 没有保留价值的→放入沸水中煮 2～2.5 h 或用 10%～20%漂白粉溶液喷洒消毒后焚烧→倒入垃圾箱。

用过的病体及材料→放入桶中→撒入消毒剂→送到离池塘 50 m 外空地→深挖一个 1.5 m以上的坑→撒入消毒剂(生石灰约 2 cm)→将尸体倒入坑中→再撒入消毒剂→用泥土盖在尸体上→平整压实、掩埋完毕→将工具收起→进行工具消毒→清洗工具→晾晒、干燥→贮存备用。

2.水生动物尸体的无害化处理操作程序

带上桶、捞网等工具→发现水生动物死尸→用捞网捞起→放入桶中→撒入消毒剂→送到离池塘 50 m 外空地→深挖一个 1.5 m 以上的坑→撒入消毒剂→将尸体倒入坑中→再撒入消毒剂→用泥土盖在尸体上→平整压实、掩埋完毕→将工具收起→进行工具消毒→清洗工具→晾晒、干燥一贮存备用。

3.水产养殖场所的无害化处理操作程序

疫病发生后，对养殖场所及周边区域需进行无害化处理，处理的主要方法为消毒。

(1)消毒前的准备

①消毒前必须清除污物、残饵等。

②消毒药品必须选用对病原体有效的。

③备有喷雾器、消毒车辆、消毒防护器械(如口车、手套、防护靴等)、消毒容器等。

(2)消毒

①养殖场的金属设施、设备的消毒，可采取火焰、熏蒸等方式消毒。

②养殖场房屋、道路、车辆等，可采用消毒液清洗、喷洒等消毒方式。

③养殖场的饲料、垫料等，可采取深埋发酵处理或焚烧处理等消毒方式。

④饲养、管理等人员，可采取淋浴消毒；饲养、管理人员的衣帽鞋等可能被污染的物质，可采取浸泡、高压灭菌等方式处理。

⑤疫点内办公区、饲养人员的宿舍、公共食堂等场所，可采用喷洒的方式。

⑥对加工、贮藏等场所的消毒可采取相应的方式进行，并避免造成有害物质的污染。

注意事项：进行无害化处理时，操作人员应佩戴好口罩、工作服、手套等防护用品，注意做好自身保护。焚烧病体或尸体时用过的场地，一定要清扫干净，避免赃物污染环境。

10.2 水生动物疫情报告

10.2.1 水生动物传染病的主要特征与流行过程

1.水生动物传染病的主要特征

水产动物传染病具有以下主要特征：

(1)特定病原体

每一种传染病都有其特异的病原体。

(2)传染性

从患病水生动物体内排出的病原微生物，侵入另一个有易感性的健康水生动物体内，所能引起同样症状疾病的现象，称为传染性。这是区别传染病与非传染病的一个重要特征。所有的传染病都有一定的传染性，但水生动物传染病在传染过程中的表现却不一致，这与病原体的致病力和水产动物对疾病的抵抗能力有重要关系。如草鱼出血病主要感染当年草鱼种，对其他水产动物的危害并不大，但发病后草鱼种的死亡率却高达70%以上。

(3)免疫性

水产动物传染病痊愈后，机体可产生特异性抗体，因而对同一种传染病产生不感受性，也称为免疫性。但由于水产动物的免疫机能低下，甚至不会产特异性的抗体，因此在养殖生产中可能出现同种的再感染、重复感染及复发。

(4)流行性

传染病不仅在个体间的传播，而且也在群体间传播蔓延，称为流行性。

(5)季节性

水产动物传染病的发生，都需要一定的水温条件。而自然水温与季节直接相关，即在一定的季节内发病率和危害程度均大大升高称为季节性。因此，在温室养殖的水产动物发病一般没明显的季节性。

(6)地方性

水产动物发病的地方性与我国南北养殖品种、地理环境、水温条件有直接关系，以养殖鱼类为例，我国北方养殖的鲤鱼较多，而长江流域则以四大家鱼、鲫、鳊等鱼类为主，因此淡水鱼细菌性败血症的危害就比北方严重，同时北方由于气温比长江流域低，因此发病的时间也比长江流域要晚。

(7)周期性

一般水产动物疾病的发生和传染基本以年为单位。如鲤科鱼类发病的时间主要为每年4至6月和8至10月。

2.水产动物传染病的流行过程

水产动物传染病的流行过程是指传染病在水产动物群中发生、传播、蔓延及终止的过程。

(1)水产动物传染病流行过程的条件

传染病在水产动物群中流行，必须具备三个基本条件，或称三个基本环节，即传染源、传播途径和对传染病有易感性的水产动物。这三个环节相互依赖，相互联系，缺少其中任何一个环节，传染病的流行就不会发生或终止。

①传染源：是指体内有病原体寄居、生长、繁殖，并能将其排出体外的动物，即患病水产动物和病原携带者。

②传播途径：病原体从传染源传播给其他易感动物的途径，称为传播途径。每种传染病都有其特定的传播途径，可以是一种，也可以是多种。传播途径可分为水平传播和垂直传播。水平传播是指传染病在动物群体或个体之间横向传播的方式，可分为直接传播与间接传播两种。垂直传播是指母体将疫病或病原体传播给子代的传播方式。

③易感染水产动物：特定的水产动物群体可能对某种病原体易感。如桃拉病毒主要感染南美白对虾，而河蟹、淡水青虾等甲壳动物对桃拉病毒则不敏感。

(2)水产动物传染病流行过程的表现形式

按传染病流行过程的强度和广度可分为散发、暴发、流行及大流行。

①散发：是指疾病以少量散在形式发生，发病时间与发病地点上没有明显的联系。

②暴发：是指在某一局部地区或养殖场短期内突然发生大批同类疾病。如淡水鱼类细菌性败血症。

③流行：当一个地区或养殖场，某些疾病的发病率明显地超过常年的发病率水平时称为流行。

④大流行；某病征在一定的时间内迅速传播，波及全国各地，甚至超出国界或洲界就被称为大流行或称为世界流行。

10.2.2 动物疫病与水生动物疫病的含义

1.动物疫病及其分类

动物疫病是指动物传染病,包括寄生虫病。

根据动物疫病对养殖业生产和人体健康的危害程度,新修订的《中华人民共和国动物防疫法》(2021 年版)规定的动物疫病分为三类:一类疫病、二类疫病和三类疫病。

(1)一类疫病

一类疫病是指对人、动物构成特别严重危害,可能造成重大经济损失和社会影响,需要采取紧急、严厉的强制预防、控制等措施的动物疫病。

(2)二类疫病

二类疫病是指对人、动物构成严重危害,可能造成较大经济损失和社会影响,需要采取严格预防、控制等措施的动物疫病。

(3)三类疫病

三类疫病是指常见多发,对人、动物构成危害,可能造成一定程度的经济损失和社会影响,需要及时预防、控制的动物疫病。

2.水生动物疫病及其疫病病种名录

水生动物疫病是指水生动物传染病,包括寄生虫病。

为贯彻执行《中华人民共和国动物防疫法》,中华人民共和国农业农村部于 2022 年 6 月 23 日发布第 573 号公告,发布了新版的《一、二、三类动物疫病病种名录》(见附录 8)。

(1)一类动物疫病

共 11 种,水生动物没有一类疫病。

(2)二类动物疫病

共 37 种,其中水生动物二类疫病有 14 种。具体如下:

①鱼类病(11 种):鲤春病毒血症、草鱼出血病、传染性脾肾坏死病、锦鲤疱疹病毒病、刺激隐核虫病、淡水鱼细菌性败血症、病毒性神经坏死病、传染性造血器官坏死病、流行性溃疡综合征、鲫造血器官坏死病、鲤浮肿病

②甲壳类病(3 种):白斑综合征、十足目虹彩病毒病、虾肝肠胞虫病

(3)三类动物疫病

共 126 种,其中水生动物三类疫病有 22 种。具体如下:

①鱼类病(11 种):真鲷虹彩病毒病、传染性胰脏坏死病、牙鲆弹状病毒病、鱼爱德华氏菌病、链球菌病、细菌性肾病、杀鲑气单胞菌病、小瓜虫病、粘孢子虫病、三代虫病、指环虫病

②甲壳类病(5 种):黄头病、桃拉综合征、传染性皮下和造血组织坏死病、急性肝胰腺坏死病、河蟹螺原体病

③贝类病(3 种):鲍疱疹病毒病、奥尔森派琴虫病、牡蛎疱疹病毒病

④两栖与爬行类病(3 种):两栖类蛙虹彩病毒病、鳖腮腺炎病、蛙脑膜炎败血症

3.世界动物卫生组织(WOAH)法定报告疫病名录

(1)世界动物卫生组织简介

世界动物卫生组织也称国际兽疫局,创建于 1924 年 1 月 25 日,是世界卫生组织

(WTO)指定负责制定国际动物卫生标准规则的一个国际组织。2022年5月31日起,其缩写由原来的"OIE"正式更新为"WOAH"。截至2024年4月,世界动物卫生组织有183个成员。

(2)WOAH的国际标准

世界动物卫生组织(WOAH)发布的国际标准有:《动物卫生法典》,包括《陆生动物卫生法典》《陆生动物诊断试验和疫苗手册》《水生动物卫生法典》和《水生动物疫病诊断手册》四个标准出版物。

(3)WOAH法定报告疫病名录

WOAH疫病名录,是一个单一的须申报的陆生和水生动物疫病名录。该名录需定期审查,每年更新一次,该名录由WOAH世界大会年度全体会议进行修订发布,并于下一年1月1日正式生效。2023年5月WOAH第90届国际代表大会通过新修订的疫病名录。

2023年新修订的WOAH法定报告疫病名录,包括122种动物传染病和寄生虫病,囊括了13类陆生和水生动物种类,其中水生动物疫病共有31种,具体如下:

①鱼病(11种):流行性造血器官坏死病、丝囊霉菌感染(流行性溃疡综合征)、鲑三代虫感染、鲑传染性贫血、传染性造血器官坏死病、锦鲤疱疹病毒病、真鲷虹彩病毒病、鲑甲病毒感染、鲤春病毒血症、罗非鱼湖病病毒、病毒性出血性败血症。

②软体动物病(7种):鲍疱疹样病毒感染、牡蛎包纳米虫感染、杀蛎包纳米虫感染、折光马太尔虫感染、海水派琴虫感染、奥尔森派琴虫感染、加州立克次体感染。

③甲壳类动物病(10种):急性肝胰腺坏死病、变形藻丝囊霉菌感染(螯虾瘟)、十足目虹彩病毒1感染、对虾肝炎杆菌感染(坏死性肝胰腺炎)、传染性皮下和造血器官坏死病、传染性肌坏死病、桃拉综合征、罗氏沼虾白尾病、白斑综合征、黄头病。

④两栖类动物病(3种):蛙病毒感染、箭毒蛙壶菌感染、蝾螈壶菌感染。

10.2.3 水生动物防疫的目的与工作方针

1.水生动物防疫的含义

水生动物防疫是指水生动物疫病的预防、控制、诊疗、净化、消灭和水生动物、水生动物产品的检疫,以及病死水生动物、病害水生动物产品的无害化处理。

2.水生动物防疫的目的

(1)防止水生动物疫病的传入、传出及扩散

通过水产动物检疫可有效地防止国(境)外发生的重大疫情传入中国。如我国在引进南美白对虾时,由于检验检疫跟不上,缺乏有效隔离设施,再加上引进上的无序,造成南美白对虾桃拉综合征在我国传播和蔓延。

(2)保护渔业生产安全、人体健康以及生态环境

渔业是大农业的重要组成部分,近年来国家对渔业生产也越来越重视。采取一切有效的措施免受国内外重大疫情的灾害,是每个国家动物检疫部门的重大任务。

(3)促进国际及国内经济贸易的发展

水产品进出口在对外经济贸易中占有特殊地位。水产动物防疫是国际性的,世界各国

对进境水产品的检疫均较严格，不经检疫或检疫不合格的水产品输入国不允许进口。

3.水生动物防疫工作的方针

我国对水生动物防疫实行预防为主，预防与控制、净化、消灭相结合的方针。

10.2.4　水生动物疫情的发现

1.水生动物疫情与重大水生动物疫情的含义

水生动物疫情是指水生动物疫病发生、发展的情况。

重大水生动物疫情是指一、二、三类水生动物疫病突然发生，迅速传播，给水产养殖业生产安全造成严重威胁、危害，以及可能对公众身体健康与生命安全造成危害的情形。2022年修订的《动物疫病病种名录》没有一类水生动物疫病。

2.水生动物疫情的早期发现与诊断

水生动物疫情与水产动物防疫密不可分。很多水产动物传染病在发病早期就有很强的传染性，如不对养殖水体及患病的水产动物进行无害化处理，就有可能引起传染病的暴发和流行，甚至危及整个地区的水产养殖动物，因此早期发现和早期诊断，及时确定传染源并采取相应措施，是预防传染病传播的重要环节。传染源发现愈早，愈能迅速采取措施，消除疫源地，制止其蔓延，防止疾病流行。为此，全国水产技术推广总站建立了水产养殖病害测报体系，进一步完善测报制度和测报方法，并开始探索远程病害诊断技术，提高病害测报和防治的质量。

水产动物疫情的及早发现，方法的选择是非常重要的环节。一般先进行流行病学调查即定期对水产病害进行测报，然后有针对性运用水产动物检疫、病害检测标准（如 ELISA、PCR 等技术）对本地区的疫情检测，确定病原，及时上报，并采取相应的措施。

10.2.5　水生动物疫情的监测与分析

1.水生动物疫病测报的含义

水生动物疫病测报是对水生动物疫病发生情况进行监测，并结合生产实际和历史监测资料进行分析，对疾病未来发生及危害趋势做出预报的过程，简称测报。

2.水生动物疫情测报的意义

随着水产养殖的发展，我国与境外以及国内地区间的水产养殖品种交易日益频繁，但由于我国水产动物防疫工作滞后，致使我国水产动物疫病频发，且危害度日趋严重，已严重制约了我国水产养殖业可持续健康发展。因此，加强水产动物疫病的预防与控制，建立水产动物防疫有效的监管机制，对于提高我国水产品在国际市场的信誉和产品竞争力，控制我国水产动物疫病的传播和流行都具有十分重要的意义。

3.水生动物疫情测报的质量控制

在进行水产动物病害测报时，对调查的质量应有有效的控制手段和监督措施。病害测报员必须经过培训，了解调查方法和要求，熟悉调查表的内容；必须诚实与高度负责，并有相应的专业知识;收集到的原始资料必须经过整理与汇总使之系统化,并在此基础上进行定性和定量的分析。在测报的过程中必须对出现的偏倚进行控制。

(1)偏倚定义

流行病学研究中的各种系统误差称为偏倚。它可出现在测报的设计、实施、分析和结果解释各阶段,它使调查研究的结果偏离总体的真值,使疾病之间的关系被歪曲,造成虚假的联系,或掩盖其真实的联系,导致错误的研究结论。

(2)偏倚的控制

主要有以下几种方法:

①尽量做到抽样随机化,严格按照设计方案选取研究对象。

②正确收集资料,加强质量控制,测报员熟悉和掌握调查内容、方法。调查中,可进行小样本复查,以及时发现和解决问题,保证调查质量。

③测报的标准和检验标准要统一,以使检验结果可以说明问题并相互比较。

在资料的分析阶段,可采用配比、标准化、分层分析和多因素分析等方法来检验和控制其他因素的作用。

4.水生动物疫情的测报体系

(1)测报机构

水生动物疫情测报机构包括测报组织、实施机构和技术支撑机构。

①测报组织、实施机构

全国水产技术推广总站:为全国水生动物疫病测报工作的组织、实施机构,负责统一组织、实施全国水生动物疾病测报工作。

县级以上水产技术推广机构或水生动物疫病预防控制机构:为辖区内水生动物疾病测报工作的组织、实施机构,负责组织、实施辖区内水生动物疫病测报工作。

②技术支撑机构

水生动物疫情测报技术支撑机构为测报组织、实施机构开展测报工作提供技术支撑。包括以下单位:世界动物卫生组织(OIE)指定的水生动物疫病参考实验室;国家水生动物疫病重点实验室、水生动物病原库、其他相关实验室;有关高校、科研院所。

(2)测报员

测报员是县级组织、实施机构选定的具备水产养殖相关专业知识和水生动物疾病诊断能力,且能保持相对稳定的人员。

水生动物疫情测报员的职责是根据有关规定进行水生动物疫情监测,疫情确认,信息分析,数据收集、整理、上报。

5.水生动物疫情的分析

我国水产动物防疫工作的指导思想是坚持“以防为主,防治结合”的方针,以促进我国水产养殖生产健康发展、维护水产生态系统稳定为目标,建立起一支专业化防疫执法队伍,制订和采用科学、简便、高效的水产动物防疫方法和标准,使重大水产动物疫病在我国的发生和流行逐步得到控制、减少以至消灭,为社会提供丰富、健康、安全的水产动物产品。因此水产动物的监测分析体系极为重要。

(1)检疫实验室

水产动物检疫分现场检疫(流行病学调查)和实验室检疫。检疫实验室按检疫技术水平和工作内容可分为三类：常规实验室、中级实验室和参考实验室。

①常规实验室：配备有基本的病原检验仪器、设备和技术人员，按时完成样品检验和出证，负责日常的检验工作。

②中级实验室：配备有较先进的病毒、细菌和寄生虫等检疫的仪器设备，具有相应的技术人员，为常规实验室提供必要的技术支持和服务。

③参考实验室：具有先进的检疫仪器设备和技术力量，是判定试验结果的权威机构，并负责开展新的检疫技术的研究。

(2)监测分析的检疫标准

水生动物防疫技术标准的制订原则是有利于水生动物防疫工作和正常贸易活动的开展。我国已开始对国家规定需要开展防疫工作的水生动物的检疫制定国家标准，并以此作为执法依据。没有国家标准而又需要在全国范围内开展水生动物防疫工作的，可以制定行业标准。对于没有国家标准和行业标准、开展水生动物防疫工作又需要时，可以制定地方标准。

10.2.6 水生动物疫情的报告、通报和公布

根据《中华人民共和国动物防疫法》《重大动物疫情应急条例》等法律法规规定，农业农村部印发了《关于做好动物疫情报告等有关工作的通知》(农医发〔2018〕22号)，该通知明确了职责分工，细化了疫情报告，并对疫病确诊与疫情认定、疫情通报与公布、疫情举报和核查等作了进一步的规范。有关水生动物疫情报告具体要求如下：

1.职责分工

农业农村部：主管全国水生动物疫情报告、通报和公布工作。

全国水产技术推广总站及县级以上地方人民政府渔业行政主管部门：主管本行政区域内的水生动物疫情报告和通报工作。

县级以上水产技术推广机构或水生动物疫病预防控制机构：承担水生动物疫情信息的收集、分析预警和报告工作。

中国动物卫生与流行病学中心：负责收集境外水生动物疫情信息，开展水生动物疫病预警分析工作。

国家水生动物疫病参考实验室和专业实验室：承担相关水生动物疫病确诊、分析和报告等工作。

2.疫情报告

(1)疫情报告的义务主体

从事水生动物疫病监测、检测、检验检疫、研究、诊疗以及水生动物饲养、经营、隔离、运输等活动的单位和个人，发现水生动物染疫或者疑似染疫的，应当立即向所在地水生动物疫病预防控制机构报告，并迅速采取隔离等控制措施，防止水生动物疫情扩散。

其他单位和个人发现水生动物染疫或者疑似染疫的，应当及时报告。

(2)接受疫情报告的主体

接受水生动物疫情报告的主体有两个：一是当地水生动物疫病预防控制机构；二是当地的人民政府渔业行政主管部门。

接到水生动物疫情报告的单位，应当及时采取临时隔离控制等必要措施，防止延误防控时机，并及时按照国家规定的程序上报。

(3)疫情报告制度

水生动物疫情报告实行快报、月报和年报制度。

①快报

A.快报条件：有下列情形之一，应当进行快报。

a.发生重大水生动物疫情；

b.发生新发水生动物疫病或新传入水生动物疫病；

c.无规定水生动物疫病区、无规定水生动物疫病小区发生规定水生动物疫病；

d.二、三类水生动物疫病呈暴发流行；

e.水生动物疫病的寄主范围、致病性以及病原学特征等发生重大变化；

f.水生动物发生不明原因急性发病、大量死亡；

g.农业农村部规定需要快报的其他情形。

符合快报规定情形，县级水生动物疫病预防控制机构应当在 2 h 内将情况逐级报至省级水生动物疫病预防控制机构，并同时报所在地人民政府渔业行政主管部门。省级水生动物疫病预防控制机构应当在接到报告后 1 h 内，报本级人民政府渔业行政主管部门，确认后报至全国水产技术推广总站。全国水产技术推广总站应当在接到报告后 1 h 内报至农业农村部渔业渔政管理局。

B.快报内容：包括基础信息、疫情概况、疫点情况、疫区及受威胁区情况、流行病学信息、控制措施、诊断方法及结果、疫点位置及经纬度、疫情处置进展以及其他需要说明的信息等。

C.后续报告：进行快报后，县级水生动物疫病预防控制机构应当每周进行后续报告。

D.最终报告：疫情被排除或解除封锁、撤销疫区，应当进行最终报告。

后续报告和最终报告按快报程序上报。

②月报和年报

A.月报：县级以上水生动物疫病预防控制机构应当每月对本行政区域内水生动物疫情进行汇总，经同级人民政府渔业行政主管部门审核后，在次月 5 日前通过水生动物疫情信息管理系统将上月汇总的水生动物疫情逐级上报至全国水产技术推广总站。

全国水产技术推广总站应当在每月 15 日前将上月汇总分析结果报农业农村部渔业渔政管理局。

B.年报：全国水产技术推广总站应当于 2 月 15 日前将上年度汇总分析结果报农村部渔业渔政管理局。

C.月报、年报内容：月报、年报内容包括水生动物种类、疫病名称、疫情县数、疫点数、疫区内易感水生动物存塘数、发病数、病死数、扑杀与无害化处理数、急宰数、紧急免疫数、治疗数等。

3.疫病确诊

(1)疑似发生重大水生动物疫情的确诊机构

县级水生动物疫病预防控制机构：负责采集或接收病料及其相关样品，并按要求将病料样品送至省级水生动物疫病预防控制机构。

省级水生动物疫病预防控制机构：应当按有关防治技术规范进行诊断，无法确诊的，应当将病料样品送相关国家水生动物疫病参考实验室进行确诊;能够确诊的,应当将病料样品送相关国家水生动物疫病参考实验室作进一步病原分析和研究。

(2)疑似发生新发、新传入及不明原因引起的水生动物疫病的确诊机构

全国水产技术推广总站或全国水产技术推广总站组织相关水生动物疫病参考实验室:对疑似发生新发水生动物疫病或新传入水生动物疫病,水生动物发生不明原因急性发病、大量死亡情况进行确诊。

4.疫情认定

水生动物疫情的认定主体:县级以上人民政府渔业行政主管部门。

重大水生动物疫情的认定主体:省级人民政府渔业行政主管部门。

新发水生动物疫病、新传入水生动物疫病疫情以及省级人民政府渔业行政主管部门无法认定的疫情的认定主体:农业农村部。

5.疫情通报

国家实行水生动物疫情通报制度。

发生重大水生动物疫情、新发水生动物疫病和新传入水生动物疫病疫情的通报:国务院农业农村部应当及时向国务院有关部门和省级人民政府渔业行政主管部门通报疫情的发生和处理情况。

6.疫情公布

农业农村部负责向社会公布全国水生动物疫情,也可以根据需要授权省级人民政府渔业行政主管部门公布本行政区域内的水生动物疫情。未经授权,其他单位和个人不得以任何方式公布水生动物疫情。

7.疫情报告的禁止性规定

任何单位和个人不得瞒报、谎报、迟报、漏报水生动物疫情;不得授意他人瞒报、谎报、迟报水生动物疫情;不得阻碍他人报告水生动物疫情。

8.疫情举报

水生动物疫情举报受理机构:

县级以上地方人民政府渔业行政主管部门:应当向社会公布水生动物疫情举报电话,并由专门机构受理水生动物疫情举报。

农业农村部在全国水产技术推广总站:设立重大水生动物疫情举报电话,负责受理全国重大水生动物疫情举报。

9.疫情核查

水生动物疫情核查程序:举报受理、核查处置、疫情报告和结果反馈。

举报受理:水生动物疫情举报受理机构接到举报,应及时向举报人核实其基本信息和举报内容。

核查处置:核实举报信息后,受理机构应当及时组织有关单位进行核查和处置。

疫情报告:核查处置完成后,有关单位应当及时按要求进行疫情报告。

结果反馈:同时有关单位应当及时向举报受理部门反馈核查结果。

10.法律责任

依据《中华人民共和国动物防疫法》(2021年版)规定：

瞒报、谎报、迟报、漏报或者授意他人瞒报、谎报、迟报水生动物疫情的，或者阻碍他人报告水生动物疫情的，由上级人民政府或者有关部门责令改正，通报批评；对直接负责的主管人员和其他直接责任人员依法给予处分。

发现动物染疫、疑似染疫未报告，或者未采取隔离等控制措施的，由县级以上地方人民政府渔业行政主管部门责令改正，可处一万元以下罚款；拒不改正的，处一万元以上五万元以下罚款，并可以责令停业整顿。

擅自发布水生动物疫情的，由县级以上地方人民政府渔业行政主管部门责令改正，处三千元以上三万元以下罚款。

造成水生动物传染病传播、流行的，依法从重给予处分、处罚；构成违反治安管理行为的，依法给予治安管理处罚；构成犯罪的，依法追究刑事责任；给他人人身、财产造成损害的，依法承担民事责任。

10.2.7 水生动物疫情控制方案的制订

1.水生动物疫区的划区

为促进活体水产动物的健康有序流动，防止跨地区贸易时造成病害的传播，有必要对水产动物疫病进行划区。通过实施水产动物疫病监测，建立疫情报告制度，收集、分析、研究病害、地理、水文等方面的材料，逐步实现对全国的水产动物疫病进行划区。

根据WOAH的规定，水生动物疫病划区可分为无病区、监测区及感染区三种类型。

(1)无病区

无病区也称无规定水生动物疫病区，是指具有天然屏障或者采取人工措施，在一定期限内没有发生规定的一种或者几种水生动物疫病，并经验收合格的区域。

无规定水生动物疫病区可分为免疫无规定疫病区和非免疫无规定疫病区。

①免疫无规定疫病区：在规定期限内，某一划定的区域没有发生过某种或某几种疫病，对该区域及其周围一定范围内允许采取免疫措施，对动物和动物产品及其流通实施官方有效控制。

②非免疫无规定疫病区：在规定期限内，某一划定的区域没有发生过某种或某几种动物疫病，且该区域及其周围一定范围内停止免疫的期限达到规定标准，并对动物和动物产品及其流通实施官方有效控制。

(2)监测区

监测区指疫病的可疑地区，其内水生动物的流动应进行管制，同时进行高度的疾病控制和监测。一旦出现可疑的疫病暴发，应立即进行调查。经证实后转为疫区。经数年监测而确定无某种特定疫病，可以转为无病区。监测区常被用作隔离无病区和疫区的一个重要手段。

(3)缓冲区

缓冲区是指环绕某疫病免疫无规定疫病区而对动物进行系统免疫接种的地域，是依据自然环境和地理条件所划定的，按免疫无规定疫病区标准进行建设的，对免疫无规定疫病区有缓冲作用的一定地域，且该地域必须有先进的疫病监控计划，实行与免疫无规定疫病区相同的防疫监督措施。

(4)感染区

感染区是指被证实存在某种疫病的地区。

活体水生动物在不同区域间的移动管理原则是：在健康状况相等的区带间自由移动，或从较高健康水平处往较低处移动，但不能从较低处往较高处移动。

国务院渔业行政主管部门统一公布全国水产动物疫病的划区情况，该情况是水产动物防疫工作中防疫执法人员判定检查对象是否来自疫区的唯一标准。

2.水生动物疫病的控制

(1)一类水生动物疫病的控制措施

发生一类水生动物疫病时，应当采取下列控制措施：

①划定疫点、疫区和受威胁区

所在地县级以上地方人民政府渔业行政主管部门应当立即派人到现场，划定疫点、疫区、受威胁区，调查疫源，及时报请本级人民政府对疫区实行封锁。

②发布封锁令

疫区范围涉及两个以上行政区域的，由有关行政区域共同的上一级人民政府对疫区实行封锁，或者由各有关行政区域的上一级人民政府共同对疫区实行封锁。必要时，上级人民政府可以责成下级人民政府对疫区实行封锁。

③控制、扑灭

县级以上地方人民政府应当立即组织有关部门和单位采取封锁、隔离、扑杀、销毁、消毒、无害化处理、紧急免疫接种等强制性措施。

④封锁措施

在封锁期间，禁止染疫、疑似染疫和易感染的水生动物、水生动物产品流出疫区，禁止非疫区的易感染水生动物进入疫区，并根据需要对出入疫区的人员、运输工具及有关物品采取消毒和其他限制性措施。

(2)二类水生动物疫病的控制措施

发生二类水生动物疫病时，应当采取下列控制措施：

①划定疫点、疫区和受威胁

所在地县级以上地方人民政府渔业行政主管部门应当划定疫点、疫区、受威胁区。

②控制、扑灭

县级以上地方人民政府根据需要组织有关部门和单位采取隔离、扑杀、销毁、消毒、无害化处理、紧急免疫接种、限制易感染的水生动物和水生动物产品及有关物品出入等措施。

(3)解除封锁

疫点、疫区、受威胁区的撤销和疫区封锁的解除，按照国务院农业农村部渔业行政主管部门规定的标准和程序评估后，由原决定机关决定并宣布。

(4)三类水生动物疫病的防治措施

发生三类水生动物疫病时，所在地县级、乡级人民政府应当按照国务院农业农村部渔业渔政管理局的规定组织防治。

(5)二、三类水生动物疫病呈暴发性流行时的处理规定

二、三类水生动物疫病呈暴发性流行时,按照一类动物疫病处理。

(6)疫情控制的禁止性规定

疫区内有关单位和个人,应当遵守县级以上人民政府及其渔业行政主管部门依法作出的有关控制水生动物疫病的规定。任何单位和个人不得藏匿、转移、盗掘已被依法隔离、封存、处理的水生动物和水生动物产品。

3.重大水生动物疫情应急预案和实施方案的制定与调整

(1)国务院农业农村部渔业渔政管理局

根据水生动物疫病的性质、特点和可能造成的社会危害,制定国家重大水生动物疫情应急预案报国务院批准,并按照不同水生动物疫病病种、流行特点和危害程度,分别制定实施方案。

(2)县级以上地方人民政府

根据上级重大水生动物疫情应急预案和本地区的实际情况,制定本行政区域的重大水生动物疫情应急预案,报上一级人民政府渔业行政主管部门备案,并抄送上一级人民政府应急管理部门。

(3)县级以上地方人民政府渔业行政主管部门

按照不同水生动物疫病病种、流行特点和危害程度,分别制定实施方案。

重大水生动物疫情应急预案和实施方案根据疫情状况及时调整。

4.发生重大水生动物疫情时的应急处置措施

发生重大水生动物疫情时,国务院农业农村部渔业渔政管理局负责划定动物疫病风险区,禁止或者限制特定水生动物、水生动物产品由高风险区向低风险区调运。

发生重大水生动物疫情时,依照法律和国务院的规定以及应急预案采取应急处置措施。

本章小结

本章主要介绍水生动物无害化处理的意义、要求、方法与操作程序;介绍水生动物传染病的主要特征与流行过程、动物疫病与水生动物疫病、水生动物防疫、水生动物疫情报告和疫情控制方案的制订。要求掌握水生动物无害化处理的意义、方法;了解水生动物饲养场、水生动物和水生动物产品无害化场所的要求;掌握感染水生动物(病体)、水生动物尸体和水产养殖场所无害化处理操作程序;了解水生动物传染病的主要特征与流行过程、动物疫病类型与水生动物疫病种类;了解水生动物防疫的目的和方针;了解疫情的发现、监测与分析;掌握水生动物疫情报告的相关规定、疫情控制方案的制订。

思考题

1.名词解释:病死水生动物、病害水生动物产品、水生动物无害化处理、水生动物疫病、水生动物疫病测报、水生动物防疫、水生动物疫情、重大水生动物疫情、无规定水生动物疫病区

2.简述水生动物无害化处理的意义。
3.水生动物饲养场无害化处理场所应当符合哪些条件?
4.水生动物、水生动物产品无害化处理场所应当符合哪些条件?
5.水生动物无害化处理的方法有哪些?
6.如何进行水生动物病体的无害化处理?
7.如何进行水生动物尸体的无害化处理?
8.如何进行水产养殖场所的无害化处理?
9.水生动物传染病有哪些基本特征?
10.水生动物传染病流行必须具备哪三个基本条件?
11.水生动物传染病流行形式有哪些?
12.动物疫病可分为哪三类?
13.农业农村部第573号公告公布的二、三类水生动物疫病有哪些?
14.WOAH法定报告疫病名录中水生动物疫病共有几种,包括哪几类?
15.水生动物防疫的目的是什么?水生动物防疫的方针是什么?
16.水生动物疫情测报组织、实施机构有哪些?
17.检疫实验室按检疫技术水平和工作内容可分为哪三类?
18.水生动物疫情报告的主管部门有哪些?其职责是什么?
19 如何确诊水生动物疫情?
20.如何认定水生动物疫情?
21.简述水生动物疫情快报、月报、年报制度。
22.违反水生动物疫情报告规定应受何处罚?
23.如何划分水生动物疫区?
24.发生二类动物疫病时,应当采取哪些控制措施?
25.二、三类水生动物疫病呈暴发性流行时如何处理?

附录1　GB11607-89 渔业水质标准

项目序号	项目	标准值(mg/L)
1	色、臭、味	不得使鱼、虾、贝、藻类带有异色、异臭、异味
2	漂浮物质	水面不得出现明显油膜或浮沫
3	悬浮物质	人为增加的量不得超过10,而且悬浮物质沉积于底部后,不得对鱼、虾、贝类产生有害的影响
4	pH值	淡水6.5～8.5,海水7.0～8.5
5	溶解氧	连续24 h中,16 h以上必须大于5,其余任何时候不得低于3,对于鲑科鱼类栖息水域冰封期其余任何时候不得低于4
6	生化需氧量(五天、20 ℃)	不超过5,冰封期不超过3
7	总大肠菌群	不超过5 000个/L(贝类养殖水质不超过500个/L)
8	汞	≤0.000 5
9	镉	≤0.005
10	铅	≤0.05
11	铬	≤0.1
12	铜	≤0.01
13	锌	≤0.1
14	镍	≤0.05
15	砷	≤0.05
16	氰化物	≤0.005
17	硫化物	≤0.2
18	氟化物(以 F^- 计)	≤1
19	非离子氨	≤0.02
20	凯氏氮	≤0.05
21	挥发性酚	≤0.005
22	黄磷	≤0.001
23	石油类	≤0.05
24	丙烯腈	≤0.5
25	丙烯醛	≤0.02
26	六六六(丙体)	≤0.002
27	滴滴涕	≤0.001
28	马拉硫磷	≤0.005
29	五氯酚钠	≤0.01
30	乐果	≤0.1
31	甲胺磷	≤1
32	甲基对硫磷	≤0.000 5
33	呋喃丹	≤0.01

附录2 NY 5071-2002 无公害食品 渔用药物使用准则

中华人民共和国农业行业标准

(2002年7月25日发布2002年9月1日实施)

1 范围

本标准规定了渔用药物使用的基本原则、渔用药物的使用方法以及禁用渔药。

本标准适用于水产增养殖中的健康管理及病害控制过程中的渔药使用。

2 规范性引用文件

下列文件中的条款通过本标准的引用而成为本标准的条款。凡是注日期的引用文件，其随后所有的修改单(不包括勘误的内容)或修订版均不适用于本标准，然而，鼓励根据本标准达成协议的各方研究是否可使用这些文件的最新版本。凡是不注日期的引用文件，其最新版本适用于本标准。

NY 5070 无公害食品 水产品中渔药残留限量

NY 5072 无公害食品 渔用配合饲料安全限量

3 术语和定义

下列术语和定义适用于本标准。

(1)渔用药物 fishery drugs

用以预防、控制和治疗水产动植物的病、虫、害，促进养殖品种健康生长，增强机体抗病能力以及改善养殖水体质量的一切物质，简称“渔药”。

(2)生物源渔药 biogenic fishery medicines

直接利用生物活体或生物代谢过程中产生的具有生物活性的物质或从生物体提取的物质作为防治水产动物病害的渔药。

(3)渔用生物制品 fishery biopreparate

应用天然或人工改造的微生物、寄生虫、生物毒素或生物组织及其代谢产物为原材料，采用生物学、分子生物学或生物化学等相关技术制成的、用于预防、诊断和治疗水产动物传染病和其他有关疾病的生物制剂。它的效价或安全性应采用生物学方法检定并有严格的可靠性。

(4)休药期 withdrawal time

最后停止给药日至水产品作为食品上市出售的最短时间。

4 渔用药物使用基本原则

(1)渔用药物的使用应以不危害人类健康和不破坏水域生态环境为基本原则。

(2)水生动植物增养殖过程中对病虫害的防治，坚持“以防为主，防治结合”。

(3)渔药的使用应严格遵循国家和有关部门的有关规定，严禁生产、销售和使用未经取得生产许可证、批准文号与没有生产执行标准的渔药。

(4)积极鼓励研制、生产和使用“三效”(高效、速效、长效)、“三小”(毒性小、副作用小、用量小)的渔药，提倡使用水产专用渔药、生物源渔药和渔用生物制品。

(5)病害发生时应对症用药，防止滥用渔药与盲目增大用药量或增加用药次数、延长用药时间。

(6)食用鱼上市前，应有相应的休药期。休药期的长短，应确保上市水产品的药物残留限量符合 NY 5070 要求。

(7)水产饲料中药物的添加应符合 NY 5072 要求，不得选用国家规定禁止使用的药物或添加剂，也不得在饲料中长期添加抗菌药物。

5　渔用药物使用方法

各类渔用药物的使用方法见表 F2-1。

表 F2-1　渔用药物使用方法

渔药名称	用途	用法与用量	休药期(d)	注意事项
氧化钙(生石灰) calcii oxydum	用于改善池塘环境，清除敌害生物及预防部分细菌性鱼病	带水清塘：200～250 mg/L (虾类：350～400 mg/L) 全池泼洒：20～25 mg/L (虾类：15～30 mg/L)		不能与漂白粉、有机氯、重金属盐、有机络合物混用。
漂白粉 bleaching powder	用于清塘、改善池塘环境及防治细菌性皮肤病、烂鳃病、出血病	带水清塘：20 mg/L 全池泼洒：1.0～1.5 mg/L	≥5	1.勿用金属容器盛装。 2.勿用酸、铵盐、生石灰混用。
二氯异氰尿酸钠 sodium dichloroisocyanurate	用于清塘及防治细菌性皮肤溃疡病、烂鳃病、出血病	全池泼洒：0.3～0.6 mg/L	≥10	勿用金属容器盛装。
三氯异氰尿酸 trichloroisocyanuric acid	用于清塘及防治细菌性皮肤溃疡病、烂鳃病、出血病	全池泼洒：0.2～0.5 mg/L	≥10	1.勿用金属容器盛装 2.针对不同的鱼类和水体的 pH，使用量应适当增减。
二氧化氯 chlorine dioxide	用于防治细菌性皮肤病、烂鳃病、出血病	浸浴：20～40 mg/L，5～10 min 全池泼洒：0.1～0.2 mg/L，严重时 0.3～0.6 mg/L	≥10	1.勿用金属容器盛装。 2.勿与其他消毒剂混用。
二溴海因	用于防治细菌性和病毒性疾病	全池泼洒：0.2～0.3 mg/L		
氯化钠(食盐) sodium chioride	用于防治细菌、真菌或寄生虫疾病	浸浴 1%～3%，5～20 min		

续表

渔药名称	用途	用法与用量	休药期(d)	注意事项
硫酸铜(蓝矾、胆矾、石胆) copper sulfate	用于治疗纤毛虫、鞭毛虫等寄生性原虫病	浸浴:8 mg/L(海水鱼类:8～10 mg/L),15～30 min 全池泼洒:0.5～0.7 mg/L(海水鱼类:0.7～1.0 mg/L)		1.常与硫酸亚铁合用。 2.广东鲂慎用。 3.勿用金属容器盛装。 4.使用后注意池塘增氧。 5.不宜用于治疗小瓜虫病。
硫酸亚铁(硫酸亚铁、绿矾、青矾) ferrous sulphate	用于治疗纤毛虫、鞭毛虫等寄生性原虫病	全池泼洒:0.2 mg/L(与硫酸铜合用)		1.治疗寄生性原虫病时需与硫酸铜合用。 2.乌鳢慎用。
高锰酸钾(锰酸钾、灰锰氧、锰强灰) potassium permanganate	用于杀灭锚头鳋	浸浴:10～20 mg/L,15～30 min 全池泼洒:4～7 mg/L		1.水中有机物含量高时药效降低。 2.不宜在强烈阳光下使用。
四烷基季铵盐络合碘(季铵盐含量为50%)	对病毒、细菌、纤毛虫、藻类有杀灭作用	全池泼洒:0.3 mg/L(虾类相同)		1.勿与碱性物质同时使用。 2.勿与阴性离子表面活性剂使混用。 3.使用后注意池塘增氧。 4.勿用金属容器盛装。
大蒜 crown's treacle, garlic	用于防治细菌性肠炎病	拌饵投喂:10～30 g/kg 体重,连用4～6 d(海水鱼类相同)		
大蒜素粉(含大蒜素10%)	用于防治细菌性肠炎病	0.2 g/kg 体重,连用4～6 d(海水鱼类相同)		
黄芩 raikai skullcap	用于防治细菌性肠炎、烂鳃、赤皮、出血病	拌饵投喂:2～4 g/kg 体重,连用4～6 d(海水鱼类相同)		投喂时需与大黄、黄柏合用(三者比例为2:5:3)。
黄柏 amurcorktree	用于防治细菌性肠炎、出血病	拌饵投喂:3～6 g/kg 体重,连用4～6 d(海水鱼类相同)		投喂时需与大黄、黄芩合用(三者比例为3:5:2)。
五倍子 chinese sumac	用于防治细菌性烂鳃、赤皮、白皮、疖疮病	全池泼洒:2～4 mg/L(海水鱼类相同)		

续表

渔药名称	用途	用法与用量	休药期(d)	注意事项
穿心莲 common andrographis	用于防治细菌性肠炎、烂鳃、赤皮病	全池泼洒:15～20 mg/L 拌饵投喂:10～20 g/kg 体重,连用 4～6 d		
苦参 lightyellow sophora	用于防治细菌性肠炎,竖鳞病	全池泼洒:1.0～1.5 mg/L 拌饵投喂:1～2 g/kg 体重,连用 4～6 d		
土霉素 oxytetracycline	用于治疗肠炎病、弧菌病	拌饵投喂:50～80 mg/kg 体重,连用 4～6 d(海水鱼类相同,虾类:50～80 mg/kg 体重,连用 5～10 d)	≥30(鳗鲡) ≥21(鲶鱼)	勿与铝、镁离子及卤素、碳酸氢钠、凝胶合用。
噁喹酸 oxolinic acid	用于治疗细菌性肠炎病、赤鳍病,香鱼、对虾弧菌病,鲈鱼结节病,鲱鱼疖疮病	拌饵投喂:10～30 mg/kg 体重,连用 5～7 d(海水鱼类:1～20 mg/kg 体重;对虾:6～60 mg/kg 体重,连用 5 d)	≥25(鳗鲡) ≥21(鲤鱼香鱼) ≥16(其他鱼类)	用药量视不同的疾病有所增减。
磺胺嘧啶(磺胺哒嗪) sulfadiazine	用于治疗鲤科鱼类的赤皮病、肠炎病,海水鱼链球菌病	拌饵投喂:100 mg/kg 体重,连用 5 d(海水鱼类相同)		1.与甲氧苄氨嘧啶(TMP)同用,可产生增效作用。 2.第一天药量加倍。
磺胺间甲氧嘧啶(制菌磺、磺胺-6-甲氧嘧啶) sulfamonomethoxine	用于治疗鲤科鱼类的竖鳞病、赤皮病及弧菌病	拌饵投喂:50～100 mg/kg 体重,连用 4～6 d	≥37(鳗鲡)	1.与甲氧苄氨嘧啶(TMP)同用,可产生增效作用。 2.第一天药量加倍
氟苯尼考 florfenicol	用于治疗鳗鲡爱德华氏病、赤鳍病	拌饵投喂:10.0 mg/kg 体重,连用 4～6 d	≥7(鳗鲡)	
聚维酮碘(聚乙烯吡咯烷酮碘、皮维碘、PVP-I、伏碘)(有效碘 1.0%) povidone-iodine	用于防治细菌性烂鳃病、弧菌病、鳗鲡红头病。并可用于预防病毒病:如草鱼出血病、传染性胰腺坏死病、传染性造血组织坏死病、病毒性出血败血症	全池泼洒: 海、淡水幼鱼、幼虾:0.2～0.5 mg/L;海、淡水成鱼、成虾:1～2 mg/L;鳗鲡:2～4 mg/L 浸浴: 草鱼种:30 mg/L,15～20 min 鱼卵:30～50 mg/L(海水鱼卵:25～30 mg/L),5～15 min		1.勿与金属物品接触。 2.勿与季铵盐类消毒剂直接混合使用。

注 1:用法与用量栏未标明海水鱼类与虾类的均适用于淡水鱼类。

注 2:休药期为强制性。

6 禁用渔药

严禁使用高毒、高残留或具有三致毒性(致癌、致畸、致突变)的渔药。严禁使用对水域环境有严重破坏而又难以修复的渔药,严禁直接向养殖水域泼洒抗菌素,严禁将新近开发的人用新药作为渔药的主要或次要成分。禁用渔药见表 F2-2。

表 F2-2 禁用渔药

药物名称	化学名称(组成)	别名
地虫硫磷 fonofos	O-2 基-S 苯基二硫代磷酸乙酯	大风雷
六六六 BHC(HCH) benzem, bexachloridge	1,2,3,4,5,6-六氯环己烷	
林丹 lindane, gammaxare, gamma-BHC gamma-HCH	γ-1,2,3,4,5,6-六氯环己烷	丙体六六六
毒杀芬 camphechlor(ISO)	八氯莰烯	氯化莰烯
滴滴涕 DDT	2,2-双(对氯苯基)-1,1,1-三氯乙烷	
甘汞 calomel	二氯化汞	
硝酸亚汞 mercurous nitrate	硝酸亚汞	
醋酸汞 mercuric acetate	醋酸汞	
呋喃丹 carbofuran	2,3-二氢-2,2-二甲基-7-苯并呋喃基-甲基氨基甲酸酯	克百威、大扶农
杀虫脒 chlordimeform	N-(2-甲基-4-氯苯基)N′,N′-二甲基甲脒盐酸盐	克死螨
双甲脒 anitraz	1,5-双-(2,4-二甲基苯基)-3-甲基-1,3,5-三氮戊二烯-1,4	二甲苯胺脒
氟氯氰菊酯 cyfluthrin	A-氰基-3-苯氧基-4-氟苄基(1R,3R)-3-(2,2-二氯乙烯基)-2,2-二甲基环丙烷羧酸酯	百树菊酯、百树得
氟氰戊菊酯 flucythrinate	(R,S)-α-氰基-3-苯氧苄基-(R,S)-2-(4-二氟甲氧基)-3-甲基丁酸酯	保好江乌、氟氰菊酯
五氯酚钠 PCP-Na	五氯酚钠	
孔雀石绿 malachite green	C23H25CIN2	碱性绿、盐基块绿、孔雀绿
锥虫胂胺 tryparsamide		
酒石酸锑钾 antimonyl potassium tartrate	酒石酸锑钾	
磺胺噻唑 sulfathiazolum ST, norsultazo	2-(对氨基苯磺酰胺)-噻唑	消治龙

续表

药物名称	化学名称(组成)	别名
磺胺脒 sulfaguanidine	N1-脒基磺胺	磺胺胍
呋喃西林 furacillinum ,nitrofurazone	5-硝基呋喃醛缩氨基脲	呋喃新
呋喃唑酮 furazolidonum,nifulidone	3-(5-硝基糠叉胺基)-2-噁唑烷酮	痢特灵
呋喃那斯 furanace,nifurpirinol	6-羟甲基-2-[-(5-硝基-2-呋喃基乙烯基)]吡啶	P-7138(实验名)
氯霉素(包括其盐、酯及制剂) chloramphennicol	由季内瑞拉链霉素产生或合成法制成	
红霉素 erythromycin	属微生物合成,是 *Streptomyces eyythreus* 产生的抗生素	
杆菌肽锌 zinc bacitracin premin	由枯草杆菌 *Bacillus subtilis* 或 *B.leicheniformis* 所产生的抗生素,为一含有噻唑环的多肽化合物	枯草菌肽
泰乐菌素 tylosin	S.fradiae 所产生的抗生素	
环丙沙星 ciprofloxacin(CIPRO)	为合成的第三代喹诺酮类抗菌药,常用盐酸盐水合物	环丙氟哌酸
阿伏帕星 avoparcin	阿伏霉素	
喹乙醇 olaquindox	喹乙醇	喹酰胺醇羟乙喹氧
速达肥 fenbendazole	5-苯硫基-2-苯并咪唑	苯硫哒唑氨甲基甲酯
己烯雌酚(包括雌二醇等其他类似合成等雌性激素) diethylstilbestrol,stilbestrol	人工合成的非甾体雌激素	乙烯雌酚,人造求偶素
甲基睾丸酮(包括丙酸睾丸素、去氢甲睾酮以及同化物等雄性激素) methyltestosterone,metandren	睾丸素 C_{17} 的甲基衍生物	甲睾酮甲基睾酮

附录3 水产养殖用药明白纸2022年1号

水产养殖食用动物中禁止使用的药品及其他化合物清单

序号	名称	依据
1	酒石酸锑钾（Antimony potassium tartrate）	农业农村部公告第250号
2	β-兴奋剂（β-agonists）类及其盐、酯	
3	汞制剂：氯化亚汞（甘汞）（Calomel）、醋酸汞（Mercurous acetate）、硝酸亚汞（Mercurous nitrate）、吡啶基醋酸汞（Pyridyl mercurous acetate）	
4	毒杀芬（氯化烯）（Camahechlor）	
5	卡巴氧（Carbadox）及其盐、酯	
6	呋喃丹（克百威）（Carbofuran）	
7	氯霉素（Chloramphenicol）及其盐、酯	
8	杀虫脒（克死螨）（Chlordimeform）	
9	氨苯砜（Dapsone）	
10	硝基呋喃类：呋喃西林（Furacilinum）、呋喃妥因（Furadantin）、呋喃它酮（Furaltadone）、呋喃唑酮（Furazolidone）、呋喃苯烯酸钠（Nifurstyrenate sodium）	
11	林丹（Lindane）	
12	孔雀石绿（Malachite green）	
13	类固醇激素：醋酸美仑孕酮（Melengestrol Acetate）、甲基睾丸酮（Methyltestosterone）、群勃龙（去甲雄三烯醇酮）（Trenbolone）、玉米赤霉醇（Zeranal）	
14	安眠酮（Methaqualone）	
15	硝呋烯腙（Nitrovin）	
16	五氯酚酸钠（Pentachlorophenol sodium）	
17	硝基咪唑类：洛硝达唑（Ronidazole）、替硝唑（Tinidazole）	
18	硝基酚钠（Sodium nitrophenolate）	
19	己二烯雌酚（Dienoestrol）、己烯雌酚（Diethylstilbestrol）、己烷雌酚（Hexoestrol）及其盐、酯	
20	锥虫砷胺（Tryparsamile）	
21	万古霉素（Vancomycin）及其盐、酯	

水产养殖食用动物中停止使用的兽药

序号	名称	依据
1	洛美沙星、培氟沙星、氧氟沙星、诺氟沙星4种兽药的原料药的各种盐、酯及其各种制剂	农业部公告第2292号
2	噬菌蛭弧菌微生态制剂（生物制菌王）	农业部公告第2294号
3	喹乙醇、氨苯砷酸、洛克沙胂3种兽药的原料药及各种制剂	农业部公告第2638号

《兽药管理条例》第三十九条规定：**“禁止使用假、劣兽药以及国务院兽医行政管理部门规定禁止使用的药品和其他化合物。”**
《兽药管理条例》第四十一条规定：**“禁止将原料药直接添加到饲料及动物饮用水中或者直接饲喂动物，禁止将人用药品用于动物。”**
《农药管理条例》第三十五条规定：**“严禁使用农药毒鱼、虾、鸟、兽等。”**
依据《中华人民共和国农产品质量安全法》《兽药管理条例》等有关规定，地西泮等畜禽用兽药在我国均未经审查批准用于水产动物，在水产养殖过程中不得使用。

鉴别假、劣兽药必知

《兽药管理条例》第四十七条规定：“有下列情形之一的，为假兽药：（一）以非兽药冒充兽药或者以他种兽药冒充此种兽药的；（二）兽药所含成分的种类、名称与兽药国家标准不符合的。有下列情形之一的，按照假兽药处理：（一）国务院兽药行政管理部门规定禁止使用的；**（二）依照本条例规定应当经审查批准而未经审查批准即生产、进口的，或者依照本条例规定应当经抽查检验、审查核对而未经抽查检验、审查核对即销售、进口的；**（三）变质的；（四）被污染的；（五）所标明的适应症或者功能主治超出规定范围的。”

《兽药管理条例》第四十八条规定：“有下列情形之一的，为劣兽药：（一）成分含量不符合兽药国家标准或者不标明有效成分的；（二）不标明或者更改有效期或者超过有效期的；（三）不标明或者更改产品批号的；（四）其他不符合兽药国家标准，但不属于假兽药的。”

《兽药管理条例》第七十二条规定：**“兽药，是指用于预防、治疗、诊断动物疾病或者有目的地调节动物生理机能的物质（含药物饲料添加剂），主要包括：血清制品、疫苗、诊断制品、微生态制品、中药材、中成药、化学药品、抗生素、生化药品、放射性药品及外用杀虫剂、消毒剂等。”**

建议养殖者不要盲目听信部分药厂的推销和宣传！凡是称其产品为用于预防、治疗、诊断水产养殖动物疾病或者有目的地调节水产养殖动物生理机能的物质，必须有农业农村部核发的兽药产品批准文号（或进口兽药注册证号）和二维码标识。没有批号或未赋二维码的，依法应按照假、劣兽药处理。一旦发现假、劣兽药，应立即向当地农业农村（畜牧兽医）主管部门举报！杜绝购买使用假、劣兽药！

水产养殖用兽药查询方法：可通过中国兽药信息网（www.ivdc.org.cn）“国家兽药基础数据”中“兽药产品批准文号数据”，以及“国家兽药综合查询App”手机软件等方式查询。

苹果版扫描下载

安卓版扫描下载

水产养殖规范用药“六个不用”

一不用禁停用药物	二不用假劣兽药	三不用原料药
四不用人用药	五不用化学农药	六不用未批准的水产养殖用兽药

说明：本宣传材料仅供参考，涉及的药品和管理规定，以相关法律法规和规范性文件为准。

农业农村部渔业渔政管理局 中国水产科学研究院 全国水产技术推广总站 2022年11月宣

附录4　水产养殖用药明白纸2022年2号

已批准的水产养殖用兽药（截至2022年9月30日）

序号	名称	依据	休药期
	抗生素		
1	甲砜霉素粉*	A	500度日
2	氟苯尼考粉*	A	375度日
3	氟苯尼考注射液*	A	375度日
4	氟甲喹粉*	B	175度日
5	恩诺沙星粉（水产用）*	B	500度日
6	盐酸多西环素粉（水产用）*	B	750度日
7	维生素C磷酸酯镁盐酸环丙沙星预混剂*	B	500度日
8	盐酸环丙沙星盐酸小檗碱预混剂*	B	500度日
9	硫酸新霉素粉（水产用）*	B	500度日
10	磺胺间甲氧嘧啶钠粉（水产用）*	B	500度日
11	复方磺胺嘧啶粉（水产用）*	B	500度日
12	复方磺胺二甲嘧啶粉（水产用）*	B	500度日
13	复方磺胺甲噁唑粉（水产用）*	B	500度日
	驱虫和杀虫药		
14	复方甲苯咪唑粉	A	150度日
15	甲苯咪唑溶液（水产用）*	B	500度日
16	地克珠利预混剂（水产用）	B	500度日
17	阿苯达唑粉（水产用）	B	500度日
18	吡喹酮预混剂（水产用）	B	500度日
19	辛硫磷溶液（水产用）*	B	500度日
20	敌百虫溶液（水产用）*	B	500度日
21	精制敌百虫粉（水产用）*	B	500度日
22	盐酸氯苯胍粉（水产用）	B	500度日
23	氯硝柳胺粉（水产用）	B	500度日
24	硫酸锌粉（水产用）	B	未规定
25	硫酸锌三氯异氰脲酸粉（水产用）	B	未规定
26	硫酸铜硫酸亚铁粉（水产用）	B	未规定
27	氰戊菊酯溶液（水产用）*	B	500度日
28	溴氰菊酯溶液（水产用）*	B	500度日
29	高效氯氰菊酯溶液（水产用）*	B	500度日
	抗真菌药		
30	复方甲霜灵粉	C2505	240度日
	消毒剂		
31	三氯异氰脲酸粉	B	未规定
32	三氯异氰脲酸粉（水产用）	B	未规定
33	浓戊二醛溶液（水产用）	B	未规定
34	稀戊二醛溶液（水产用）	B	未规定
35	戊二醛苯扎溴铵溶液（水产用）	B	未规定
36	次氯酸钠溶液（水产用）	B	未规定
37	过碳酸钠（水产用）	B	未规定
38	过硼酸钠粉（水产用）	B	0度日
39	过氧化钙粉（水产用）	B	未规定
40	过氧化氢溶液（水产用）	B	未规定
41	含氯石灰（水产用）	B	未规定
42	苯扎溴铵溶液（水产用）	B	未规定
43	癸甲溴铵碘复合溶液	B	未规定
44	高碘酸钠溶液（水产用）	B	未规定
45	蛋氨酸碘粉	B	虾0日
46	蛋氨酸碘溶液	B	鱼、虾0日
47	硫代硫酸钠粉（水产用）	B	未规定
48	硫酸铝钾粉（水产用）	B	未规定
49	碘附（Ⅰ）	B	未规定
50	复合碘溶液（水产用）	B	未规定
51	溴氯海因粉（水产用）	B	未规定
52	聚维酮碘溶液（Ⅱ）	B	未规定
53	聚维酮碘溶液（水产用）	B	500度日
54	复合亚氯酸钠粉	C2236	0度日
55	过硫酸氢钾复合物粉	C2357	未规定
	中药材和中成药		
56	大黄末	A	未规定
57	大黄芩鱼散	A	未规定
58	虾蟹脱壳促长散	A	未规定
59	穿梅三黄散	A	未规定
60	蚌毒灵散	A	未规定
61	七味板蓝根散	B	未规定
62	大黄末（水产用）	B	未规定
63	大黄解毒散	B	未规定
64	大黄芩蓝散	B	未规定
65	大黄侧柏叶合剂	B	未规定
66	大黄五倍子散	B	未规定
67	三黄散（水产用）	B	未规定
68	山青五黄散	B	未规定
69	川楝陈皮散	B	未规定
70	六味地黄散（水产用）	B	未规定
71	六味黄龙散	B	未规定
72	双黄白头翁散	B	未规定
73	双黄苦参散	B	未规定
74	五倍子末	B	未规定
75	石知散（水产用）	B	未规定
76	龙胆泻肝散（水产用）	B	未规定
77	加减消黄散（水产用）	B	未规定
78	百部贯众散	B	未规定
79	地锦草末	B	未规定
80	地锦鹤草散	B	未规定
81	芪参散	B	未规定
82	驱虫散（水产用）	B	未规定
83	苍术香连散（水产用）	B	未规定
84	扶正解毒散（水产用）	B	未规定
85	肝胆利康散	B	未规定
86	连翘解毒散	B	未规定
87	板黄散	B	未规定
88	板蓝根末	B	未规定
89	板蓝根大黄散	B	未规定
90	青莲散	B	未规定
91	青连白贯散	B	未规定
92	青板黄柏散	B	未规定
93	苦参末	B	未规定
94	虎黄合剂	B	未规定
95	虾康颗粒	B	未规定
96	柴黄益肝散	B	未规定
97	根莲解毒散	B	未规定
98	清健散	B	未规定
99	清热散（水产用）	B	未规定
100	脱壳促长散	B	未规定
101	黄连解毒散（水产用）	B	未规定
102	黄芪多糖粉	B	未规定
103	银翘板蓝根散	B	未规定
104	雷丸槟榔散	B	未规定
105	蒲甘散	B	未规定
106	博落回散	C2374	未规定
107	银黄可溶性粉	C2415	未规定
	生物制品		
108	草鱼出血病灭活疫苗	A	未规定
109	草鱼出血病活疫苗（GCHV-892株）	B	未规定
110	牙鲆鱼溶藻弧菌、鳗弧菌、迟缓爱德华菌病多联抗独特型抗体疫苗	B	未规定
111	嗜水气单胞菌败血症灭活疫苗	B	未规定
112	鱼虹彩病毒病灭活疫苗	C2152	未规定
113	大菱鲆迟钝爱德华氏菌活疫苗（EIBAV1株）	C2270	未规定
114	大菱鲆鳗弧菌基因工程活疫苗（MVAV6203株）	D158	未规定
115	鳜传染性脾肾坏死病灭活疫苗（NH0618株）	D253	未规定
	维生素类		
116	亚硫酸氢钠甲萘醌粉（水产用）	B	未规定
117	维生素C钠粉（水产用）	B	未规定
	激素类		
118	注射用促黄体素释放激素A_2	B	未规定
119	注射用促黄体素释放激素A_3	B	未规定
120	注射用复方鲑鱼促性腺激素释放激素类似物	B	未规定
121	注射用复方绒促性素A型（水产用）	B	未规定
122	注射用复方绒促性素B型（水产用）	B	未规定
123	注射用绒促性素（Ⅰ）	B	未规定
124	鲑鱼促性腺激素释放激素类似物	D520	未规定
	其他类		
125	多潘立酮注射液	B	未规定
126	盐酸甜菜碱预混剂（水产用）	B	0度日

说明：1. 对2020年版进行修订，抗菌药中增补“盐酸环丙沙星盐酸小檗碱预混剂”，中草药中剔除“五味常青颗粒”，激素类中新增“鲑鱼促性腺激素释放激素类似物”。
2. 本宣传材料仅供参考，已批准的兽药名称、用法用量和休药期，以兽药典、兽药质量标准和相关公告为准。
3. 代码解释，A: 兽药典2020年版，B: 兽药质量标准2017年版，C: 农业部公告，D: 农业农村部公告。
4. 休药期中“度日”是指水温与停药天数乘积，如某种兽药休药期为500度日，当水温25摄氏度，至少需停药20日以上，即25摄氏度×20日=500度日。
5. 水产养殖生产者应依法做好用药记录，使用有休药期规定的兽药必须遵守休药期。
6. 带*的为兽用处方药，需凭借执业兽医开具的处方购买和使用。
7. 如需了解每种兽药的详细信息，请扫描二维码查看。

农业农村部渔业渔政管理局　中国水产科学研究院　全国水产技术推广总站　2022年11月宣

附录5　NY 5070-2002　无公害食品　水产品中渔药残留限量

药物类别		药物名称		指标(MRL)/(μg/kg)
		中文	英文	
抗生素类	四环素类	金霉素	Chlortetracycline	100
		土霉素	Oxytetracycline	100
		四环素	Tetracycline	100
	氯霉素类	氯霉素	Chloramphenicol	不得检出
磺胺类及增效剂		磺胺嘧啶	Sulfadiazine	100 (以总量计)
		磺胺甲基嘧啶	Sulfamerazine	
		磺胺二甲基嘧啶	Sulfadimidine	
		磺胺甲噁唑	Sulfamethoxazole	
		甲氧苄啶	Trimethoprim	50
喹诺酮类		噁喹酸	Oxilinic acid	300
硝基呋喃类		呋喃唑酮	Furazolidone	不得检出
其他		己烯雌酚	Diethylstilbestrol	不得检出
		喹乙醇	Olaquindox	不得检出

附录6　NY 5072-2002　无公害食品　渔用配合饲料安全限量

项目	限量	适用范围
铅(以 Pb 计)/(mg/kg)	≤5.0	各类渔用配合饲料
汞(以 Hg 计)/(mg/kg)	≤0.5	各类渔用配合饲料
无机砷(以 As 计)/(mg/kg)	≤3	各类渔用配合饲料
镉(以 Cd 计)/(mg/kg)	≤3	海水鱼类、虾类配合饲料
	≤0.5	其他渔用配合饲料
铬(以 Cr 计)/(mg/kg)	≤10	各类渔用配合饲料
氟(以 F 计)/(mg/kg)	≤350	各类渔用配合饲料
游离棉酚/(mg/kg)	≤300	温水杂食性鱼类、虾类配合饲料
	≤150	冷水性鱼类、海水鱼类配合饲料
氰化物/(mg/kg)	≤50	各类渔用配合饲料
多氯联苯/(mg/kg)	≤0.3	各类渔用配合饲料
异硫氰酸酯/(mg/kg)	≤500	各类渔用配合饲料
噁唑烷硫酮/(mg/kg)	≤500	各类渔用配合饲料
油脂酸价(KOH)/(mg/g)	≤2	渔用育苗配合饲料
	≤6	渔用育成配合饲料
	≤3	鳗鲡育成配合饲料
黄曲霉毒素 B1/(mg/kg)	≤0.01	各类渔用配合饲料
六六六/(mg/kg)	≤0.3	各类渔用配合饲料
滴滴涕/(mg/kg)	≤0.2	各类渔用配合饲料
沙门氏菌/(cfu/25 g)	不得检出	各类渔用配合饲料
霉菌/(cfu/g)	≤3×104	各类渔用配合饲料

附录7 欧盟、美国等国家与组织规定水产品中渔药最高残留限量

<table>
<tr><th colspan="2">药物</th><th>种类</th><th>组织</th><th>最高残留限量 MRL(μg/g)</th><th>制订国家或组织</th></tr>
<tr><td colspan="2" rowspan="7">土霉素
(oxytetracycline)</td><td rowspan="2">鱼类</td><td rowspan="2">肌肉</td><td>0.1</td><td>联合国</td></tr>
<tr><td>0.2</td><td>联合国</td></tr>
<tr><td rowspan="2">班节对虾</td><td>—</td><td>0.1</td><td>联合国</td></tr>
<tr><td>肌肉</td><td>0.1</td><td>联合国</td></tr>
<tr><td rowspan="2">鲑科</td><td rowspan="2">—</td><td>0.2</td><td>美国</td></tr>
<tr><td>0.1</td><td>欧盟</td></tr>
<tr><td>鲑科鱼类、龙虾</td><td>可食组织</td><td>0.1</td><td>加拿大</td></tr>
<tr><td colspan="2">磺胺二甲嘧啶
(sulfadimidine)</td><td>—</td><td>肌肉，肝脏，
肾脏，脂肪</td><td>0.1</td><td>联合国</td></tr>
<tr><td colspan="2">所有磺胺类药物</td><td>—</td><td>所有食品</td><td>0.1</td><td>欧盟</td></tr>
<tr><td colspan="2">磺胺嘧啶
(sulfadiazine)</td><td rowspan="5">鲑科鱼类</td><td>可食组织</td><td>0.1</td><td rowspan="5">加拿大</td></tr>
<tr><td colspan="2">三甲氧苄啶
(trimethoprimum)</td><td>肌肉</td><td>0.1</td></tr>
<tr><td rowspan="3">Roment 30</td><td>SDM</td><td>可食组织</td><td>0.1</td></tr>
<tr><td rowspan="2">OMP</td><td>肌肉</td><td>0.5</td></tr>
<tr><td>皮肤</td><td>1</td></tr>
<tr><td colspan="2">氟甲喹
(flumequine)</td><td>鳟</td><td>正常比例的
肌肉和皮肤</td><td>0.5</td><td>联合国</td></tr>
<tr><td colspan="2">甲砜氯霉素
(thiamphenicol)</td><td>鱼类</td><td>肌肉</td><td>0.05</td><td>联合国</td></tr>
<tr><td colspan="2">溴氰菊酯
(deltamethrin)</td><td>鲑</td><td>肌肉</td><td>0.03</td><td>联合国</td></tr>
<tr><td colspan="2">氟乐灵
(trifluralin)</td><td>对虾或淡水虾</td><td>——</td><td>0.001</td><td>美国</td></tr>
<tr><td colspan="2">噁喹酸
(oxolinic acid)</td><td>鲑</td><td>——</td><td>0.01</td><td>美国</td></tr>
</table>

续表

药物	种类	组织	最高残留限量MRL(μg/g)	制订国家或组织
甲氧苄啶(trimethoprim)	鱼类	—	0.05	欧盟
阿莫西林(amoxicyllin)	所有食品	—	0.05	
氨苄西林(ampicillin)			0.05	
苄青霉素(benzylpenicillin)		— —	0.05	
氯苯唑青霉素(cloxacillin)		—	0.3	
双氯青霉素(dicloxacillin)		— —	0.3	
苯唑青霉素(oxacillin)		—	0.3	
青霉素(G/penethamate)		—	0.05	
沙氟沙星(sarafloxacin)	鲑科鱼类	—	0.03	
金霉素(chlortetracycline)	所有食品	—	0.1	
四环素(tetracycline)		—	0.1	
埃玛克廷苯甲酸类(emamectin benzoate)	鲑科鱼类	—	0.1	欧盟
特氟苯剂(teflubenzuron)	鲑科鱼类		0.5	
除虫脲(diflubenzuron)	鲑科鱼类	—	1	欧盟
三亚甲基磺酸类	鲑科鱼类	可食组织	0.02	加拿大
特氟苯剂(teflubenzuron)	鲑科鱼类	肌肉	0.3	
		皮肤	3.2	
埃玛克廷苯甲酸类(emamectir benzoate)	—	肌肉	0.05	
氟苯尼考(florfenicol)	鲑科鱼类	可食组织	0.1	

附录8　一、二、三类动物疫病病种名录(2022年修订)

● 一类动物疫病(11种)

口蹄疫、猪水疱病、非洲猪瘟、尼帕病毒性脑炎、非洲马瘟、牛海绵状脑病、牛瘟、牛传染性胸膜肺炎、痒病、小反刍兽疫、高致病性禽流感。

● 二类动物疫病(37种)

多种动物共患病(7种):狂犬病、布鲁氏菌病、炭疽、蓝舌病、日本脑炎、棘球蚴病、日本血吸虫病

牛病(3种):牛结节性皮肤病、牛传染性鼻气管炎(传染性脓疱外阴阴道炎)、牛结核病

绵羊和山羊病(2种):绵羊痘和山羊痘、山羊传染性胸膜肺炎

马病(2种):马传染性贫血、马鼻疽

猪病(3种):猪瘟、猪繁殖与呼吸综合征、猪流行性腹泻

禽病(3种):新城疫、鸭瘟、小鹅瘟

兔病(1种):兔出血症

蜜蜂病(2种):美洲蜜蜂幼虫腐臭病、欧洲蜜蜂幼虫腐臭病

鱼类病(11种):鲤春病毒血症、草鱼出血病、传染性脾肾坏死病、锦鲤疱疹病毒病、刺激隐核虫病、淡水鱼细菌性败血症、病毒性神经坏死病、传染性造血器官坏死病、流行性溃疡综合征、鲫造血器官坏死病、鲤浮肿病

甲壳类病(3种):白斑综合征、十足目虹彩病毒病、虾肝肠胞虫病

● 三类动物疫病(126种)

多种动物共患病(25种):伪狂犬病、轮状病毒感染、产气荚膜梭菌病、大肠杆菌病、巴氏杆菌病、沙门氏菌病、李氏杆菌病、链球菌病、溶血性曼氏杆菌病、副结核病、类鼻疽、支原体病、衣原体病、附红细胞体病、Q热、钩端螺旋体病、东毕吸虫病、华支睾吸虫病、囊尾蚴病、片形吸虫病、旋毛虫病、血矛线虫病、弓形虫病、伊氏锥虫病、隐孢子虫病

牛病(10种):牛病毒性腹泻、牛恶性卡他热、地方流行性牛白血病、牛流行热、牛冠状病毒感染、牛赤羽病、牛生殖道弯曲杆菌

病、毛滴虫病、牛梨形虫病、牛无浆体病

绵羊和山羊病(7种):山羊关节炎/脑炎、梅迪一维斯纳病、绵羊肺腺瘤病、羊传染性脓疱皮炎、干酪性淋巴结炎、羊梨形虫病、羊无浆体病

马病(8种):马流行性淋巴管炎、马流感、马腺疫、马鼻肺炎、马病毒性动脉炎、马传染性子宫炎、马媾疫、马梨形虫病

猪病(13种):猪细小病毒感染、猪丹毒、猪传染性胸膜肺炎、猪波氏菌病、猪圆环病毒病、格拉瑟病、猪传染性胃肠炎、猪流感、猪丁型冠状病毒感染、猪塞内卡病毒感染、仔猪红痢、猪痢疾、猪增生性肠病

禽病(21种):禽传染性喉气管炎、禽传染性支气管炎、禽白血病、传染性法氏囊病、马立克病、禽痘、鸭病毒性肝炎、鸭浆膜炎、鸡球虫病、低致病性禽流感、禽网状内皮组织增殖病、鸡病毒性关节炎、禽传染性脑脊髓炎、鸡传染性鼻炎、禽坦布苏病毒感染、禽腺病毒感染、鸡传染性贫血、禽偏肺病毒感染、鸡红螨病、鸡坏死性肠炎、鸭呼肠孤病毒感染

兔病(2种):兔波氏菌病、兔球虫病

蚕、蜂病(8种):蚕多角体病、蚕白僵病、蚕微粒子病、蜂螨病、瓦螨病、亮热厉螨病、蜜蜂孢子虫病、白垩病

犬猫等动物病(10种):水貂阿留申病、水貂病毒性肠炎、犬瘟热、犬细小病毒病、犬传染性肝炎、猫泛白细胞减少症、猫嵌杯病毒感染、猫传染性腹膜炎、犬巴贝斯虫病、利什曼原虫病

鱼类病(11种):真鲷虹彩病毒病、传染性胰脏坏死病、牙鲆弹状病毒病、鱼爱德华氏菌病、链球菌病、细菌性肾病、杀鲑气单胞菌病、小瓜虫病、粘孢子虫病、三代虫病、指环虫病

甲壳类病(5种):黄头病、桃拉综合征、传染性皮下和造血组织坏死病、急性肝胰腺坏死病、河蟹螺原体病

贝类病(3种):鲍疱疹病毒病、奥尔森派琴虫病、牡蛎疱疹病毒病

两栖与爬行类病(3种):两栖类蛙虹彩病毒病、鳖腮腺炎病、蛙脑膜炎败血症

参考文献

[1]黄琪琰.水产动物疾病学[M].上海:上海科学技术出版社,1993.

[2]李登来.水产动物疾病学[M].北京:中国农业出版社,2004.

[3]战文斌.水产动物病害学[M].北京:中国农业出版社,2004.

[4]孟庆显.海水养殖动物病害学[M].北京:中国农业出版社.1996.

[5]夏春.水生动物疾病学[M].北京:中国农业出版社,2005.

[6]湖北省水生生物研究所.湖北省鱼病病原区系图志[M].北京:中国科学出版社,1973.

[7]张剑英,邱兆祉,丁雪娟等.鱼类寄生虫与寄生虫病[M].北京:科学出版社.1998.

[8]全国水产技术推广总站.水生物病害防治员[M].北京:中国农业出版社,2021.

[9]农业部人事劳动司.水生动物病害防治技术(上、中、下册)[M].北京:中国农业出版社,2009.

[10]执业兽医资格考试应试指南(水生动物类)编写组.2024年执业兽医资格考试应试指南(水生动物类)[M].北京:中国农业出版社,2024.

[11]易慧智.病理学基础[M].河南:郑州大学出版社,2008.

[12]全国水产技术推广总站.渔药知识手册[M].北京:中国农业出版社,2020.

[13]农业部《渔药手册》编撰委员会.渔药手册[M].北京:中国科学技术出版社,1998.

[14]江育林,陈爱平.水生动物疾病诊断图鉴[M].北京:中国农业出版社,2003.

[15]王伟俊.淡水鱼病防治彩色图说[M].北京:中国农业出版社,2001.

[16]俞开康.海水鱼虾疾病防治彩色图说[M].北京:中国农业出版社,2000.

[17]俞开康,战文斌,周丽.海水养殖病害诊断与防治手册[M].上海:上海科技出版社,2000.

[18]林祥日,黄永春.淡水鱼疾病诊断与防治新技术[M].北京:中国农业出版社,1999.

[19]杨先乐.特种水产动物疾病的诊断与防治[M].北京:中国农业出版社,2000.

[20]杨先乐.2000年我国水产养殖病害流行态势剖析[J].中国水产,2001,(3):12~13.

[21]王玉堂.渔药的合理使用.中国水产[J].2010,(6):57~59.

[22]王玉堂.渔药规范选用指导技术[J].中国水产,2010,(7):54~56.

[23]王玉堂.正确理解和掌握兽药使用说明书[J].中国水产,2010,(8):53~55.

[24]王玉堂.易造成药害事故药品使用注意事项[J].中国水产,2010,(9):56.

[25]全国水产技术推广总站.国标渔药使用配伍禁忌[J].中国水产,2010,(9):56~57.

[26]全国水产技术推广总站.水产养殖禁用药物品种简表[J].中国水产,2010,(9):57

[27]马林,马秋明,曾地刚.中国和CAC、欧盟、日本水产品渔药残留限量标准比较分析[J].中国水产,2008,(9):21~22.

[28]汪开毓,黄锦炉,黄艺丹.水产动物疾病快速诊断技术的发展与应用[J].海洋与渔业:水产前沿,2009,(7):21~24.

[29]郑元亮.对虾黑鳃病、红体病的诊断及防治[J].中国水产,2009,(4):53~54.

[30]中华人民共和国农业农村部.中华人民共和国农业农村部公告第573号[EB/OL].http://www.moa.gov.cn/govpublic/xmsyj/202206/t20220629_6403635.htm,2022-06-2.